经典
电子电路

唐巍　管殿柱　编著

化学工业出版社
·北京·

图书在版编目（CIP）数据

经典电子电路 / 唐巍，管殿柱编著. —北京：化学工业出版
社，2019.7（2024.2重印）
ISBN 978-7-122-34322-2

Ⅰ.①经…　Ⅱ.①唐…②管…　Ⅲ.①电子电路　Ⅳ.①TN7

中国版本图书馆 CIP 数据核字（2019）第 071266 号

责任编辑：宋　辉　　　　　　　　　　　文字编辑：陈　喆
责任校对：王鹏飞　　　　　　　　　　　装帧设计：王晓宇

出版发行：化学工业出版社（北京市东城区青年湖南街13号　邮政编码100011）
印　　装：涿州市殷润文化传播有限公司
787mm×1092mm　1/16　印张23¾　字数584千字　2024年2月北京第1版第6次印刷

购书咨询：010-64518888　　　　　　　　售后服务：010-64518899
网　　址：http://www.cip.com.cn
凡购买本书，如有缺损质量问题，本社销售中心负责调换。

定　　价：99.00元

电子电路在现代社会生产、生活中的应用极为广泛，掌握各类经典电子电路的基本结构、工作原理、调试方法及故障诊断技术，已成为广大电子专业技术人员的必备技能。

本书遵循由基础理论到设计实例的写作原则与思路，将全书分为两个部分。其中，第一部分（本书第一章～第七章）精选电路设计中最常见和用途最广泛的经典单元电路，着重介绍其各自的电子电路图结构、设计与工作原理、常用的电路测试方法、根据经验总结出的故障诊断与检修技术等知识点，包括各类经典的放大电路，振荡电路，电源电路，定时、延时电路，滤波、晶闸管、控制、充/消磁电路，显示、报警、保护电路及数字电路。第二部分（本书第八章～第十二章）根据日常生活、工业等领域的需要，精选经典的应用电路进行分析和读识，说明这些电路的工作原理、电路中元器件的作用及部分实用电路的调试、故障诊断方法，包括各类实用的照明、光控电路，声控电路，充电、放电电路，常见物理参数测量及控制电路，家用电器经典电路。

本书从介绍基本电路设计与工作原理入手，采用彩色图解与教学视频相结合的方式，注重理论与实际应用的紧密结合，提供了大量实用的工程应用实例电路。本书内容丰富，涉及生产生活中的各种电子电路和电子产品，有助于读者快速入门兼扩宽思路、触类旁通，通过对经典电子电路的分析和读识，使读者掌握电子电路设计、识图的基本规律和方法，并在此基础上推陈出新，设计出性能更优的电子电路及产品。本书可供广大电子技术爱好者、电子电路设计人员、家电维修专业人士等使用，也可作为高校电子类专业的辅助性教材或资料性工具书。

本书由唐巍、管殿柱编著，唐立峰、原玉秀、李文秋、管玥、宋一兵、王献红、冯新宇、王蕴恒为本书编写提供了帮助，在此表示感谢。

鉴于作者水平有限，书中难免存在不妥之处，敬请广大读者批评指正。

目录

第一章
放大电路
/ 1

第二章
振荡电路
/ 29

03

第三章

电源电路

/53

目录

目录

第五章

滤波、晶闸
管、控制、
充/消磁电路

131

第六章

显示、报警、
保护电路

164

目录

第七章

数字电路

192

第八章

照明、光控
电路

228

目录

第九章

声控电路

250

第十章

充电、放电电路

264

第十一章

常见物理参数的测量及控制电路

277

第十二章

12

家用电器
经典电路

326

目录

参考文献

365

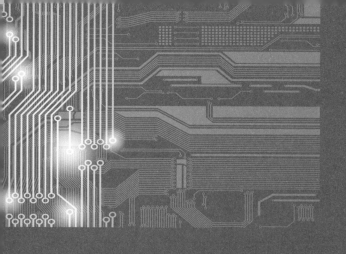

第一章

放大电路

 学习提示

    放大电路是电子电路中变化较多且较复杂的电路。在拿到一张放大电路图时，首先把整个放大电路按输入、输出逐级分开，然后一级一级分析并弄懂它的原理，在弄通每一级的原理之后就可以把整个电路串通起来进行全面综合分析。在读放大电路图时，按照"逐级分解、抓住关键、细致分析、全面综合"的原则和步骤进行。分析放大电路时，应注意如下事项：

    ·放大电路有它本身的特点，有静态和动态两种工作状态，所以一般要画出它的直流通路和交流通路才能进行分析。

    ·在逐级分析时要区分开主要元器件和辅助元器件。放大器中使用的辅助元器件很多，如偏置电路中的温度补偿元件，稳压稳流元器件，防止自激振荡的防振元件、去耦元件，保护电路中的保护元件等。

    ·在分析中最主要和困难的是反馈电路的分析，要能找出反馈通路，判断反馈的极性和类型，特别是多级放大器，往往后级将负反馈加到前级，因此更要细致分析。

    ·一般低频放大器常用 RC 耦合方式；高频放大器则常常是和 LC 调谐电路有关的，用单调谐电路或是用双调谐电路，而且电路里使用的电容容量一般也比较小。

    ·注意晶体管和电源的极性，放大器中常常使用双电源，这是放大电路的特殊性。

一、单管电压放大电路

 电路图

    实现电压放大功能时，最常用的是基于共发射极接法的电路。

    图 1-1（a）是一个典型的共发射极电压放大电路。图中，VT 是放大晶体管，R_1、R_2 是基极偏置电阻，R_3 是集电极电阻，R_4 是发射极电阻，C_1、C_2 是耦合电容，C_3 是发射极旁路电容。

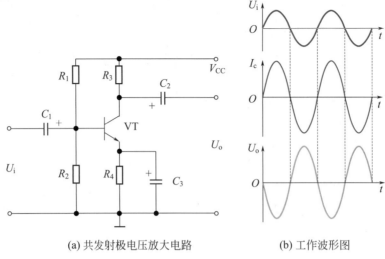

(a) 共发射极电压放大电路   (b) 工作波形图

图 1-1　单管电压放大电路的实例与波形图

2. 电路分析

① 直流工作点　单管放大电路正常工作的前提是，晶体管工作于适当的直流工作点，并保持工作点的稳定。此时，除 R_3 外，其余三个电阻（R_1、R_2、R_4）均用来建立和稳定 VT 的直流工作点。其中，R_1、R_2 将电源电压 V_{CC} 分压后作为 VT 的偏置电压（工作点），R_4 上形成的电流负反馈具有稳定工作点的作用。

晶体管易受温度等外界因素的影响而造成工作点的漂移，故自动稳定工作点非常重要。当温度上升而造成工作点上升时，VT 的发射极电流 I_e 增大，使 R_4 上的电压降 U_e 上升；由于 VT 的基极偏置电压 U_b 是固定的，因此 U_e 上升必然使 VT 的基极 - 发射极间电压 U_{be} 下降；U_{be} 的下降导致了基极电流 I_b 的下降，进而引起 VT 的集电极电流 I_c 和 I_e 的下降，迫使工作点回落，达到了保证工作点稳定的目的。

当因某种原因造成工作点下降时，该电路同样可按照相反的方向进行调整、确保直流工作点基本稳定。

② 交流信号放大　对于交流信号而言，电容 $C_1 \sim C_3$ 相当于短路；R_b 是 VT 的基极电阻，它此时等效于偏置电阻 R_1 与 R_2 的并联，即 $R_b=R_1// R_2$；R_c 是 VT 的集电极电阻，在放大器的输出端开路时，有 $R_c=R_3$。

交流信号放大的原理是：当放大电路输入端（VT 基极）加入一个交流电压 U_i 时，I_b 将随 U_i 的变化而变化，使得 I_c 也随之变化，并在负载电阻 R_c 上形成电压降。因为 I_c 是 I_b 的 β（晶体管电流放大系数）倍，所以在集电极处得到了一个放大后的输出电压 U_o。

由于在该电路中，U_o 是电源电压与 I_c 在 R_c 上的压降的差值，因此，U_o 与 U_i 的相位相反，I_c 与 U_i 的相位相同，如图 1-1（b）所示。

二、双管电压放大电路

1. 电路图

基于两个晶体管构成的双管电压放大电路如图 1-2 所示。图中，晶体管 VT_1、VT_2 之间是直接耦合的形式，无耦合电容。该电路的主要特点是，电压增益高，工作点稳定度高，偏置电阻无须调整，电路比较简单。

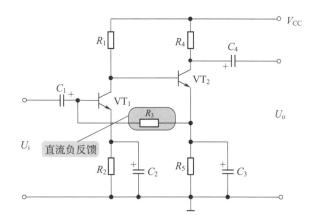

图 1-2　双管电压放大电路

2. 电路分析

① 直流工作点　VT_1 的基极偏压并非取自电源电压，而是通过 R_3 取自 VT_2 的发射极电压，如此即构成了二级直流负反馈，使整个电路的工作点更加稳定。该电路一经构成，两管工作点即已固定，无须调整偏置电阻。

该电路工作点的稳定过程如下：若因温度上升等原因而造成 VT_1 的集电极电流 I_{c1} 上升时，其集电极电压 U_{c1} 必然降低，因为 U_{c1} 等于 VT_2 的基极电压 U_{b2}，则 U_{b2} 的下降使得 VT_2 的集电极电流 I_{c2} 和发射极电流 I_{e2} 均随之下降，VT_2 的发射极电阻 R_5 上的电压降（即 VT_2 的发射极电压 U_{e2}）也随之下降。U_{e2} 的下降通过 R_3 反馈至 VT_1 的基极，使 U_{b1} 和 I_{b1} 下降，最终迫使其集电极 I_{c1} 回落，达到了确保工作点稳定的目的。

同理，当工作点因某种因素影响而下降时，双管放大电路也可以自动调控，确保工作点的稳定，只是调控方向相反。

② 交流信号放大　对于交流信号而言，该电路可以等效为二级发射极放大电路，假设 R_b 为 VT_1 的基极电阻；R_{b1} 既是 VT_1 的集电极电阻，又是 VT_2 的基极电阻；R_{c2} 是 VT_2 的集电极电阻；U_i 为输入电压；U_{c1} 既是 VT_1 的输出电压，又是 VT_2 的输入电压；U_o 则等于 VT_2 的输出电压，同时也是整个电路的放电电压。由电路连接关系可知，双管电压放大电路的总电压放大倍数等于 VT_1 和 VT_2 两级电压放大倍数的乘积，且 U_o 与 U_i 同相。

三、信号寻迹器电路

信号寻迹器是一种实用的直接耦合电压放大电路，也是一种比较简单的测量仪器，它利用仪器前端的探针，从被测电路各级中探寻音频信号，以诊断电路故障所在的位置。信号寻迹器可用于诊断、检修收音机、录音机、CD 机、扩音机等音频设备，也可用于维修电视机、影碟机、家庭影院等设备中的音频电路。

1. 电路图

图 1-3（a）是该仪器的电路原理图。

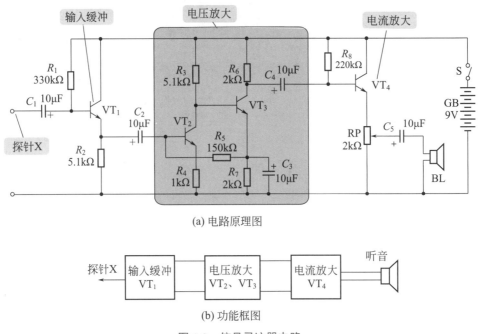

(a) 电路原理图

(b) 功能框图

图 1-3　信号寻迹器电路

2. 电路分析

由图 1-3（a）可知，信号寻迹器包括 3 个基本单元：①以晶体管 VT_1 为核心的输入缓冲单元；②以晶体管 VT_2 和 VT_3 为核心的电压放大单元；③以晶体管 VT_4 为核心的电流放大单元［其功能框图如图 1-3（b）所示］。

该仪器的基本工作原理是：由探针 X 从被测电路提取微弱的音频信号，经 VT_1 缓冲后送至 VT_2、VT_3 进行电压放大，再经 VT_4 进行电流放大，最终驱动扬声器发声。

① 输入缓冲单元：VT_1 等构成了一个射极跟随器，信号从 VT_1 的基极输入，从其发射极输出；射极跟随器作为整个仪器的输入级，由于其具有很高的输入阻抗，故对被测电路的影响极小，在被测电路和放大电路之间起着缓冲、隔离的作用。

② 电压放大单元：VT_2、VT_3 等构成双管直接耦合式电压放大电路，对输入缓冲级送来的被测信号进行电压放大；射极跟随器的输出信号是经过 C_2 耦合至 VT_2 的基极的，经该单元放大后，从 VT_3 的集电极输出，并由 C_4 耦合至电流放大单元。

③ 电流放大单元：电压放大单元的输出信号必须经过电流放大，方可驱动扬声器工作；VT_4 等构成的电流放大电路，其实质上也是一个射极跟随器，具有较大的电流增益和功率增益，足够满足驱动扬声器发声的需要；电路中的电位器 RP 是用于调节音量大小的，C_5 则是输出端的直流隔离电容，R_8 是 VT_4 的偏置电阻。

 学习提示：放大电路的故障诊断

小信号放大电路的作用是将微弱的电信号不失真地转变为较强的电信号，它通常位于电子电路的前级。分析小信号放大电路主要应考虑的问题是电压增益和失真。

小信号放大电路的一个典型应用实例为：分立元件构成的助听器。

（1）实例电路图

图 1-4 是利用分立元件所构成的助听器的电路原理图，是一种典型的小信号低频放大电路。图中，三极管 VT₁、VT₂ 及电阻 R_2、R_3 等构成一个高增益的话筒前置放大电路。由拾音器 B 拾取来的微弱话音信号，经电容 C_1 耦合至前置放大电路，被三极管 VT₁、VT₂ 放大后的语音信号，再次被三极管 VT₃、VT₄ 逐级放大。如此，被放大的语音信号足以驱动 80Ω 耳机发出响亮的声音，使用者戴上耳机后即可起到助听的作用。

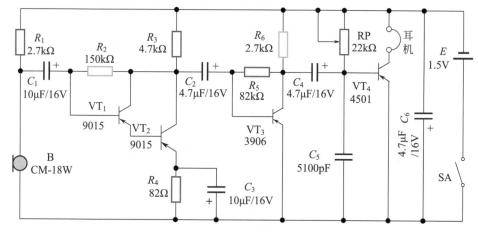

图 1-4　利用分立元件构成的助听器的电路原理图

（2）故障诊断

如图 1-4 所示，R_2、R_3、R_4 是 VT₁、VT₂ 的直流偏置电阻，R_5、R_6 是 VT₃ 的直流偏置电阻，RP 和耳机内阻是 VT₄ 的直流偏置电阻，若上述任一电阻损坏，均会使对应三极管的静态工作点发生变化，使放大电路出现信号失真；C_1、C_2、C_4 分别是三级放大电路的耦合电容，是交流信号的必经之路，如果其中有一电容损坏，均会使放大电路出现无声或音小的故障。

四、集成运放电压放大电路

集成运算放大电路实质上是一种高增益的多级直接耦合放大电路。通常，在使用中集成运放需加入深度负反馈，其闭环增益仅由负反馈电阻来决定。这类电路的优点是，电压增益大、输入阻抗高、外围电路简单、工作稳定可靠。

1. 电路图

集成运放电压放大电路的基本形式如图 1-5 所示，基本的连接方式包括同相输入（即同相电压放大器）、反相输入（即反相电压放大器）和差动输入（即差动电压放大器）。

2. 电路分析

① 同相电压放大器　图 1-5（a）为同相电压放大器的电路图。输入电压 U_i 加于集成运放的同相输入端，输出电压 U_o 与 U_i 是同相的，R_p 是平衡电阻，用来平衡由输入偏置电流造成的失调，$R_p=R_1//R_f$。该电路的放大倍数为：

$$A = \frac{U_o}{U_i} \approx 1 + \frac{R_f}{R_1} \tag{1-1}$$

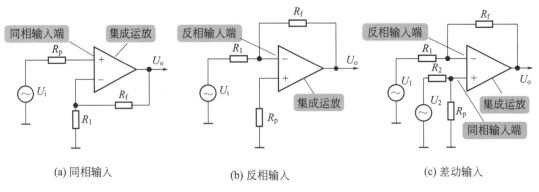

(a) 同相输入　　　　　　　(b) 反相输入　　　　　　　(c) 差动输入

图 1-5　集成运放电压放大电路的基本形式

② 反相电压放大器　图 1-5（b）为反相电压放大器的电路图。U_i 加于集成运放的反相输入端，U_o 与 U_i 是反相的，R_p 是平衡电阻。电路的放大倍数为：

$$A = \frac{U_o}{U_i} \approx -\frac{R_f}{R_1} \tag{1-2}$$

③ 差动电压放大器　图 1-5（c）为差动电压放大器的电路图。其输入信号通常有两个，即 U_1 和 U_2，其中，U_1 加于集成运放的反相输入端，U_2 加于集成运放的同相输入端。

由图 1-5（c）可知，U_1 和 U_2 的差值在该电路中得以放大，U_o 与 U_2-U_1 同相。电路的放大倍数为：

$$A = \frac{U_o}{U_2 - U_1} \approx -\frac{R_f}{R_1} \tag{1-3}$$

五、音调控制电路与测量放大器电路

1. 电路图

音调控制电路与测量放大器的电路原理图如图 1-6 所示，它主要包含了音调控制电路和测量放大器这 2 个单元电路。

2. 电路分析

① 音调控制电路　图 1-6（a）是基于集成运放构成的音调控制电路。由图可知，该电路可分别为高、中、低音进行调节，IC_1 是输入缓冲级。如需将该电路应用于立体声音响之中，则应同时制作两套相同的音调控制电路，并使用双联电位器。

② 测量放大器　图 1-6（b）是基于集成运放构成的测量放大器。图中，IC_1、IC_2 分别对输入信号 U_{i-}、U_{i+} 进行预放大；IC_3 则构成了差动放大器，对 U_{i-} 与 U_{i+} 的差值进行放大；IC_4 为输出缓冲级。

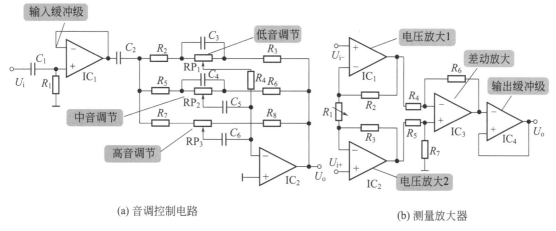

(a) 音调控制电路　　　　　　　　　　(b) 测量放大器

图 1-6　两种实用放大电路的原理图

六、自偏压共源放大电路

1. 电路图

自偏压共源放大电路的原理图如图 1-7（a）所示，其等效直流回路如图 1-7（b）所示。

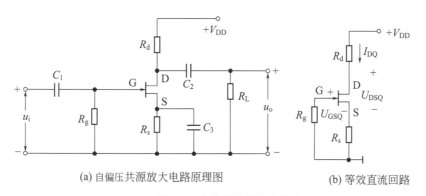

(a) 自偏压共源放大电路原理图　　　　　(b) 等效直流回路

图 1-7　自偏压共源放大电路

2. 电路分析

R_s 为源极电阻；R_g 为栅极电阻，提供直流回路；R_d 为漏极电阻。由于场效应管栅极电流为 0A，所以加在栅源极间的电压是由电阻 R_s 上的压降通过 R_g 提供的，这种形式的偏置电路被称为自偏压偏置电路。

根据电路可写出如下方程式：

$$\begin{cases} U_{GSQ} = -I_{DQ}R_s \\ U_{DSQ} = V_{DD} - I_{DQ}(R_s + R_d) \end{cases} \qquad (1-4)$$

场效应管的转移特性为：

$$I_{DQ} = I_{DSS}\left(1 - \frac{U_{GSQ}}{U_{GS(off)}}\right)^2, \quad U_{GS(off)} \leq U_{GSQ} \leq 0 \qquad (1-5)$$

式中，I_{DSS} 为场效应管的饱和漏源电流；$U_{GS(off)}$ 为场效应管的夹断电压。

式（1-4）和式（1-5）联立求解，得静态工作点参数 U_{GSQ}、I_{DQ}、U_{DSQ}。

七、分压式自偏压共源放大电路

1. 电路图

这类电路的原理图如图 1-8（a）所示，其等效直流回路则如图 1-8（b）所示。

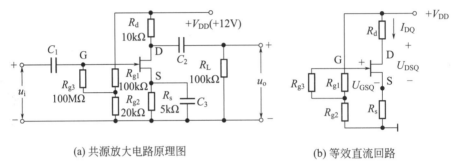

(a) 共源放大电路原理图　　　　　　　(b) 等效直流回路

图 1-8　分压式自偏压共源放大电路

2. 电路分析

① 直流回路分析　电源 V_{DD} 经电阻 R_{g1} 和 R_{g2} 分压后，通过 R_{g3} 供给栅极电位：

$$U_{GQ} = \frac{R_{g2}}{R_{g1} + R_{g2}} V_{DD}。$$

经交流分析可知，R_{g3} 的存在增大了放大器的输入电阻。漏极电流 I_{DQ} 在源极电阻 R_s 上产生压降 $I_{DQ}R_s$，加到场效应管栅源极间的直流电压为：

$$U_{GSQ} = \frac{R_{g2}}{R_{g1} + R_{g2}} V_{DD} - I_{DQ}R_s \qquad (1-6)$$

式（1-4）～式（1-6）联立求解，可得静态工作点参数 U_{GSQ}、I_{DQ}、U_{DSQ}。

② 交流回路分析　分压式自偏压共源放大电路的等效交流回路如图 1-9（a）所示，放大器微变等效电路如图 1-9（b）所示。通常 $r_{ds} \gg R_d$，在计算动态指标时常将 r_{ds} 视为开路。

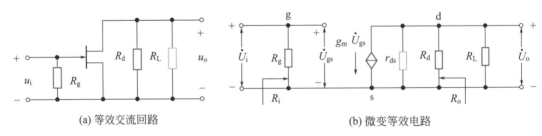

(a) 等效交流回路　　　　　　　　　(b) 微变等效电路

图 1-9　分压式自偏压共源放大电路的交流分析

该电路中的主要参数的计算公式如下：

放大倍数
$$A_u = \frac{\dot{U}_o}{\dot{U}_i} = \frac{-g_m \dot{U}_{gs}(R_d // R_L)}{\dot{U}_{gs}} = -g_m(R_d // R_L) \qquad (1-7)$$

输入电阻 $\qquad\qquad\qquad R_i \approx R_g$

输出电阻 $\qquad\qquad\qquad R_o \approx R_d$

八、双端输入双端输出式差分放大电路

1. 电路图

图 1-10 为采用双端输入、双端输出式差动放大器组成的简易直流电压表的电路原理图。被测电压加在 VT_1、VT_2 的基极之间，由 VT_1、VT_2 进行差分放大，输出信号由 VT_1、VT_2 的集电极取得，并由微安表指示被测电压的大小。该电路的最大优点是：当温度或电压发生变化时，VT_1 和 VT_2 的工作点会产生相同方向的漂移，只要 VT_1 和 VT_2 的性能一致，即可保持 VT_1 和 VT_2 的集电极输出端的电位差不变，从而抑制电压表的零点漂移误差。

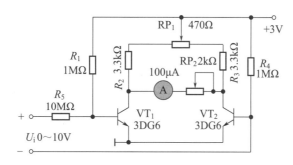

图 1-10　简易直流电压表的电路原理图

2. 电路分析

① 直流电路　由图 1-10 可知，该电路是一个双端输入双端输出式差分放大器的应用电路，R_1 和 R_4 分别构成 VT_1、VT_2 基极的固定式偏置电阻，R_2 和 R_3 分别是 VT_1、VT_2 集电极的负载电阻。

由于 $R_1 = R_4$，$R_2 = R_3$，VT_1 和 VT_2 同型号且性能一致，故在静态工作状态下的两个三极管工作电流相同，两管的基极、集电极及发射极上的直流电压值也是相同的。

② 双端输入电路　加在 VT_1、VT_2 基极上的电压 U_i 为直流电压，即 VT_1 基极端为正、VT_2 基极端为负，该输入信号为差模信号。

③ 双端输出电路　在静态时，两个三极管的基极无信号输入，VT_1 和 VT_2 的基极电流相等，两管的集电极直流电压相等，两集电极电压差为 0V，即静态时输出信号为 0V。

当输入差模信号时，该差模信号引起两管基极电流反方向变化，两管集电极电流相位也相反；即一个三极管集电极电流在增大，另一个三极管集电极电流在减少。此时，形成的 VT_1、VT_2 集电极电压之差即为输出信号。

在两个集电极输出端接有微安表和电位器 RP_2 构成的直流电压表，用来指示被测电压的值。调节 RP_2 可对电压表进行校准。

④ 调零电路　在图 1-10 中，RP_1 为调零电位器，当 U_i 为 0 时，由于电路中各对称元器

件的参数不完全相同，使得电路也不会完全对称，输出电压也不一定为零，这时可调节 RP_1 使输出端电压为0V。

 学习提示：差分放大电路的识图方法与注意事项

由上述实例可以看出：差分放大器本质上也是一种放大电路，所以对这类电路的分析和识图方法与一般放大器基本一样，但由于差分放大器在电路上有某些特殊性，因而在分析过程中也有不同之处。

（1）差分放大器的特殊性

① 差分放大器在电路结构上有两个输入端和两个输出端，实际电路可使用其中的一个，也可两个同时使用，这和一般放大电路完全不同。

② 一般的基本放大电路只用一个晶体三极管即可构成一级放大电路，而差动放大器必须同时使用两个晶体三极管才能构成一级放大器。

③ 差分放大器是一种用途广泛的放大电路，它既能放大直流信号，也能放大交流信号，还可构成多级放大器等。

④ 在差分放大器中会出现差模信号和共模信号，而电路本身对差模信号有明显的放大作用，对共模信号的放大能力却很低。

（2）差模信号及共模信号

① 差模信号：这是两个信号大小相等、相位相反的信号，它们分别加到两个三极管的基极。差模信号输入到差分放大器后，将引起两个三极管基极电流的相反方向变化，即一个三极管的基极电流在增大，另一个三极管的基极电流却在减小。差模信号是差分放大器所要放大的信号。

② 共模信号：这也是加到两个差分放大管基极的信号，但它们的大小相等、相位也相同。共模信号输入到差分放大器后，将引起两个三极管基极电流的相同方向变化，即一个三极管的基极电流在增大，另一个三极管的基极电流也等量增大。

共模信号对于差分放大器来说是无用的信号，是差分放大器所要抑制的信号，共模信号不是信号源发送至差分放大器的，而是由下列一些原因而形成的：

a. 温度对三极管影响而形成的共模信号。当三极管温度发生变化时，会引起三极管基极电流的相应变化。由于两个差分放大管处于同一工作环境中且两个三极管的性能相同，故温度对这两个三极管所产生的影响是一样的，相当于给两个三极管均输入了一个大小相等、相位相同的共模信号。

b. 由于差分放大器直流工作电压的波动而形成的共模信号。当差分放大器直流工作电压发生波动时，对三极管的静态偏置电流大小会有影响，这种工作电压的波动等效于给两个三极管的基极均输入了大小相等、相位相同的共模信号。

（3）分析差分放大电路时的注意事项

① 对于双端输出式差分放大电路，输出信号从两个三极管集电极之间输出，不同于一般的放大器电路从三极管集电极与地端之间输出或从发射极与地端之间输出。

② 对于双端输入式差分放大器，输入信号从两个三极管之间输入，而不同于一般的放大器电路是从基极与地端之间输入的。

③ 分析差分放大电路时，要分清输入的是差模信号还是共模信号。

九、串联型电流负反馈放大电路

具有负反馈的电压放大电路被称为负反馈放大电路，这类电路主要由两部分构成：基本电压放大电路和负反馈网络。负反馈放大电路大致可分为4种类型：串联型电流负反馈、串联型电压负反馈、并联型电流负反馈和并联型电压负反馈。实际电路中应用较多的是串联型电流负反馈放大电路和并联型电压负反馈放大电路。

1. 电路图

图1-11是经典的串联型电流负反馈放大电路。图中，晶体管 VT 的发射极电阻 R_e 为反馈元件；R_e 上的电压降为反馈电压 U_β；R_b 为基极电阻；R_c 为集电极电阻。

2. 电路分析

判断该电路反馈类型的方法是：第一，将电路的输出端（U_o 的两端）短路，使输出电压 $U_o=0V$，此时若 U_β 依然存在，则表明该电路为电流负反馈。第二，U_β 是与输入信号电压 U_i 串联后加于 VT 的基极与发射极之间的，故该电路输入串联型负反馈。综上，该电路是一个串联型电流负反馈放大电路。

该电路的放大原理是：输出信号电流 I_o 在 R_e 上产生了压降 U_β，由于 R_e 又串联于放大电路的输入信号回路之中，故 U_β 与 U_i 相互串联且极性相反。由于 U_β 抵消了一部分 U_i，因此，放大电路加入串联型电流负反馈之后，其电压放大倍数降低、电流放大倍数基本不变、输入阻抗增大、输出阻抗也略有提高。

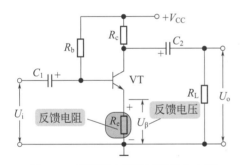

图 1-11 串联型电流负反馈放大电路

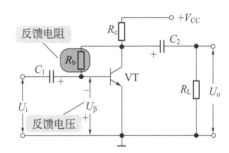

图 1-12 并联型电压负反馈放大电路

十、并联型电压负反馈放大电路

1. 电路图

图 1-12 是一种典型的并联型电压负反馈放大电路。图中，晶体管 VT 的基极电阻 R_b 为反馈元件；反馈电压 U_β 取自负载电阻 R_L 上的输出电压 U_o；R_c 为集电极电阻。

2. 电路分析

由图 1-12 可知，将电路的输出端（U_o 的两端）短路，使输出电压 $U_o=0V$，此时若 U_β 不复存在，则该电路是电压负反馈；U_β 通过 R_b 与输入信号电压 U_i 并联后加至 VT 的基极与发射极之间，则该电路属于并联型负反馈。综上，该电路是一个并联型的电压负反馈放大电路。

该电路的放大原理是：U_β 取自 U_o，与 U_i 相互并联且极性相反。由于 U_β 抵消了一部分 U_i，因此，放大电路加入并联型电压负反馈之后，其电压放大倍数基本不变、电流放大倍数降低，输入阻抗和输出阻抗均降低。

十一、万用表交流电压测量电路

1. 电路图

图 1-13 为 MF-20 型万用表交流电压测量电路。本节以解析电路的方式来说明放大电路的识图过程。

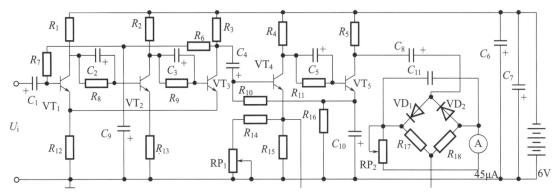

图 1-13   MF-20 型万用表交流电压测量电路

MF-20 型万用表是一个灵敏度高、用途多的便携式仪表，可分别测量交直流电压、电流、电阻及音频电平。在测量交流电压时，具有内阻高及可测量小信号的优点，其最小量程满刻度交流电压为 15mV。交流测量电压电路就是为测量小信号而设定的，交流小信号经多级放大电路放大后，再经整流电路变为直流，然后由直流电流表显示出被测信号的大小。

2. 电路分析

① 分解电路　分解时，将整个电路分为放大电路和整流显示两大部分。其中，放大电路主要由半导体三极管 $VT_1 \sim VT_5$ 组成。放大电路部分根据直流通路结构的不同又可分为两个单元电路，第一单元电路由 $VT_1 \sim VT_3$ 组成，第二单元电路由 VT_4、VT_5 组成，两单元电路之间采用阻容耦合的方式连接。

整流显示部分可进一步分为整流及显示两个单元电路。其中，整流单元电路由 VD_1、VD_2、R_{17}、R_{18} 组成；显示单元电路包含直流微安表 A，它也是整流电路的负载；C_1 为滤波元件。

② 放大部分的直流回路识图　在识图时，通常无须画出直流回路，只需分析一下即可。

由图 1-13 可知，由于两个单元放大电路之间是采用耦合电容 C_4 耦合的，所以两个放大单元电路的直流回路是彼此独立的，即两个放大单元电路的静态偏量设置的静态工作点互不影响。其中 $R_6 \sim R_9$ 为第一单元放大电路的基极偏流电阻，R_{10}、R_{11} 为第二单元放大电路的基极偏流电阻，用来设定各三极管的静态工作点。

③ 放大电路的交流回路　输入的被测交流信号 U_i 经 C_1 耦合送至 VT_1 进行放大，再经 C_2 耦合到 VT_2 放大，然后又经 C_3 耦合至 VT_3 放大，完成第一单元放大电路的放大，由 VT_3

集电极输出。VT_3 输出的信号经 C_4 输入至第二单元放大电路 VT_4 的基极，再经 C_5 耦合至 VT_5，最后由 VT_5 集电极输出经 C_8 输送至整流电路。

④ 放大电路的负反馈回路

a. 直流负反馈回路。为稳定三极管的静态工作点，在两个单元放大电路的直流回路中都设有直流负反馈，在第一单元放大电路中 R_6、R_7 是一个反馈支路，另一个反馈支路由 VT_3 发射极反馈到 VT_1 的发射极。在第二个单元放大电路中，由 VT_5 的发射极反馈至 VT_4 的基极。三极管的发射极电阻可起到局部的反馈作用，但它们主要用于交流负反馈。

b. 交流负反馈回路。为保证 MF-20 型万用表测量交流小信号的精度，首先要保证放大电路放大倍数的稳定性，故在放大电路中引入交流负反馈。交流负反馈通路包括从 VT_3 发射极到 VT_1 发射极的电流串联负反馈，及从 VT_5 集电极经微安表 A 到 VT_4 发射极的负反馈。

上述的各种负反馈仅局限于各单元放大电路内部的级与级之间，而两个单元放大电路之间不设置负反馈回路，目的在于防止电路产生自激振荡。

⑤ 整流电路　整流电路的输入电压为 VT_5 集电极与地之间的交流电压，负载为微安级电流表 A。由 VD_1、VD_2、R_{17}、R_{18} 组成的桥式整流电路完成整流工作，通过的电流可由电位器 RP_2 调节。

十二、射极跟随器电路

1. 电路图

图 1-14 是射极跟随器的基本原理图。该电路由晶体管构成，图中 R_1 为晶体管 VT 的基极偏置电阻，R_2 为发射极电阻，C_1 为输入耦合电容，C_2 为输出耦合电容。由于电路的输出电压 U_o 是从 VT 的发射极引出的，且 U_o 与输入电压 U_i 的相位相同、幅度也大致相同，故 VT 的电压跟随器也被称为射极跟随器。

2. 电路分析

该电路实质上是一个电压反馈系数 $F=1$ 的串联型电压负反馈放大电路，U_o 全部作为负反馈电压 U_β 而反馈至输入回路，抵消了绝大部分的 U_i，故基极电流 I_b 很小，由欧姆定律可知，射极跟随器的输入阻抗 R_i 很高（可达几百千欧）。

图 1-14 中，输出阻抗 R_o 是指从电路输出端观察的阻抗。当负载变换引起 U_o 下降时，U_i 被负反馈抵消的部分也随之减少，使得 U_o 回升，最终保持 U_o 基本不变。当负载变化引起 U_o 上升时，U_β 也随之增大，同样可确保 U_o 保持基本不变。如此，射极跟随器的 R_o 很小（仅为几十欧）。

射极跟随器的特点是输入阻抗很高、输出阻抗很低，它是最常用的阻抗变换和匹配电路，常用作电路的输入缓冲级和输出缓冲级，可减轻电路对信号源的影响，并可提高电路携带负载的能力。

十三、集成运放电压跟随器电路

1. 电路图

图 1-15 是一种典型的基于集成运放的电压跟随器的电路原理图。

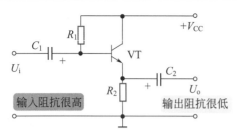

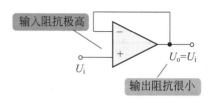

图 1-14　射极跟随器的基本原理图　　　　图 1-15　集成运放电压跟随器的电路原理图

2. 电路分析

该电路构成了集成运放的同相放大电路，当负反馈电阻 $R_f=0$ 时，即可构成电压跟随器。该电路的电压放大倍数 $A=1$，输出电压 U_o 与输入电压 U_i 的数值相等、相位相同。基于集成运放的电压跟随器的特点是，输入阻抗极高、输出阻抗很小，常用作阻抗变换器。

学习提示：基本功率放大电路

功率放大电路以输出功率为主要技术指标，它不仅要求有足够的输出电压，还要求具有较大的输出电流。

对功率放大电路的基本要求如下。

① 输出功率尽可能大：为获得足够大的功率输出，要求功放管的电压和电流均有足够大的输出幅度。功放管往往工作于接近极限的状态。

② 效率尽可能高：由于输出功率大，则直流电源消耗的功率也大，这使效率成为一个主要问题。功率放大器的效率是指，负载上得到的有用功率与直流电源供给的直流功率之间的比值，应使该比值尽可能高。

③ 非线性失真要小：功率放大电路是在大信号下工作的，所以不可避免地会产生非线性失真，而且同一功放管输出功率越大，非线性失真往往越严重，这就使输出功率和非线性失真成为一对主要矛盾。但是，在不同场合下，对非线性失真的要求不同，例如，在测量系统和电声设备中，这个问题显得非常重要，而在工业控制系统等场合，则以输出功率为主要目的，对非线性失真的要求就降为次要问题了。

④ 要考虑功放管的散热问题：在功率放大器中，有相当大的功率消耗在功放管的集电结上，使结温和管壳的温度升高。为了充分利用功放管所允许的管耗。以获得足够大的输出功率，需要采取措施，使功放管能有效地散热（如在功放管上加散热片）。

⑤ 功放管的参数选择与保护：在功率放大电路中，为了输出较大的信号功率，管子承受的电压要高，通过的电流要大，功放管损坏的可能性也就比较大，所以功放管的参数选择与保护问题也不容忽视。

⑥ 功率放大电路的分析任务：分析最大输出功率、最高效率及功率三极管的安全工作参数。在分析方法上，由于管子处于大信号下工作，故通常采用图解法。

十四、单管功率放大电路

1. 电路图

单管功率放大电路是最简单的功率放大电路，工作于甲类状态。图 1-16 是典型的单管功率放大电路。图中，VT 为功率放大管，偏置电阻 R_1、R_2 和发射极电阻 R_3 共同为 VT 建立起稳定的工作点；T_1、T_2 分别为输入、输出变压器，用于信号耦合、阻抗匹配和功率传送；C_1、C_2 为旁路电容，为信号电压提供交流回路。

该电路的主要优势是电路简单，主要缺点是效率较低，因此，一般适用于较小功率的放大器或用作大功率放大器中的推动级。

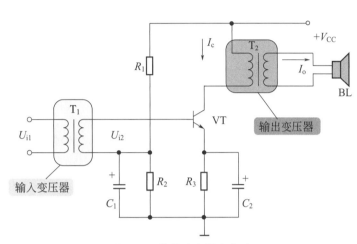

图 1-16　单管功率放大电路

2. 电路分析

该电路的工作原理：输入交流信号电压 U_{i1} 接至输入变压器 T_1 的初级，在 T_1 的次级得到耦合电压 U_{i2}，U_{i2} 叠加于晶体管 VT 基极的直流偏置电压（工作点）之上，使 VT 的基极电压随输入信号电压的变化而改变。由于晶体管 VT 的作用，VT 的集电极电流 I_c 亦作相应的变化，再经输出变压器 T_2 隔离直流，将交流功率输出电流 I_o 传递至扬声器 BL。

十五、推挽功率放大电路

这类放大电路采用两个功率放大器，分别放大正、负半周期的信号，较大地提高了放大电路的功率。根据晶体管的静态工作点是否为"0"，双管推挽功率放大电路又可分为乙类推挽和甲乙类推挽两种类型。

（1）乙类推挽功率放大电路

① 电路图　图 1-17（a）是典型的乙类推挽功率放大电路；这类电路的优点是效率很高，其缺点是存在严重的交越失真。而产生交越失真的原因是晶体管 U_b-I_c 曲线的起始部分呈弯曲状，当推挽功率放大电路处于乙类状态时，虽然输入信号电压 U_i 为正弦波，但由于两个晶体管集电极电流底部存在弯曲失真，结果合成的输出电流不再是正弦波；两个晶体管集电极电流合成波形的过渡部位发生的这种失真，即被称为交越失真。

② 电路分析　由图 1-17（a）可知，该电路是由两个相同的晶体管 VT_1、VT_2 构成的对称电路。输入变压器 T_1 的次级为中心抽头式对称输出，分别为 VT_1、VT_2 基极提供大小相等、相位相反的输入信号电压；输出变压器 T_2 的初级为中心抽头对称式，将 VT_1、VT_2 的集电极电流合成后输出。

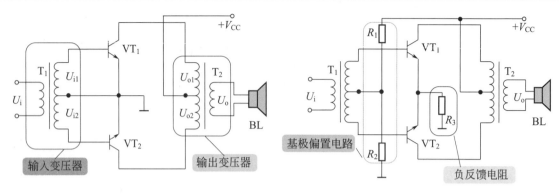

(a) 乙类推挽功率放大电路　　　　　　　　　(b) 甲乙类推挽功率放大电路

图 1-17　推挽功率放大电路

该电路的工作原理是：U_i 加至 T_1 的初级，并在该处产生大小相等、相位相反的两个交流电压 U_{i1} 和 U_{i2}，使 VT_1、VT_2 轮流工作。U_i 处于正半周期时，U_{i1} 和 U_{i2} 均为上正下负；U_{i1} 对于 VT_1 而言是正向偏置，VT_1 导通放大，其集电极电流 I_{c1} 通过 T_2，在扬声器 BL 上产生由上而下的电流 I_o；U_{i2} 对于 VT_1 而言是反向偏置，VT_1 截止。U_i 处于负半周期时，U_{i1} 和 U_{i2} 均为上负下正；U_{i2} 对于 VT_2 而言是正向偏置，VT_2 导通放大，其集电极电流 I_{c2} 通过 T_2，在 BL 上产生由上而下的电流 I_o。

综上，在 U_i 的一个周期内，VT_1、VT_2 虽然是轮流导通工作，但由于 T_2 的合成作用，在 BL 上仍可获得一个完整的输出电流波形。

（2）甲乙类推挽功率放大电路

① 电路图　这类电路是在乙类推挽功率放大电路的基础上改进的电路，它有效地克服了交越失真的问题。图 1-17（b）是典型的甲乙类推挽功率放大电路。

② 电路分析　与图 1-17（a）相比，这类电路仅增加了 3 个电阻：R_1、R_2 为基极偏置电阻，为两个功率放大管提供一定的基极偏置电压，以减小和消除交越失真；R_3 为发射极电阻，利用 R_3 上的电流负反馈作用来稳定工作点。

加入这 3 个电阻后，相当于给晶体管 VT_1 和 VT_2 均加上了一个小的偏置电压，使其产生一个小的静态工作电流，从而避免了小电流时的曲线弯曲部分，也即消除了交越失真。

（3）BTL 功率放大电路

BTL 功率放大电路又称为桥式推挽功率放大电路，其优点是可在较低的电源电压下获得较大的输出功率。在电源电压和负载阻抗相同的情况下，BTL 功率放大电路的输出功率是 OTL 或 OCL 放大电路的 4 倍。这类电路需要两个大小相等、相位相反的输入信号 U_{i1} 和 U_{i2}；故根据输入方式的不同，这类电路又可分为晶体管倒相式和自倒相式两种。

① 晶体管倒相式 BTL 功率放大电路

a. 电路图。图 1-18（a）是典型的晶体管倒相式 BTL 功率放大电路，图中，VT_1 为倒相晶体管，R_1、R_2 为基极偏置电阻，R_3 为集电极电阻，R_4 为发射极电阻。

b. 电路分析。输入信号电压 U_i 经 C_1 耦合至 VT_1 基极进行放大。因为晶体管集电极电压与发射极电压互为反相，且 $R_3=R_4$，所以从 VT_1 集电极和发射极即可获得大小相等、相位相反的两个信号电压 U_c 和 U_e，分别作为 IC_1 与 IC_2 的输入信号电压。扬声器 BL 接于

IC_1 输出端与 IC_2 输出端之间，R_7、R_6、C_4 为 IC_1 的负反馈网络，R_{11}、R_{10}、C_5 为 IC_2 的负反馈网络。

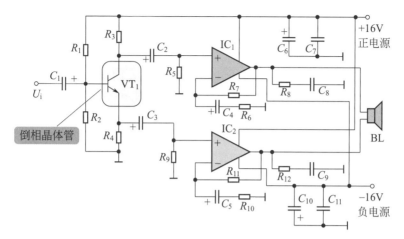

(a) 晶体管倒相式

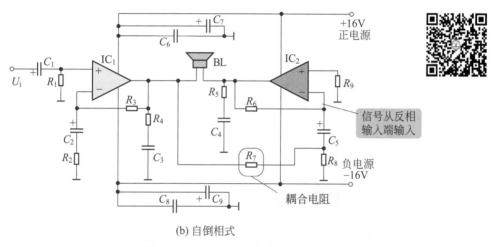

(b) 自倒相式

图 1-18　BTL 功率放大电路

② 自倒相式 BTL 功率放大电路

a. 电路图。图 1-18（b）是典型的自倒相式 BTL 功率放大电路，该电路不需倒相晶体管，IC_2 的输入信号不是直接取自放大器输入端的 U_i，而是取自 IC_1 的输出端。

b. 电路分析。U_i 经 C_1 耦合至 IC_1 的同相输入端进行放大，IC_1 输出端的输出电压在送至扬声器 BL 的同时，经 R_7 衰减后送入 IC_2 的反相输入端，如此在 IC_2 的输出端即可获得一个相位相反的输出电压。只要 R_7 的阻值选取适当，即可使 IC_1 与 IC_2 的输出电压大小相等且相位相反。R_3、R_2、C_2 和 R_6、R_8、C_5 分别为 IC_1 与 IC_2 的负反馈网络；C_3、R_4 和 C_4、R_5 分别为 IC_1 与 IC_2 的输出端消振网络。

十六、实用音频功放电路

BTL 功放电路的一个典型应用为：TDA7056A 的实用音频功放电路。

在彩色电视机中，音频功率放大器的任务是将伴音音频信号进行放大，输出足够的功率驱动扬声器，得到洪亮优美的电视伴音，以满足人们对听觉的要求。

彩电中伴音功放的发展大致经历了变压器耦合功率放大器、OTL 功率放大器和 OCL 功率放大器 3 个阶段。飞利浦公司推出了一种新型 BTL 音频功率放大器 TDA7056A。这种新型的 BTL 电视伴音功率放大器供电电源范围宽（4.5 ～ 18V），当 OCL 电路和 BTL 电路采用相同负载和相同电源时，BTL 功放电路输出的最大功率将是 OCL 功放电路的 4 倍。BTL 电路采用了桥式平衡技术，输出端可直接连接负载扬声器，无须外接隔直耦合电容，因而其低频特性好、稳定性高、杂音小、音质更佳。TDA7056A 的额定电压增益为 36dB，具有按对数曲线变化的直流音量控制电路，控制范围可达 80dB，当直流控制电压低于 0.3V 时，该放大器处于静音状态。

1. 电路图

TDA7056A 为单列直插式塑封结构，共 9 个引脚。其中，引脚 2 为电源供给端；引脚 3 为信号输入端；引脚 4 为控制部分接地端；引脚 5 为音量控制静音端；引脚 6 为同相输出端，引脚 7 为放大部分接地端；引脚 8 为反相输出端；引脚 1、9 为空脚。其内部主要由电压比较器、过热保护电路、两路完全相同的功率放大器组成。

该集成电路的特点是：外围元器件少；功耗低，热稳定性优良，可靠性高；各引脚有防电火花（ESD）保护；高频辐射极低，抗干扰性强；在 +12V 供电时，输出功率可达 3.5W，谐波失真小于 0.25%；音频频响特性曲线宽（20Hz ～ 20 kHz），音质佳，低音丰富；无电源开关闭合、断开时的"咔嚓"声。

TDA7056A 的典型应用电路如图 1-19 所示。

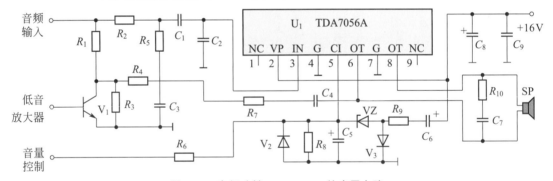

图 1-19 音频功放 TDA7056A 的应用电路

2. 电路分析

图中 +16V 直流电源经 C_9、C_8 滤波后，输入 TDA7056A（U_1）的引脚 2。电视伴音（音频信号）通过 R_2、C_1、C_2 耦合到 U_1 的引脚 3 音频输入端，经内部功率放大后，由引脚 6 和 8 输出驱动扬声器 SP 工作。从微处理器输入的音量控制直流电压，经 R_6、C_5 平滑滤波后，输入 U_1 的引脚 5，该引脚电压变化范围为 0.2 ～ 1.0V。V_2、VZ、V_3、R_9、C_6 组成一个消除遥控换台时"咔嚓"声及关机静噪电路。C_7、R_{10}、C_4、R_7 组成一个低音提升电路（DBB），由微处理器输入的"0/1"电平控制。

在图 1-19 中，U_1 选用 TDA7056A 伴音功放电路；V_1 选用 BC548 NPN 三极管；V_2、V_3 选用 1N4148 硅二极管；VZ 选用 4.7V 的稳压二极管；R_1 选用 3.3kΩ，R_2 选用 6.8kΩ，R_3 选

用 470 kΩ，R_4、R_5 选用 1.8kΩ，R_6 选用 4.7kΩ，R_7 选用 68kΩ，R_8、R_9 选用 240Ω，R_{10} 选用 7.1kΩ，均为 RTX-1/4W 的碳膜电阻器；C_1 选用 0.1μF，C_2、C_3 选用 0.01μF，C_4 选用 0.001μF，C_7 选用 0.047μF，C_9 选用 0.1μF，均为瓷介电容；C_5、C_6 选用 10μF/16V，C_8 选用 470μF/25V，均为电解电容；SP 选用 16Ω 扬声器。

3. 电路调试

按图 1-19 所示的电路结构与元器件尺寸，设计印制电路板。由于 TDA7056A 要求有一定的输出功率，因此要加足够的散热片。调试时，可在音频输入端外加伴音信号，并在音量控制端加高低电平，监听输出放大效果，并可调 R_{10}、C_2、C_3 等元件的参数，使音质更佳。

十七、晶体管倒相式 OTL 功率放大电路

1. 电路图

这类放电电路的特点是，利用晶体管对输入信号进行倒相。图 1-20 是一种典型的晶体管倒相式 OTL 功率放大电路。图中，VT_1 为倒相晶体管，C_1 为输入耦合电容，C_4 为输出耦合电容。

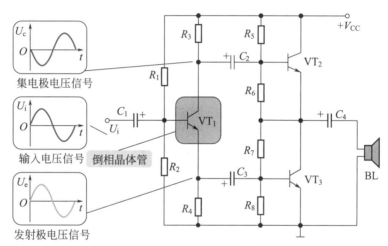

图 1-20 晶体管倒相式 OTL 功率放大电路

2. 电路分析

该电路的工作原理是：当输入信号电压 U_i 经 C_1 耦合至 VT_1 基极时，在 VT_1 集电极和发射极即可获得极性相反的两个电压信号，其中，集电极电压 U_c 与 U_i 反相、发射极电压 U_e 与 U_i 同相，使功放管 VT_2、VT_3 轮流导通工作，并通过 C_4 的充放电在扬声器 BL 上合成为完整的输出信号。

该电路的输入变压器被取消了，使功率放大电路的质量指标得以进一步的提高。

十八、互补对称式 OTL 功率放大电路

1. 电路图

这类放电电路的特点是，采用两个导电极性相反的功放管，因此只需要相同的一个基极信号电压即可。图 1-21 是一种典型的互补对称式 OTL 功率放大电路。图中，功放管 VT_2 为

NPN 型晶体管，VT$_3$ 为 PNP 型晶体管；推动级 VT$_1$ 集电极输出电压 U_{c1} 即为 VT$_2$ 和 VT$_3$ 的基极信号电压。

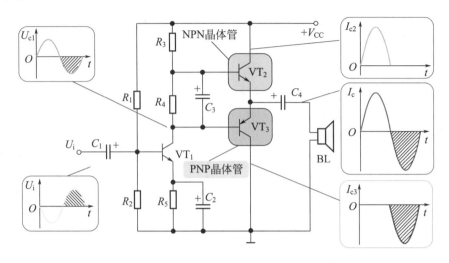

图 1-21　互补对称式 OTL 功率放大电路

2. 电路分析

U_{c1} 处于正半周期时，VT$_2$ 导通；U_{c1} 处于负半周期时，VT$_3$ 导通；通过 C_4 在 BL 上可合成为一个完整的信号波形。VT$_1$ 的集电极电阻 R_3、R_4 分别为 VT$_2$、VT$_3$ 提供基极偏置电压。

十九、集成 OTL 功率放大电路

1. 电路图

图 1-22 为基于集成运放 TDA2040（IC$_1$）的 OTL 功率放大电路。图中，采用 +32V 单电源作为工作电压，该电路的电压增益为 30dB（即放大倍数为 32），扬声器的阻抗 $R_{BL}=4\Omega$ 时电路的输出功率为 15W，扬声器的阻抗 $R_{BL}=8\Omega$ 时电路的输出功率为 7.5W。

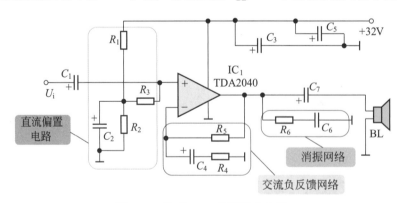

图 1-22　集成 OTL 功率放大电路

2. 电路分析

信号电压 U_i 由 IC$_1$ 的同相输入端进入电路，C_1 为输入耦合电容；R_1、R_2 为偏置电阻，

将 IC_1 的同相输入端偏置于电源电压的 1/2 处（+16V）；R_3 的作用是防止因 R_1、R_2 而降低输入阻抗；R_5 为反馈电阻，它与 C_4、R_4 共同构成交流负反馈网络，决定着电路的电压增益，其放大倍数为 $A=R_5/R_4$；C_7 为输出耦合电容；C_6、R_6 构成输出端消振网络，以防电路产生自激振荡；C_3、C_5 为电源滤波电容。

二十、OCL 功率放大电路

OCL 功率放大电路又称为无输出电容式功率放大电路，它采用对称的正、负双电源供电，两个功放管的连接点（中点）的静态电位为 0V，为取消输出耦合电容创造了条件。由于无输出耦合电容，使得放大电路的频响等参数指标比 OTL 电路更高。

1. 电路图

图 1-23 是一种典型的 OCL 功率放大电路。图中，VT_1 为推动级放大晶体管；VT_2 与 VT_4 构成 NPN 型复合管；VT_3 和 VT_5 则构成 PNP 型复合管，承担着功率放大的任务；R_1、R_2 为 VT_1 的基极偏置电阻；R_5 为 VT_1 的发射极电阻，用于稳定工作点；R_3、R_4 既是 VT_1 的集电极负载电阻，又是两对复合功放管的基极偏置电阻。

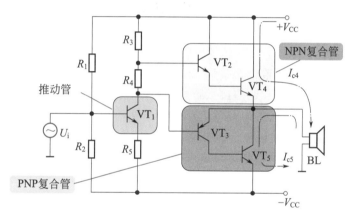

图 1-23　OCL 功率放大电路

2. 电路分析

该电路的工作原理是：输入信号 U_i 经 VT_1 放大后，从其集电极输出推动电压 U_{c1}；U_{c1} 处于正半周期时，VT_2、VT_4 导通，电流 I_{c4} 由正电源（$+V_{CC}$）经 VT_4、扬声器 BL 接入地；U_{c1} 处于负半周期时，VT_3、VT_5 导通，电流 I_{c5} 由地经 BL、VT_5 到负电源（$-V_{CC}$）。从而在 BL 上合成为一个完整的波形。

二十一、集成 OCL 功率放大电路

1. 电路图

图 1-24 是一种经典的集成 OCL 功率放大电路，它是基于集成运放 TDA2040（IC_1）构成的。图中，采用 ±16V 对称双电源作为工作电压，该电路的电压增益为 30dB（即放大倍数为 32），扬声器的阻抗 $R_{BL}=4\Omega$ 时电路的输出功率为 15W，扬声器的阻抗 $R_{BL}=8\Omega$ 时电路的输出功率为 7.5W。

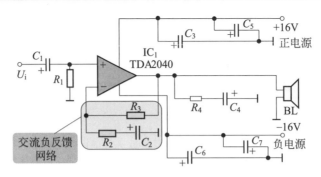

图 1-24　集成 OCL 功率放大电路

2. 电路分析

　　该电路由于采用的是正、负电源供电，故其输入端不需偏置电路；电压增益由 R_3 和 R_2 决定，放大倍数 $A=R_3/R_2$。C_3 和 C_5、C_6 和 C_7 分别为正、负电源的滤波电容。

二十二、双声道功率放大电路

1. 电路图

　　图 1-25 是一种典型的双声道功率放大电路（图中仅画出了左声道部分，右声道部分与它是完全相同的，因而省略未画），这类电路是家庭影院系统的必备部分，也是电子电路设计者最乐于制作的电子产品。该电路是基于集成运放和集成功放而构建的，具有电路结构简单、功能齐全、保护电路完备、制作调试维修均简便的优点。

　　如图 1-25 所示，左声道放大电路的上半部分包括：波段开关 S 构成的输入选择电路，电位器 RP_1 等构成的平衡调节电路，电位器 RP_2 等构成的音量调节电路，集成运放 IC_1 等构成的前置电压放大电路，电位器 RP_3、RP_4 等构成的音调调节电路，集成功放 IC_2 等构成的功率放大电路。

　　左声道放大电路的下半部分则为扬声器保护电路，由 $VT_1 \sim VT_3$ 等组成。

2. 电路分析

　　由图 1-25 可知，该电路的工作原理是：音源信号经耦合电容 C_1、隔离电阻 R_1、音量电位器 RP_2 进入 IC_1 电压放大后，通过音调控制网络，再经 C_9 耦合至 IC_2 进行功率放大，以便驱动扬声器或音箱；调节 RP_2 即可调节电路的输出音量。图中，S 的作用是输入信号的选择，从 4 个输入端中任取 1 个，如此即可将收音头、DVD 等多个音源设备同时接入功率放大电路。扬声器保护电路的作用有两个：①开机延时静噪，避开了开机时浪涌电流对扬声器的冲击；②功放输出中点电位偏移保护，以防止损坏扬声器。

　　（1）平衡调节电路

　　该单元电路由电位器 RP_1 与隔离电阻 R_1、R_2 组成，作用是使左右声道的音量保持平衡，这在双声道立体声功率放大电路中是必需的。

　　在两个声道信号电平一致的情况下，RP_1 移动臂（接地点）指向其中点时，两个声道的输出是相等的。

　　当 RP_1 移动臂上移时，左声道的衰减增加、输出电平减小；当 RP_1 移动臂下移时，右声道的衰减增加、输出电平减小。因此，在两个声道信号电平不一致时，可通过调节 RP_1 来到达平衡两声道的目的。

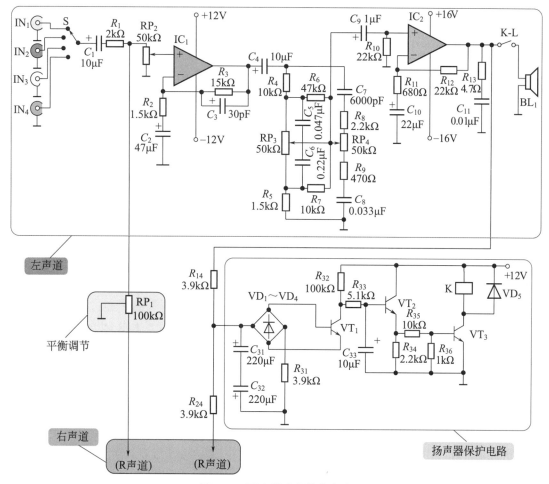

图1-25 双声道功率放大电路

（2）前置电压放大电路

如图1-25所示，该单元电路的作用是对音源信号进行电压放大，它主要由集成运放IC_1等构成。音源信号经由IC_1同相输入端进入电路，放大后再由IC_1输出端输出，且输出信号与输入信号同相。

在IC_1输出端与反相输入端之间，接有R_2、R_3、C_2等构成的交流负反馈网络，由于集成运放的开环增益极高，因此电路的闭环增益仅取决于负反馈网络，电路的放大倍数$A=R_3/R_2=10$，改变R_3和R_2的比值即可变更电路的增益。深度负反馈有利于电路稳定、减小失真。

（3）音调调节电路

如图1-25所示，该单元电路的作用是调节高、低音，它由电阻$R_4 \sim R_9$、电容$C_5 \sim C_8$、电位器RP_3与RP_4构成一个衰减式音调调节网络，平均插入损耗约为10dB。

电路图的左边为低音调节电路，当RP_3的移动臂位于最上端时，低音信号最强，RP_3的移动臂位于最下端时，低音信号最弱。

同理，电路图的右边为高音调节电路，当RP_4的移动臂位于最上端时，高音信号最强；RP_4的移动臂位于最下端时，高音信号最弱。

（4）功率放大器电路

如图 1-25 所示，该单元电路的作用是对电压信号进行功率放大并驱动扬声器。它采用了高保真音频功放集成电路 TDA2040（IC_2），具有输出功率大、失真小、内部保护电路完备、外围电路简单等优点。

该电路的闭环放大倍数 $A=R_{12}/R_{11}=32$，在 $\pm16V$ 电源电压供电时可向 4Ω 负载提供 20W 的不失真功率。

R_{13} 与 C_{11} 构成一个消振网络，以确保电路的工作稳定。

（5）扬声器保护电路

如图 1-25 所示，该单元电路包括：电阻 R_{14} 和 R_{24} 构成的信号混合电路，二极管 $VD_1 \sim VD_4$ 和晶体管 VT_1 构成的直流检测电路，晶体管 VT_2 和 R_{32}、R_{33}、C_{33} 等构成的延时电路，晶体管 VT_3 和继电器 K 构成的控制电路。

① 开机静电　整个电路开机通电时，由于电容两端的电压无法突变，C_{33} 上的压降为"0"，使 VT_2、VT_3 截止，K 不吸合（其接触点 K-L、K-R 断开，K-R 位于右声道电路），则可分别切断左、右声道功放输出端与扬声器之间的连接，防止开机瞬时浪涌电流对扬声器的冲击。

随着 +12V 电源经 R_{32}、R_{33} 对 C_{33} 的充电，C_{33} 上的压降不断升高；经过一段时间后，C_{33} 上的电压达到 VT_2 的导通阈值，VT_2、VT_3 导通，K 吸合（K-L、K-R 闭合），则可分别接通左、右声道功放输出端与扬声器之间的连接，使扬声器进入正常工作状态。

开机延时时间取决于 R_{32}、R_{33}、C_{33} 的取值，通常为 $1 \sim 2s$。

② 电位偏移保护　若 OCL 功放输出端出现较大的正或负的直流电压，则会烧毁扬声器，故功放输出端中点电位的偏移保护是必不可少的。

图 1-25 中，二极管 $VD_1 \sim VD_4$ 构成了一个桥式电位偏移检测电路；左、右声道功放输出端分别通过 R_{14}、R_{24} 混合后接至桥式检测电路，R_{14}、R_{24} 同时与 C_{31}、C_{32}（这两个电解电容反向串联成一个无极性电容）构成一个低通滤波器，滤除交流成分。

在 OCL 功放正常工作时，其输出端仅存在交流信号而无明显的直流信号，保护电路不会被启动。

当某一声道输出端出现直流电压时，若该电压为正，经 R_{14}（或 R_{24}）、VD_1、VT_1 的 b-e 结、VD_4、R_{31} 到地，使 VT_1 导通；若该电压为负，则经 R_{31}、VD_2、VT_1 的 b-e 结、VD_3、R_{14}（或 R_{24}）到功放输出端，亦可使 VT_1 导通。VT_1 导通后，使 VT_2、VT_3 截止，K 释放（K-L、K-R 断开），切断功放输出端与扬声器之间的连接，起到了保护扬声器的作用。

VD_5 为保护二极管，防止 VT_3 截止的瞬时，K 的线包产生反向电动势，击穿 VT_3。

 学习提示：功率放大电路的故障诊断

（1）诊断方法

功率放大电路用于对各种音源输出的音频信号进行加工处理和不失真地放大，使之达到一定的功率，足以驱动扬声器发声。这类电路已从早期的单声道发展到双声道或多声道功放，正向着高保真、大功率、电压适应范围宽的方向发展。在高保真音响设备中，功率放大电路通常由 2 个或 2 个以上的音频声道所组成，每个声道又分为 2 个主要部分（前置放大器和功率放大器）。

功率放大电路工作于高电压、大电流、重负荷的条件下，当强信号输入或输出负载短路时，功率放大管会因流过很大的电流而被烧坏。此外，在强信号输入或开机、关机时，扬声器也会因强电流的冲击而损坏。故必须对大功率音响设备的功率放大器设置相应的保护电路。

诊断音频功率放大电路故障的常用方法有电流检测法、电压检测法、对比检测法和中点电压法。功率放大电路中的"中点电压"是指末级一对互补功率管连接处的电压，对于 OTL 电路来说，是电源电压的一半，对于 OCL 电路来说，是 0V。在诊断功率放大电路的故障或排除功率放大电路故障后，一般通过测量中点电压来防止因电路故障排除不彻底而造成的开机组件再次损坏这一问题。

（2）故障诊断与维修实例：定压式功率放大器的开机故障诊断

对于某台 C-Pr03501s 定压式功率放大器，需实现开机即保护。

电路故障分析与排除：功率放大器开机即保护，一般是指功放电路的中点电压偏移而引起的电路保护或保护电路本身不正常。

首先，测中点电压为 +80V，说明电压推动级有 NPN 管饱和导通。以数字式万用表二极管挡检测电压放大级部分三极管，发现 VT$_3$ 已击穿。VT$_3$ 的型号为 2SC2073，与其配对的 PNP 二极管型号为 2SA940，因目前在市场上很难买到正品，故用拆机原装东芝管 2SA1837/2SC4793 中功率管来代换 2SA940/2SC2073。

需要注意的是，电压推动部分的对管只要损坏一个，就应配对一起更换。

其次，更换 VT$_3$、VT$_4$ 中功率对管后，中点电压正常。但继电器仍不吸合，再测量保护电路中的三极管，发现 VT$_2$ 的集电极无电压（保护电路如图 1-26 所示）。测发光二极管 LED$_1$ 开路，更换发光二极管后，继电器 K 能正常吸合。将输出变压器接上，试机正常，故障被排除。

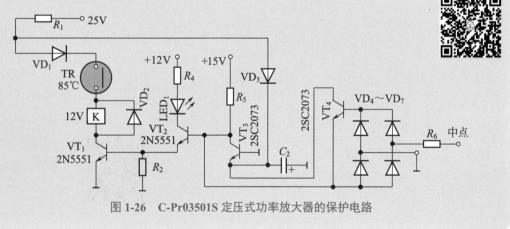

图 1-26 C-Pr03501S 定压式功率放大器的保护电路

二十三、中频放大电路

1. 电路图

图 1-27 是一种典型的中频放大电路，它仅对包含一定带宽的中频信号进行放大。例如，调幅收音机的中频频率为 465kHz，其内部的中频放大电路仅能放大频率为 465kHz（附带一定带宽）的信号；调频收音机的中频频率为 10.7MHz，其内部的中频放大电路仅能放大频

率为 10.7MHz（附带一定带宽）的信号；电视图像的中频频率为 38MHz，电视机内部的中频放大电路仅能放大频率为 38MHz（附带一定带宽）的信号。

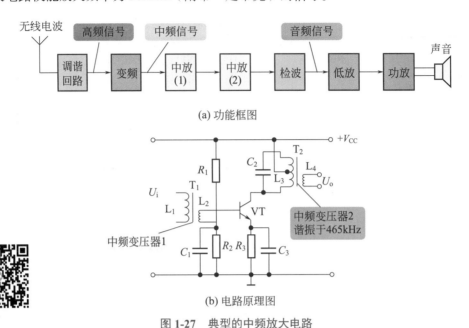

(a) 功能框图

(b) 电路原理图

图 1-27　典型的中频放大电路

2. 电路分析

如图 1-27（a）所示，超外差调幅收音机的功能方框图表明：该电路的两级中频放大电路的作用是对 465kHz 的中频信号（含一定带宽）进行放大，然后送入检波级。该电路的灵敏度和选择性等技术指标主要依靠中频放大电路来实现。

如图 1-27（b）所示，中频放大电路中的 T_1、T_2 为中频变压器，T_2 的初级线圈 L_3 与 C_2 构成一个并联型谐振回路，作为中放管 VT 的集电极负载；L_3 与 C_2 回路的谐振频率为 465kHz，故只有以 465kHz 为中心的一定带宽内的信号才能在回路中产生较大的压降，经 T_2 耦合输出。

图 1-27（b）中，R_1、R_2、R_3 为 VT 提供稳定的偏置电压，C_1、C_3 为旁路电容。

二十四、高频放大电路

1. 电路图

高频放大电路是另一种典型的选频放大电路，它仅对特定频率的高频信号进行放大。其电路原理图如图 1-28 所示。

2. 电路分析

如图 1-28（a）所示，调频无线话筒电路的功能框图中，高频放大电路的功能是将被话音信号调制的高频信号进行放大，再通过天线辐射出去。

如图 1-28（b）所示，高频放大电路中的晶体管 VT 为高频放大管，L 与 C_2 构成一个并联型谐振回路，作为 VT 的集电极负载；L 与 C_2 回路的谐振频率为 98MHz，故它仅对以

98MHz 为中心的一定带宽的信号产生共振，这一频率范围内的信号可在电路上获得较大的输出电压 U_o，再经由天线辐射输出。

图 1-28（b）中，R_1、R_2 为 VT 的基极偏置电阻，C_1 为输入耦合电容。

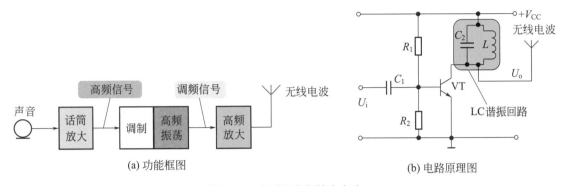

图 1-28　典型的高频放大电路

二十五、采用陶瓷滤波器的 FM 中频放大电路

 学习提示：陶瓷滤波器

　　利用某些陶瓷材料（如锆钛酸铅等）的压电效应可制成陶瓷谐振器，其工作原理及等效电路与石英晶体谐振器相同，差别在于陶瓷谐振器的 Q 值较低（约几百），串、并联谐振频率的间隔较大。陶瓷滤波器除了有双电极的结构之外，还可制成三电极结构，它是在陶瓷片的一个面上形成两个环形（或其他形状）的电极，其中一个作输入端，另一个作输出端。而陶瓷片另一面未分割的电极作公共端，从而构成三端式的陶瓷滤波器 [图 1-29（a）]。

　　这种滤波器的原理是利用谐振时产生的机械波实现输入、输出间的耦合，其等效电路相当于变压器耦合的单谐振回路。三端陶瓷滤波器具有较宽的通频带和良好的选择性（如作电视接收机中 6.5MHz 的伴音带通滤波器）。

　　若将多个陶瓷谐振器按 T 形结构级联并做成单块组件形式，则成为性能优良的四端陶瓷滤波器 [图 1-29（b）]；通常级联的谐振器越多，滤波性能越好。四端陶瓷滤波器具有 Q 值高、通带损耗小、选择性好及体积小等优点，其工作频率可从几兆赫兹到 100MHz，相对带宽为千分之几到百分之几。

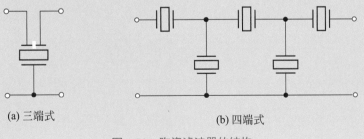

(a) 三端式　　　　　　　　　(b) 四端式

图 1-29　陶瓷滤波器的结构

1. 电路图

图 1-30 是采用陶瓷滤波器的 FM 中频放大电路，该电路主要由中频输入变压器 T_1、陶瓷滤波器 CF_1、中频放大器 VT_1 和中频变压器 T_2 等部分构成，常用于放大 FM 的中频信号。

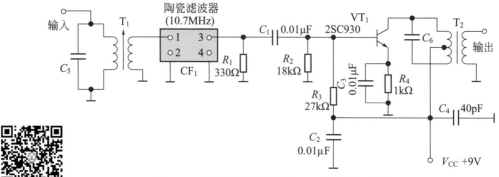

图 1-30 采用陶瓷滤波器的 FM 中频放大电路

2. 电路分析

由图 1-30 可知，来自 FM 前级电路的中频（10.7MHz）信号首先被送入 T_1 的初级绕组，该绕组与 C_5 构成一个中频谐振电路，具有选频的特性；T_1 的次级绕组接有一个 10.7MHz 的陶瓷滤波器，它将选中的中频信号送至下一级中频放大器晶体管 VT_1 的基极，实现放大。经放大后的信号再经第二中频变压器 T_2 输出至下一级。

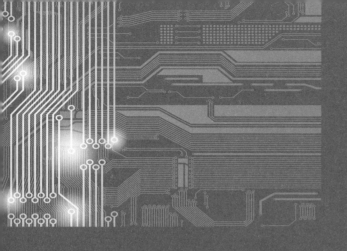

第二章
02
振荡电路

 学习提示

正弦波振荡器电路的分析步骤和方法如下。

① 直流电路分析方法：直流电路分析可画出等效电路图，且振荡管有放大能力，这由直流电路来保证。

② 正反馈过程分析方法：与负反馈电路的分析方法是相同的，只是正反馈的结果加强了振荡管的净输入信号。

③ 选频电路看图分析：关于采用 LC 并联谐振电路作为选频电路的分析方法说明如下。

a. 找出谐振线圈 L，这是比较容易的，通过 L 的电路符号可以找到。

b. 找出谐振电容，凡是与 L 并联的电容均参与了谐振，找谐振电容应该在找 L 之后进行，如此做法比较方便。因为电感 L 在电路中比较少，容易找出，电容在电路中比较多，不容易找出。

c. 选频电路中的电容或电感若是可变的，都将改变振荡器的振荡频率，说明这一振荡器的振荡频率可调整。

d. LC 并联谐振电路选频的方式有多种，有的是作为振荡管的集电极负载，有的则不是。

④ 找出振荡器电路输出端：振荡器输出端要与其他电路相连，输出信号可取自振荡管的各个电极，可通过变压器耦合，也可通过电容耦合。

⑤ 了解稳幅原理：对稳幅原理只需了解即可，不必对每一个具体电路进行分析。

稳幅原理：在正反馈和振荡管放大的作用下，信号幅度增大，导致振荡管的基极电流也增大，当基极电流大到一定程度后，将引起振荡管的电流放大倍数 β 减小；振荡信号电流越大，β 越小，最终导致 β 很小，使振荡器的输出信号幅度减小，即振荡管基极电流减小，β 又增大，振荡管又具备放大能力，使振荡信号再次增大，如此反复循环总有一点是动平衡的，动平衡时振荡信号的幅度处于不变状态，达到稳幅的目的。

⑥ 了解起振原理：振荡器的起振原理也是只需了解即可，不必对每一个电路进行分析。

起振原理：在分析正反馈过程时，假设某瞬间振荡管的基极信号电压为正，其实振荡器是没有外部信号输入的，而是靠电路本身自激产生振荡信号。开始振荡时的振荡信号是这样产生的：在振荡器电路的电源接通瞬间，由于电源电流的波动，这一电流波动中含有频率范围很宽的噪声，这其中必有一个频率等于振荡频率的信号。

一、RC 桥式振荡电路

1. 电路图

这类电路又称为文氏电桥振荡电路，如图 2-1（a）所示。RC 桥式振荡电路的优点是起振容易、输出波形好、输出功率较大、应用广泛。图中，VT_1、VT_2 构成一个两级阻容耦合放大电路；R_1、C_1 串联及 R_2、C_2 并联后共同构成一个正反馈网络，用以选频和产生振动；R_5 和 RT 构成一个负反馈网络，用于改善输出波形；R_3、R_4 和 R_7、R_8 则分别为 VT_1、VT_2 的基极偏置电阻；C_7 为振荡电压的输出耦合电容。

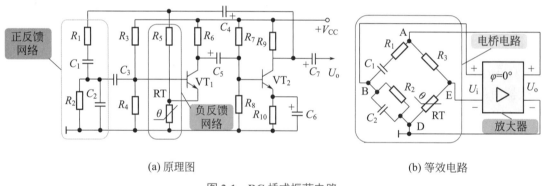

(a) 原理图   (b) 等效电路

图 2-1　RC 桥式振荡电路

2. 电路分析

该电路的工作原理是：如图 2-1（b）所示，正反馈网络和负反馈网络恰好构成了一个电桥电路；图中，VT_1、VT_2 组成一个移相角为 0°的放大器，电桥的 A、D 两端接入放大器的输出端，B、E 端则接入放大器的输入端。当信号频率等于 R_1、C_1 和 R_2、C_2 正反馈网络的谐振频率时，放大器的输出电压 U_o 与反馈至输入端的电压 U_i 同相，电路振荡。

该电路的振幅稳定原理是：电桥 E-D 两端的 RT 是正温度系数的热电阻，其功能是稳定振荡幅度；当振荡增强时，流过热电阻 RT 的电流增大，导致其温度升高、阻值变大，使负反馈增强、振荡减弱；反之，亦可增强振荡，达到稳定振幅的目的。

二、音频信号注入器电路

音频信号注入器是一种常用的电路，它通过仪器前端的探针，向被测电路注入特定的音频信号，以此诊断电路的故障位置，实际中常用于诊断、检修各种音频电路和音频设备。

1. 电路图

图 2-2 是音频信号注入器的电路原理图，图中，晶体管 $VT_1 \sim VT_3$ 等构成一个音频振荡器，晶体管 VT_4 等构成一个输出缓冲电路。

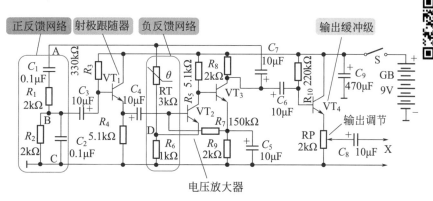

图 2-2　音频信号注入器的电路原理图

2. 电路分析

该仪器的工作原理是：振荡器（$VT_1 \sim VT_3$）产生约 800Hz 的音频信号，经射极跟随器（VT_4）缓冲后，由探针 X 注入被测电路；整台仪器采用 9V 电池作为电源，C_9 为电源去耦滤波电容，S 是电源开关。

① 音频振荡器　该仪器中的音频振荡器是一个典型的 RC 桥式振荡电路，由 RC 电桥和放大器两部分构成。RC 桥式振荡电路采用 RC 电桥作为反馈，电桥的左边是由 C_1、R_1 串联和 C_2、R_2 并联组成的两个臂，右边则是由 RT 和 R_6 构成的两个臂。放大电路的输出电压 U_o 接至电桥的一条对角线 AC，从电桥的另一条对角线上取出反馈电压 U_i 送回至放大器的输入端。

电路形成振荡的相位条件是正反馈，即 U_o 与 U_i 同相。当电阻与电容确定时，电桥只在一个频率上满足这一点，故 RC 电桥具有选频特性〔谐振频率为 $f=1/(2\pi RC)$，式中，$R=R_1=R_2$、$C=C_1=C_2$〕。由此可知，改变 R 与 C 的值，即可改变振荡频率。

RC 桥式振荡电路要求其移相为"0"且具有足够的放大倍数。VT_2 和 VT_3 构成的双管直接耦合放大器，其输入与输出同相，可满足这个要求。对放大器而言，电桥左边 C_1+R_1 臂和 $C_2//R_2$ 臂构成一个正反馈选频电路，右边的 RT 臂与 R_6 臂构成一个负反馈稳幅电路，同时，R_6 还是 VT_2 的发射极电阻。

RC 振荡器中的放大部分必须工作于甲类放大状态，以确保良好的振荡波形，故 RC 振荡电路无法像 LC 振荡器那样，利用振荡管本身工作于非线性区域的特性来保持振荡稳定。实际中，常用的办法是在负反馈电路中采用热电阻。如图 2-2 中的 RT 即是具有负温度系数的热电阻；当振荡电路输出电压 U_o 增大时，通过 RT 的电流增大，RT 的温度升高而阻值减小，负反馈系数增加，放大电路的电压增益下降，进而将 U_o 拉低，达到了稳定振荡的目的。

射极跟随器 VT_1 接于 RC 电桥与双管直接耦合放大器之间，其作用是减轻放大器对 RC 选频网络的影响，有助于提高频率的稳定性。

②输出缓冲电路 该单元电路的作用是隔离负载（即被测电路）对振荡器的不良影响。输出缓冲电路实质上是一个由 VT_4 构成的一级射极跟随器，由于其具有很高的输入阻抗，对振荡电路的影响极小；同时又具有很低的输出阻抗，提高了振荡电路的输出驱动能力。通过调节电位器 RP，即可改变输出信号的大小。

 **振荡电路的调试**

（1）减小环境因素变化的方法（即减小 $\triangle a$）

影响振荡器工作的环境因素主要有：温度、电源电压、湿度、气压、振动、冲击、外接负载等。

减小温度变化的方法是采用恒温技术；减小电源电压变化的方法是采用高精度的稳压源；减小湿度、气压变化的方法是采用密封技术；减小振动、冲击的方法是采用减振措施；减小负载影响的措施是采用隔离技术等。

（2）减小环境因素引起的相角变化（即减小 $\left|\dfrac{\partial \omega_0}{\partial \omega_0}\right|$）

减小环境因素变化引起的相角变化时，最重要的是提高选频网络的标准性，即减小 $\left|\dfrac{\Delta \omega_0}{\omega_0}\right|$。如 LC 并联谐振回路 $\omega_0 = \dfrac{1}{\sqrt{LC}}$，其标准性：

$$\frac{\Delta \omega_0}{\omega_0} = -\frac{1}{2} \times \frac{\Delta C}{C} - \frac{1}{2} \times \frac{\Delta L}{L} \tag{2-1}$$

式中，ω_0 为 LC 谐振回路的谐振角频率。

所以，提高标准性等效于提高回路元件数值的稳定性。常用的措施有：采用低温度系数、高稳定性的元件，利用正负温度系数的元件互相补偿；选用克拉泼或西勒电路减小晶体管寄生参量的影响等。

（3）提高频率变化引起的相位变化（即提高 $\left|\dfrac{\partial \varphi_{\Sigma}}{\partial \omega_g}\right|$）

$\left|\dfrac{\partial \varphi_{\Sigma}}{\partial \omega_g}\right|$ 越大，$\Delta \omega_g$ 越小，所以将 $\left|\dfrac{\partial \varphi_{\Sigma}}{\partial \omega_g}\right|$ 称为稳频能力。

$$\frac{\partial \varphi_{\Sigma}}{\partial \omega_g} = \frac{\partial \varphi_Y}{\partial \omega_g} + \frac{\partial \varphi_F}{\partial \omega_g} + \frac{\partial \varphi_Z}{\partial \omega_g} \tag{2-2}$$

式中，φ_Y 为负载和晶体管参数变化等因素所导致的频率变化；φ_F 为振荡电路的谐振频率；φ_Z 为品质因数 Q 较高时，振荡电路在其振荡角频率附近的相位；ω_g 为振荡角频率。

式（2-2）的三项中起决定作用的是 $\dfrac{\partial \varphi_Z}{\partial \omega_g}$，其他两项相比之下影响很小。对于 LC 并联谐振回路，有：

$$\frac{\partial \varphi_Z}{\partial \omega_g} = -\frac{2Q_c}{\omega_0} \tan \varphi_Z$$

（2-3）

式中，Q_c 为 LC 回路的有载品质因数。

回路的有载品质因数越高，则稳频能力越强。提高有载品质因数最简单的方法是减小回路电容、增大回路电感。但是随着工作频率的提高，电容的减小必然会增大晶体管极间电容和电路中分布电容的影响，从而降低回路的标准性，不利于稳频。实际中，有效的方法是减小元件的损耗（如采用镀银陶瓷线圈、利用隔离减轻振荡器的负载等）。减小 φ_Z 的措施通常有：选用高特征频率的晶体管；选用电容回授式振荡器电路；采用相位补偿等。

不同振荡器电路的频率稳定度是不同的。如 RC 振荡电路的频率稳定度一般在 10^{-3} 量级，LC 振荡器的频率稳定度一般在 10^{-4} 量级，比 RC 振荡电路要好。要求频率稳定度更高时，则必须采用石英晶体振荡器，它的频率稳定度可达 10^{-6} 量级。用于国家时间标准的振荡器是铯原子钟或氢原子钟，其频率稳定度可达 10^{-15} 量级。

三、变压器耦合振荡电路

变压器耦合振荡电路是指由变压器构成反馈电路并实现正反馈的正弦波振荡电路。其特点是输出电压较大，常用于频率较低的振荡器之中。

1. 电路图

图 2-3 是典型的变压器耦合振荡电路，图中，LC 谐振回路接于晶体管 VT 的集电极，振荡信号通过变压器 T 耦合反馈至 VT 的基极。

如图 2-3 所示，正确接入变压器的反馈线圈 L_1 与振荡线圈 L_2 之间的极性，可确保振荡电路的相位条件得以满足。R_1、R_2 为 VT 提供适当的偏置电压，使 VT 有足够的电压增益，可确保振荡电路的振幅条件得以满足。满足上述条件后，振荡电路即可稳定地产生振荡，经 C_4 输出正弦波信号。

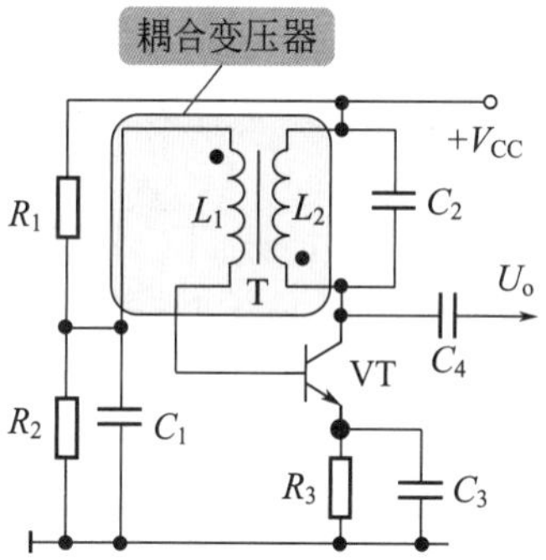

图 2-3　变压器耦合振荡电路

2. 电路分析

该电路的工作原理是：L_2 与 C_2 构成一个 LC 并联谐振回路作为 VT 的集电极负载，VT 的集电极输出电压通过 T 的振荡线圈 L_2 耦合至 L_1，从而又反馈至 VT 的基极，作为输入电压。

由于 VT 的集电极电压与基极电压的相位相反，故 T 的两个线圈 L_1 与 L_2 的同名端的接法应相反，使 T 同时具有倒相的功能，将集电极输出电压倒相后再反馈至基极，实现了产生振荡所必需的正反馈。

因为并联谐振回路在谐振时阻抗最大且为纯电阻，故只有谐振频率 f_o $\left(f_o = \dfrac{1}{2\pi\sqrt{LC}} \right)$ 能够满足相位条件而形成振荡，这就是 LC 回路的选频原理。

四、音频信号发生器电路

1. 电路图

音频信号发生器是较常用的一种仪器，它可产生音频范围的振荡信号，作为调试、检修电路或元器件的信号源。图 2-4 是一种实用的音频信号发生器的电路原理图。整个电路由音频振荡级和输出缓冲级构成。该仪器可输出 100Hz、500Hz、1kHz、3kHz 这 4 种音频信号，并具有一定的输出功率。整个电路采用的是 6V 电池作为电源，S_2 是电源开关，C_9 是电源滤波电容。

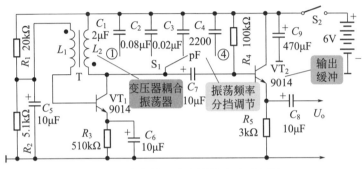

图 2-4　音频信号发生器的电路原理图

2. 电路分析

① 音频振荡级　晶体管 VT_1 等构成一个变压器耦合正弦波振荡电路，其振荡频率在音频范围内。T 是振荡耦合变压器，其振荡线圈 L_2 与电容 C_1（或 C_2、C_3、C_4）构成一个 LC 并联谐振回路，作为 VT_1 的集电极负载，其功能是选频，电路的振荡频率即由该 LC 谐振回路来决定。

T 的反馈线圈 L_1 串联于 VT_1 的基极，通过 T 的耦合作用，将 VT_1 集电极的电压信号反馈至基极。正确选择变压器两个线圈的同名端接入电路的相应位置，使集电极电压在耦合至基极的同时进行倒相，即可实现正反馈而产生振荡。

振荡频率可以实现分挡调节，S_1 是振荡频率调节开关，通过 S_1 改变接入 LC 谐振回路的电容，即可改变振荡频率。振荡频率共可分为 4 挡：S_1 接 C_1（2μF）时，振荡频率为 100Hz；S_1 接 C_2（0.08μF）时，振荡频率为 500Hz；S_1 接 C_3（0.02μF）时，振荡频率为 1kHz；S_1 接 C_4（2200pF）时，振荡频率为 3kHz。

R_1、R_2 是偏置电阻，它们为晶体管 VT_1 提供基极偏置电压；R_3 是发射极电阻，具有稳定工作点的作用；C_5 和 C_6 分别是 VT 基极和发射极的旁路电容。

② 输出缓冲级　晶体管 VT_2 电阻 R_4、R_5 和电容 C_7、C_8 共同构成一个射极跟随器，作为音频信号发生器的输出级。R_4 是 VT_2 的基极偏置电阻，R_5 是 VT_2 发射极的负载电阻。

音频振荡级产生的音频信号电压从 VT_1 集电极经 C_7 耦合至 VT_2 的基极，进行阻抗变换和电流放大后，从 VT_2 发射极经 C_8 耦合再输出。采用射极跟随器作为输出级，可提高电路的带负载能力、缓冲后续电路对振荡器的影响。

五、立体声录音机里的晶体管振荡电路

1. 电路图

图 2-5 是一种实用的立体声录音机偏磁消磁振荡电路。

2. 电路分析

由图 2-5 可知，该电路采用变压器耦合的振荡方式，振荡变压器 T_1 的初级线圈 L_1 作为两个振荡晶体管 VT_1、VT_2 的负载，L_1 对次级线圈 L_2 的电磁感应形成正反馈信号，加至 VT_1、VT_2 的基极，从而在电路中形成振荡。

T_1 的另一个次级线圈 L_3 的输出端分别为立体声磁头、消音磁头提供偏磁信号、消音信号；在偏磁供给电路中设有 RC 耦合电路，通过微调电位器，可使偏磁幅度达到最佳状态、录音效果也最佳。

不同类型的磁带对于偏磁消磁信号的幅度要求也不同，因而电路中设置了磁带选择开关 C，使用不同类型的磁带时，通过改变 C 的设置状态来改变供电电压的值，以满足录音、消音的要求。

电源经过电阻 R_4、R_5 分压，为晶体管的基极提供直流偏置电压，同时经 L_1 线圈的中心抽头为 VT_1、VT_2 提供集电极的偏置电压。

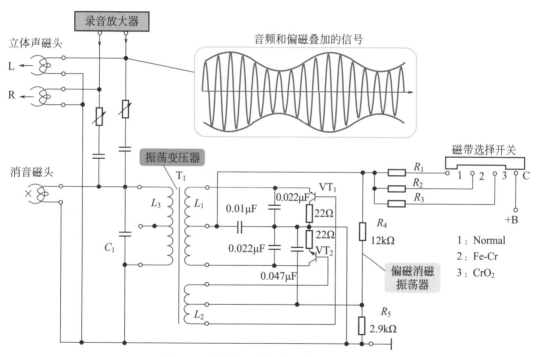

图 2-5　立体声录音机偏磁消磁振荡电路

耦合振荡电路调试方法

在设计安装好振荡电路后必须进行调试。振荡电路调试的步骤如下：a. 检查电路焊接安装是否正确、可靠，有无短路现象后，再接通电源进行调试；b. 调整分立元件振荡电路放大

元件的工作点，使之处于放大状态，并满足振幅平衡条件；c.仔细检查反馈回路，使之满足正反馈条件，满足相位平衡条件；d.测试电路的振荡频率及波形是否符合设计要求。

在调试过程中，可能会遇到以下问题：a.不起振；b.振荡频率不准；c.波形质量不好；d.存在寄生振荡现象。

（1）不起振的调试

振荡电路接通电源后，有时不起振或者要在外界信号强烈触发下才能起振（如手握螺钉旋具碰触晶体管基极或用0.01～0.1μF电容一端接电源、一端去碰触晶体管基极，在波形振荡器中有时只在某一频段振荡而在另一频段不振荡等），这类现象一般均是没有满足振幅平衡或相位平衡这两个根本条件所引起的，具体的原因需要根据具体的电路来分析。

若电路根本不振荡，则先要检查相位条件是否满足。图2-6（a）为变压器反馈振荡电路，是用于接近开关中的振荡器。图2-6（b）为收音机中用的本机振荡电路，要检查反馈线圈L_1是否因端头接反而形成负反馈。对于三端式振荡电路，就要根据相位平衡条件分析方法进行判断。

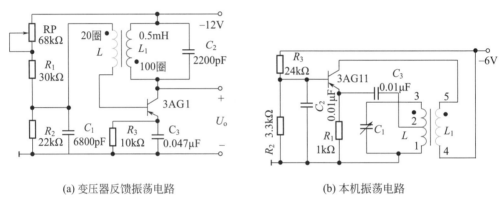

(a) 变压器反馈振荡电路   (b) 本机振荡电路

图2-6　典型的振荡电路

在满足相位平衡条件的情况下，要在振幅平衡条件所包含的各因数中寻找原因。例如，静态工作点选得太小，或电源电压过低，振荡管放大倍数太小。或因负载太重，振荡管与回路之间耦合过紧，使回路品质因数值太低。反馈系数F是振荡电路的一个重要因素；F太小，自然不易满足振幅平衡条件，但一味增大F，反而使品质因数Q值大大降低，这不但使波形变坏，甚至无法满足起振条件，所以F并非越大越好，而应适当选取。

在图2-6（b）所示电路中，若C_3错接在线圈3端，就形成晶体管输入阻抗直接与高阻抗振荡回路并联，而该电路为共基极振荡电路，它的输入阻抗是极低的，这将大大降低振荡回路品质因数Q值，将使振荡减弱，波形变坏，甚至不能起振。

有时在某一频段内高频端起振、低频端不起振，这多半产生在用调整回路电容来改变振荡频率的电路中，低端由于电容C增大而使L/C下降，以致谐振阻抗降低。反之，有时出现低端振荡、高端不振荡的现象，它的出现可能有如下几种原因：选用的晶体管特征频率不够高，或由于某种原因使晶体管特征频率降低；管子的电流放大系数β太小，低端已处于起振的临界边缘状态；在高频工作时，晶体管的输入电容$C_{b'e}$的作用使反馈减弱，或由于C_b的负反馈作用显著等。找到原因后分别"对症下药"，予以解决。

（2）振荡波形不良的调试

正弦波振荡的输出波形应是理想的正弦波。但是，因电路设计不当或调整不当会出现波形失真，甚至出现平顶波、脉冲波等严重失真的正弦波，或者在正弦波上叠加有其他波形。后一种可能是由寄生振荡产生的。其他失真现象可能由如下几种原因所产生：静态工作点选得太高，在 NPN 三极管基极输入正半周的某一时刻，振荡管工作进入饱和区，这时回路电压呈现如图 2-7（a）所示的波形；若集电极或基极与振荡回路耦合过紧，则回路滤波不好，二次谐波幅度较大，会出现如图 2-7（b）所示的波形；另外，反馈系数 F 过大、回路品质因数 Q 值太高、负载过大、回路严重失谐等都会引起波形失真。

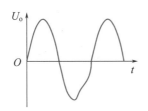

(a) 振荡管工作于饱和区时的波形　　(b) 二次谐波幅度较大时的波形

图 2-7　几种失真的电压波形

一般来说，如发现波形不好，首先应检查静态工作点是否合适，其次考虑是否需要适当减小反馈量，设法提高回路品质因数 Q 值等。

（3）其他非正常振荡现象及其消除

在调试振荡电路时，往往会出现一些不正常振荡现象，常见的非正常现象及其消除方法有如下几种。

① 反馈寄生振荡　该现象产生时，某一工作频率的振荡输出波形上叠加着一些不规则的其他波形，有时波形虽好，但用频谱仪检查时，仍发现存在其他频率分量。

反馈寄生振荡是由于放大器输出与输入间各种寄生反馈引起的。寄生反馈又可分为外部反馈及内部反馈两种，外部反馈主要是通过多级放大器的公共电源内阻、反馈线或元件的寄生耦合以及输入端与输出端的空间电磁场的耦合引起的；内部反馈主要是由晶体管的极间电容产生的（其中极间电容 $C_{b'e}$ 是产生反馈的主要原因）。判断因反馈引起寄生振荡的方法是：当转动调谐电容（或调谐电感）时，若集电极电流 I_c 不受调谐影响或有突然跳跃，则表明电路中存在自激。也可使用示波器观察波形，或使用扫频仪在宽频带范围内观察信号的频谱分布，或采用电压表测得读数，若结果不正常，则可以肯定电路产生了自激。

为防止寄生振荡，首先应先在实际电路结构方面予以注意。比如：合理安排元件，尽量减小各种元件之间的寄生耦合；直流电源应有良好的去耦滤波装置；高频接线应尽量粗且短，不使其平行，远离作为"地"的底板，以减小电感对"地"的分布电容；接地和必要的屏蔽要良好等。

为消除和防止低频寄生振荡，应尽可能减小输入和输出电路中的扼流圈电感量，降低它们的品质因数 Q 值；个别情况下，基极电路的扼流圈可用电阻代替。

为了消除和防止高频自激振荡，可在发射极和基极回路中接入几欧的串联电阻，或在基极与发射极之间接入几皮法的小电容。

② 间歇振荡　有时振荡器中的某些元件数值选用不当（如串接在振荡管发射极的 C_e、R_e 选得过大），或振荡回路品质因数 Q 值太低，往往出现时振时停即"间歇振荡"现象。这种现象一般表现为集电极电流减小，回路电压较高，用频率计测不出确定的频率，但用示波器可观察到时而振荡、时而间歇的波形。串接在振荡电路的振荡管发射极上电阻 R_e 上的直流压降是由发射极电流 I_e 产生的，且随 I_e 变化而改变，故称为自偏压。经分析，产生间歇振荡的根本原因在于，振荡电路的自偏压变化跟不上振幅的变化。

间歇振荡的消除，通过减小 R_e、C_e 或提高振荡回路的 Q 值来解决。

 振荡电路故障诊断方法

（1）振荡电路的特点

振荡电路是一种不需外接输入信号、自身能产生某种信号输出的电路，其实质是将直流电源提供的电能转变成交流电能输出。振荡电路广泛应用于无线电发射与接收、各种需要时钟脉冲的电子设备之中（如收音机的本机振荡电路、彩色电视机的压控振荡器、他励式开关电源、手机的振荡发射电路等）。

振荡电路与放大电路不同，它由放大与稳幅、正反馈、选频电路四单元组成。在检测、诊断振荡电路能否产生振荡时，应首先检查电路是否具有放大电路、反馈网络、选频网络和稳幅环节；再检查放大电路的静态工作点是否能保证放大电路的正常工作；而后判断电路是否满足自激振荡的条件（包括相位平衡条件与振幅平衡条件）。

振荡电路的起振原理是：电源在接通瞬间，由于电源电流的波动，这一电流波动中含有多种交流谐波噪声信号，这些噪声信号经过电路的选频网络，选择一个频率等于振荡频率的噪声（信号）。这一信号被振荡电路放大和正反馈，信号幅度增大并形成振荡信号，完成振荡电路的起振过程。

判断晶体管振荡电路是否起振，还可将振荡电容或线圈直接短路，再对比短路前后晶体管各极的工作电压的情况。若存在明显变化，则表明短路前振荡器已起振，否则振荡电路未开始工作。

（2）LC振荡电路的故障诊断

选频网络采用 LC 谐振回路的正弦波振荡器，称为 LC 正弦波振荡器，简称 LC 振荡器。

LC 振荡器中的有源器件可以是三极管、场效应管，也可以是集成电路。由于 LC 振荡器产生的正弦信号的频率较高，而普通集成运放的频带较窄、高速集成运放的价格又较贵，故 LC 振荡器常以分立元件来构建。

LC 振荡电路的类型较多，若按反馈信号的耦合方式，则可分为三类：变压器反馈式振荡器、电感反馈（又称电感三点式）振荡器、电容反馈（又称为电容三点式）振荡器及其改进型电路。其中，电感三点式又称哈特莱振荡器，电容三点式又称考毕兹振荡器，电容三点式振荡器又分为串联型改进电容三点式振荡器（又称克拉泼振荡器）和并联型改进电容三点式振荡器（又称西勒振荡器）。

LC 振荡电路出现停振故障的主要原因有 3 个方面：a. 正反馈电路的元件损坏；b. 振荡

电路中的起振元件损坏；c. 振荡管损坏。

在诊断、检测振荡电路时，应先测量振荡器的直流工作点是否正常，它是振荡电路工作的必要条件。若工作点电压不正常，振荡电路则不起振、无信号输出；若工作点电压正常，再查找正反馈电路中的元件是否损坏、断路等。

（3）诊断实例：加湿器不工作的故障诊断

某台 YC-E433C 型超声波加湿器通电后，电源指示灯亮，但不产生水雾。

① 故障诊断：该加湿器的相关电路如图 2-8 所示。变压器 T 二次输出 38V 交流电压，经全桥整流，RP、R_3 分压供振荡器电路起振后，振荡管 VT_1 工作产生水雾。

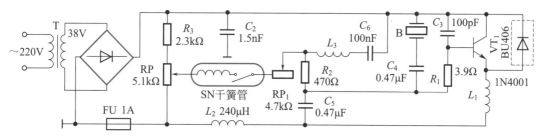

图 2-8　YC-E433C 型超声波加湿器的部分电路

② 故障排除：打开机盖发现二次绕组 FU（1A）熔断管已被烧黑，据此怀疑内部有大电流（短路）烧坏元器件。拆下易损件振荡管 VT_1，经检测发现其 c、e 两脚已击穿短路，按原型号 BU406 换上，装上 1A 的熔断管，开机，能产生水雾，故障被排除。

六、电感三点式振荡电路

 三点式振荡电路

三点式振荡电路是指晶体管的 3 个电极直接与振动回路的 3 个端点相连接而构成的振荡电路，如图 2-9 所示。图中，3 个电抗中的 X_{be}、X_{ce} 必须是性质相同的电抗（即同为电感或同为电容），而 X_{cb} 必须是与前两者性质相反的电抗，方可满足振荡的相关条件。这类振荡电路较常见的形式有电感三点式振荡电路、电容三点式振荡电路、改进型电容三点式振荡电路。

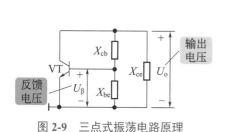

图 2-9　三点式振荡电路原理

图 2-10　电感三点式振荡电路

1. 电路图

如图 2-10 所示，电感三点式振荡电路中，由于振荡回路的 3 个电抗中有 2 个是电感，

故有此称谓。图中，L_1、L_2、C_4 为构成振荡回路中的 3 个电抗；R_1、R_2 为振荡晶体管 VT 的基极偏置电阻，R_3 为集电极电阻；R_4 为发射极电阻；C_1、C_3 为 VT 基极、集电极耦合电容；C_2 为旁路电容。电感三点式振荡电路的优点是起振容易、波段频率范围较宽，其缺点则是振荡输出电压的波形不够理想、谐波较多。

2. 电路分析

如图 2-10 所示，该电路是利用自耦变压器将输出电压 U_o 反馈至输入端的，L_1、L_2 可视作一个自耦变压器，L_1 上的 U_o 通过自耦在 L_2 上产生反馈电压 U_β，U_β 与 U_o 反相、与输入电压 U_i 同相，形成一个正反馈。

另外，L_1 上的 U_o 同时加于 C_4、L_2 支路上，由于电容上的电流超前电压 $90°$，故支路电流 I 比 U_o 超前 $90°$；而 I 流过 L_2 所产生的 U_β 又比 I 超前 $90°$，即与 U_o 反相（相差 $180°$）而与 U_i 同相。

三点式振荡电路的调试方法与 RC 振荡电路类似，鉴于篇幅限制，这里不再赘述。

七、高频信号发生器电路

高频信号发生器是制作、调试、检修收音机等电子设备的常用仪器之一，其输出信号的频率范围为 450～1800kHz（包括 465kHz 的中频信号和 535～1605kHz 的中波信号），调制形式为调幅，调制频率为 800Hz，输出方式为无线辐射。

1. 电路图

图 2-11（a）是该仪器的电路原理图，图 2-11（b）则是该仪器的功能框图。图中，晶体管 VT_1 与音频变压器 T、电容 C_1 等构成一个音频振荡器；晶体管 VT_2 与磁性天线 W、可变电容 C_6 则构成一个高频振荡器；VT_2 同时也是调制元件。

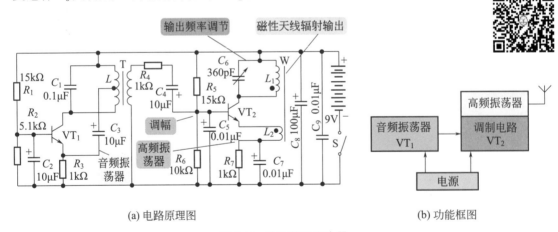

(a) 电路原理图　　　　　(b) 功能框图

图 2-11　高频信号发生器

2. 电路分析

① 音频振荡器　音频振荡器可产生约为 800Hz 的音频信号，去调制高频振荡器，使载频信号的振幅随音频信号的变化而改变，调幅波最终由 W 辐射出去。

该振荡器是一个共基极电感三点式振荡电路，具有起振容易、振荡频率较稳定等优点。

T 的初级 L 与 C_1 构成 LC 谐振回路，作为 VT_1 的集电极负载，其作用是选频，并将集电极输出电压 U_{oc} 移相 180° 后反馈至基极，实现了一个正反馈，使电路起振。振荡信号通过 T 耦合至次级输出。

② 高频振荡器 高频振荡器产生载频信号，其载频频率可根据需要在 450 ～ 1800kHz 内任选。

该振荡器是一个共基极变压器耦合振荡电路，其中，高频振荡晶体管 VT_2 集电极，初级线圈 L_1 与 C_6 构成的 LC 谐振回路，振荡电路的振荡频率取决于 LC 谐振回路。

L_1 与次级线圈 L_2 绕于同一根磁棒上，形成变压器；L_2 将输出电压 U_o 反相后输入 VT_2 的基极，反馈电压 U_f 与输入电压 U_i 同相（形成一个正反馈），使电路起振。L_1、L_2 同时构成磁性天线 W，直接向外辐射输出振荡信号。

八、并联型晶体振荡电路

1. 电路图

图 2-12 是并联型晶体振荡电路，晶体 B 作为反馈元件并联于晶体管 VT 的集电极与基极之间；R_1、R_2 为 VT 的基极偏置电阻；R_3 为集电极电阻；R_4 为发射极电阻；C_1 为基极旁路电容。

2. 电路分析

该电路实质上是一个电容三点式振荡电路，B 可等效为电感元件，与振荡回路电容 C_2、C_3 一起构成一个并联谐振回路，其作用是决定电路的振荡频率。

该电路的稳频原理是：由于 B 的电抗曲线非常陡峭，可等效为一个随频率而变化很大的电感。当由于温度、分布电容等因素而导致振荡频率降低时，B 的等效电感会迅速减小，迫使振荡频率回升；反之，电路也可作反向调整。最终，使振荡电路具有很高的频率稳定度。

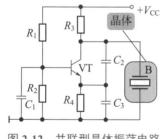

图 2-12 并联型晶体振荡电路

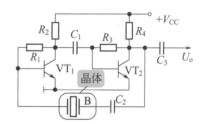

图 2-13 串联型晶体振荡电路

九、串联型晶体振荡电路

1. 电路图

图 2-13 是串联型晶体振荡电路，晶体管 VT_1、VT_2 构成一个两级阻容耦合放大电路，晶体 B 与 C_2 串联后构成一个两级放大电路的反馈网络；R_1、R_3 分别是 VT_1、VT_2 的基极偏置电阻；R_2、R_4 分别是 VT_1、VT_2 的集电极负载电阻；C_1 为两管间的耦合电容；C_3 为振荡电路的输出耦合电容。

2. 电路分析

由图 2-13 可知,因为两级放大电路的输出电压(VT$_2$ 的集电极电压)与输入电压(VT$_1$ 的基极电压)同相,B 在该电路中可等效为一个纯电阻,将 VT$_2$ 的集电极电压反馈至 VT$_1$ 的基极,构成一个正反馈电路。该电路的振荡频率取决于 B 的固有串联谐振频率。

串联型晶体振荡电路的稳频原理是:因为 B 的固有谐振频率非常稳定,在反馈电路中起着带通滤波器的作用;当电路频率等于 B 的串联谐振频率时,B 呈现出纯电阻的特性,实现了一个正反馈,使电路起振;当电路频率偏离 B 的串联谐振频率时,B 则呈现出感抗或容抗的性质,破坏了振荡产生的相位条件。因此,该电路的振荡频率只能是 B 的固有串联谐振频率。

十、光控超低频振荡电路

1. 电路图

图 2-14 是一种实用的光控超低频振荡电路。

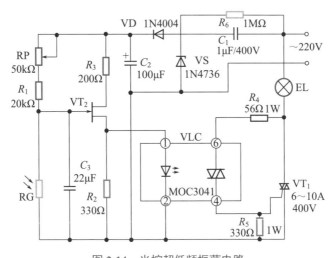

图 2-14　光控超低频振荡电路

2. 电路分析

由图 2-14 可知,该电路主要由电源供电电路、超低频振荡电路、电子开关电路等部分构成。其中,电源供电电路是由电容 C_1、电阻 R_6、稳压二极管 VS、整流二极管 VD 和滤波电容 C_2 构成的。市电交流 220V 经 C_1 降压、VS 稳压、VD 整流和 C_2 滤波后,输出的是直流 +5V 的电压信号,为电路中的其他元器件供电。

超低频振荡电路主要由光敏电阻 RG、可调电位器 RP、晶体管 VT$_2$ 及外围元件构成;调节 RP 的阻值,即可改变振荡器的频率和光控的灵敏度。

十一、闪光灯玩具电路

1. 电路图

图 2-15 是一种实用的由晶体管构建的闪光灯玩具的电路原理图。

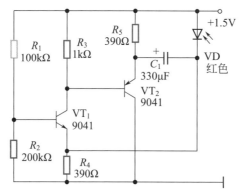

图 2-15 闪光灯玩具的电路原理图

2. 电路分析

图 2-15 中，R_1 与 R_2 串联而构成一个分压电路，为晶体三极管 VT_1 的基极提供偏置电压；VT_1 与 VT_2 则构成一个振荡电路，以便驱动发光二极管 VD 闪烁发光；R_3 为 VT_1 的集电极的负载电阻；R_4 为 VT_1 的发射极的负载电阻；R_5 为 VT_2 的发射极的负载电阻。

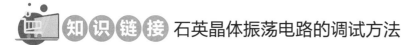 **石英晶体振荡电路的调试方法**

石英晶体振荡电路具有频率稳定性高、易于起振等优点，但安装调试不当，不但其优点不能发挥，而且严重时会使电路不能正常工作，甚至将石英谐振器损毁。在安装调试中，尤其应注意如下问题。

（1）选用合适负载电容

石英谐振器接入振荡回路，一般总有电容与其串联或并联。所谓负载电容是指从石英谐振器引脚两端向振荡电路观察时的全部有效电容。负载电容用来补偿石英晶体的频率误差和晶体老化，以达到标称频率。由于这些电容决定了振荡器与石英谐振器的振荡频率，所以在制造、测试和使用石英谐振器时，均是在已知负载电容量的情况下进行的。它是一项重要的测量和使用条件。故振荡电路中必须接入满足石英谐振器产品目录中所规定的负载电容值的电容，方可保证振荡电路工作在石英谐振器的标称频率上。负载电容的第二个作用是在满足频率精度范围内，通过调整负载电容而实现对振荡器工作频率的微调。研究证明，振荡电路频率随负载电容 C_L 的变化率与 $(C_0+C_L)^2$ 成反比（C_0 为石英谐振器等效电路中的静态电容）。当 C_L 较小时，变化率大；反之，变化率小。也就是说，C_L 太大，频率的可调性变差，但微调性较好；C_L 太小，频率的微调困难，但可调范围较宽。负载电容一般选用半可调电容，用以微调振荡电路频率；选用时，半可调电容的中值应等于负载电容值，且有调整裕量，一般选几到几十皮法的可变电容。

（2）要有合适的激励功率

石英谐振器在振荡电路中，被振荡电压所激励，因而在谐振器回路必然要通过激励电流，谐振器要消耗一定的交流功率，该功率被称为激励功率。有时也用石英晶体中回路通过的电流来表示，它是测试条件也是使用条件。使用过程中，原则上应保持产品目录所规定的额定值，也允许稍有降低。激励功率过大，会使频率稳定性、老化特性、寄生频率特性等变差，甚至可能使晶片振毁。

激励电平的大小取决于振荡强度。因此任何引起振幅不稳定的因素均可能使激励功率发生变化，从而导致频率及其他性能的改变，故高稳定度的石英晶体振荡器必须采取特殊的稳幅措施。调整时，要保证稳幅措施的稳定、可靠。

（3）关于工作温度

温度的变化影响着晶体的频率。频率温度特性随晶体切型的不同而各异。精密石英谐振器由于采用 AT 切型，故其零频率温度系数在 60℃ 附近。故为了提高频率稳定度，应尽可能使其工作温度保持在零频率温度系数的附近。当频率稳定度高于 $10^{-6} \sim 10^{-7}$ 以上时，必须采用恒温措施；调整时要注意恒温电路是否稳定可靠，温度是否达到设计值。

 知识链接 石英晶体振荡电路的故障诊断

石英晶体振荡电路采用石英晶体作为振荡元件，主要用于对频率稳定要求较高的振荡电路。因 LC 振荡器的频率稳定度一般小于 10^{-4} 量级。而随着科学技术的发展，有些电子电路对正弦波振荡电路振荡频率的稳定性要求越来越高，石英晶体振荡电路就是一种振荡频率非常稳定的正弦波振荡电路，其频率稳定度可达 10^{-9} 量级。这类电路广泛应用于军事电子设备、有线和无线通信设备、广播和电视的发射与接收设备、数字仪表及钟表等。

现代家用电器（如空调器、洗衣机、豆浆机、影碟机、来电显示电话机等）中的微电脑控制电路中也普遍采用了石英晶体振荡电路。例如，有线数字电视机顶盒的主电路板上就安装了 2 个石英晶体振荡器。

石英晶体振荡电路停振的检测与 LC 振荡电路相似。在电路板上检测石英晶体振荡器时，可测量其两端的电压值，正常的石英晶体振荡器工作时，其两端电压具有一定的电压差。

（1）诊断实例 1：来电显示电话机的晶振故障

来电显示电话机内都有晶体时钟振荡器，如美思奇 HCD2968(20)P/TSDL-06 型多功能来电显示电话机，其内部微处理芯片的引脚 3、4 接入晶体时钟振荡电路（图 2-16）。以万用表直流 10V 挡测引脚 3、4 的电压分别为 1.6V 与 0.2V，当电容 C_8 被短路后，测引脚 4 的电压则下降为 0V，电容 C_7 被短路后，测引脚 3 的电压则上升为 2.4V。

 注意

不同型号的电话机，其内部的微处理芯片型号也不同，接入晶体时钟振荡电路的引脚也不同，并且晶体振荡频率也不同，但判断的方法是一样的，即人为破坏振荡条件，再诊断振荡电路的电压是否有变化。

诊断石英晶体振荡电路是否工作正常，还可采用示波器检测法和代换检测法。

（2）诊断实例 2：某台格兰仕 KFR-50GW 型空调整机不工作的故障诊断

电路故障分析与排除：整机不工作一般是供电电源、晶振、复位电路等的故障所引起的。

首先，检测供电电源电路的 +12V、+5V 电压正常。

其次，检测 IC_1 的引脚 19、20 的电压约为 1V 和 2V，且用同型号的 8MHz 晶振代替 X_1，但问题没有解决。其复位电路如图 2-17 所示。

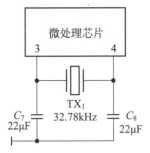

图 2-16 来电显示电话机的时钟振荡电路

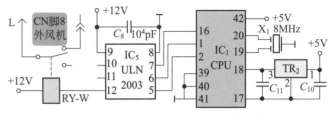

图 2-17 格兰仕 KFR-50GW 型空调的复位电路

再次，在断电后再通电的情况下，测量 IC_1 的引脚 18 的电压始终为高电平，因此怀疑复位电路存在故障。

最后，更换复位电路 TR_2，重复断电后再通电的过程，测量 IC_1 的引脚 18 的电压有高低电平变化过程（IC_1 的引脚 18 为低电平复位有效），整机恢复正常工作。

十二、集成运放桥式振荡电路

1. 电路图

图 2-18 是基于集成运放构成的谐振频率为 800Hz 的文氏桥式正弦波振荡电路，其特点是起振容易，输出波形较好，振荡频率修改方便。

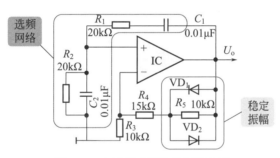

图 2-18 文氏桥式正弦波振荡电路

2. 电路分析

图 2-18 中，R_1、C_1 和 R_2、C_2 构成一个正反馈回路，并具有选频功能，使电路产生单一频率的振荡；R_3、R_4、R_5 等则构成一个负反馈回路，以控制集成运放 IC 的闭环增益，并利用并联于 R_5 上的二极管 VD_1、VD_2 的钳位作用实现更有效的振幅稳定作用。

十三、集成运放正交振荡电路

1. 电路图

图 2-19 是基于双集成运放构成的正交式正弦波振荡电路，其突出优点是可同时得到正弦波形和余弦波形，性能也较好。

2. 电路分析

图 2-19 中，集成运放 IC_1 和 IC_2 分别构成一个同相输入积分器和一个反相输入积分器，

在 V_{01} 和 V_{02} 端分别输出正弦波振荡信号和余弦波振荡信号。限幅二极管 VD_1、VD_2 将振幅稳定于某一数值上。

集成振荡电路的调试方法与 RC 振荡电路类似，鉴于篇幅限制，本节不再赘述。

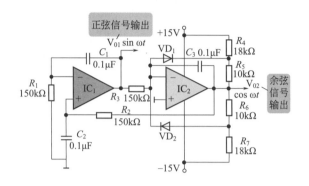

图 2-19　正交式正弦波振荡电路

十四、晶体管多谐振荡电路

1. 电路图

图 2-20 是一个典型的晶体管多谐振荡电路。多谐振荡电路是脉冲和数字电路中常用的信号源之一，可产生连续的脉冲方波。

图 2-20 中，该电路由 VT_1、VT_2 两个晶体管交叉耦合而成；C_1、C_2 是耦合电容；R_1、R_4 分别是 VT_1、VT_2 的集电极电阻；R_2、R_3 分别是 VT_1、VT_2 的基极偏置电阻。多谐振荡电路没有稳定的工作状态，只有两个暂稳态：VT_1 导通、VT_2 截止；VT_1 截止、VT_2 导通，这两个状态会周期性地自动翻转。

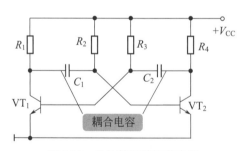

图 2-20　晶体管多谐振荡电路

2. 电路分析

① VT_1 导通、VT_2 截止的状态　由图 2-20 可知，电路接通电源后，由于接线电阻、分布电容、元件参数不一致等不确定性因素，电路必然是一侧导通、一侧截止；当 VT_1 导通、VT_2 截止时，C_2 经 R_4、VT_1 的基极 - 发射极充电，充电电流为 I_{C_2}；C_1 经 R_2、VT_1 的集电极 - 发射极放电，放电电流为 I'_{C_1}。

随着 C_1 的放电及反方向充电，当 C_1 右端（即 VT_2 基极）的电位达到 0.7V 时，VT_2 由截止变为导通，其集电极电压 $U_{C_2}=0V$；由于 C_2 两端的电压无法突变，VT_1 的基极电位变

为 $-V_{CC}$，VT_1 由导通变为截止，电路翻转至另一个暂稳态。

② VT_1 截止、VT_2 导通的状态　由图 2-20 可知，VT_1 截止、VT_2 导通时，C_1 经 R_1、VT_2 的基极 - 发射极充电，充电电流为 I_{C_1}；C_2 经 R_3、VT_2 的集电极 - 发射极放电，放电电流为 I'_{C_2}。

随着 C_2 的放电及反方向充电，当 C_2 左端（即 VT_1 基极）的电位达到 0.7V 时，VT_1 由截止变为导通，其集电极电压 U_{C_1}=0V。由于 C_1 两端的电压无法突变，VT_2 因而由导通变为截止，电路又一次翻转至另一个暂稳态。

如此周而复始，形成了电路的自激振荡，其振荡周期为 $T=0.7(R_2C_1+R_3C_2)$。通过取 $R_2=R_3=R$、$C_1=C_2=C$，则 $T=1.4RC$、振荡频率 $f=1/T$。VT_1、VT_2 的集电极分别输出的是相位相反的方波脉冲。

十五、单结晶体管构成的多谐振荡电路

1. 电路图

单结晶体管具有负阻特性，常用于构成多谐振荡电路，如图 2-21 所示。

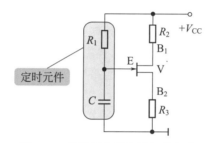

图 2-21　单结晶体管多谐振荡电路

2. 电路分析

这类振荡电路同样是利用了电容的充放电特性。接通电源后，由于电容 C 上的电压无法突变，使单结晶体管 V 处于截止状态，电源 $+V_{CC}$ 通过 R_1 向 C 充电，充电电流为 I_C。充电过程中 C 上的电压不断升高，当其电压升高至 V 的峰点电压 U_p 时，V 的发射结等效二极管被导通，C 通过 V 的发射极 - 第一基极和 R_3 放电，且放电电流 I'_C 在 R_3 上的压降形成了窄脉冲。

放电过程中 C 上的电压不断降低，当其电压降低至 V 的谷点电压 U_v 时，V 截止，又开启了新一轮的充放电过程，如此周而复始则产生了电路的自激振荡，其振动周期为 $T \approx R_1 C \ln \dfrac{1}{1-\eta}$（$\eta$ 为 T 的分压比）。

振荡信号可从 V 的第一基极 B_1 或第二基极 B_2 端输出，B_1 输出的是连续窄脉冲，B_2 输出的则是占空比较大的方波脉冲。

晶体管振荡电路的调试方法与 RC 振荡电路类似，鉴于篇幅限制，本节不再赘述。

十六、玩具"调皮的考拉"电路

1. 电路图

"调皮的考拉"是一种深受儿童喜爱的电子玩具产品，其电路核心是晶体管多谐振

荡器，图 2-22 中，晶体管 VT$_1$、VT$_2$ 等构成玩具的第一级谐振电路（如图 2-22 中矩形框"多谐振荡器 1"所示），晶体管 VT$_3$、VT$_4$ 等构成玩具的第二级多谐振荡电路（如图 2-22 中矩形框"多谐振荡器 2"所示），晶体管 VT$_5$ 构成一个射极跟随器，S 为玩具的总电源开关。

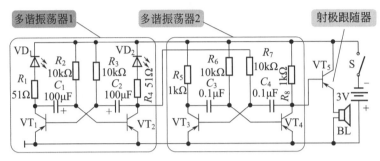

图 2-22　"调皮的考拉"的电路原理图

2. 电路分析

① 第一级谐振电路　该单元电路的主要功能有 2 个：a. 驱动发光二极管 VD$_1$、VD$_2$（它们串联在 VT$_1$、VT$_2$ 的集电极回路之中）轮流闪亮，其直观效果是玩具考拉的双眼不断闪光；b. 产生一个方波脉冲控制信号，控制第二级多谐振荡电路产生间歇振荡，驱动考拉发声。

该单元电路的振荡周期 T 取决于晶体管的基极电阻 R$_2$、R$_3$ 和耦合电容 C$_1$、C$_2$，从 VT$_2$ 集电极输出的控制信号是脉宽和间隔均为 0.7s 的方波脉冲。

② 第二级多谐振荡电路　该单元电路是一个可控振荡电路，其结构特点是 VT$_3$ 的基极电阻 R$_7$ 不是接入电源电压，而是接入 VT$_2$ 的集电极，故电路是否起振取决于第一级谐振电路输出的控制信号。若控制信号为"1"，则电路起振，产生约 700Hz 的音频信号；若控制信号为"0"，则电路停振，无音频信号输出。由于该控制信号为方波脉冲，故第二级多谐振荡电路输出的也是一个间歇式的音频信号，作为玩具考拉的发声源。

③ 射极跟随器　该单元电路的功能是将第二级多谐振荡电路所产生的 700Hz 间歇音频信号进行电流放大，以便有足够的能量驱动扬声器 BL 发声。

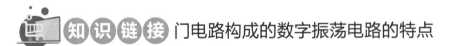知识链接 门电路构成的数字振荡电路的特点

门电路构成的数字振荡电路具有结构简单、工作性能稳定等优势，尤其是基于 CMOS 门电路构成的多谐振荡电路，由于 CMOS 本身具有很高的输入阻抗，故这类电路中无须采用大容量的电容，即可获得加大的时间常数，非常适用于制作低频和超低频的振荡器。

十七、非门构成的多谐振荡电路

1. 电路图

图 2-23 是由两个非门构成的多谐振荡电路，图中，D$_1$、D$_2$ 为数字非门，R 为定时电阻，C 为定时电容。

2. 电路分析

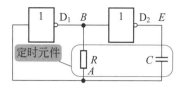

图 2-23　两个非门构成的多谐振荡电路

B 点（D_1 输出端）和 E 点（D_2 输出端）分别输出的是两个互为反相的方波脉冲信号。

在 E 点，当 $E=0$ 变为 $E=1$ 的瞬间，C 两端的电压无法突变，故 $A=1$、$B=0$，C 经过 R 开始充电（充电电流 I_C）。随着充电过程的持续，A 点的电位逐步下降，当其电位降低至 D_1 的转换阈值时，D_1 输出端（B 点）由"0"转变为"1"，D_2 输出端（E 点）由"1"转变为"0"，实现了电路的一次翻转。

同理，电路翻转为 $E=0$ 的瞬间，由于 C 两端的电压无法突变，故 $A=0$、$B=1$，C 经过 R 开始放电（放电电流 I'_C）；随着放电过程的持续，A 点的电位逐步升高，当其电位上升至 D_1 的转换阈值时，D_1 输出端（B 点）由"1"转变为"0"，D_2 输出端（E 点）由"0"转变为"1"，实现了电路的再次翻转。

如此循环往复，即形成了电路的自激振荡，其振动周期为 $T=1.4RC$。

十八、施密特数字振荡电路

1. 电路图

由施密特触发器 D 构成的多谐振荡电路，仅需外接一个电阻和一个电容，其电路图如图 2-24 所示。图中，R 和 C 构成定时电路，R 跨接于 D 的输出端和输入端之间。

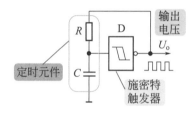

图 2-24　由施密特触发器 D 构成的多谐振荡电路

2. 电路分析

当 D 的输出端为"1"时，R 对 C 充电，C 上的电压（即 D 的输入端电压）不断上升。随着充电过程的持续，C 的电压在某一时刻升高至 D 的正向阈值 U_{T+}，此时，D 发生翻转，D 的输出端由"1"变为"0"。此后，C 通过 R 放电，C 上的电压不断下降。随着放电过程的持续，C 的电压在某一时刻下降至 D 的负向阈值 U_{T-}，此时，D 再次翻转，D 的输出端由"0"变为"1"。

如此周而复始，电路形成振荡。

十九、时基电路构成的多谐振荡电路

1. 电路图

图 2-25 是一种典型的由 555 时基电路构成的多谐振荡电路。图中，R_1、R_2、C 构成一个定时电路，555 时基电路的置"1"输入端（引脚 2）和置"0"输入端（引脚 6）共同连接于定时电容 C 上端，放电端（引脚 7）连接于 R_1 与 R_2 之间，从 555 时基电路的引脚 3 输出方波脉冲。

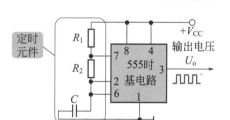

图 2-25　555 时基电路构成的多谐振荡电路

2. 电路分析

电路接通电源的瞬间，因 C 上的电压 $U_C=0$，则 555 时基电路的输出电压 $U_o=1$，放电端截止，电源 $+V_{CC}$ 经 R_1、R_2 向 C 充电。

随着充电过程的持续，C 的电压不断上升，U_C 上升至 $\frac{2}{3}V_{CC}$ 时，555 时基电路翻转，$U_o=0$，放电端导通至地，U_C 经 R_2 和放电端进行放电。随着放电过程的持续，C 的电压不断下降，U_C 下降至 $\frac{1}{3}V_{CC}$ 时，555 时基电路又一次翻转，$U_o=1$，从而开始一个新的周期。

如此周而复始，电路形成振荡；其充电周期为 $T_1=0.7(R_1+R_2)C$，放电周期为 $T_2=0.7R_2C$，振动周期为 $T=T_1+T_2=0.7(R_1+2R_2)C$。

二十、完全对称的多谐振荡电路

普通的多谐振荡电路的输出波形是不对称的，而这种缺陷的成因是定时电容 C 的充、放电路径不完全相同。图 2-25 中，充电路径经过 R_1 和 R_2，而放电路径仅经过 R_2，使充电时间 T_1 大于放电时间 T_2。解决该问题的方法是，设计使 C 的充、放电时间相等。

1. 电路图

图 2-26 是一个典型的完全对称的、基于 555 时基电路的多谐振荡电路，其可满足某些特殊情况下的输出完全对称波形的需要。

2. 电路分析

图 2-26 中，当 NE555 时基电路的输出端（引脚 3）的输出信号 $U_o=1$ 时，电源 $+V_{CC}$ 经 R_1、VD_1 向 C 充电，充电时间为 $T_1=0.7R_1C$；当 $U_o=0$ 时，C 上电压经 R_2、VD_2 向 C 放电，放电时间为 $T_2=0.7R_2C$。

只需取 $R_1=R_2$，即可使电路的充、放电时间完全相等（$T_1=T_2$），整个电路的振动周期为 $T=T_1+T_2=1.4R_1C$。

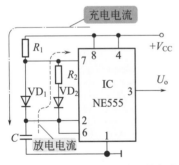

图 2-26　完全对称的多谐振荡电路

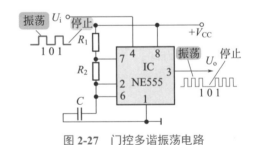

图 2-27　门控多谐振荡电路

二十一、门控多谐振荡电路

1. 电路图

这类电路的特点是，电路的起振是由门控信号来控制的，当门控信号为"1"时，电路起振；当门控信号为"0"时，电路停振。图 2-27 是一个典型的基于 NE555 时基电路构成的门控多谐振荡电路。

2. 电路分析

它利用 NE555 时基电路的复位端 $\overline{MR}$（引脚 4）作为门控端。由图可知，复位端 $\overline{MR}$ 是低电平有效的。当门控信号 $U_i=0$ 时，NE555 时基电路被强制复位，电路停振，$U_o=0$；当 $U_i=1$ 时，多谐振荡电路起振，U_o 输出的是方波脉冲。

二十二、窄脉冲发生器电路

1. 电路图

图 2-28 是一个典型的由 555 时基电路构成的窄脉冲发生器电路，图中，R_1、R_2 是定时电阻，C 是定时电容。

2. 电路分析

该电路本质上也是一个多谐振荡电路，区别在于，该电路的 R_2 上并联了一个二极管 VD，使得 C 的充电时间很短而放电时间很长。

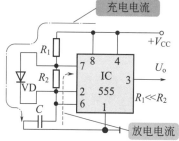

图 2-28　窄脉冲发生器电路

由于 VD 的单向导电性，充电时电源 $+V_{CC}$ 经 R_1、VD 向 C 充电，充电时间为 $T_1=0.7R_1C$，放电时电源 $+V_{CC}$ 经 R_2 向放电端（引脚 7）放电，放电时间为 $T_2=0.7R_2C$。电路中，取 $R_1 \ll R_2$，则 $T_1 \ll T_2$，555 时基电路的引脚 3 上的输出信号 U_o 即可输出连续的窄脉冲。

二十三、占空比可调的脉冲振荡器电路

1. 电路图

普通的多谐振荡电路输出的是方波信号，方波中"1"的宽度与振动周期的比值被称为占空比。普通多谐振荡电路通常对占空比无特殊要求，但某些特殊的多谐振荡电路对占空比是有要求的。如窄脉冲发生器会要求占空比 <10%，脉宽调制电路则需要利用占空比的变化来传递信息，因此，如图 2-29 所示的一种占空比可调的脉冲振荡器有了自己的应用领域。该电路具有两个输出端（OUT$_1$ 输出的是方波脉冲，OUT$_2$ 输出的则是交流方波），其输出信号的频率范围是 100Hz～10kHz，占空比的调节范围是 5%～95%。

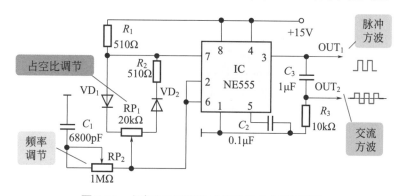

图 2-29　占空比可调的脉冲振荡器的电路原理图

2. 电路分析

如图 2-29 所示，NE555 时基电路构成一个多谐振荡电路，R_1、R_2、RP_1、RP_2、VD_1、VD_2、C_1 等则构成一个定时电路，其中，RP_1 为占空比调节电位器，RP_2 为频率调节电位器。

定时电容 C_1 的充电回路包括 R_1、VD_1、RP_1 的左半部分和 RP_2，C_1 的放电回路包括 R_2、VD_2、RP_1 的右半部分和 RP_2。由于 $R_1=R_2$，因此，改变 RP_1 左、右部分的比值即可改变输出信号的占空比。图中，RP_1 的移动臂向左移则占空比减小，移动臂向右移则占空比增大。而改变 RP_2 的大小，可同时等量地改变充电时间和放电时间，在确保占空比不变的情况下调节电路的振荡频率。

数字电路的调试方法与 RC 振荡电路类似，鉴于篇幅限制，这里不再赘述。

第三章 03

电源电路

学习提示

　　电源电路是应用最广泛的一类单元功能电路,也是几乎所有电路系统和电子设备的必要组成部分。

　　面对一张电源电路图时,应该按照以下步骤进行分析。

　　① 先按"整流 — 滤波 — 稳压"的次序把整个电源电路分解开来,逐级细细分析。

　　② 逐级分析时要分清主电路和辅助电路、主要元件和次要元件,弄清它们的作用和参数要求等。例如开关稳压电源中,电感电容和续流二极管就是它的关键元件。

　　③ 因为晶体管有 NPN 和 PNP 型两类,某些集成电路要求双电源供电,所以一个电源电路往往包括有不同极性、不同电压值的好几组输出。读图时必须分清各组输出电压的数值和极性。在组装和维修时也要仔细分清晶体管和电解电容的极性,防止出错。

　　④ 熟悉某些习惯画法和简化画法。

　　⑤ 最后把整个电源电路从前到后全面综合贯通起来,即可读懂这张电源电路图。

一、半波整流电路

 电路图

　　图 3-1 是整流电路中最简单和最基本的半波整流电路。半波整流电路的优点是结构简单,使用的元件少;不足之处是输出的电流中含有很大的交流成分,波纹很大,直流成分比较低,交流成分有一半时间未被利用。由于半波整流电路存在的缺点,它只适用于电流较小的电路中。

　　图 3-1 中的电路由三部分构成,即电源变压器 T、整流二极管 VD 和负载电阻 R_L。其中,T 的初级线圈 L_1 连接的是交流电压 U_i(市电交流 220V),经 T 降压处理后,在其次级线圈

L_2 两端形成的是所需要的交流电压 U_2，再经过 VD 后电压由交流变为直流 U_o。

2. 电路分析

半波整流电路的具体工作过程如下。

① U_1 处于正半周期时，U_2 的极性上正下负，VD 的单向导电性决定电路中的电流 I_D 只能沿着从正极到负极的方向运动；U_2 处于正半周期时，VD 导通，I_D 经 VD、R_L 形成电流回路，并在 R_L 上产生压降 U_o（其极性同样为上正下负）。

② U_1 处于负半周期时，U_2 的极性上负下正，VD 截止，$I_D=0$，R_L 上无压降（$U_o=0$）。

半波整流电路的工作波形如图 3-2 所示。由工作过程可知，半波整流电路仅在 U_2 正半周期时段才有电压输出，U_2 负半周期时则无电压输出。U_o 的直流分量较少、交流分量较多，由于只利用了 U_2 正弦波的一半，故该电路的整流效率较低。

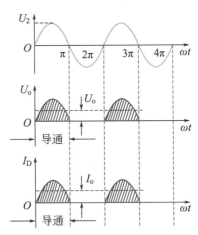

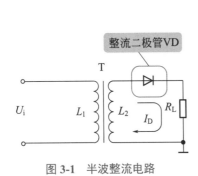

图 3-1 半波整流电路

图 3-2 半波整流电路的工作波形

二、全波整流电路

1. 电路图

为提高整流效率、减少 U_o 的交流分量，多采用改进的全波整流电路，这种电路实际上是由两个半波整流电路组合而成的，如图 3-3 所示。和半波整流电路相比，全波整流电路的优点是电源利用率高，输出直流电压高，电压波动小；缺点是变压器结构比较复杂，需要带抽头的电源变压器。

图 3-3 中，T 的次级线圈为半波整流时的 2 倍，中心抽头为 L_2 和 L_3 两部分。电路中采用了 2 个整流二极管 VD_1 和 VD_2。当 L_1 接入 U_1 时，在 L_2 和 L_3 上分别产生 U_2 和 U_3 两个大小相等、极性相反的交流电压。

2. 电路分析

全波整流电路的具体工作过程如下。

① U_1 处于正半周期时，次级电压 U_2 和 U_3 均为上正下负；U_2 对于 VD_1 而言是正向电压，故 VD_1 导通，电流 I_1 经 VD_1 流向 R_L，R_L 上的压降 U_o 也为上正下负；U_3 对于 VD_2 而言是反向电压，故 VD_2 截止。

② U_1 处于负半周期时，U_2 和 U_3 均为上负下正；U_2 对于 VD_1 而言是反向电压，故 VD_1 截止；U_3 对于 VD_2 而言是正向电压，故 VD_2 导通，电流 I_2 经 VD_2 流向 R_L，R_L 上的压降 U_o 仍为上正下负。

综上，在 U_1 正半周期时，VD_1 导通，由 U_2 向 R_L 供电。U_1 负半周期时，VD_2 导通，由 U_3 向 R_L 供电。由于 U_2 和 U_3 大小相等、极性相反，故交流电压的正、负半周期均在 R_L 上得以利用。

全波整流电路的工作波形如图 3-4 所示。由图可知，该电路利用了输入交流电压的整个正弦波，故其输出电流和输出电压的脉动频率为半波整流时的 2 倍（其直流成分也是半波整流的 2 倍），相比于半波整流的效率大为提高。

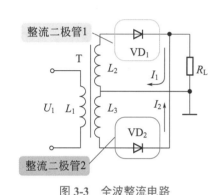

图 3-3 全波整流电路

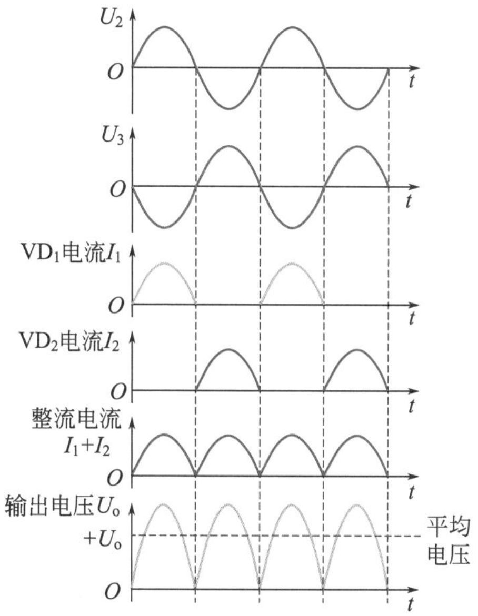

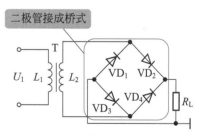

图 3-4 全波整流电路的工作波形

三、桥式整流电路

1. 电路图

全波整流的另一种常见形式是桥式整流电路，如图 3-5 所示。该电路虽使用了 4 个整流二极管，但 T 的次级线圈不需绕 2 倍圈数、不需中心抽头。与全波整流电路相比，它的优点是变压器没有抽头，可使变压器减少一个绕组。另外整流二极管的最大反向电压的要求也低了一半。缺点是电路中多用了两个二极管。由于桥式整流电路的优点比较突出，因而在电源电路中得到了广泛的应用。

图 3-5 桥式整流电路

2. 电路分析

① U_1 处于正半周期时，L_2 上的电压 U_2 的极性为上正下负；VD_1、VD_4 外加反向电压而截止，VD_2、VD_3 外加正向电压而导通，I_1 流经 VD_2、R_L、VD_3，在 R_L 上产生压降 U_o（其极性也为上正下负）。

② U_1 处于负半周期时，U_2 的极性为上负下正；VD_2、VD_3 外加反向电压而截止，

VD_1、VD_4外加正向电压而导通,I_2流经VD_4、R_L、VD_1,在R_L上产生压降U_o(其极性仍为上正下负)。

该电路巧妙地利用4个整流二极管轮流工作,使交流电压的正、负半周期在R_L上得以利用,从而实现了全波整流,其工作波形也如图3-4所示。

四、负压半波整流电路

学习提示

负压整流电路是电子电路中获取负电压的常用单元电路,这种电路同样具有半波整流、全波整流、桥式整流等形式。

1. 电路图
该电路的原理图与工作波形如图3-6所示。

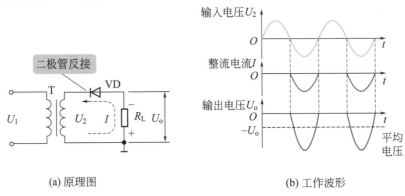

(a) 原理图　　　　　　(b) 工作波形

图3-6　负压半波整流电路

2. 电路分析
a. VD是反接的,故仅在U_2负半周期时,VD才导通,I的流向如图3-6(a)中的虚线所示,在R_L上可得压降U_o(其极性为上负下正)。

b. 在U_2正半周期时,VD截止,R_L上无压降。

c. 电路的工作波形如图3-6(b)所示。

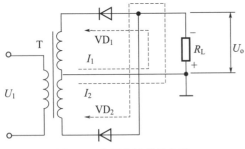

图3-7　负压全波整流电路

五、负压全波整流电路

1. 电路图
该电路如图3-7所示。

2. 电路分析
图3-7中,VD_1和VD_2均反接。其具体工作过程为:在U_1负半周期时,电流流向如图中的I_2所示,U_1正半周期时电流流向如图中I_1所示,在R_L上压降U_o的极性为上负下正。

六、负压桥式整流电路

1. 电路图

该电路的原理图与工作波形如图 3-8 所示。

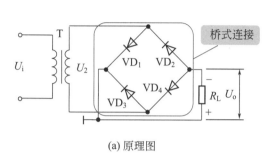

(a) 原理图

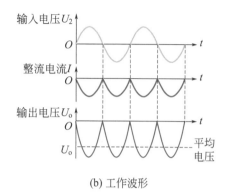

(b) 工作波形

图 3-8　负压桥式整流电路

2. 电路分析

图 3-8（a）中，$VD_1 \sim VD_4$ 均反接。该电路的具体工作过程如下。

a. 在 U_2 正半周期时，I 由 U_2 上端流经 VD_1、R_L（从下到上）、VD_4 回到 U_2 下端。

b. 在 U_2 负半周期时，I 由 U_2 下端流经 VD_3、R_L（从下到上）、VD_2 回到 U_2 上端；整个周期内在 R_L 上可得压降 U_o（其极性为上负下正）。

c. 电路的工作波形如图 3-8（b）所示。

七、二倍压整流电路

 学习提示

　　在一些电子设备中，往往需要上千伏、上万伏的直流高压，这样高的电压若采用前面的整流电路去获得，势必要采用体积大、圈数多的电源变压器及耐压高的整流器件，这提高了电路制作成本。在实际的应用电路中常采用倍压电路来解决这一问题。

　　倍压整流电路是利用电容器的充放电效应，将一个较低的交流电压转换成一个较高的直流电压的特殊电路。这种电路特别适合于那些需要较高直流电压而电流很小的场合，例如液晶显示屏的显示电路等。倍压电路的种类较多，常见的如二倍压整流电路、三倍压整流电路及多倍压整流电路等。

1. 电路图

如图 3-9 所示，二倍压整流电路由电源变压器 T、二极管 VD_1 和 VD_2 及电容 C_1 和 C_2 构成。

2. 电路分析

a. 在 U_2 正半周期时，U_2 上端为正、下端为负，VD_1 导通、VD_2 截止，通过 VD_1 的电流

I 给 C_1 充电；充电使 C_1 上的电压 U_{C_1} 随 U_2 上升，最终达到 U_2 的峰值（$U_{C_1}=\sqrt{2}U_2$）。

　　b. 在 U_2 负半周期时，U_2 上端为负、下端为正，VD_2 导通、VD_1 截止，通过 VD_2 的电流 I 给 C_2 充电；使 C_2 上的电压充电至 $\sqrt{2}U_2$。

　　c. 由于 C_1 和 C_2 上的电压叠加，所以，在 R_L 上的输出电压 $U_0=2\sqrt{2}U_2$。

　　图 3-9 中，每个整流二极管所承受的最大反向电压为 $2\sqrt{2}U_2$，电容 C_1、C_2 所承受的电压为 $\sqrt{2}U_2$。

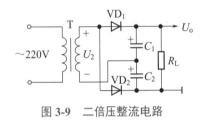 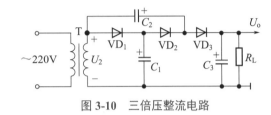

图 3-9　二倍压整流电路　　　　　　　　图 3-10　三倍压整流电路

八、三倍压整流电路

1. 电路图

　　三倍压整流电路如图 3-10 所示。

2. 电路分析

　　a. 第一个正半周期时，U_2 上端为正、下端为负，VD_1 导通，使 C_1 充电直至 $\sqrt{2}U_2$ 为止；U_2 处于负半周期时，U_2 上端为负、下端为正，VD_2 导通，U_2 和 U_{C_1} 串联共同对 C_2 充电直至 $2\sqrt{2}U_2$ 为止。

　　b. 第二个正半周期时，U_2 上端为正、下端为负，VD_3 导通，U_2 和 U_{C_2} 串联共同对 C_3 充电直至 $3\sqrt{2}U_2$ 为止，故 U_0 接近 U_2 峰值电压的 3 倍。

　　图 3-10 中，各整流元件所承受的最大反向电压仍为 $2\sqrt{2}U_2$，且不因为 U_0 的增高而加大。

九、多倍压整流电路

1. 电路图

　　基于三倍压的原理，可设计出多倍压整流电路，如图 3-11 所示。

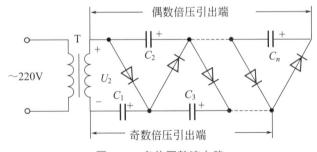

图 3-11　多倍压整流电路

2. 电路分析

设输入交流电压有效值为 U_2 时，则输出电压 U_o 为：

$$U_o = 2\sqrt{2}U_2 n \qquad\qquad (3\text{-}1)$$

式中，n 为倍压整流电路的级数。

图 3-11 中，每个整流元件所承受的最大反向电压仍为 $2\sqrt{2}U_2$，而电容器的耐压要逐级增加。

十、可控整流电路

1. 电路图

桥式可控整流电路如图 3-12 所示。输出直流电压可调控的电路，称为可控整流电路。这类电路中采用的不再是整流二极管而是晶闸管。与二极管不同，晶闸管不能自行导通，只有当其控制极有正触发脉冲时，晶闸管才能导通，实现整流功能，而当交流电压过零时晶闸管关断。通过改变电路中触发脉冲在交流每半周期内出现的时间，可改变晶闸管的导通角，从而改变输出电压的大小。

2. 电路分析

桥式可控整流电路包括晶闸管 VS_1、VS_2 和整流二极管 VD_1、VD_2；单结晶体管 V 等元器件则构成了同步触发器；电容 C_3、C_4 与电阻 R_5 构成了 RC 滤波器；RP 为输出电压调节电位器；R_1、C_1 构成阻容吸收网络，与熔断器 FU 共同组成晶闸管的过压、过流保护器。

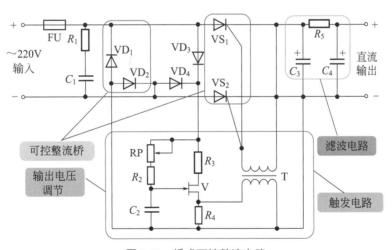

图 3-12　桥式可控整流电路

① 可控桥式整流器　如前所述，VS_1、VS_2 和 VD_1、VD_2 构成的整流器中，VS_1 和 VS_2 的控制极相连，通过变压器接入触发器，如图 3-13（a）所示。

在交流电的每个半周期里，晶闸管由触发器导通。正半周期时，电流 I 经 VS_1、R_L、VD_1 构成的回路；负半周期时，I 经 VS_2、R_L、VD_2 构成的回路；负载 R_L 上的电压始终是上正下负，实现了桥式整流。而且，触发脉冲在每半个周期内出现的时间，决定了晶闸管的导通角，进而决定了整个电路的直流输出电压的值。

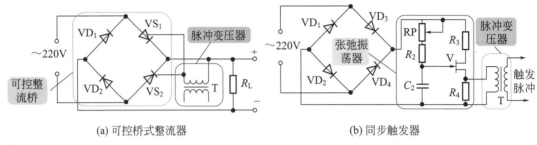

(a) 可控桥式整流器　　　　　　　　　　(b) 同步触发器

图 3-13　桥式可控整流电路解析

② 同步触发器　VD_1、VD_2 同时与 VD_3、VD_4 构成另一个桥式整流器，为触发器提供工作电源，确保触发器与主电路能够同步。触发器的结构如图 3-13（b）所示。

交流电每半个周期开始时，I 经 RP、R_2 向 C_2 充电；当 C_2 充电至 V 的峰值电压时，V 导通，在 R_4 上形成一个正脉冲，并由 T 耦合至 VS_1、VS_2 的控制极，触发晶闸管导通。因此，C_2 的充电时间决定了触发脉冲产生的时间。增大 RP 的阻值，可使 C_2 的充电电流减小、充电时间延长，进而导致触发脉冲产生时刻推迟、晶闸管导通角变小，最终降低输出电压。反之，减小 RP 的阻值，则可调控输出电压增大。即 RP 为输出直流电压的调节电位器。

③ RC 滤波器　如图 3-12 所示，整流电路经 C_3 初步滤波后的输出电压 U_{C_3} 是一个交、直流混合的电压，对于 U_{C_3} 的直流成分，C_4 的容抗极大、几乎无影响，故输出端直流电压的大小仅取决于 R_5 与 R_L 的比值（R_5 不过大时，R_L 可获得绝大部分的直流输出电压）。对于 U_{C_3} 的交流成分，C_4 的容抗极小，故交流成分基本被 C_4 旁路于此，因此最终 RC 滤波器所输出的电压中交流纹波极小，可满足电源电路的设计要求。

十一、可控整流电源电路

可控整流电路的工作原理决定了它可以制作成实用的整流电源，这类电源在实际中应用非常广，如数码相机、摄像机、影碟机、打印机、无绳电话、手机等常用电子设备中均需配备一个整流电源。

1. 实例电路图
该电源的原理图如图 3-14 所示。

2. 电路分析
该电源可提供 6V、500mA 的直流电。图 3-14 中将桥式整流电路与电容滤波电路相结合，其工作原理是：市电交流 220V 经变压器（T）、整流桥（VD_1 ～ VD_4 构成）后，由 C_1 滤除其交流成分，向负载输出 6V 直流电压；同时，大容量滤波电容 C_1 上并联一小容量电容 C_2，可进一步提高滤波效果；发光二极管 VD_5 是电源指示灯，R_1 是 VD_5 的限流电阻。

该电路中的最大输出电流取决于 T 的功率和整流二极管，因而，适当增加 T 的功率可提高输出电流，同时也应保证整流二极管具有足够的最大整流电流值。改变 T 的次级电压可改变输出电压，同时也应保证整流二极管具有足够的最大整流电压值。还应调整 R_1，以

确保 VD_5 的工作电路在 10mA 左右。

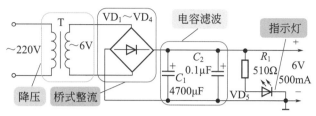

图 **3-14**　可控整流电源的原理图

十二、直流电压变换器电路

1. 电路图

如图 3-15 所示，直流电压变换器的功能是，高效率地将直流电压 E 变换成双极性电源 $\pm E$，其输出电流约为 100mA。

2. 电路分析

图 3-15 中，三极管 VT_1、VT_2 构成双稳态电路，VT_3、VT_4 构成多谐振荡器，输出电压与其振荡频率有直接关系，电阻 R_1、R_2 则决定了振荡的频率值。空载时，输出电压较高（典型值 10V），带负载后，则电压略有降低（典型值 6V）。由图可知，从 1、2 端的输出电压为 $2E$，若将 0 端作为公共零点，则 1、0 端输出电压为 $+E$，2、0 端输出电压为 $-E$。

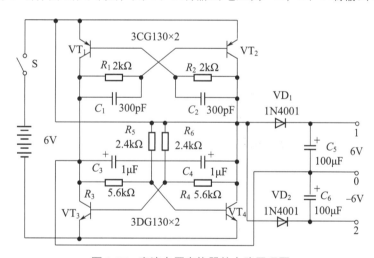

图 **3-15**　直流电压变换器的电路原理图

 滤波电路

滤波电路的功能是，将整流后的直流脉动电压中的交流成分滤除，以便获得平滑实用的直流电压。由于滤波电路的电感元件体积和重量均较大，且在负载电流突变时会产生较大的感应电动势，易造成半导体管的损坏，故在实际应用中常用的仅有电容滤波电路、RC 滤波电路、有源滤波电路等。

滤波电路的识图基本方法如下。

① 仅使用 C、L 及 R 等无源元件构成的滤波电路，被称为"无源滤波器"，它们也是各种电子电路经常见到的基本单元电路，主要用于滤波要求较低的场合。在一些要求较高的电路中，则需使用有源滤波器。利用晶体管的直流放大特性，可构成有源滤波电路，有源滤波电路具有直流压降小、滤波效果好等优点，主要应用于滤波要求较高的场合。

② 分析电容滤波原理时，主要是利用电容器的充电与放电特性，即整流电路输出脉动直流电压时对电容器充电，当没有脉动直流电压输出时，滤波电容通过负载放电。

③ 分析电感滤波原理时，主要是了解电感器对直流电的电阻很小，无感抗作用，而对交流电存在感抗。

十三、RC 滤波电路

1. 电路图

该电路如图 3-16 所示。它由两个滤波电容 C_1、C_2 和滤波电阻 R_1 构成，这种网络形似希腊字母 π，因而亦被称为 π 形滤波电路。RC 滤波电路实质上是在电容滤波电路的基础上再增加一层 R_1 和 C_2 的滤波，整个电路最终的输出电压是 C_2 上的电压 U_{C_2}。

2. 电路分析

图 3-16 中，R_1 和 C_2 可视为一个分压器，U_{C_2} 等于 U_{C_1}（C_1 上电压）经 R_1 与 C_2 分压后在 C_2 上的电压分量。对于 U_{C_1} 中的直流成分而言，C_2 的容抗极大，几乎无影响，U_{C_2} 直流成分的大小取决于 R_1 与 R_L 的比值。若 R_1 不过大，则 R_L 可获得绝大部分的直流输出电压。对于 U_{C_1} 中的交流成分而言，C_2 的容抗极小，交流分量的大部分将被旁路于此，故 RC 滤波电路中输出直流电压的波纹很小。

十四、复式滤波电路

1. 电路图

为了进一步减小输出电压的脉动程度，在滤波电容之前串联一个铁芯线圈 L，可组成电感电容复式滤波电路，又称为 LC 复式滤波电路，如图 3-17 所示。

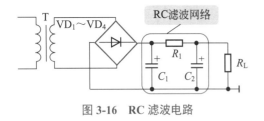

图 3-16　RC 滤波电路

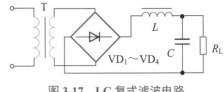

图 3-17　LC 复式滤波电路

2. 电路分析

因为电感线圈的电流发生变化时，线圈中要产生自感电动势以阻碍电流的变化，因而使负载电流和负载电压的脉动大为减小。频率越高，电感越大，滤波效果则越好。整流电压中的交流成分大部分落于电感线圈 L 上，再经并联的电容 C 进一步滤波，使负载上得到更加平滑的直流电压。

LC 复式滤波器的外部特性与电感滤波类似，但滤波效果更好，因而适用于电流较大且要求电压脉动小的场合。

十五、基本有源滤波电路

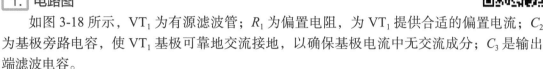

1. 电路图

如图 3-18 所示，VT_1 为有源滤波管；R_1 为偏置电阻，为 VT_1 提供合适的偏置电流；C_2 为基极旁路电容，使 VT_1 基极可靠地交流接地，以确保基极电流中无交流成分；C_3 是输出端滤波电容。

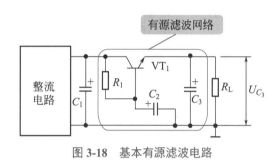

图 3-18　基本有源滤波电路

2. 电路分析

由图 3-18 可知，虽然整流电路输出并加在 VT_1 集电极的是脉动直流电压（既含直流分量又含交流分量），但晶体管的集电极 - 发射极电流主要受到基极电流的控制，而受集电极电压变动的影响极其微小。由于 C_2 的旁路滤波作用，VT_1 的基极电流中几乎不再含有交流分量，从而使 VT_1 对交流电呈现出极高的阻抗，在其输出端（VT_1 发射极）即可获得较纯净的直流电压 U_{C_3}。由于晶体管的电流放大作用（发射极电流是基极电流的 $1+\beta$ 倍），故 C_2 的作用相当于在输出端接入一个容量为（$1+\beta$）倍 C_2 容量的大滤波电容。

十六、串联型稳压电路

目前，较常用的是带放大环节的改进型串联稳压电路。

1. 电路图

实际中，常采用带有放大环节的改进型串联型稳压电路，来进一步提高输出电压的稳定度。该电路如图 3-19 所示。

2. 电路分析

VT_1 为调整管，其基极控制信号源自 VT_2 的集电极；VT_2 等构成了比较放大器；R_1 为 VT_2 的集电极负载电阻；VD 和 R_2 构成了基准电压；R_3、R_4 则组成了取样电路。

由于电路中增添了比较放大器，故该电路的灵敏度更高，U_o 的稳定性更好。具体工作原理如下：取样电路将 U_o 按比例取出一部分，送至比较放大器与基准电压进行比较，若二者有差值，则比较放大器将该差值放大后去控制 VT_1，使 VT_1 反向变化，以抵消 U_o 的变化。

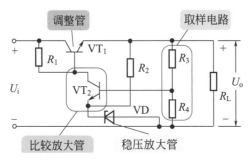

图3-19 带放大环节的改进型串联稳压电路

十七、可调式串联稳压电路

1. 电路图

输出电压可调的串联型稳压电路如图 3-20 所示。这类电路的最大特点在于，输出电压具有连续可调性。

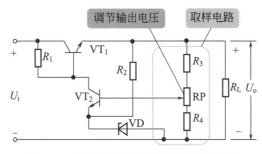

图3-20 输出电压可调的串联型稳压电路

2. 电路分析

由图 3-20 可知，只要改变取样电路的分压比，就可改变稳压电路中 U_o 的大小，使带放大环节的串联型稳压电路变为输出电压连续可调的稳压电路。

图 3-20 中，R_3、R_4 和 RP 构成取样电路，通过调节 RP 动臂即可改变分压比。若 RP 的动臂向下移动，则分压比变小，U_o 增大；反之同理。

可调式稳压电路的稳压精度较高，可提供较大的输出电流，还可做到直流输出电压的连续可调，因而在电子电路设计和制作中被广为使用。

十八、串联型 LED 稳压电路

1. 电路图

该电路如图 3-21 所示。

2. 电路分析

图 3-21 中，发光二极管 VD_1 将调整管 VT_1 的基极电压稳定于 2V，因而保证了 U_o 的稳

定性。由于 VT_1 基极 - 发射极间压降 U_{be1} 的存在（对于 NPN 型晶体管，$U_{be1} \approx 0.7V$），则该电路的 $U_o = 2V - 0.7V = 1.3V$。

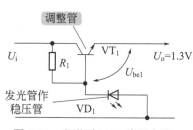

图 3-21　串联型 LED 稳压电路

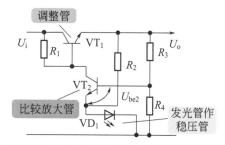

图 3-22　带放大环节的串联型 LED 稳压电路

十九、带放大环节的串联型 LED 稳压电路

1. 电路图

带放大环节的串联型 LED 稳压电路如图 3-22 所示。

2. 电路分析

由于增加了比较放大晶体管 VT_2，将误差信号放大后去控制 VT_1，因而该电路具有更好的稳压效果。

VD_1 构成 2V 基准电压，将 VT_2 的发射极电压稳定于 2V，VT_2 的基极则接通由 R_3、R_4 构成的取样电路［取样比 $R_4/(R_3+R_4)$］。U_o 的 $R_4/(R_3+R_4)$ 部分进入 VT_2 基极与 2V 基准电压相比较，获得差值，该差值放大后作为 VT_1 的基极控制信号，调整 VT_1 作反向变化来抵消 U_o 的变化，达到稳压的目的。

综上，该电路的输出电压 U_o 的计算式为：

$$U_o = (U_{VD_1} + U_{be2}) \times \frac{R_3 + R_4}{R_4} = 2.7 \times \frac{R_3 + R_4}{R_4} \quad （3-2）$$

因此，通过改变 R_3 与 R_4 的比值，即可调节 U_o 的值。

二十、分挡式 LED 稳压电路

1. 电路图

如图 3-23（a）所示，分挡式 LED 稳压电路是一款采用 LED 作为稳压管的分挡可调输出稳压电源，其输出值 3V、5V、6V 三挡可调，最大输出电流为 500mA。图中的 VD_5 既是稳压管，又是电源指示灯。

2. 电路分析

该电路的功能框图如图 3-23（b）所示，包括变压、整流滤波、稳压、分挡调节等部分。图 3-23（a）中，S_1 为电源开关，S_2 为输出电压选择开关。市电交流 220V 经电源变压器 T_1 降压、整流二极管 $VD_1 \sim VD_4$ 桥式整流、电容 C_1 滤波后，可得非稳压的直流电压，再经 VT_1、VT_2 的稳压，最终输出稳压直流电压，且该 U_o 有三挡可供选择。

该电路的分挡稳压原理如下：

VT$_1$ 为调整管，VT$_2$ 为比较放大管，VD$_5$ 则构成基准电压源，将 VT$_2$ 的发射极电压稳定于 2V。R_3、R_4、R_5、R_6 构成取样电路，通过开关 S$_2$ 选择不同的取样比，即可获得不同挡位的 U_o。其具体的计算公式为：

$$U_o = (U_{VD_5} + U_{be2}) \times \frac{R_3 + R_4 + R_5 + R_6}{R} = 2.7 \times \frac{R_3 + R_4 + R_5 + R_6}{R} \quad (3\text{-}3)$$

式中，R 为在不同挡位所代表的数值。若 S$_2$ 位于①挡，$R=R_4+R_5+R_6$，取样比为 0.9，U_o=3V；若 S$_2$ 位于②挡，$R=R_5+R_6$，取样比为 0.6，U_o=5V；若 S$_2$ 位于③挡，$R=R_6$，取样比为 0.45，U_o=6V。

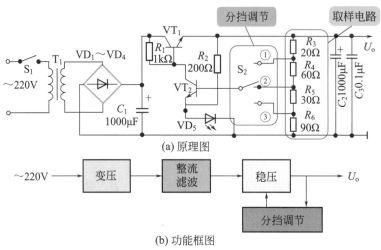

(a) 原理图

(b) 功能框图

图 3-23　分挡式 LED 稳压电路

二十一、交流自动稳压电路

1. 电路图

市电交流 220V 由电网提供，具有较大的电压波动，会大幅度缩减电器的寿命，因此，需要交流变压器来稳定电源电压。图 3-24 是一种基于运放 LM358 构成的、高精度与高性价比的交流自动稳压电路。当输入电压为 170 ～ 270V 时，稳定的输出电压范围是 200 ～ 240V，额定功率为 2.5kW。

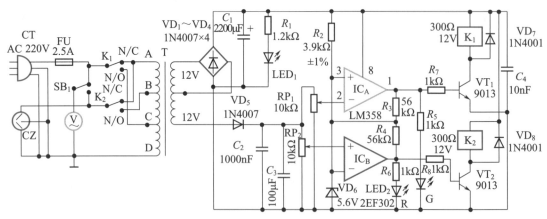

图 3-24　交流自动稳压电路

2. 电路分析

该电路的工作原理:由图 3-24 可知,LM358 工作于开环状态。市电交流 220V 由电压变压器 T 次级取出两组 12V 电压,其中一组由 $VD_1 \sim VD_4$ 整流,电容 C_1 滤波,分别为双运放 LM358 和继电器 K_1、K_2 提供 12V 直流电压。同时,由电阻 R_2 降压,VD_6 稳压获得 5.6V 电压,作为比较器 IC_A、IC_B 的基准电压。另一组 12V 电压经 VD_5 整流,电容 C_2、C_3 消噪滤波后,作为电源误差取样电压,经电位器 RP_1、RP_2 调整取样后作为 IC_A、IC_B 的比较信号。

T 的一次绕组兼作调压器,有三种电压可供选择,即 A(240V)、B(220V)、C(200V)。通过 K_1、K_2 触点的选择,在插座 CZ 处可获得较稳定的电源输出。

① 当输入电压 U_i=200 ~ 240V 时,K_1、K_2 不动作,二者的触点位于图 3-24 中的常闭位置,所以输入电压直接送至 CZ 而无须提升或降低,即输出电压 U_o=U_i=200 ~ 240V。

② 当 U_i < 200V 时,IC_A 的引脚 2 电平降低至小于引脚 3 的电平,引脚 1 则输出高电平,三极管 VT_1 导通,K_1 通电吸合,其触点 N/O 接通,使 U_i 接至 T 的 C 端,导致 U_o 升高。实验测试表明:U_i=170 ~ 200V 时,U_o=205 ~ 240V。

③ 当 U_i > 240V 时,K_2 吸合、K_1 释放,此时 U_i 接至 T 的 B 端,导致 U_o 降低。实验测试表明:U_i=240 ~ 270V 时,U_o=205 ~ 240V。

R_1 与 LED_1 共同构成了电源指示电路。LED_2 2EF302 作输入电压指示:U_i < 200V 时,LED_2 绿灯 G 亮;U_i > 240V 时,LED_2 红灯 R 亮;U_i=200 ~ 240V 时,LED_2 两灯均不亮。

3. 电路调试

将整个电路组装于一块印刷线路板上后,即可开始调试。

将 RP_1 旋至最上端,RP_2 旋至最下端,电源接入插头 CZ,用另一只调压器使 CZ 输入电压为 200V,并观察电压表的示数。再缓慢下调 RP_1,使 K_1 刚好吸合,LED_2 绿灯发亮,并观察电压表的示数。再使 CZ 输入电压为 240V,缓慢上调 RP_2,使 K_2 刚好吸合,LED_2 红灯亮,并观察电压表的示数。

当输入电压在 170 ~ 240V 范围内时,输出电压及 LED_2 的反应为:U_o=205 ~ 240V 时,LED_2 绿灯亮;U_o=200 ~ 240V 时,LED_2 不发光;U_o=210 ~ 240V 时,LED_2 红灯亮。

 **知识链接** 稳压电源的调试方法

(1)调试方法概述

直流稳压电源一般采用逐级调试法。稳压电源是由变压、整流、滤波和稳压四部分组成的。在条件允许时,可将各级间连接处断开。先调试变压级,待变压级正常后,将整流级连接上再调试整流级,然后依次调试滤波、稳压电路,直到全部正常。

若断开各部分电路有困难,也可逐级检测输入、输出来判断电路工作是否正常,但在分析判断时,还需考虑前后级间的相互影响。

调试时一般是用万用表测量各级的输入、输出电压值及用示波器观察各级输入、输出波形。输出电压数值和输出波形的标准请查阅有关资料,本书限于篇幅限制不再详述,若数值和波形正常,则说明电路工作正常;如不符,则说明有故障存在,需要检查电路连线是否正确、

接点接触是否良好、器件是否损坏等，查出故障部位并分析原因，排除故障，使电路达到正常工作状态。

在测试过程中，应注意以下问题。

① 注意万用表的挡位。测整流电路输入端（整流前）应为交流挡，整流后用直流挡。

② 示波器应正确选用 Y 轴输入耦合开关和 Y 输入灵敏度的挡位。测整流后各级电路波形时，一般需将耦合开关置于"DC"挡位，整流前应置于"AC"挡位。

（2）调试举例：串联型稳压电路的调试

① 电路图　图 3-25（a）是采用复合管作为调整管的串联型稳压电源的电路原理图，输出电压为 12V，最大输出电流为 1.2A。

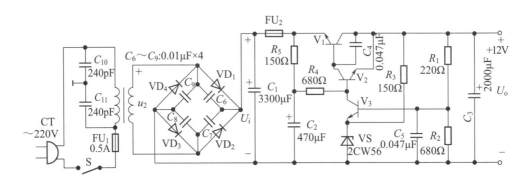

(a) 电路原理图

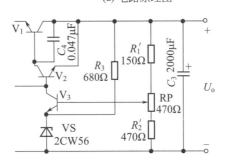

(b) 输出电压可调的电路

图 3-25　串联型稳压电源的电路原理图

图 3-25（a）中 V_1 为 3AD53C，最大允许耗散功率 $P_{CM}=20W$（加散热片），V_2 为 3DG12，β 值为 30 左右，C_2 的作用是稳定比较放大管集电极的供电电压。C_3 并接在输出端，以进一步减小输出电压中的纹波，还可补偿负载所需短时间脉冲大电流，同时可避免负载中交流信号进入电源，影响其他电路的正常工作，起到退耦作用。C_4、C_5 是防振电容，防止稳压电路中放大电路产生高频自激振荡，使电路正常工作。

② 调试准备工作　调试之前，要认真检查电路装接是否正确，尤其需注意以下两个问题。

第一，二极管及电解电容极性装接是否正确。对于全波整流电路，若有一个二极管极性接错则会烧毁整流二极管。其正确接法是共阳端和共阴端接负载，其余两端接变压器次级绕组。图 3-25（a）中 VD_3、VD_4 的阳极接在一起称为共阳端，VD_1、VD_2 的阴极接在一起，称为共阴端。若采用整流全桥堆，其引线有"−""+""～"标记，标有"+"的为共阳端，输出正电位；"－"为共阴端，输出低电位；"－"和"＋"应接到负载两端；"～"应接变压器次级绕组两端，若接错也会烧毁内部的二极管。

第二，检查并处理好大功率调整管的散热问题。大功率调整管应加装散热器，散热器一般安装在机壳上，为零电位。本电路的大功率管集电极电位为12V。在安装散热器时应做绝缘处理，即在散热器和调整管之间加垫电绝缘薄膜。如在二者之间加一层极薄的云母片或聚四氟乙烯薄膜，有条件的话，应在云母片上涂少许硅油。

③ 调试步骤　调试分为如下两步进行。

第一步：调整电路得到符合要求的输出电压值。这部分的调试采用分组调试法。

a. 变压部分调试。通电后，先用万用表测量变压器次级电压是否为15V。如无电压，检查初级电压，若也无电压，说明电源未接通。可能是开关S未合上，或插头CT未插紧。若通电后，初级绕组侧熔丝FU_1烧毁，可能是变压器初级或次级绕组短路，或C_{10}、C_{11}被击穿。若通电后电压正常，说明变压部分正常。

b. 整流滤波部分调试。接上整流滤波部分，可能出现以下几种情况：

• 熔丝FU_1立即熔断。出现这种情况通常是因桥式整流电路中有一个二极管击穿所致。可断电后分别检查各二极管，反向电阻近于0的即为损坏管，换上正常管即可。

$C_6 \sim C_9$电容短路性损坏也能引起FU_1熔断，但此类情况很少发生。

• 整流后直流电压过低。此时整流电路负载为电解电容C_1，$U_{C_1} \approx \sqrt{2}U_i \approx 21V$。若测得$U_{C_1}$过低，通常有三个原因。一是整流二极管反向电阻过小。因二极管反向电阻过小，它在截止时，会对导通二极管的电流进行分流，使输出电流减小。设变压器二次侧瞬时极性为上负下正，VD_2、VD_4导通，VD_1、VD_3截止。若VD_1反向电阻过小，VD_1对I_{D2}分流，流经VD_4，C_1电流变小，使输出电压下降。二是C_1虚焊，电容两端电压为$0.9U_i$。三是滤波电容C_1的正向漏电电阻（万用表黑笔接C_1正极，红笔接C_1负极测得的电阻）过小。这时电容C_1等效为阻容性负载，$U_{C_1} \approx 1.2U_i \approx 18V$。

若测得$U_{C_1} \approx 21V$，说明整流滤波电路正常。

c. 稳压电路调试。接上稳压电路，调试过程中可能出现以下情况。

• 输出电压$U_o \approx 0V$，即无输出电压。首先断电测试变压器次级绕组侧熔丝FU_2是否熔断。若FU_2熔断，说明稳压部分有短路性故障，应检查有无错接、错焊之处；印制电路板导线有无短路搭接现象；元器件是否有问题。

若FU_2完好，说明稳压电路有开路性故障，应检查有否漏焊、假焊之处，例如散热器上调整管未接入印制电路板；有无错接、错焊之处，如管子电极错焊。

• 输出电压U_o过低，U_o=2～3V。

故障原因：调整管V_1处于截止状态。这时V_1的集电极-发射级间电压U_{CE1}可高达15V以上。

产生故障直接原因是复合调整管V_2基极电位U_{B2}过低，导致U_{B2}过低的原因很多：

第一，稳压管VS质量有问题，接入电路后出现短路性故障。因VS短路，$U_{E3}\downarrow \rightarrow U_{BE3}\uparrow \rightarrow I_{R5}\uparrow \rightarrow I_{R4}\uparrow \rightarrow U_{BE2}\downarrow \rightarrow I_{C2}\downarrow \rightarrow I_{B1}\downarrow$，使$V_1$进入截止状态。

第二，V_3集电结击穿，使$I_{R5}\uparrow$，$I_{R4}\uparrow$，$U_{B2}\downarrow$。V_2集电结或发射结出现开路性损坏，I_{B1}很小，V_1亦会截止。另外V_2发射结击穿，I_{R5}、I_{R4}较大，使U_{B2}下降，V_1截止。

造成V_1截止的原因，一般是因所用器件质量问题造成的。

• 输出电压 U_o 过高，且调不下来。如 U_o 在 15V 以上说明 V_1 已进入饱和状态。造成 V_1 进入饱和状态的直接原因是 V_2 基极电位过高。具体因素很多，如 VS 开路性故障、V_3 出现开路性损坏、V_3 发射结击穿等。

• 输出电压基本正常，U_o=12V。在这种情况下只要调整取样电路分压比即可。如将图 3-25（a）所示电路改接成图 3-25（b）所示电路，即为输出电压可调电路。即用电阻 R_1'=150Ω、R_2'=470Ω 串接电位器 RP=470Ω 取代原电路中 R_1、R_2，RP 的电刷接 V_3 基极，其余部分不变。这时，缓慢调节 RP，即可得到 12V 的输出电压。

第二步：性能参数测试。

上述调试完毕后，一般应进行加载考验调试。即接上假负载，按规定时间进行试验。业余制作一般试验半小时至数小时，看电路能否正常工作。

假负载的选取：$R_\text{L} = \dfrac{U_\text{o}}{I_\text{o}} = \dfrac{12}{1.2}\Omega = 10\Omega$， $P = U_\text{o}I_\text{o} = (12 \times 1.2)\text{W} = 14.4\text{W}$。

上例中假负载应选阻值为 10Ω、功率在 15W 以上的电阻器。

接入假负载后，U_o 稍有下降，调节 RP 可使 U_o 恢复到正常值。在加载试验过程中，U_o 应始终不变，且装在散热器上的大功率管 V_1 温升不太高（能用手去触摸的程度），说明电路经受住考验，可用于实际运行。

学习提示：集成稳压电路

集成稳压电路具有体积小、价格低、可靠性高等优点。随着集成电子技术的发展，集成稳压电路大有取代分立件稳压电路的趋势。

W7800 与 W7900 三端固定集成稳压电路是当前常用的两款中、小功率集成稳压芯片，这两个系列的芯片均只有 3 个端，即输入端（接整流滤波电路的输出端）、输出端（接负载）与公共端（接地）。W7800/7900 系列的内部电路主要是串联稳压电路，并装有过流保护、安全电压保护、过热保护等电路，使用安全可靠；其封装形式有塑料封装和金属封装两种。

二十二、输出为固定正电压的稳压电路

1. 电路图

集成电路采用 W7800 系列固定正输出集成稳压器电路，如图 3-27 所示。

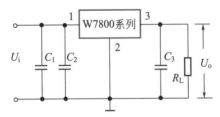

图 3-26 固定正输出集成稳压器电路

2. 电路分析

C_1、C_2 为输入端滤波电容，C_3 为输出端滤波电容，R_L 为负载电阻。稳压电路的输出电压 U_o 由所选用的集成稳压器 W7800 系列的输出电压决定；例如选用 W7805，则电路的输出电压为 +5V。由于集成电路可靠工作时要求有一定的压差，因此输入电压 U_i 至少要比 U_o 高 2.5V。

输出为固定负电压的稳压电路结构与固定正输出稳压电路相似，仅仅是集成电路采用了 W7900 系列固定负输出集成稳压器，如图 3-27 所示。该电路输出电压 U_o 由所选用的集成稳压器 W7900 系列的输出电压决定。

如果同时利用配对的 W7800 系列和 W7900 系列集成稳压器，可组成具有正、负对称输出电压的稳压电路，如图 3-28 所示。

若选用 W7815 和 W7915，则该电路的稳压输出电压为 ±15V。

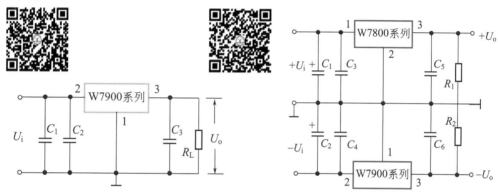

图 3-27　固定负输出电压的稳压电路　　　　图 3-28　正、负对称输出电压的稳压电路

二十三、输出电压连续可调的集成稳压电路

1. 电路图

采用集成稳压器，也可构成如下两种输出电压连续可调的集成稳压电路。

2. 电路分析

① 图 3-29 所示为正电压输出可调稳压电路，该电路采用三端正电压输出可调集成稳压器 W117。电阻 R 和电位器 RP 组成调压电路。当电位器 RP 向上移动时，输出电压 U_o 升高；反之，输出电压 U_o 降低。

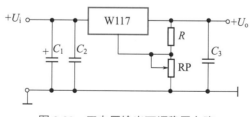

图 3-29　正电压输出可调稳压电路

② 图 3-30 所示为负电压输出可调稳压电路，该电路采用三端负电压输出可调集成稳压

器 W137。当调压电位器 RP 向上移动时，输出电压 U_o 的绝对值升高；反之，输出电压 U_o 的绝对值降低。

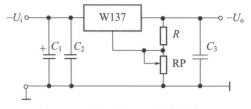

图 3-30　负电压输出可调稳压电路

二十四、基于 LM723 的高压直流稳压电源电路

1. 电路图

利用 LM723 型通用稳压集成电路构成的高压直流稳压电源原理如图 3-31 所示。该电路采用悬浮式调压技术，其输出电压为 1000V，输出电流为 100mA，可作为电子元器件测量、科教实验等方面的高压电源。

由图 3-31 可知，该高压直流稳压电源由电源输入电路、稳压输出电路和限流保护电路等几部分组成。

其中，电源输入电路由电源开关 S、熔断器 FU、电源变压器 T、整流桥堆 UR、整流二极管 $VD_1 \sim VD_4$ 组成；稳压输出电路由稳压集成电路 IC_1 与 IC_2、电容 $C_1 \sim C_8$、电阻 $R_1 \sim R_6$ 构成；限流保护电路则由稳压集成电路 IC_2 内部保护电路、晶体管 VT_1 与 VT_2、稳压二极管 VD_5 和限流电阻 R_5 等元器件构成。

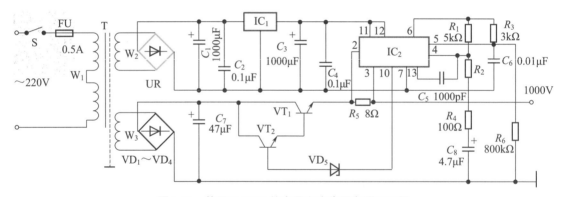

图 3-31　基于 LM723 的高压直流稳压电源原理图

该高压直流稳压电源的主要元器件的选用见表 3-1。

表 3-1　高压直流稳压电源主要元器件的选用

代号	名称	型号规格	数量
IC_1	三端集成稳压电路	LM7812	1
IC_2	通用型稳压集成电路	LM723	1
UR	整流桥堆	1A、50V	1

续表

代号	名称	型号规格	数量
$VD_1 \sim VD_4$	整流二极管	1N4007	4
VT_1、VT_2	高反压大功率晶体管	BUT11A、2SD1403/820	2
T	电源变压器	15 ～ 20W、高强度漆包线	1
VD_5	稳压二极管	1N5233	1

2. 电路分析

如图 3-31 所示，接通电源开关 S 后，交流市电 220V 经 T 变压后，在其 W_2 和 W_3 次级绕组上分别产生 16V 交流电压和 1100V 交流电压。W_2 绕组上的 16V 交流电压经 UR 整流、C_1 滤波及 IC_1 稳压后，形成一个稳定的 12V 直流电压，加载至 IC_2 的引脚 11、12，作为 IC_2 的基准电压。而 W_3 绕组上的 1100V 交流电压经 $VD_1 \sim VD_4$ 整流、C_7 滤波、VT_1 和 VT_2 调整及 VD_5 和 IC_2 稳压后，产生一个稳定的 1000V 直流电压。

当负载电路正常工作时，R_5 两端的电压降低至 0.6V，IC_2 内部的保护电路不启动、不工作，VT_1 和 VT_2 均处于导通状态，限流保护电路对稳压输出电路的工作状态无影响。

当电源负载过重或者负载发生短路时，将引起工作电流的增大，进而使得 R_5 上的电压降也随之增大，当该电压降达到 0.6V 以上时，使 IC_3 内部的保护电路开始动作，VT_1 和 VT_2 截止，输出电压随之消失，从而达到了保护整个稳压电路和负载电路的目的。

3. 电路调试

本节的高压直流稳压电源采用专用稳压集成电路，其外围电路结构简洁，其中电源变压器 T 使用 15 ～ 20W 变压器的铁芯和高强度漆包线而制成。

此外，T 的 W_1 和 W_2 绕组的匝数比为 1 ：0.7，W_1 和 W_3 绕组的匝数比为 1 ：5。该电路集成度高，通常无须调试即可通电正常工作。

值得注意的是，该电路为高压装置，使用时应注意防止触电。

二十五、晶体管稳压电路

1. 电路图

晶体管稳压电路是目前电子制作中设计者选择最多的课题之一，如图 3-32（a）所示的晶体管稳压电路的额定输出电压为 3V、最大输出电流为 600mA。

图 3-32（a）中，该电路包含 3 个子单元电路［功能框图如图 3-32（b）所示］，即：

① 以整流二极管 $VD_1 \sim VD_4$ 为核心的整流滤波电路，其中包括交流降压电路、整流电路、滤波电路等。

② 以晶体管 $VT_1 \sim VT_4$ 为核心的稳压电路，其中包括基准电压、取样电路、比较放大器、调整元件、保护电路等。

③ 以发光二极管 VD_7 为核心的指示电路。

该电路的工作原理是：市电交流 220V 经电源变压器 T 降压、$VD_1 \sim VD_4$ 桥式整流、C_1 滤波后，可得非稳压的直流电压，再经 $VT_1 \sim VT_4$ 的稳压调整后，可获得稳定的 3V 直流电压，且当输入电压或负载电流在一定范围内变化时，输出电压稳定不变。

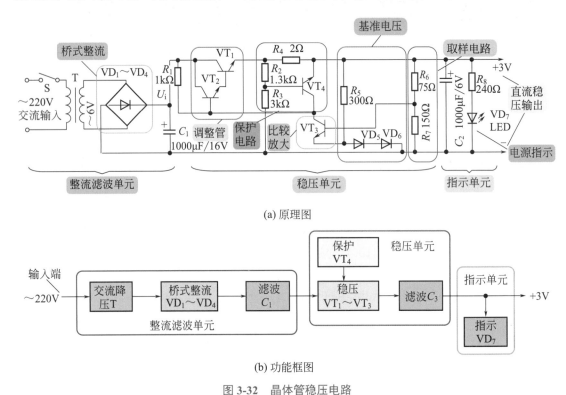

(a) 原理图

(b) 功能框图

图 3-32 晶体管稳压电路

下面逐一介绍各子单元电路。

2. 电路分析

（1）整流滤波电路

① 交流降压电路 如图 3-32 所示，稳压电路输出的额定电压为 3V，但由于调整管有一定的压降，则交流输入电压选择为 6V，电路中是由 T 将 220V 交流降压为 6V 交流。此外，稳压电路的最大输出电流为 600mA，考虑到电路损耗，T 选用的是 6W 的电源变压器。

② 整流电路 虽然桥式整流电路需要使用 4 个整流二极管，但这种电路的整流效率较高、脉动成分较少、变压器次级不需要中心抽头，故而对设计十分有利。

③ 滤波电路 桥式整流后，整个电路负载上的电压为脉动直流电压，其频率为 100Hz、峰值约为 8.4V，还必须经过平滑滤波才能达到设计要求。而实际中常采用的是一种简单实用的电容平滑滤波器。由于 C_1 的充、放电特性，当 C_1 容量足够大时，充入的电荷多、放掉的电荷少，最终使整流后的脉动电压成为直流电压 U_i（空载时 $U_i=8.4V$）。

（2）稳压与指示电路

稳压电路的功能框图如图 3-33 所示。这是一个典型的串联型稳压电路，调整元件接入 U_i 与输出电压 U_o 之间。若 U_o 发生变化，则调整元件将作出反向变化加以抵消，从而确保 U_o 的稳定性。

① 基准电压 U_{VD} 如图 3-33 所示，U_{VD} 的作用是提供稳压的基准，它的稳定性直接关

系着整个稳压电路的稳定性，非常重要。U_{VD} 可由稳压管电路获得，两个硅二极管 VD_5、VD_6 串联后可作为稳压管，提供 1.3V 的稳定基准电压。图 3-32（a）中的 R_5 是限流电阻。

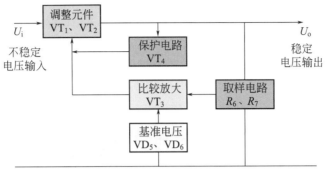

图 3-33　稳压电路的功能框图

② 取样电路　取样电路由 R_6、R_7 组成〔取样比为 $R_7/(R_6+R_7)=2/3$〕，其作用是将 U_o 按比例取出一部分，作为控制调整元件的依据。U_o 由取样比和 U_{VD} 决定：

$$U_o = (U_{VD} + 0.7V)\frac{R_6 + R_7}{R_7}$$

（3-4）

式中，0.7V 为 VT_4 的 b-e 结间压降。

改变取样比或 U_{VD}，即可改变稳压电路的 U_o 值。

③ 比较放大器　如图 3-34（a）所示，它是一个由 VT_3 等构成的直流放大器，其作用是对取样电压与基准电压的差值进行放大，并根据该差值去控制调整管的变化。VT_3 的发射极连接基准电压（1.3V），基极则连接取样电压（2V），集电极电压作为调整管的控制电压。

④ 调整元件　这是稳压电路中的执行元件，由工作于线性放大区的功率晶体管构成，该晶体管的基极输入电流受比较放大器输出电压的控制，如图 3-34（b）所示。本节中的调整元件采用的是复合管（VT_1+VT_2），其中，VT_1 为大功率晶体管，这种复合管的优势在于，可以极大地提高调整管的电流放大系数，有利于改善稳压电路的稳压系数和动态内阻等性能指标。

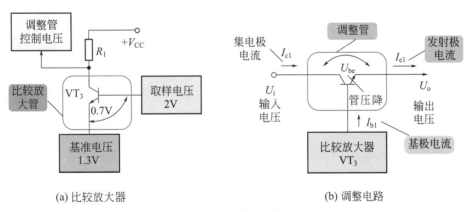

(a) 比较放大器　　　　　　　　(b) 调整电路

图 3-34　稳压电路

⑤ 保护电路　为防止输出端不慎短路或过载而造成整流管损坏，直流稳压电路通常需

要设计保护电路。本节的保护电路由 VT_4 和 R_2、R_3、R_4 等器件组成，属于截止式保护电路。

a. 正常情况下，输出电流在 R_4 上产生的压降小于 R_2 上的压降（R_2 与 R_3 分压获得），使 VT_4 基极电位低于发射极电位，VT_4 因反向偏置而截止，保护电路无效。

b. 输出端短路或过载时，输出电流随之大增，R_4 上压降也增大，使 VT_4 得到正向偏置而导通。VT_4 的导通使整流管变为反向偏置而截止，从而保护了电路。而当短路或过载故障被排除后，稳压电路将自动恢复正常工作。

⑥ 指示电路　如图 3-32（a）所示，VD_7 是电源指示灯，R_8 是其限流电阻。电容 C_2 的作用是进一步滤除输出直流电压中的交流成分。

二十六、电磁灶中的 5V 稳压电源电路

1. 电路图

图 3-35 所示为九阳 JYC-22F 型电磁灶的低压供电电路。

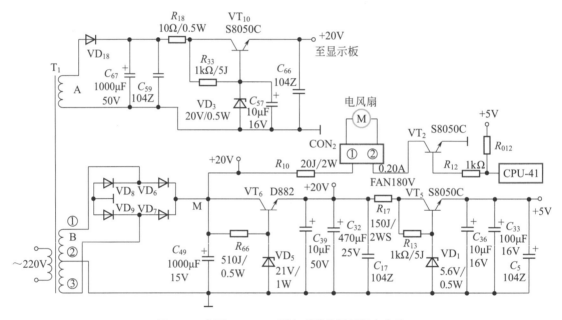

图 3-35　九阳 JYC-22F 型电磁灶的低压供电电路

2. 电路分析

市电交流 220V 输入至低压供电变压器 T_1 的初级，T_1 的次级有两个绕组 A 和 B，绕组 B 的中间有一个抽头，从而形成了①、②、③三个端子。①和③两个端子经过桥式整流电路将交流变为直流，输出 20V 直流电压。20V 直流电压在 M 点分成两路，一路经过插头 CON_2 的①脚送至电风扇上，CON_2 的②脚只要接地，即可使电风扇停止运转；②脚接地或断开则受到微处理机的控制。微处理机有一个高电平加到晶体管 VT_2 的基极时，VT_2 即可导通，有电流流过电风扇，促使电风扇旋转起来。

从 M 分出的另一路是稳压电路，晶体管 VT_6 的基极连接稳压二极管 VD_5，经稳压后 VT_6 的发射极输出 +20V 的电压。该电压再经过晶体管 VT_5 和稳压二极管 VD_1 组成的稳压电路，即可输出符合要求的 +5V 直流电压。

学习提示：开关式稳压电路

前述线性稳压电路具有结构简单、调节方便、输出电压稳定性强、纹波电压小等优点，但是由于稳压管始终工作于放大状态，自身功耗大，故效率较低，甚至仅为30%～60%。而且，为了解决调整管散热问题，必须安装散热器，这就必然增大整个电源设备的体积、重量和成本。开关式稳压电路则克服了以上缺点，其调整管工作在开关状态，可以极大地降低管耗，大大提高电路的工作效率。

开关电源具有体积小、重量轻、稳压范围宽和效率高的特点，因而在彩色电视机、显示器、DVD影碟机、数字机顶盒和微型计算机中被广泛采用。开关电源的效率一般都能达到80%以上，而一般线性稳压电路的效率只能达到30%～60%，近年来推出的开关稳压集成电路的效率多在90%以上。开关电源一般不需要电源变压器，直接将220V交流电整流、滤波后得到直流电压，然后经开关稳压集成电路与开关变压器变换成多组稳定的低压直流，省去电源变压器后，使得电源的体积大幅度地缩小。开关电源是家用电器的重要组成部分，也是发生故障较多的部位，其故障率占整个家用电器故障的60%左右。因此检测开关电源电路故障是检测电子电路故障的重点。

按照调整管与负载的连接方式，可以将开关式稳压电路分为串联型和并联型两种类型，下面会作详细介绍。

二十七、串联开关式稳压电路

串联开关式稳压电路的调整管与负载是串联的，输出电压总是小于输入电压，故称为降压型稳压电路。

1. 电路图

图3-36是串联开关式稳压电源的电路原理图。基准电压电路输出稳定的电压，取样电压 U_{N1} 与基准电压 U_{REF} 之差，经 A_1 放大后，作为由 A_2 组成的电压比较器阈值电压 U_{P2}，三角波发生电路的输出电压与之相比较，得到控制信号，控制调整管的工作状态。

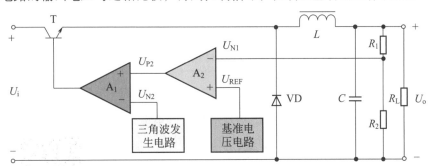

图3-36　串联开关式稳压电源的电路原理图

2. 电路分析

当 U_o 升高时，取样电压会同时增大，并作用于比较放大电路的反相输入端，与同相输入端的基准电压比较、放大，使放大电路的输出电压减小，经电压比较器使控制信号的占空比变小，因此输出电压随之减小，调节结果使 U_o 基本不变。当 U_o 减小时，与上述变化相反。

电路的适用情况：由于负载电阻变化时影响 LC 滤波电路的滤波效果，因而开关型稳压电路不适于负载变化较大的场合。

二十八、并联开关式稳压电路

并联开关式稳压电路：开关管与负载并联，它通过电感的储能作用，将感生电动势与输入电压相叠加后作用于负载，因而 $U_o>U_i$，也称为升压型稳压电路。

晶体管 VT 的工作状态受其基极电压 U_B 控制。

1. 电路图

并联开关式稳压电路的基本原理图（即换能电路的基本原理图），如图 3-37 所示。

2. 电路分析

当 U_B 为高电平时，VT 饱和导通，U_i 通过 VT 给电感 L 充电储能，充电电流几乎线性增大；VD 因承受反压而截止；滤波电容 C 对负载电阻放电，等效电路如图 3-37（b）所示。

当 U_B 为低电平时，VT 截止，L 产生感生电动势，其方向阻止电流的变化，因而与 U_i 同方向，两个电压相加后通过二极管 VD 对 C 充电，等效电路图如图 3-37（c）所示。

无论 VT 和 VD 的状态如何，负载电流的方向始终不变。

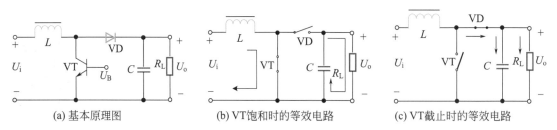

(a) 基本原理图　　(b) VT饱和时的等效电路　　(c) VT截止时的等效电路

图 3-37　换能电路的基本原理图及其等效电路

将换能电路中加上脉宽调制电路后，便可以得到并联开关式稳压电路，如图 3-38 所示。

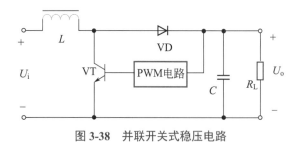

图 3-38　并联开关式稳压电路

二十九、机顶盒中的开关电源电路

1. 电路图

数字有线电视机机顶盒中的开关电源的电路原理图如图 3-39 所示。该电路主要由交流输入电路、整流滤波电路、开关振荡电路、开关变压器 T_{602}、次级整流滤波和稳压电路等构成。

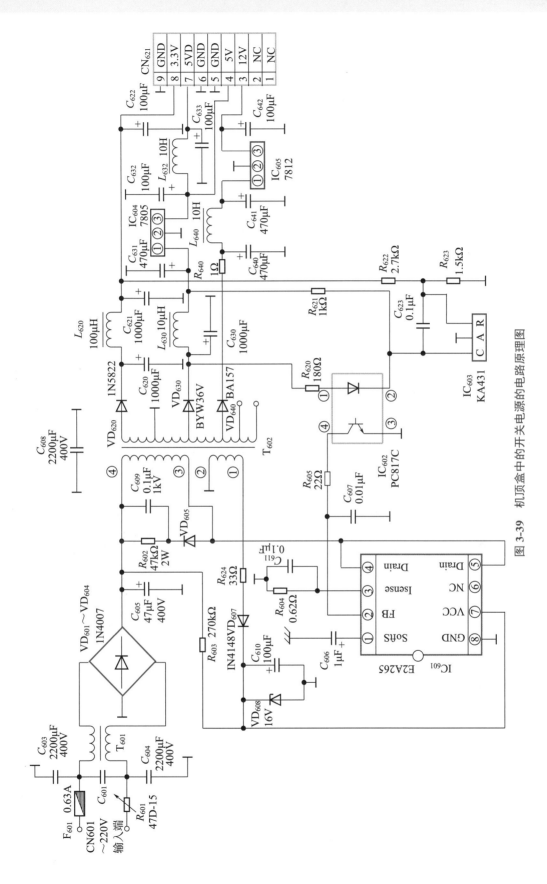

图 3-39 机顶盒中的开关电源的电路原理图

2. 电路分析

① 交流输入电路 该电路由熔断器 F_{601}，互感滤波器 T_{601}，滤波电容 C_{601}、C_{603}、C_{604} 等构成，其功能是滤除交流输入信号中的脉冲干扰。

② 整流滤波电路 市电交流 220V 电压经滤波后由桥式整流堆 VD_{601} ～ VD_{604}、滤波电容 C_{605} 进行桥式整流与滤波后，输出约 300V 直流电压至 T_{602} 的④脚。

③ 开关振荡电路 该电路主要由 IC_{601} 和外围电路等构成，振荡电路、稳压控制电路和开关场效应晶体管等部分均集中于 IC_{601}（E2A265）之中。开机后，交流 220V 整流输出的 300V 直流电压经 T_{602} 初级绕组④～③加到 IC_{601} 的④、⑤脚，这两脚内接开关场效应晶体管的漏极。开机的同时，直流 300V 经 R_{603} 形成启动电压加至 IC_{601} 的⑦脚，为 IC_{601} 内的电路供电，使 IC_{601} 内的振荡电路起振，T_{602} 的初级绕组④～③中开始有开关电流。

T_{602} 的次级绕组①～②中会感应出开关信号，①脚的输出经整流滤波和稳压电路形成正反馈信号叠加至 IC_{601} 的⑦脚，保持⑦脚有足够的直流电压，便可维持 IC_{601} 中的振荡，使开关电路进入稳定的振荡状态。

④ 次级整流输出电路 T_{602} 次级绕组中有多个抽头，每个绕组抽头的输出端均接有整流、滤波电路，分别可输出 3.3V、5V 和 12V 等电压。

3. 电路调试

误差检测电路设在 3.3V 输出电路中，3.3V 与地之间串接两个分压电阻，R_{622}、R_{623} 的分压点作为电压取样端，取样电压加到误差放大器 IC_{603} 的输入端 R。光电耦合器 IC_{602} 的②脚接在 IC_{603} 的 C 端。当输出电压变化时，会引起 IC_{602} 中 LED 发光强度的变化，这样会使 IC_{602} 中光敏晶体管集电极和发射极之间阻抗发生变化。IC_{602} 的④端接在 IC_{601} 的②脚，②脚为 IC_{601} 稳压负反馈信号的输入端。这个负反馈环路可使输出电压得以稳定。

注：IC_{604}（7805）为 5V 三端稳压器，IC_{605} 为 12V 三端稳压器。

三十、基于 VIPer22A 的开关直流稳压电源电路

1. 电路图

利用 VIPer22A 型小功率智能电源集成电路构成的开关直流稳压电源的电路原理图如图 3-40 所示。该电源能够输出 ±8V、5V、3.3V 电压，主要用于 DVD 等影音设备的开关电源。

2. 电路分析

由图 3-40 可知，该电路由整流滤波电路、开关振荡电路、稳压电路和电源输出电路等几部分组成。其中，整流滤波电路由电源开关 S、熔断器 FU、互感滤波器 L_{1-1}、整流二极管 VD_1 ～ VD_4 和滤波电容 C_5 等元件构成；开关振荡电路由集成电路 U_1 相关的内部电路及外围元件、开关变压器 T 等组成；稳压电路由集成电路 U_1 相关的内部电路、取样电阻 R_{12} 与 R_8、三端稳压集成电路 U_3、光电耦合器 U_2 等组成；电源输出电路由 T 的次级绕组、整流二极管 VD_7 ～ VD_9、降压二极管 VD_{11} 与 VD_{12}、滤波电容 C_{12} ～ C_{19}、电感 L_1 ～ L_3 等组成。主要元器件的选用如表 3-2 所示。

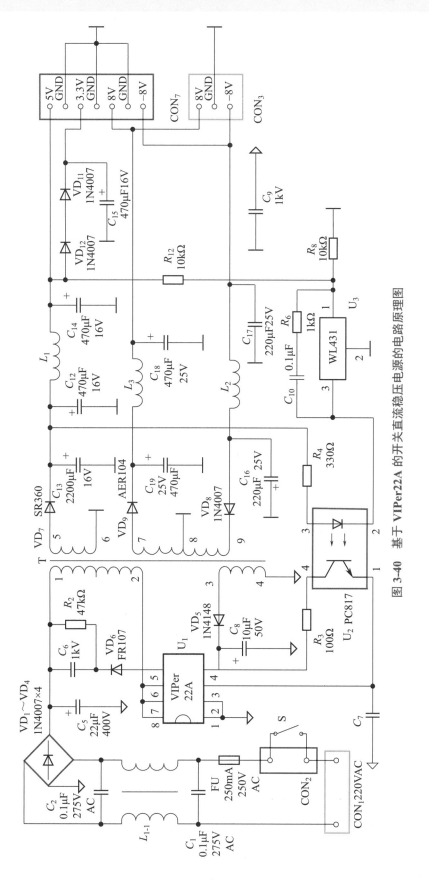

图 3-40 基于 VIPer22A 的开关直流稳压电源的电路原理图

表 3-2　开关直流稳压电源电路主要元器件的选用

代号	名称	型号规格	数量
U_1	小功率智能电源集成电路	VIPer22A	1
U_2	光电耦合器	PC817	1
U_3	三端集成稳压电路	WL431	1
T	开关变压器	影碟机专用	1
$VD_1 \sim VD_4$、$VD_7 \sim VD_9$	整流二极管	1N4007	9

该电路的工作原理如下。

如图 3-40 所示，该电路通电后，经整流滤波电路产生 300V 左右直流电压，经过 T 的初级绕组（1 ～ 2 端绕组）直接加至 VIPer22A 的引脚 5 ～ 8，芯片内部的稳压电路与振荡电路开始工作，使场效应开关管进入开关状态，T 的初级绕组有高频脉冲电流流过，即在 T 的正反馈绕组（3 ～ 4 端绕组）上产生高频感应电压，该电压经过 VD_5 整流、C_8 滤波后形成约 17V 的直流电压，并加至 VIPer22A 的引脚 4，为芯片内部电路提供正常工作所需的电源电压，使开关电源稳定地工作。同时，T 的次级绕组分别感应出相应的高频感应电压。

若由于某种原因而引起电路输出电压的升高，5V 电压随之升高，通过取样电阻 R_{12}、R_8 分压使 WL431 的引脚 1 电压升高，从而使 WL431 的引脚 3 电压降低，U_2 内部的光电二极管发光强度增大，光敏晶体管 c-e 极之间的内阻变小，VIPer22A 的引脚 3 电压随之升高。该变化的电压经过芯片内部稳压控制电路处理后，使控制芯片内部振荡器输出的振荡脉冲宽度变窄，从而使内部场效应开关管的导通时间缩短，T 的次级输出电压随之下降，实现了稳压的目的。同理，若由于某种原因而引起电路输出电压的降低，则稳压控制过程与上述过程正好相反。

如图 3-40 所示，T 共有三组输出电压，其中 5 ～ 6 端绕组上产生的高频感应电压经 VD_7 整流、$C_{12} \sim C_{14}$ 及 L_1 滤波后可得 5V 直流电压。该电压分为两路输出：一路经插排 CON_7 直接送至主板电路，给主板提供工作电压；另一路经 VD_{12}、VD_{11} 降压，C_{15} 滤波后得到 3.3V 的直流电压，经 CON_7 给解码芯片供电。同时，5V 直流电压还作为稳压电路的取样及供电电压。7 ～ 8 端绕组上产生的高频感应电压经 VD_9 整流，C_{18}、C_{19} 及 L_3 滤波后得到约 8V 直流电压，给音频放大电路供电。8 ～ 9 端绕组上产生的高频感应电压经 VD_8 整流，C_{16}、C_{17} 及 L_2 滤波后得到约 -8V 的直流电压，给音频放大电路供电。

此外，电路中的 R_2、C_6 和 VD_6 构成一个尖峰吸收电路，主要用于消除 T 漏感所产生的尖峰电压，保护 VIPer22A 内部的场效应开关管不被过高的尖峰电压击穿。

3. 电路调试

本节采用专用的集成电路，通常无须调试即可通电正常工作。安装时，常将该电路组装为独立的印制电路板，固定于影碟机等音像设备的相应位置，并通过插排和主板相连接。

由于 VIPer22A 芯片内部集成了大功率场效应开关管，实际应用时还需加装铝质散热片。

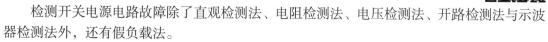

（1）故障诊断方法概述

检测开关电源电路故障除了直观检测法、电阻检测法、电压检测法、开路检测法与示波器检测法外，还有假负载法。

假负载法就是在检修开关电源的故障时，切断行输出负载（通称 +B 负载）或所有电源负载，在 +B 端接上灯泡来模拟负载。该方法有利于快速判断故障部位，即根据接假负载时电源输出情况与接真负载的输出情况进行比较，就可判断是负载故障还是电源本身故障。假负载灯泡的亮度能够直接显示电压高低，有经验的维修人员可通过观察灯泡的亮度来判断 +B 电源是否正常，或输出电压有无明显变化。但有些采用 MC44608 集成电路的开关电源，用灯泡作假负载可能造成开关电源不启动。如 TCL-1475（TB1238）、TCL-AT25189（LA76828）、TCL-2911SD（TMPA8809）等机型，其电源振荡集成电路为 MQ44608，在开关电源正常的情况下，当用灯泡作为 +B 负载时，+B 端电压始终为几伏且波动（不接假负载时 +B 约为 13V）。灯泡功率越大，+B 值越低，始终不能二次开机。通常，此时应断开电源电路中的电源输入端，然后接假负载检测。

采用灯泡作假负载一般用小瓦数的灯泡，主要目的是根据灯泡亮度判断 +B 电压是否正常，避免频繁的检测，除非涉及负载能力差的故障才用大灯泡试验。如果电源稳压失控（多数并非完全失控），用小灯泡比用大灯泡烧开关管的机会要少，而且小灯泡造成电源不启动的机会也少。

（2）故障诊断实例

某台卓异 5518A 型中星九号直播卫星数字电视机机顶盒开机机后前面板无任何显示，无图无声。

① 实例电路图　卓异 5518A 型中星九号直播卫星数字电视机机顶盒开关电源的电路原理图如图 3-41 所示。

② 故障分析与排除　开机后，首先应检查开关电源是否发生故障。该机顶盒的开关电源集成电路采用英国仙童公司的 FSQ100 型（芯片上实际标为 Q100），它采用 8-DIP 封装，输入电压为 8 ～ 20V，输出电压为 650V，功率为 13W，开关振荡频率范围为 61 ～ 73kHz，工作温度为 25 ～ 85℃。该电源板输出三组电压，分别是 3.3V、15V 和 19V。在检修中如果发现 FSQ100 损坏，也可用 FSDH321、DL0165、DM0265 等类似的集成电路来代替。

打开机壳实测开关电源各组电压均无输出。查桥式整流电路后，该部分电路中的滤波电容两端无 300V 直流电压，判断故障应发生在交流 220V 输入及整流滤波电路，经检查桥式整流电路中 VD_{901}（1N5399）已击穿。根据检修经验，整流管击穿会造成交流 200V 输入端的熔断器熔断，但该类开关电源无熔断器，却有一个外形如电阻的电感 L_{901}，经测量 L_{901} 已开路，因一时找不到这种元件，暂用 2A/250V 熔断器焊接在两端。挑选与原整流管 1N5399 导通电阻相同的二极管（1N4007）代换 VD_{901}，通电试机，故障排除。

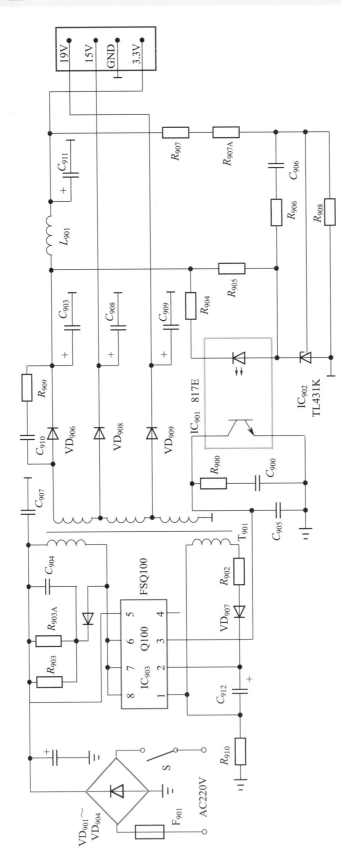

图 3-41 卓异 5518A 型中星九号直播卫星数字电视机机顶盒开关电源的电路原理图

三十一、交流调压电路

1. 电路图

通用交流调压电路如图 3-42 所示。图中，双向晶闸管 VS 为电压调整元件，RP 为电压调整电位器，C 为定时电容，VD 为双向触发二极管。交流电压由该电路的左端输入，调压后的交流电压则自该电路的右端输出至负载。

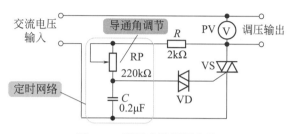

图 3-42 通用交流调压电路

2. 电路分析

调节 RP 可改变 C 的充电电流，即改变了 C 上电压达到 VD 导通阈值的充电时间，进而调节了 VS 的导通角，达到了调整输出电压的目的。具体的调节过程如下。

① 增大 RP 的值，C 的充电电流减小，电压上升速度变慢，C 上电压需较长时间方可达到 VD 的导通阈值，产生触发脉冲；也就是说，在交流电的每半个周期中，触发脉冲产生的时间被延后，导致 VS 的导通角变小，输出电压的平均值降低。

② 减小 RP 的值，C 的充电电流增大，电压上升速度变快，在交流电的每半个周期中，触发脉冲产生的时间被提前，导致 VS 的导通角变大，输出电压的平均值提高。

该电路的特点是，降压调节，即输出电压永不可能高于输入电压。

三十二、自动交流调压电路

1. 电路图

自动交流调压电路如图 3-43 所示。该电路的特点是，输入的交流电压在一定范围内波动时，调整后的输出电压均能保持不变。

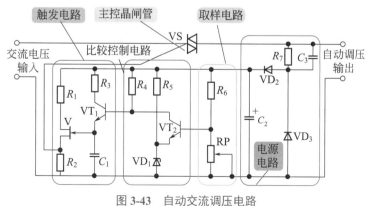

图 3-43 自动交流调压电路

2. 电路分析

晶闸管 VS 的控制极采用单结晶体管触发电路，并由晶体管 VT_1 控制定时电容 C_1 的充电电流。晶体管 VT_2 等则构成比较控制电路，将输出电压的波动放大后去改变 VT_1 的导通程度，进而改变触发脉冲产生的时间，调节 VS 的导通角，以确保输出电压自动保持稳定。

VT_2 的发射极接入稳压二极管 VD_1，其基极接取样电阻 R_6、RP 构成的输出电压取样电路。当交流电压升高时，调压后的输出电压亦趋于升高，经 R_6 加至 VT_2 基极，由于 VT_2 的发射极电位被 VD_1 稳定于固定值，所以 VT_2 集电极的电位下降，使 VT_1 的发射极电流（C_1 的充电电流）下降，单结晶体管 V 产生的触发脉冲被延迟，进而减小了 VS 的导通角，迫使输出电压回落，最终到达确保输出电压稳定的目的。

输入交流电压降低时的自动调节情况相似，只是调节方向相反。调节 RP 的值，可改变自动调压输出的电压值。

三十三、悦心牌无线遥控调压开关电路

1. 电路图

图 3-44 是一种采用十进制计数器/脉冲分配器技术调压的悦心牌无线遥控调压开关电路的原理图。图中，该电路可以多挡位遥控调压，主要用于控制电灯、电扇等家用电器的调光、调速；电路总体上分为两个部分：发射电路和接收电路。

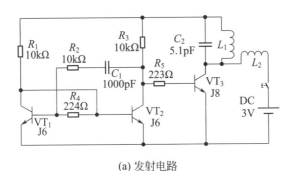

(a) 发射电路

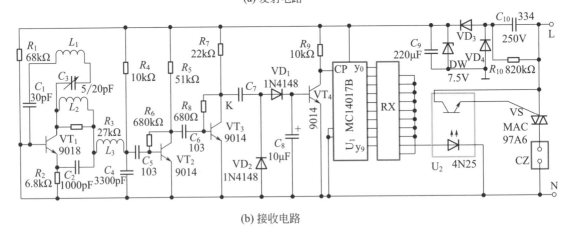

(b) 接收电路

图 3-44　悦心牌无线遥控调压开关电路

2. 电路分析

① 发射电路 该电路如图 3-44（a）所示。图中有两个振荡器，由晶体管 VT_1、VT_2、R_2、R_4、C_1 等组成一个正反馈自激低频振荡电路，产生的是方波调制信号；由 VT_3、C_1、C_2、L_1 等组成高频振荡电路，产生频率约为 150MHz 的射频信号；低频振荡电路所输出的调制信号对晶体管 VT_3 产生的射频信号进行调制，经过调制后，载波射频信号通过 L_1 环形天线向空中发射。DC 为两块微型 AG3 纽扣电池。

② 接收电路 该电路如图 3-44（b）所示。图中 VT_1、L_1、C_1、C_2 等组成一个电容三点式振荡器兼信号接收电路，实质上就是一个灵敏度很高的间歇振荡电路。L_1 属于分布参数器件，直接印制在电路板上作为天线使用，以避免振动引起 L_1 参数的变化。L_2 为高频轭流圈。

VT_2、VT_3 等组成低频信号放大电路，用于放大信号接收电路产生的噪声信号和接收由发射电路发出的调制信号。二极管 VD_1、VD_2 与 VT_4 构成触发电路。

MC14017B 是一块十进制计数器 / 脉冲分配器。晶体管 VT_4 输出的触发信号送至 MC14017B 的时钟输入端 CP，在 MC14017B 计数器的输出端 y_0 ～ y_9 依次输出高电平，并经组排 RX 降压后送至光耦 4N25 的输入端，使 4N25 内部发光管导通发光，使其内部光敏管导通并输出触发电压至双向晶闸管 VS 的控制极，VS 导通，插座 CZ 获得电压。

通过 MC14017B 计数器输出高电平信号的强弱，来控制 4N25 的导通程度，从而使 VS 的控制极触发电压大小也改变，使 VS 的导通角也产生变化，致使 CZ 上获得不同的输出电压值，达到调压的目的。

三十四、直流逆变电路

1. 电路图

直流逆变电路的原理图如图 3-45（a）所示，该电路的功能框图如图 3-45（b）所示，图中的电路由脉宽调制电路、开关电路、升压电路、取样电路等组成。该电路可将直流电源逆变为 220V 交流电源。

该电路是一个数字式准正弦波 DC/AC 逆变电路，其特点是：①采用脉宽调制式开关电源电路，可关断晶闸管作为功率开关部件，转换效率高达 90% 以上，自身功耗小；②输出交流电压 220V，且具有稳压功能；③输出功率 300W，可扩容至 1000W 以上；④ 2kHz 准正弦波形，不需要工频变压器，体积小重量轻。

2. 电路分析

（1）脉宽调制电路

图 3-45（a）中，IC 为脉宽调制型（PWM）开关电源集成电路 CW3525A，其内部集成了基准电源、振荡器、误差放大器、脉宽比较器、触发器、锁存器等电路，输出级电路为图腾柱形式，具有 200mA 的驱动能力。

CW3525A 内振荡电路的工作频率由其引脚 6、5 外接定时电阻 R_6 和定时电容 C_2 决定，本节中的振荡频率设计为 4kHz，通过内部触发器和门电路分配后，从其引脚 11 和引脚 14 轮流输出驱动脉冲，经微分电路触发可关断晶闸管 VS_1、VS_2 轮流导通。

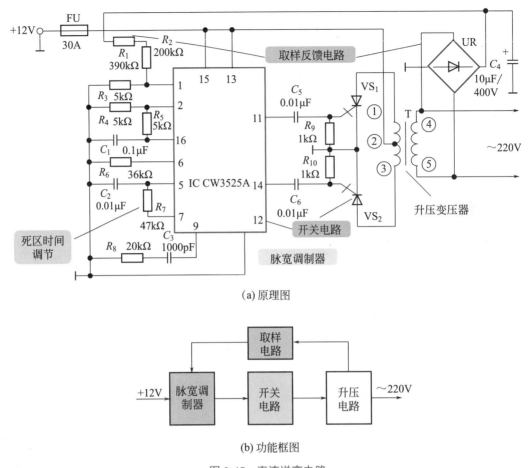

(a) 原理图

(b) 功能框图

图 3-45　直流逆变电路

（2）微分触发电路

可关断晶闸管具有正脉冲触发导通、负脉冲触发截止的特点，因而 CW3525A 输出的驱动脉冲，必须经由微分电路转换为正、负触发脉冲，再去触发可关断晶闸管。

C_5、R_9 构成 VS_1 的控制极微分电路，C_6、R_{10} 构成 VS_2 的控制极微分电路，二者的工作原理相同，本节仅以 C_5、R_9 微分电路为例介绍电路的工作原理。

① 当 CW3525A 的引脚 11 刚输出驱动脉冲 U_1 时，由于 C_5 两端电压无突变，则 U_1 全部加至 R_9 上，C_5 迅速充电完毕后，R_9 上的电压则将为零，其结果是，U_1 上升沿在 R_9 上形成一个正脉冲，触发 VS_1 导通。

② 当 CW3525A 的引脚 11 输出的 U_1 结束时，由于 C_5 两端电压无突变，则 C_5 右端变为 $-U_1$ 全部加至 R_9 上，C_5 迅速放电完毕后，R_9 上的电压则恢复为零，其结果是，U_1 下降沿在 R_9 上形成一个负脉冲，触发 VS_1 关断。

C_6、R_{10} 微分电路的原理与此类似，只不过驱动脉冲是由 CW3525A 的引脚 14 输出的。

（3）开关升压电路

当 VS_1 导通、VS_2 截止时 +12V 电源通过变压器（T）初级的上半部分（②端→①端），经 VS_1 至地；当 VS_2 导通、VS_1 截止时 -12V 电源通过变压器（T）初级的下半部分

（②端→③端），经 VS$_2$ 至地。通过 T 的合成与升压，在 T 的次级即可获得 220V 交流电压，其频率约为 2kHz。

由于 T 的线圈对高频成分的阻碍作用，次级波形已不再是方波，而是准正弦波。采用较高频率的准正弦波，有利于提高效率和革除工频变压器，且能保证大多数电器正常工作。

CW3525A 的引脚 5 和引脚 7 之间所连接的 R$_7$，其作用是调节死区时间，本节中设计的死区时间约为 2μs。这个时间设置可以确保 VS$_1$ 和 VS$_2$ 不会同时导通，提高电路的安全性和可靠性。

（4）取样电路

整流全桥 UR 与 C$_4$、R$_1$ ～ R$_3$ 等组成取样反馈电路。输出端的交流 220V 电压经 UR、电容 C$_4$、电阻 R$_1$、R$_2$ 与 R$_3$ 分压后，从 IC 的引脚 1 送至 CW3525A 内的误差放大器和比较器进行处理，进而自动控制引脚 11 和 14 的输出脉宽，达到稳定输出电压的目的。

三十五、基于 CD4047 的逆变电源电路

1. 电路图

利用 CD4047 型单稳态 / 无稳态多谐振荡器集成电路构成的逆变电源的电路原理图如图 3-46 所示。该电路能在通电时用蓄电池将部分电能储存起来，停电时则将蓄电池储存的电能逆变为功率 30W 的交流电，主要用作小功率灯泡、节能灯等照明设备的工作电源。

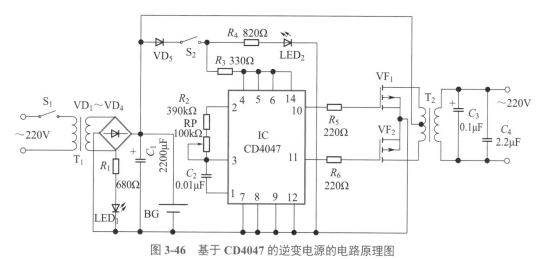

图 3-46　基于 CD4047 的逆变电源的电路原理图

2. 电路分析

图 3-46 中，该电路由充电电路、多谐振荡器和功率输出电路等几部分组成。其中，充电电路由电源开关 S$_1$、电源变压器 T$_1$、整流二极管 VD$_1$ ～ VD$_4$、滤波电容 C$_1$、限流电阻 R$_1$、电源指示发光二极管 LED$_1$ 和蓄电池 BG 等组成。多谐振荡器由单稳态 / 无稳态多谐振荡器集成电路 IC 及电位器 RP、二极管 VD$_5$、逆变按钮 S$_2$ 和逆变工作指示发光二极管 LED$_2$ 等外围元件组成。功率输出电路由大功率场效应管 VF$_1$ 与 VF$_2$、电阻 R$_5$ 与 R$_6$、升压变压器 T$_2$ 和电容 C$_3$ 与 C$_4$ 组成。主要元器件的选用如表 3-3 所示。

表 3-3　逆变电源电路主要元器件的选用

代号	名称	型号规格	数量
IC	单稳态 / 无稳态多谐振荡集成电路	CD4047	1
VF_1、VF_2	大功率场效应管	IRF540	2
T_1	电源变压器	30W、二次电压为 12V	1
T_2	电源变压器	30W、双 9V	1
$VD_1 \sim VD_4$	整流二极管	1N5404	4
VD_5	整流二极管	1N4007	1
LED_1、LED_2	发光二极管	ϕ3mm（红、绿色）	2
BG	铅酸蓄电池	12V、容量大于 4A·h	1

该电路的工作原理如下。

如图 3-46 所示，接通 S_1，当电网供电正常时，交流 220V 电压经 T_1 降为交流 12V 电压，再经 $VD_1 \sim VD_4$ 整流、C_1 滤波后，对蓄电池 BG 充电。同时，LED_1 被点亮，指示逆变器处于充电状态。

若电网出现异常而引起停电，BG 两端的直流 12V 电压经 T_2 的次级绕组为 VF_1 和 VF_2 提供工作电压。接通 S_2 后，12V 电压经 VD_5、S_2 和 R_3 为 CD4047 提供工作电压，同时 LED_2 被点亮，指示逆变器处于逆变状态。多谐振荡器振荡工作后，分别从 CD4047 的引脚 10、11 输出两个相位相反、幅度相等的约 50Hz 低频振荡信号，该信号经 VF_1 和 VF_2 功率放大（VF_1 和 VF_2 交替导通）后，在 T_2 的初级绕组两端产生交流 220V 电压，给小功率用电设备供电。

 3. 电路调试

本逆变电路的特点是，电路结构简单、外围元件少，通常整机安装后无须调试即可通电正常工作。该电源通常是作为电子设备中的备用电源使用，当电网供电正常时，S_2 应处于断开状态，反之则 S_2 处于闭合状态。若要提高该逆变器的输出功率，可加大 BG 的容量和 T_1、T_2 的功率，且场效应管采用的是双管并联的方式。通电工作时，调节 RP 的值，可改变逆变输出电压的工作频率。

学习提示：电源变换电路

电源变换电路是指将一种直流电源变为另一种直流电源的单元电路，它在仪器仪表电路的设计中尤其常用。

三十六、直流倍压电路

 1. 电路图

倍压电路的功能是，将直流输入电压提高至原来的 2 倍后再输出。基于 555 时基电路构成的直流倍压电路如图 3-47 所示，该电路设计的输入电压为 5V、输出电压为 10V。

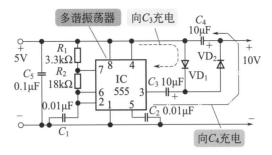

图 3-47 直流倍压电路

2. 电路分析

该电路的工作原理：555 时基电路 IC 构成多谐振荡器，其振荡频率设定约为 3.6kHz，将已转换为方波的 +5V 电源电压接入 IC 的引脚 3。若引脚 3 输出为 "0"，则 +5V 电源电压经二极管 VD_1 向 C_3 充电，充满后 C_3 上的电压为 5V、左负右正；若引脚 3 输出为 "+5V"，C_3 左端电压由 "0" 上升为 "+5V"，由于电容两端电压无突变，C_3 右端电压由 "+5V" 上升为 "+10V"，并经二极管 VD_2 向 C_4 充电，导致 C_4 左端电压为 +5V、右端电压为 +10V，实现了倍压输出。

三十七、直流升压电路

1. 电路图

该电路的原理图和功能框图如图 3-48 所示。其功能是，将直流电源电压按照需要任意升压后再输出。该电路使用的是两个 555 时基电路，分别用于构成多谐振荡器和反相器。

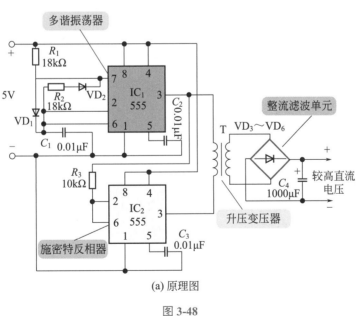

(a) 原理图

图 3-48

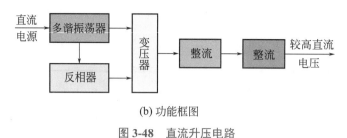

(b) 功能框图

图 3-48　直流升压电路

2. 电路分析

如图 3-48（a）所示，555 时基电路 IC_1 构成了对称式多谐振荡器，将 +5V 直流电压转换为完全对称的、幅值为 5V 的振荡脉冲，其振荡频率约为 4kHz；555 时基电路 IC_2 构成了施密特触发器，实质上起着反相器的作用，即将 IC_1 的引脚 3 所输出的振荡脉冲反相后输出。这两个子电路合并起来构成了桥式推挽振荡电路。

升压变压器 T 的初级线圈接在 IC_1 与 IC_2 的输出端（引脚 3）之间，由桥式推挽振荡电路驱动。T 的次级电压经 VD_3 ～ VD_6 桥式整流、C_4 滤波后输出，其输出电压的大小取决于 T 的变压比（初级线圈与次级线圈之间的匝数比）。

三十八、万用表电子高压电池电路

1. 电路图

该电路的原理图如图 3-49 所示。万用表"R×10kΩ"等高阻电阻挡需使用 9V 高压电池，采用直流升压电路将 1.5V 电池升压为 9V 供高阻电阻挡使用，则可减少万用表所使用的电池种类，降低万用表的制作成本。

2. 电路分析

图 3-49 中，电路的输入电压为 +1.5V（取自万用表内部的 1.5V 电池），输出电压则为 +9V。音乐 IC 作为电路的振荡源，在 1.5V 工作电压下起振产生音乐信号，经晶体管 VT_1 放大、变压器 T 升压后输出，再由二极管 VD_1 整流，C_1、R_1、C_2 滤波，并由稳压二极管 VD_2 稳压为 +9V 后最终输出。

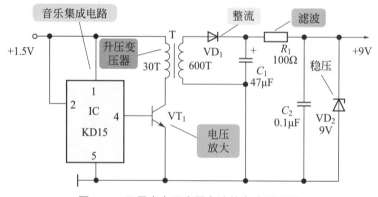

图 3-49　万用表电子高压电池的电路原理图

三十九、电源极性变换电路

1. 电路图

该电路亦被称为负电源产生电路，其功能是将正电源变换为负电源。本节电路是基于555 时基电路构成的，其原理图如图 3-50 所示，它能够将 $+V_{CC}$ 工作电源变换为 $-V_{CC}$ 输出。

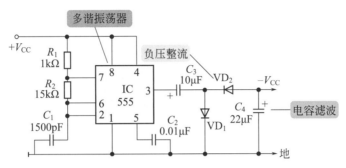

图 3-50　电源极性变换电路原理图

2. 电路分析

图 3-50 中，555 时基电路 IC 构成的是多谐振荡器，其振荡频率约为 30kHz，峰峰值为 V_{CC} 的脉冲电压由引脚 3 输出，即 IC 引脚 3 的输出电压 U_o 在 "$+V_{CC}$" 与 "0" 之间变化。

该电路的具体工作过程是：①当 $U_o = +V_{CC}$ 时，经二极管 VD_1 向 C_3 充电，C_3 上的电压左正右负（C_3 左侧电压为 "$+V_{CC}$"，右侧电压为 "0"）；②当 $U_o = 0$ 时，C_3 左侧电压变为 "0"，且由于电容两端电压无突变，其右侧电压即变为 "$-V_{CC}$"。地线端电压（0V）经二极管 VD_2 向 C_4 充电，C_4 上的电压下正上负（C_4 下端电压为 "$+V_{CC}$"，上端电压为 "0"），实现了电源极性的变换。

四十、双电源产生电路

1. 电路图

该电路在单电源供电的条件下，能够产生正负对称的双电源，在需要正负对称双电源的场合尤其适用，可使系统减省一组负电源电路，有利于简化电路结构、提高工作效率。本节中的双电源产生电路，电源电压的范围为 5 ～ 15V，输出电流可达几十毫安。

双电源产生电路如图 3-51 所示。

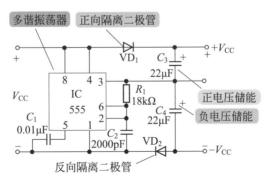

图 3-51　双电源产生电路

2. 电路分析

图 3-51 中，由 555 时基电路构成对称式多谐振荡器，它的特点是定时电阻 R_1 和定时电容 C_2 接入 IC 输出端（引脚 3）与地之间。

当 IC 输出端为高电平时，R_1 向 C_2 充电；当 IC 输出端为低电平时，C_2 经 R_1 放电，即充、放电回路完全相同，故输出脉冲的高电平脉宽与低电平脉宽完全相等。

IC 引脚 3 的输出频率为 20kHz、占空比为 1∶1 的方波脉冲。IC 引脚 3 为高电平时，C_3 被充电；IC 引脚 3 为低电平时，C_4 被充电。由于隔离二极管 VD_1、VD_2 的存在，C_3、C_4 在电路中只充电不放电，充电的最大值为 V_{CC}。将 IC 引脚 3 接地，则在 C_3、C_4 上即可获得 $\pm V_{CC}$ 的双电源。

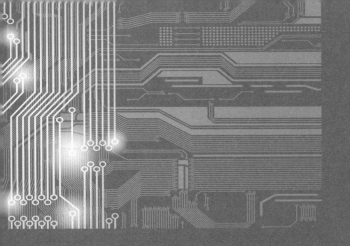

第四章 04

定时、延时电路

一、简单定时电路

1. 电路图

图 4-1 为最简单的定时电路的原理图，图中以单向晶闸管 VS 为核心器件，R_1 为定时电阻，C_1 为定时电容，HA 为自带音源的电磁讯响器，S 为电源开关。

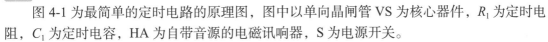

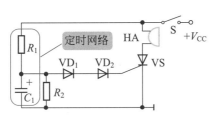

图 4-1　最简单的定时电路原理图

2. 电路分析

如图 4-1 所示，该电路的定时时间由 R_1 和 C_1 来决定，R_1 和 C_1 越大，则定时时间越长。

闭合 S 后，电源 $+V_{CC}$ 开始经由 R_1 向 C_1 充电，由于 C_1 两端的电压无法突变，故 C_1 上的压降仍为"0"，VS 因无触发电压而截止，此时，HA 是无声音的。

随着充电过程的持续，C_1 上的电压不断升高，当该电压上升至 VS 的触发电压时，VS 被触发而导通，HA 开始发声，提示定时时间已结束。

图 4-1 中的晶体管 VD_1、VD_2 串联后，接于 VS 的控制极回路之中，其功能是提高 VS 控制极的触发电压。由于 C_1 上的电压必须高于 VS 的触发电压方可触发 VS，因而在 R_1 和 C_1 的值确定的情况下，VD_1、VD_2 的串联能使电路获得更长的定时时间。

R_2 为 C_1 的泄放电阻；定时时间结束、切断 S 后，通过 R_2 可将 C_1 上电荷迅速释放，以便再次启动定时电路。

学习提示

　　半导体时间继电器又被称为半导体定时器，它是利用 RC 电路中电容 C 两端电压变化来控制晶体管或者晶闸管的导通与截止，从而控制负载得电与失电。目前，最常用的半导体定时器有 JSJ 型、JSB 型、JS 型等。

二、JSJ 型定时器电路

　　JSJ 型定时器又可分为交流型和直流型 2 种，它们采用的电源不同，但其电路工作原理相同。这里主要介绍交流型定时电路。

1. 电路图

　　图 4-2（a）为 JSJ 型定时器交流式电路的原理图，图中主要的构成元件及其作用如下。

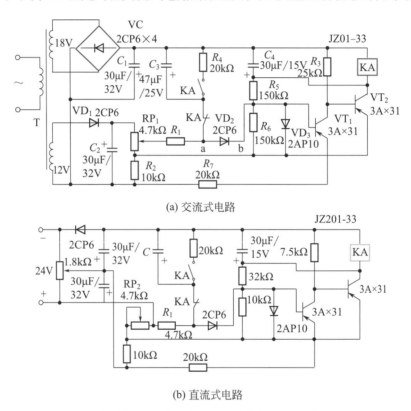

(a) 交流式电路

(b) 直流式电路

图 4-2　JSJ 型晶体管定时器的电路原理图

　　a. 变压器 T 将交流 220 V 分别变压为 AC18V 和 AC12V 两个电压，T 的次级电压分别供给桥式整流电路和半导体整流电路。

　　b. VC 是由四个 2CP6 整流管组成的桥式整流电路，C_1 是桥式整流电路的滤波电容。

　　c. VD_1 是由 1 个 2CP6 组成的半波整流电路，C_2 是半波整流后的滤波电容。

　　d. C_3、R_1、RP_1 元件组成电容器 C_3 的充电支路，而 C_3 与 R_4 及 KA 常开触点组成 C_3 的放电回路。

e. VT_1 和 VT_2 是两个 PNP 型三极管，两个管的导通与截止会使小型灵敏继电器 KA 得电与失电，通过 KA 的触点去控制负载的通电与断电。

f. KA 是直流 12V 小型灵敏继电器，它将电容中的相关电量变化转换为开关量变化。

2. 电路分析

如图 4-2（a）所示，接通交流电源后，因 C_3 没有充电，则二极管 VD_2 反向偏置，三极管 VT_1 通过 R_5 和继电器 KA 线圈获得基极电流（此电流很小），致使 VT_1 饱和导通，VT_2 基极电位被抬高，VT_2 截止，KA 处于释放状态。此时，C_3 通过串联的 KA 的常闭触点及 R_1、RP_1 对它充电，使 a 点电位升高。经过一定时间（延时时间可以通过调整 RP_1 来设定）后，a 点电位高于 b 点电位，VD_2 导通，整流后的 12V 辅助电源正电压加到 VT_1 基极上，使三极管 VT_1 由导通变为截止；VT_1 截止会引起 VT_2 饱和导通，KA 得电吸合，KA 的触点动作，输出延时信号。在 VT_2 导通时，通过 R_5 给 VT_1 基极提供正反馈电压，使 VT_1 可靠截止。在 KA 得电动作后，KA 的常开触点闭合，会使 C_3 通过 R_4 很快放电，为再次充电做好准备。

从接通电源到 KA 得电的时间，就是半导体定时器的定时时间。调整 RP_1，即可改变定时时间。

图 4-2（b）为直流式晶体管定时器的工作原理图，它与图 4-2（a）非常类似，只是供电电源不同，图 4-2（a）有交流整流电路，而图 4-2（b）接的是直流电源。

常用 JSJ 型晶体管定时器的定时元件 R、C 的参数如表 4-1 所示。延时误差：$1 \sim 50$s 时为 $\pm 3\%$，$2 \sim 5$min 时为 $\pm 6\%$。

表 4-1　JSJ 型晶体管定时器元件 R、C 的参数

型号	JSJ-01	JSJ-10	JSJ-30	JSJ-1	JSJ-2	JSJ-3	JSJ-4	JSJ-5
延时时间 t/s	$0.1 \sim 1$	$0.2 \sim 10$	$1 \sim 30$	60	120	180	240	300
RP_2/Ω	22	220	470	1000	2200	2200	2200	2200
C_3/μF CA 型、25V	47	47	47	47	47	68	100	100

三、JSJ-101 型定时器电路

1. 电路图

JSJ-101 型定时器的电路原理图如图 4-3 所示。图中主要构成元器件及其作用如下。

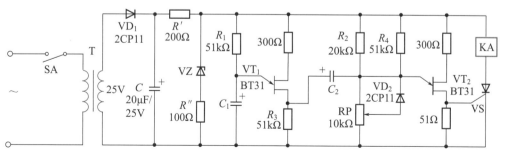

图 4-3　JSJ-101 型定时器的电路原理图

a. 交流变压器 T，它将 AC 220V 变换为 AC 25V。

b. VD_1 和 C 及 R'、R''、VZ 组成半波整流、滤波和稳压环节。

c. R_1 和 C_1 组成充电支路。

d. VT_1 和 VT_2 为单结晶体管。它们与所连接的电阻和电容等形成触发脉冲，控制晶闸管的导通时间，从而控制 KA 的动作。

e. 晶闸管 VS 起可控开关的作用，控制 KA 的通、断电。

f. RP 为可调电阻器。通过 RP 电阻值的调整，可改变电路的延迟时间。

g. VZ 为稳压二极管，VD_2 为普通二极管，主要起抬高电压的作用。

2. 电路分析

如图 4-3 所示，当 SA 闭合（接通电源）时，通过 T 和整流、滤波与稳压环节后得到直流电压12V。DC 12V 电压通过 R' 和 C_1 支路向 C_1 充电，同时电容 C_2 也会通过 R_2、RP、VD_2 充电，使 C_2 产生初始电压。C_2 的初始电压通过调节 RP 可改变其大小。当 C_1 充电电压大于或等于 VT_1 的转折电压时，则 VT_1 会立即导通，这样就会在 R_3 上产生电压，该电压使 VT_2 导通，则 KA 得电动作。从 SA 闭合到 KA 得电动作过程中的所需时间即是电路的定时时间。

四、JS15 型定时器电路

1. 电路图

JS15 型定时器的电路原理图如图 4-4 所示。图中主要构成元器件及其作用如下。

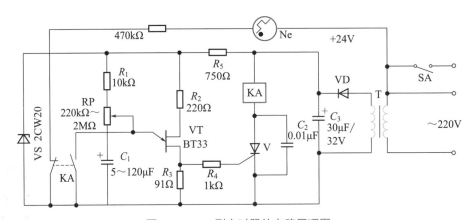

图 4-4　JS15 型定时器的电路原理图

a. 变压器 T，它将 AC 220V 变为 AC 32V。

b. VD、C_3、VS 组成半波整流滤波稳压电源。

c. R_1、RP、C_1 支路是 C_1 充电通道。

d. VT 是单结晶体管，VT 与 R_2、R_3、R_4 组成触发电路。

e. V 是晶闸管，也是可控开关，控制 KA 的得电与失电。

f. KA 是灵敏继电器线圈及其所带动的常开、常闭触点。

2. 电路分析

如图 4-4 所示，闭合 SA，接通交流电源，则 C_1 通过 R_1、RP 充电，C_1 电压升高的快慢可通过调节 RP 来改变。当 C_1 充电达到一定值后，则 VT 导通，在 R_3 上产生晶闸管控制脉冲，使 V 导通，使 KA 得电动作，KA 的触点驱使负载通电或断电。C_1 在 KA 的常开触点闭合后会立即放电，为下次充电做好准备。

 学习提示：场效应管定时器

场效应管具有极高的输入阻抗（如绝缘栅型场效应管可达 $10^9 \sim 10^{15}\,\Omega$），导通时从电源输入的电流几乎可以忽略。故它允许采用很大的充电电阻，有利于定时的延长。

五、JSB-1 型定时器电路

1. 电路图

如图 4-5 所示，该电路采用 3C01 型场效应管（P 沟道增强型）作为比较环节。该定时器的最大延时可达 5min，延时误差 $<\pm5\%$。

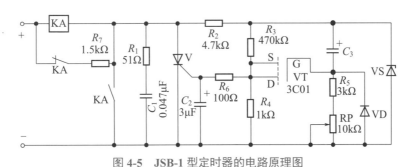

图 4-5　JSB-1 型定时器的电路原理图

2. 电路分析

如图 4-5 所示，接通电源时，由于电容 C_3 两端电压为零，场效应管 VT 处于截止状态，继电器 KA 释放，延时开始。同时，电源通过电阻 R_2、继电器 KA 线圈向 C_3 充电，C_3 上的电压逐渐升高，VT 的栅 - 源极电压 U_{GS} 越来越低（为负值），栅 - 漏极电流 I_{GD} 则越来越大。当 I_{GD} 大到 VT 所需的触发电流时，V 触发导通，KA 得电吸合，输出延时信号。

图 4-5 中，二极管 VD 的作用是为 C_3 提供一条快速放电回路（R_3、R_4、VD、C_3）；R_1、C_1 及 C_2 的作用是防止 V 被误触发；并联在电阻值较大的继电器 KA 线圈上的低阻值电阻 R_7，用于为定时电路提供足够的电压与电流。

六、JS-20 型定时器电路

1. 电路图

JS-20 型定时器的电路原理图如图 4-6 所示。

2. 电路分析

当继电器 KA_1 吸合时（图中 KA_1 控制部分未画出），接通电源，由于电容 C_1 两端电压

U_C 为零，场效应管 VT_1 的栅 - 源极电压 $U_{GS}=U_C-U_S=-U_S$，大于其夹断电压 U_P，故 VT_1 截止，三极管 VT_2 因无基极电流而截止，晶闸管 V 关闭，继电器 KA_2 处于释放状态、延时开始。同时，电源通过电阻 R_8、R_2 向 C_1 充电，U_C 逐渐升高，当达到 $U_{GS} < U_P$ 时，VT_1 导通，VT_2 得到基极电流也导通。

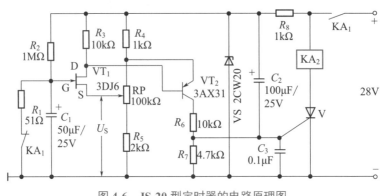

图 4-6　JS-20 型定时器的电路原理图

七、单稳型定时器电路

1. 电路图

单稳态触发器实质上就是一个定时电路，图 4-7 是一个典型的由时基电路构成的单稳型定时电路。

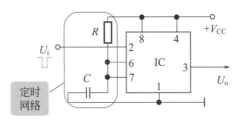

图 4-7　单稳型定时电路

图 4-7 中，由 R、C 构成定时网络，时基电路 IC 的引脚 6（置"0"端）和引脚 7（放电端）共同接于定时电容 C 的上端。触发脉冲 U_i 从 IC 的引脚 2（置"1"端）输入，而输出信号 U_o 则由 IC 的引脚 3 处输出。

2. 电路分析

如图 4-7 所示，IC 构成的单稳态触发器由负脉冲触发，输出一个脉宽为 T_W 的正矩形信号。该电路的工作原理如下。

① 该电路处于稳态时，$U_o=0$，引脚 7 导通至地，C 上无电压。

② 当负的 U_i 加至 IC 的引脚 2 时，电路翻转为暂稳态，$U_o=1$，引脚 7 截止，电源 $+V_{CC}$ 开始经 R 向 C 充电。

③ 由于 C 上的电压直接接至 IC 的引脚 6，当 C 上电压达到 $\frac{2}{3}V_{\text{CC}}$（即引脚 6 的阈值）时，电路再次翻转，恢复为稳态。

U_o 的输出脉宽 $T_\text{W}=1.1RC$。

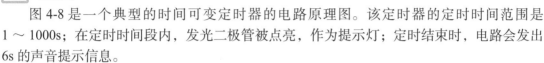

八、时间可变定时器电路

1. 电路图

图 4-8 是一个典型的时间可变定时器的电路原理图。该定时器的定时时间范围是 $1\sim1000\text{s}$；在定时时间段内，发光二极管被点亮，作为提示灯；定时结束时，电路会发出 6s 的声音提示信息。

图 4-8 中，电路采用了 2 个集成单稳态触发器，其中，第一个单稳态触发器 IC_1 构成了定时器的主体电路，第二个单稳态触发器 IC_2 则构成声音提示电路。SB 为定时启动按钮，S_2 为电源开关。

2. 电路分析

a. 定时控制电路。如图 4-8 所示，该单元电路由 IC_1 等构成，采用输入端 TR$_+$ 触发，按下 SB 时，正触发脉冲加至 TR$_+$ 端，IC_1 被触发，其输出端 Q 即可输出一个宽度为 T_W 的高电平信号。

T_W 的值取决于电阻 R 和电容 C，即 $T_\text{W}=0.7RC$，只需改变定时元件 R 和 C 的值即可改变电路的定时时间。该电路中，定时电阻 R 为电位器 R_P 与 R_2 之和，定时电容 C 则等于 C_1、C_2、C_3 中被选择的哪一个。

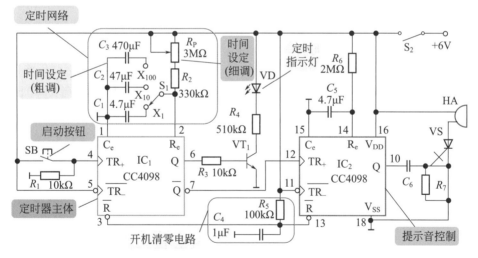

图 4-8 时间可变定时器的电路原理图

图 4-8 中的 S_1 为定时时间设定波段开关，由 R_P 调节其定时的位置。S_1 指向 C_1 时的定时时间为 $1\sim10\text{s}$，S_1 指向 C_2 时的定时时间为 $10\sim100\text{s}$，S_1 指向 C_3 时的定时时间为 $100\sim1000\text{s}$。R_P 为定时时间调节电位器，因为 $R=R_\text{P}+R_2$，通过调节 R_P，可使 R 的取值范围达 $330\text{k}\Omega\sim3.33\text{M}\Omega$，调节率达 10 倍。

b. 发光指示电路。该单元电路由 VT$_1$ 和发光二极管 VD 等构成。当 IC$_1$ 输出端 Q 为高电平时，VT$_1$ 导通，使 VD 发光，R$_4$ 为 VD 的限流电阻，通过改变 R$_4$ 即可调节 VD 的发光亮度。

c. 声音提示电路。该单元电路由 IC$_2$ 等构成，它的定时时间取决于 R$_6$、C$_5$，约为 6s。当 IC$_1$ 定时结束时，其 $\overline{Q}$ 端由低电平变为高电平，其上升沿加至 IC$_2$ 的 TR$_+$ 端，故 IC$_2$ 被触发且 IC$_2$ 的 Q 端输出一个宽度约为 6s 的高电平信号，驱动声音提示电路工作。

IC$_2$ 的 Q 端变为高电平时，其上升沿经 C$_6$、R$_7$ 微分电路而形成正脉冲，触发可关断晶闸管 VS 导通，使自带音源讯响器 HA 发出提示音。当 IC$_2$ 暂稳态结束时，其 Q 端输出为低电平，该电平的下降沿经 C$_6$、R$_7$ 微分电路而形成负脉冲，使 VS 截止，进而使 HA 止声。

d. 开机清零电路。为防止电路接通电源时定时器被误触发，该电路中还设计有开机清零保护电路（由 R$_5$、C$_4$ 等构成）；在 S$_2$ 接通的瞬间，因 C$_4$ 上的电压无法突变，故 U_{C_4}=0，加至 IC$_1$ 和 IC$_2$ 的 $\overline{R}$ 端的低电平会促使电路清零。

九、基于 CD4528 的时间限制器电路

1. 电路图

图 4-9 是基于 CD4528 的时间限制器的电路原理图。

2. 电路分析

该仪器采用双稳态集成电路 A（A$_1$ 和 A$_2$，型号均为 CD4528），它可在设定时间结束时发出声光两种报警信号。

如图 4-9 所示，调节电位器 RP$_1$ 或电容 C$_1$ 的容量，即可改变该仪器的设定时间。而调节电位器 RP$_2$ 或电容 C$_2$ 的容量，则可改变蜂鸣器 HA 的发声频率及发光二极管 VL$_2$ 的发光时间。SB 为电源控制按钮。

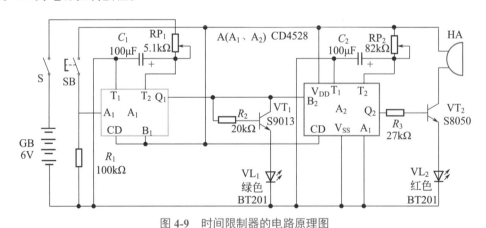

图 4-9　时间限制器的电路原理图

十、由 PUT 构成的定时器电路

1. 电路图

图 4-10 是由 PUT 构成的定时器的电路原理图。PUT 为程控单结晶体管的英文缩写，它是以单结晶体管和互补晶体管为基础而发展起来的新型器件。PUT 既具有晶闸管的特性，

又可作为单结晶体管使用。

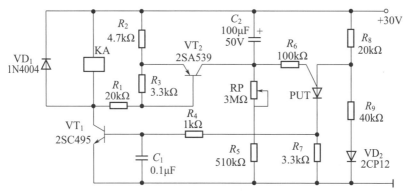

图 4-10 由 PUT 构成的定时器的电路原理图

由图 4-10 可知，该电路是由 PUT 等构成的一个在 0.5 ～ 60s 时间可调的定时器。

2. 电路分析

如图 4-10 所示，该电路的定时时间取决于电位器 RP、电阻 R_5 和电容 C_2 的取值，图中的二极管 VD_2 用于补偿 PUT 的温漂。

接通电源后，电容 C_1 被充电，当达到设定时间后，PUT 导通，导致三极管 VT_1 导通，继电器 KA 吸合。同时，C_1 经三极管 VT_2 瞬间放电而进入复位状态，电源再次接通后，定时功能不变，达到定时时间后，PUT 再次导通，KA 再次吸合。

十一、自动周期开关电路

1. 电路图

自动周期开关电路是一种通电后可自动重复完成通 - 断 - 通动作的定时电路，常用于需要自动间歇控制电动机运转及其他仪器设备的场合。

图 4-11 是一种典型的自动周期开关电路。

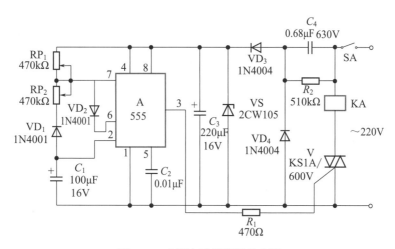

图 4-11 典型自动周期开关电路

2. 电路分析

由图 4-11 可知，该电路采用 555 时基集成电路 A 作为时间控制元件，以电容实现降压，利用双向晶闸管 V 控制继电器或负载的通电和断电时间。

电位器 RP$_1$ 和 RP$_2$（或 C$_1$），可分别改变继电器 KA 的吸合时间和释放时间。若将 RP$_1$ 调至 300kΩ、RP$_2$ 调至 220 kΩ，则 KA 的吸合时间可达 20s、释放时间可达 15s。

十二、暗房曝光定时灯控制器电路

1. 电路图

图 4-12 是一种典型且实用的暗房曝光定时灯控制器的电路原理图，此控制器常用于照片洗印、放大等领域。该仪器利用 BA225F 型新颖双定时集成电路而构成。图 4-12 中，该仪器的主要组成部分有电源电路、定时电路、继电器控制电路等。

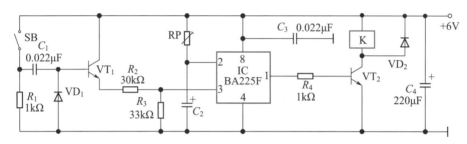

图 4-12 基于 BA225F 的暗房曝光定时灯控制器的电路原理图

其中，电源电路由外接 6V 稳压电源及滤波电容 C$_4$ 组成；定时电路由 BA225F（IC）及曝光按钮 SB、晶体管 VT$_1$、定时元件 RP 与 C$_2$ 等构成；继电器控制电路则由晶体管 VT$_2$、继电器 K 和保护二极管 VD$_2$ 构成。该仪器主要元器件的选用见表 4-2。

表 4-2 暗房曝光定时灯控制器主要元器件的选用列表

代号	名称	型号规格	数量
IC	新颖双定时集成电路	BA225F	1
VT$_1$、VT$_2$	晶体管	S9013	2
K	中功率电磁继电器	JZC-22F-DC6V	1
VD$_1$、VD$_2$	开关二极管	1N4148	2

2. 电路分析

仪器通电后，当曝光按钮 SB 未被按下时，VT$_1$ 截止，BA225F 触发脉冲输入端（引脚 3）为低电平，其内部的定时器（即单稳态触发电路）处于稳定状态，BA225F 的输出端（引脚 1）也输出低电平，VT$_2$ 截止，K 无动作，曝光灯不会发亮。

按下 SB 时，6V 电源向 C$_1$ 充电，迫使 VT$_1$ 迅速导通，使 BA225F 的引脚 3 获得正触发脉冲，BA225F 内部电路发生翻转而进入暂稳态，BA225F 的引脚 1 此时输出的是高电平，VT$_2$ 导通，K 得电吸合，其动合触点闭合，并控制曝光灯通电曝光。此时，电源将通过定时电阻 RP 向定时电容 C_2 充电，使 BA225F 的引脚 2 上的电压逐步上升，直至上升到 $0.4V_{DD}$（电源电压 V_{DD}）时，BA225F 内部电路发生复位，其引脚 1 由高电平跳变为低电平，VT_2 截止，K 失电释放，曝光灯熄灭，同时 BA225F 的引脚 2 恢复为低电平，使 C_2 迅速泄放电荷。

如此周而复始，实现了曝光灯工作的间歇通电状态，达到了循环定时控制的目的。

若长时间按下 SB 且不放松，则 C_1 的电荷将很快被充满，VT_1 将恢复为截止状态。松开 SB 后，C_1 的储存电荷将通过 R_1、VD_1 泄放，可为下一次按键定时做好准备而不会影响电路的正常功能。

3. 电路调试

由图 4-12 可知，该定时控制器的定时时间主要取决于定时电阻 RP 和定时电容 C_2 的值。此外，定时时间还会受到电源电压的影响（即电源电压越高，定时时间越长）。实际制作和调试时，可采用多个定时电容 C_2，通过单刀多掷开关进行电容的切换，以获取不同的定时时间；相应地，在 RP 旋钮刻度盘上通过计算和试验等方法，标注出多条定时刻度线，以方便使用。

十三、时间积累计时器电路

1. 电路图

图 4-13 是一种实用的时间积累计时器的电路原理图。该电路根据时间进行计数，每 1min 计 1 次数，最大计数可达 16666.65h（约 694 天）。

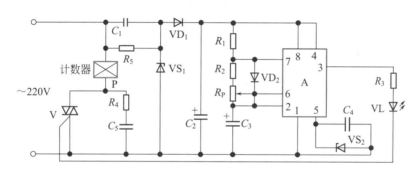

图 4-13　时间积累计时器的电路原理图

由图 4-13 可知，该仪器的控制对象为计数器 P，控制的目的是对时间进行累计，基本控制原理为采用 555 时基集成电路构成自激多谐振荡，触发双向晶闸管，进而带动计数器实现计数功能。此外，该仪器中还具有阻容保护环节（R_4、C_5），用以保护双向晶闸管免受过大电压的损害。

该仪器主要包括如下几个部分。

a. 主电路：双向晶闸管 V 和计数器 P 构成了主电路，其中 V 还兼作控制元件。

b. 自激多谐振荡电路：555 时基集成电路 A、二极管 VD_2、电阻 R_1 与 R_2、电位器 R_P、稳压管 VS_2 和电容 C_3 与 C_4 共同构成了自激振荡电路。

c. 直流电源：它由电容 C_1 与 C_2、稳压管 VS_1 和二极管 VD_1 构成。

d. 指示灯电路：即发光二极管 VL，它只在计数的瞬间被点亮。

2. 电路分析

直流电源采用半波型电容降压整流电路，其中 VS_1 有双重作用，VS_1 在正半周期起到稳压的作用，在负半周期则为 C_1 提供放电回路。

接通电源后，市电交流 220V 经 C_1 降压、VS_1 稳压、VD_1 半波整流、C_2 滤波后，为自激多谐振荡电路提供约 12V 的直流电压 U_c。U_c 通过 R_1 和 VD_2 向 C_3 充电，C_3 刚充电时，A 的引脚 2 为低电平、引脚 3 为高电平（约 11V）。但这一电压维持的时间很短，随着充电过程的持续，当 C_3 上的电压达到 $\frac{2}{3}U_c$ 时，A 的引脚 3 变为低电平，导致 A 内部的放电管导通，C_3 经 R_P、R_2 和 A 的引脚 7 内部放电管放电，放电过程一直持续到 C_3 上的电压下降至 $\frac{1}{3}U_c$ 时，此时 A 的引脚 3 再一次变为高电平。如此循环往复，形成自激振荡。C_3 的充电时间（包括 V 触发导通、P 动作、VL 点亮的时间在内）可由如下公式计算：

$$t_1 = 0.693 R_1 C_3 = 0.693 \times 6.8 \times 10^3 \times 220 \times 10^{-6} \approx 1 (\text{s}) \tag{4-1}$$

该单元电路总的振荡周期为：

$$T = 0.693 \left[R_1 + 2(R_2 + R_P) \right] C_3 \tag{4-2}$$

最长可达：

$$\begin{aligned} T_{\max} &= 0.693 \left[R_1 + 2(R_2 + R_P) \right] C_3 \\ &= 0.693 \times \left[6.8 + 2 \times (120 + 270) \right] \times 10^3 \times 220 \times 10^{-6} \approx 120 (\text{s}) = 2 (\text{min}) \end{aligned}$$

最短则为：

$$\begin{aligned} T_{\min} &= 0.693 (R_1 + 2R_2) C_3 \\ &= 0.693 \times (6.8 + 2 \times 120) \times 10^3 \times 220 \times 10^{-6} \approx 37.6 (\text{s}) \end{aligned}$$

如适当调节 R_P 的阻值，则可将振荡周期精确设定为 $T=1\text{min}$。

图 4-13 中 VS_2 的功能是，当电源电压发生变化时，可保证阈值电压的稳定，从而提高定时和计数的精度，R_5 则为电容 C_1 提供充电回路。

该计时器的主要元器件的选用见表 4-3。

表 4-3 时间积累计时器主要元器件的选用

名称	代号	规格	数量
时基集成电路	A	NE555、μA555、SL555 均可	1
双向晶闸管	V	KP1A 600V	1
稳压管	VS_1	2CW110 U_z=11～12.5V	1
稳压管	VS_2	2CW54 U_z=5.5～6.5V	1
二极管	VD_1	1N4007	1
二极管	VD_2	1N4001	1
发光二极管	VL	LED702、2EF601、BT201 均可	1
计数器	P	JFM5-61S（有手动复位清零）	1

续表

名称	代号	规格	数量
金属膜电阻	R_1	RJ-6.8kΩ 1/2W	1
金属膜电阻	R_2	RJ-330kΩ 1/2W	1
金属膜电阻	R_3	RJ-560kΩ 1/2W	1
金属膜电阻	R_4	RJ-100kΩ 2W	1
碳膜电阻	R_5	RT-510kΩ 1/2W	1
电位器	R_P	WS-0.5W 270 kΩ	1
电容	C_1	CBB22 0.68μF 630V	1
电解电容	C_2	CD11 220μF 25V	1
电解电容	C_3	CD11 220μF 16V	1
电容	C_4	CBB22 0.01μF 63V	1
电容	C_5	CBB22 0.1μF 400V	1

3. 电路调试

接通电源后，以万用表测量电容 C_2 两端的电压，正常时应是约等于 12V 的直流电压，再以万用表检测 555 时基集成电路 A 的引脚 3 上的电压，将电位器阻值调至最大，经过约 37s 后万用表表针摆动一下，发光二极管 VL 发亮一次，计数器 P 跳动一个数字，则表明电路性能正常。继续调节 R_P，可改变定时时间（即 VL 点亮的时间间隔），可以依次以万用表来验证。

为保证时间累计的准确性，除了 C_3 必须选用漏电电流很小的优质电解电容外，还可应用示波器，观测输出脉宽（1s）和振荡周期（1min），也可配合高精度秒表进行调试。

由于该仪器中的元件均处于电网电压下，因此，在安装、调试、使用该仪器时必须注意安全。

学习提示：延时开通电路

延时开通电路的功能为，接通电源开关后，负载电源并不立即被接通，而是延迟一段时间才接通。切断电源开关后，负载电源立即被关断。

十四、直流延时开通电路

1. 电路图

图 4-14（a）是一种典型的直流延时开通电路，它采用单向晶闸管控制，直流电源供电，其电路结构主要包括延时电路、整形电路、控制电路、负载等。

如图 4-14（a）所示，电阻 R_1 与电容 C_1 构成一个延时电路，延时时间取决于 R_1 与 C_1

的大小，改变 R_1 或 C_1 的值即可变更延时的时长。

非门 D_1、D_2 及电阻 R_2、R_3 构成一个施密特触发器，对 C_1 上的电压实现整形，使其变为边沿陡峭的触发电压，以确保晶闸管触发的可靠性，R_2 为输入电阻，R_3 为反馈电阻。D_1 与 D_2 直接相连，R_3 将 D_2 的输出端信号反馈至 D_1 的输入端，这是一个正反馈电路。

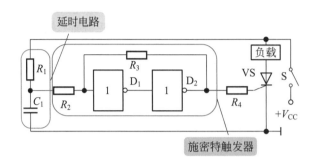

(a) 直流延时开通电路

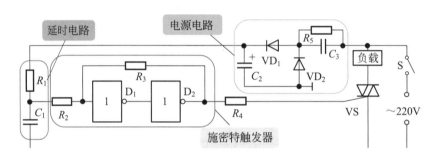

(b) 交流延时开通电路

图 4-14　延时开通电路

2. 电路分析

施密特触发器有两个稳定状态：输出 U_o 为 "1" 或 "0"。这两个稳定状态可在一定条件下相互转换。

无输入信号 U_i 时，D_1 输入端为 "0"，故触发器处于第一种稳定状态，D_1= "1"、D_2= "0"，此时，R_2、R_3 对输入信号形成对地的分压电路。接入 U_i 时，由于 R_2、R_3 的分压作用，D_1 输入端实际电压为 $U_A = \dfrac{R_3}{R_2 + R_3} U_i$，设非门的阈值电压为 $\dfrac{1}{2} V_{cc}$，只有当 U_i 上升至 $U_i \geqslant \dfrac{R_2 + R_3}{R_3} \times \dfrac{1}{2} V_{cc}$ 时，施密特触发器才发生翻转。$\dfrac{R_2 + R_3}{R_3} \times \dfrac{1}{2} V_{cc}$ 被称为施密特触发器的正向阈值电压 U_{T+}。

由于 R_3 的正反馈作用，翻转过程非常迅速、彻底，触发器进入第二种稳定状态，$D_1=0$、$D_2=1$；R_2、R_3 对输入信号形成对正电源 V_{DD} 的分压电路。

当 U_i 降低至 U_{T+} 时，触发器不翻转，这是因为 V_{DD} 经 R_3、R_2 在 A 点（D_1 输入端）有

一分压，叠加于 U_i 之上，使得该点处的实际电压为 $U_A=U_i+\dfrac{R_3}{R_2+R_3}(V_{CC}-U_i)$。只有当 U_i 继续降低至 $\dfrac{1}{2}V_{CC}$ 时，触发器才会再次发生翻转，恢复为第一种稳定状态。施密特触发器的负向阈值电压 $U_{T-}=\dfrac{R_3-R_2}{2R_3}V_{CC}$，滞后电压为 $\Delta U_T=U_{T+}-U_{T-}=\dfrac{R_2}{R_3}V_{CC}$。

　　直流延时开通电路的工作原理是：接通电源开关 S 的瞬间，由于电容两端的电压无法突变，C_1 上的电压为 "0"，施密特触发器的输出电压也为 "0"，单向晶闸管 VS 因无触发电压而截止，负载也不工作，此时 V_{CC} 经 R_1 向 C_1 充电，随着充电过程的持续，C_1 上的电压不断升高，直至该电压上升至 U_{T+} 时，施密特触发器翻转，输出电压变为 "1"，经电阻 R_4 触发 VS 导通，负载开始工作。而且，C_1 的充电时间即是该电路的延时开通时间。

　　切断 S 时，整个电路断电，VS 截止，负载立即停止工作。

十五、交流延时开通电路

1. 电路图

　　图 4-14（b）是一种典型的交流延时开通电路，它采用双向晶闸管控制，交流电源供电，其电路结构主要包括延时电路、整形电路、控制电路、负载、整流电源电路等。

　　如图 4-14(b)所示，电阻 R_1 与电容 C_1 构成一个延时电路，延时时间取决于 R_1 与 C_1 的大小；改变 R_1 或 C_1 的值即可变更延时的时长。非门 D_1、D_2 及电阻 R_2、R_3 构成一个施密特触发器，对 C_1 上的电压实现整形，使其变为边沿陡峭的触发电压，以确保晶闸管触发的可靠性；R_2 为输入电阻，R_3 为反馈电阻。D_1 与 D_2 直接相连，R_3 将 D_2 的输出端信号反馈至 D_1 的输入端，这是一个正反馈电路。

2. 电路分析

　　与直流延时开通电路不同，交流延时开通电路除了采用双向晶闸管外，还具有一个整流电源电路，为延时控制电路提供直流工作电源。该整流电路是一个电容降压直接整流的电路，C_3 为降压电容，VD_1 为整流二极管，VD_2 为续流二极管，C_2 为滤波电容，R_5 为泄放电阻。

　　交流延时开通电路的工作原理是：接通电源开关 S 的瞬间，市电交流 220V 经 C_3 降压限流、VD_1 半波整流、C_2 滤波后，成为延时控制电路的直流工作电压，经 R_1 向 C_1 充电；由于电容两端的电压无法突变，此时 C_1 上的电压为 "0"，施密特触发器的输出电压为 "0"，双向晶闸管 VS 因无触发电压而截止，负载不工作。随着充电过程的持续，C_1 上的电压不断上升，直至该电压达到施密特触发器的正向阈值电压 U_{T+} 时，触发器发生翻转，输出电压变为 "1"，经电阻 R_4 触发 VS 导通，负载工作。而且，C_1 的充电时间即是该电路的延时开通时间。

　　切断 S 时，整个电路断电，VS 截止，负载立即停止工作。

十六、延时接通定时器电路

1. 电路图

　　图 4-15 是一种实用的延时接通定时器的电路原理图。该定时器的延时时间可达几分钟。

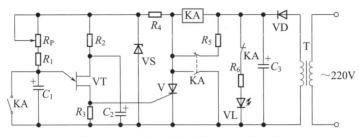

图 4-15　延时接通定时器的电路原理图

由图 4-15 可知，该电路的控制对象是定时器（继电器 KA）。控制的目的是：接通电源后，经过一段时间的延迟，再驱动 KA 吸合，接通负载。基本控制原理是：采用单结晶体管 VT 组成的张弛振荡器作为延时触发电路，控制晶闸管 V 导通，驱动 KA 工作。

该电路的主要组成部分如下：

a. 定时电路：由 VT、电阻 $R_1 \sim R_3$、电位器 R_P、电容 C_1 与 C_2 和 KA 的常开触点构成。

b. 执行电路：由 V 和 KA 组成。

c. 电源电路：由变压器 T、整流二极管 VD、电容 C_3、电阻 R_4 和稳压管 VS 构成。

d. 指示灯电路：即发光二极管 VL，显示定时器的延时时间。

2. 电路分析

接通电源后，市电交流 220V 经 T 降压、VD 半波整流、C_3 滤波、R_4 降压、VS 稳压后，为单结晶体管张弛振荡器提供约 18V 的直流电压。由于 C_1 两端的电压无法突变（V_{C1} 为 "0"），VT 截止，V 的控制极因无触发电压而截止，KA 不吸合，VL 发亮，延时开始。

直流电压经 R_1、电位器 R_P 向 C_1 充电，随着充电过程的持续，C_1 两端的电压不断升高，直至该电压升至 VT 的峰点电压 U_P 时，VT 被导通，输出一个正向脉冲，使 V 导通，KA 得电吸合，接通负载电路（图 4-15 中未画出）；同时，KA 的常开触点闭合，使 C_1 短路，为下次工作做好准备；此时，VL 熄灭，表明延时过程结束。

该定时器的延时时间 t 可按如下公式计算：

$$t \approx RC \ln\left(\frac{1}{1-\eta}\right) \tag{4-3}$$

式中，R 为图 4-15 中 R_1 与 R_P 之和；C 为图 4-15 中的 C_1；η 为单结晶体管的分压比，通常取值为 $0.5 \sim 0.7$。

由上式可知，该定时器的延时精度与电源无关，只需选取漏电小的电容、温度稳定性好的电阻（如金属膜电阻）与电位器，调整温度补偿电阻 R_2 的阻值，使电路处于零温度系数下，即可确保该定时器获得较高的延时精度和良好的重复性。

该定时器的主要元器件的选用见表 4-4。

表 4-4　延时接通定时器主要元器件的选用

序号	名称	代号	规格	数量
1	晶闸管	V	KP1A/100A	1
2	单结晶体管	VT	BT31～33　$\eta \geqslant 0.5$	1

序号	名称	代号	规格	数量
3	稳压管	VS	2CW63　U_z=16～19V	1
4	二极管	VD	1N4002	2
5	发光二极管	VL	LED702、2EF601、BT201 均可	1
6	变压器	T	10V·A　220/28V	1
7	金属膜电阻	R_1	RJ-1.5kΩ 1/2W	1
8	金属膜电阻	R_2	RJ-820Ω 1/2W	1
9	金属膜电阻	R_3	RJ-47kΩ 1/2W	1
10	金属膜电阻	R_4	RJ-510Ω 1W	1
11	金属膜电阻	R_5	RJ-510Ω 2W	1
12	金属膜电阻	R_6	RJ-4kΩ 1/2W	1
13	电位器	R_P	WX11 型 470 kΩ 3W	1
14	电解电容	C_1	CD11 68μF 25V	1
15	电解电容	C_2	CD11 4.7μF 25V	1
16	电解电容	C_3	CD11 100μF 50V	1
17	继电器	KA	JRX-13F DC24V	1

3. 电路调试

　　安装时，不可将 KA 的各常开、常闭触点弄错。接通电源后，可采用万用表测量电容 C_3 两端的电压，正常时约为 24V；测量稳压管 VS 两端的电压，正常时约为 18V。

　　调节 R_P 即可改变电路的延时时间。温度补偿电阻 R_2 的阻值的取值范围为 220～280Ω，无须调试。若要检验温度补偿的效果，可采用加热的电烙铁靠近 R_2 和离开 R_2，比较这两种情况下的延时时间，若两者的延时时间非常接近，则表明 R_2 的温度补偿效果良好。

学习提示：延时关断电路

　　延时关断电路的功能是，打开电源开关后，负载电源立即接通；切断电源开关后，负载电源并不立即关断，而是延迟一定时间段后才关断。

十七、直流延时关断电路

1. 电路图

　　图 4-16（a）是一种典型的直流延时关断电路；它采用单向晶闸管控制，直流电源供电；

该电路主要包括，二极管 VD_3 与电容 C_1 构成的延时电路，非门 D_1、D_2 及电阻 R_2、R_3 构成的施密特触发器整形电路，单向晶闸管 VS 构成的控制电路以及负载等。

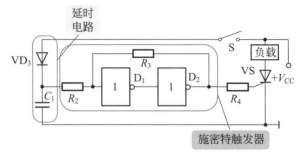

(a) 直流延时关断电路

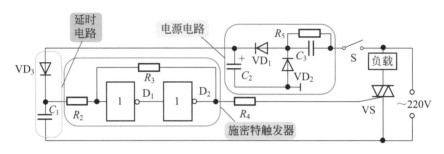

(b) 交流延时关断电路

图 4-16　延时关断电路

2. 电路分析

如图 4-16（a）所示，该电路的工作原理是：接通电源开关 S 后，电源 $+V_{CC}$ 经 VD_3 给 C_1 迅速充满电；C_1 上的电压由 D_1、D_2 等构成的施密特触发器整形后，经 R_4 触发 VS 导通，负载工作。上述过程非常迅速，可理解为接通 S 后负载立即工作。

切断 S 时，由于电容两端的电压无法突变，C_1 上的电压仍为"1"，施密特触发器的输出电压同样为"1"，VS 因存在触发电压而保持着导通状态，负载继续工作。此时，C_1 上的电压经 R_2、D_1 输入端放电。随着放电过程的持续 C_1 上的电压不断降低，直至该电压下降至施密特触发器的负向阈值电压时，施密特触发器翻转，其输出电压变为"0"，VS 因失去触发电压而截止，负载停止工作。

C_1 的放电时间即是该电路的延时关断时间；由于 CMOS 非门的输入阻抗很高，放电过程十分缓慢，因此，采用容量较小的电容即可获得较长的延时时间。改变 C_1 的电容量，即可改变延时时间。

十八、交流延时关断电路

1. 电路图

图 4-16（b）是一种典型的交流延时关断电路。它采用双向晶闸管控制，交流电源供电，该电路主要包括，二极管 VD_3 与电容 C_1 构成的延时电路，非门 D_1、D_2 及电阻 R_2、R_3 构成的施密特触发器整形电路，双向晶闸管 VS 构成的控制电路，负载，二极管 VD_1 与 VD_2、电

容 C_2 与 C_3、电阻 R_5 构成的整流电源电路等。

2. 电路分析

如图 4-16（b）所示，该电路的工作原理是：接通电源开关 S 后，市电交流 220V 经 C_3 降压限流、VD_1 半波整流、C_2 滤波后，成为延时控制电路的直流工作电压，并经 VD_3 给 C_1 迅速充满电；C_1 上的电压由 D_1、D_2 构成的施密特触发器整形后，经 R_4 触发 VS 导通，负载立即工作。切断 S 后，由于电容两端的电压无法突变，C_1 上的电压仍为"1"，并开始经 R_2、D_1 输入端缓慢放电；直至 C_1 上的电压下降至施密特触发器的负向阈值电压之前，触发器的输出电压仍保持为"1"，VS 因获得触发电压而继续保持导通状态，负载仍旧持续工作。

随着放电过程的持续，C_1 上的电压不断下降，直至该电压降低到施密特触发器的负向阈值电压时，触发器发生翻转，其输出电压变为"0"，VS 因失去触发电压而截止，负载停止工作。

C_1 的放电时间即是该电路的延时关断时间；改变 C_1 的大小，可改变电路的延时时间。

十九、自动延时关灯电路

自动延时关灯电路可应用于楼梯、走道、门厅等只需短时间照明的场合之中，它能够有效地避免"长明灯"现象，有利于节省电能、延长灯泡的使用时间。

1. 电路图

图 4-17 是一种实用的自动延时关灯电路，它采用单向晶闸管 VS 为核心器件，整流二极管 $VD_1 \sim VD_4$ 构成桥式整流电路，将 220V 交流电整流为脉动直流电，以便 VS 能够控制市电交流 220V 的通断（即照明灯 EL 的开与关）。该电路的特点是体积小巧，可直接放入开关盒内取代原有的电灯开关来使用。

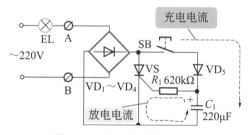

图 4-17 自动延时关灯电路

2. 电路分析

如图 4-17 所示，该电路的工作原理是：当控制按钮 SB 被按下时，$VD_1 \sim VD_4$ 整流输出的直流电压经 VD_5 向 C_1 充电，同时，通过 R_1 使 VS 导通，EL 点亮。由于充电时间常数很小，C_1 被迅速充满电。松开 SB 后，C_1 上所充电压经 R_1 加至 VS 控制极，持续维持 VS 的导通，同时 C_1 经 R_1、VS 控制极放电。

随着放电过程的持续，$2 \sim 3min$ 后，C_1 上的电压不断下降，直至无法维持 VS 的导通时，VS 截止，EL 自动熄灭。

该电路的延时时间可通过改变 C_1 或 R_1 的值来调节。

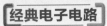

二十、延时断开定时器电路

1. 电路图

图 4-18 是一种实用的延时断开定时器的电路原理图。该定时器的延时时间可达几分钟。

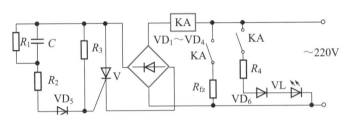

图 4-18　延时断开定时器的电路原理图

由图 4-18 可知，该电路的控制对象是定时器（继电器 KA）。控制的目的是，接通电源后，中间继电器 KA 立即吸合，接通负载，经过一段时间的延迟后，KA 才释放，切断负载。该定时器的基本控制原理是，采用电容的充电特性，控制晶闸管 V 导通与关断，驱动 KA 的吸合与释放。

该电路的主要组成部分如下：

a. 定时电路：由电容 C、电阻 $R_1 \sim R_3$、二极管 VD_5 构成。

b. 执行电路：由 V 和 KA 组成。

c. 指示灯电路：即发光二极管 VL，显示电路的延时时间。

2. 电路分析

接通电源后，市电交流 220V 经 KA 线圈、$VD_1 \sim VD_4$ 桥式整流后，在 V 的阳极与阴极之间形成一个脉动电压，同时，该电压对 C 充电。由于 V 的控制极存在电流，V 立即被导通，KA 得电吸合，其两副常开触点闭合，一副接通负载，另一副接通 VL，使 VL 发亮，表示延时开始。上述过程是在接通电源的瞬间完成的。

随着 C 充电电流的减小，经过一定时间后，V 无法再被导通而截止，KA 失电释放，切断负载，同时，VL 熄灭，表示延时过程已经结束。

电阻 R_1 的作用是当延时结束后，为 C 提供一个放电回路，以确保电路及时被复原。

该定时器的主要元器件的选用见表 4-5。

表 4-5　延时断开定时器主要元器件的选用

序号	名称	代号	规格	数量
1	晶闸管	V	KP1A/600V	1
2	二极管	$VD_1 \sim VD_4$	1N4005	4
3	二极管	VD_5、VD_6	2CP31	2
4	金属膜电阻	R_1	RJ-220kΩ 1/2W	1
5	金属膜电阻	R_2	RJ-6.8 kΩ 1/2W	1

续表

序号	名称	代号	规格	数量
6	金属膜电阻	R_3	RJ-320kΩ 1/2W	1
7	金属膜电阻	R_4	RJ-12kΩ 2W	1
8	电解电容	C	CD11 47μF 450V	1
9	继电器	KA	JQ-3、JQX-10F、DZ-100、AC220V	1
10	发光二极管	VL	LED702、2EF601、BT201 均可	1

3. 电路调试

调节电容 C 的容量及电阻 R_2、R_3 的阻值，可改变延时时间；电阻 R_1 的阻值对延时时间也有所影响，且阻值越大影响越小。为确保延时的准确性，C 需要选用漏电电流很小的优质电解电容。

由于整个电路的元件均处于电网电压下，因此，在安装、调试、使用该定时器时务必注意安全。

二十一、分段可调延时电路

1. 电路图

分段可调延时电路可实现 1 ～ 60s 和 1 ～ 60min 的延时，可分为两段进行控制。其电路图如图 4-19 所示。

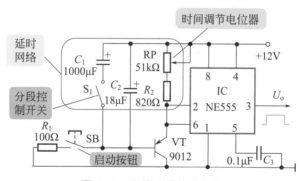

图 4-19　分段可调延时电路

由图 4-19 可知，C_1、C_2 为定时电容；RP、R_2 为定时电阻，RP 同时还是定时时间的调节电位器；SB 为启动按钮，S_1 为分段控制开关。该电路的特点是，采用晶体管 VT 构成一个阻抗变换电路，可将定时电阻的等效阻值提高 β 倍，如此可在较小的定时电容和定时电阻下，实现较长的延时时间。

2. 电路分析

如图 4-19 所示，该电路的工作原理是：电路输出端（IC 的引脚 3）平时均处于低电平状态，U_o=0V。当 SB 被按下时，C_2 迅速充满电，PNP 型晶体管 VT 的基极电压为"0"，其发射极电压也为"0"（忽略管压降），使时基电路 IC 构成的施密特触发器发生翻转，输出端（引

115

脚3）变为高电平，U_o=12V，延时开始。SB 被松开后，C_2 上的电压经 VT、R_2 和 RP 缓慢放电，VT 的发射极电压也从"0V"开始缓慢上升；直至发射极电压升高至施密特触发器的翻转阈值时，触发器再次翻转，输出端变为低电平，U_o=0V，延时结束。

调节 RP 即可改变放电的速度，进而也改变了延时时间；通过 RP 的调节，可使电路在 1～60 之间改变延时时间。

S_1 控制延时时间的计算单位（s/min）；S_1 处于关断状态时，定时电容为 C_2，相应的延时时间为 1～60s；S_1 处于接通状态时，定时电容为 C_1 与 C_2 并联，相应的延时时间为 1～60min。

二十二、超长可调延时电路

1. 电路图

图 4-20 是一种典型的超长延时电路。由图可知，该电路由 4 级时基电路构成的单稳态触发器串联而成，每一级单稳态触发器均受到上一级定时结束时的脉冲下降沿的触发，并在本级定时结束时向下一级单稳态触发器发送触发脉冲。

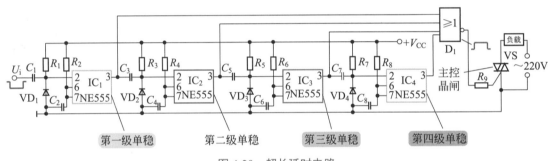

图 4-20　超长延时电路

2. 电路分析

如图 4-20 所示，4 级单稳态触发器的输出端经或门 D_1 后作为延时输出，通过双向晶闸管 VS 控制负载的工作状态（开与停）。该电路的总延时时间为各级单稳态触发器定时时间之和。若各级的定时元件 R、C 的参数值均相同，则总延时时间 $T=1.1nRC$（式中，n 为单稳态触发器的级数，本节中 n=4）。

电路的主控器件是 VS，由超长延时电路来触发其工作。超长延时电路启动后，D_1 输出的是高电平，经电阻 R_9 触发 VS 导通，接通负载的市电交流 220V 电源回路，负载工作。超长延时结束后，D_1 输出端变为低电平，VS 因失去触发电压而在交流电过零时截止，切断了负载回路，负载停止工作。

二十三、高精度长延时定时器电路

1. 电路图

图 4-21 是一种实用的高精度长延时定时器的电路原理图，该电路的定时时间可在 90s～1.4h 范围内灵活设定，工作可靠性高。

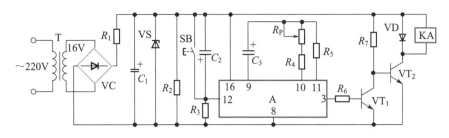

图 4-21　高精度长延时定时器的电路原理图

由图 4-21 可知，该定时器的控制对象为定时器（中间继电器 KA）；其控制目的是实现准确可靠的长时间延时；控制的基本原理是，采用 14 位二进制串行计数器 CD4060（A）作为计数定时元件，通过三极管放大，驱动 KA 工作；此外，该定时器还具有保护器件（二极管 VD），它保护三极管 VT$_2$ 免受 KA 反向电动势的损害。

该定时器主要由如下几个部分组成：

a. 计数定时电路：由 A、电阻 $R_3 \sim R_5$、电位器 R_P、电容 C_2 与 C_3 和复位按钮 SB 构成。

b. 放大推动电路：由限流电阻 R_6、电阻 R_7、三极管 VT$_1$ 与 VT$_2$ 组成，KA 作为执行元件。

c. 直流电源电路：由变压器 T、整流桥 VC、电阻 R_1 与 R_2、电容 C_1、稳压管 VS 构成。

2. **电路分析**

接通电源后，市电交流 220V 经 T 降压、VC 整流、R_1 降压、C_1 滤波、VS 稳压后，为计数器 A、VT$_1$、VT$_2$、KA 提供约 12V 的直流电压。

C_3、R_4、R_5、R_P 和 A 内部非门组成的 RC 振荡电路，其振荡频率在经过 A 内部进行 14 级二分频后，从 A 的引脚 3 输出一个高电平，延时时间可长达 $t=18842(R_P+R_4)C_3$。一旦接通电源，C_2 使 A 清零，A 的引脚 3 的输出变为低电平，VT$_1$ 截止，VT$_2$ 从 R_7 获得基极电流而导通，KA 得电吸合，其触点动作，接通负载电器的电源；同时，A 开始计时，当达到定时时间后，A 的引脚 3 的输出又变为高电平，VT$_1$ 获得基极电流而导通，VT$_2$ 截止，KA 失电释放，切断负载电器的电源。

若需要中途停止计时，可按下 SB 键，A 引脚 12 输出高电平，计数器清零，下次开始工作时计数器便可重新开始延时计时。电阻 R_2 为 C_1 提供放电回路。

该定时器的主要元器件的选用见表 4-6。

表 4-6　高精度长延时定时器主要元器件的选用

序号	名称	代号	规格	数量
1	串行计数器	A	CD4060	1
2	三极管	VT$_1$、VT$_2$	3DG130 $\beta \geqslant 50$	2
3	整流桥	VC	QL1A/50A	1
4	二极管	VD	1N4001	1
5	稳压管	VS	2CW110 U_z=11 ～ 12.5V	1
6	变压器	T	3V・A　220/16V	1
7	继电器	KA	JRX-13F　DC12V	1

续表

序号	名称	代号	规格	数量
8	碳膜电阻	R_1	RJ-150Ω 1W	1
9	金属膜电阻	R_2、R_3	RJ-47kΩ 1/2W	2
10	金属膜电阻	R_4	RJ-1kΩ 1/2W	1
11	金属膜电阻	R_5	RJ-1.5MΩ 1/2W	1
12	金属膜电阻	R_6	RJ-20kΩ 1/2W	1
13	金属膜电阻	R_7	RJ-6.8kΩ 1/2W	1
14	电位器	R_P	WS-0.5W 560kΩ	1
15	电解电容	C_1	CD11 100μF 25V	1
16	电解电容	C_2	CD11 1μF 16V	1
17	电解电容	C_3	CD11 4.7μF 16V	1
18	按钮	SB	KGA6	1

3. 电路调试

接通电源后，采用万用表测稳压管 VS 两端的电压，正常时约有 12V 的直流电压。此时，中间继电器 KA 应被吸合，测量计数器 A 的引脚 3 上的电压约为 12V。

检测 CD4060 的性能：将 R_P 调节至 0。若 CD4060 工作正常，延时时间应为：

$$t = 18842R_4C_3 = 18842 \times 1000 \times 4.7 \times 10^{-6} \approx 90(s)$$

接通电源后，按一下 SB，若 CD4060 性能正常，KA 应吸合，同时采用秒表计时，达到约 90s 时 KA 应被释放。在延时途中若是按一下 SB，KA 释放后又被吸合，再经过约 90s 后 KA 才再次被释放。

调节电位器 R_P 即可改变延时时间。可在 R_P 的刻度盘上做记号，标出通过试验所确定的延时时间。当延时时间到达时 KA 释放。将 KA 的常开触点串联上电子钟的干电池回路，即可以电子钟来记录延时的时间。通过改变 C_2、C_3 和 R_P 的数值，也可改变电路的振荡周期，等同于改变了延时时间。

二十四、另一种高精度长延时定时器电路

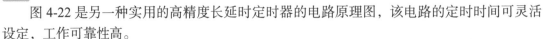

1. 电路图

图 4-22 是另一种实用的高精度长延时定时器的电路原理图，该电路的定时时间可灵活设定，工作可靠性高。

由图 4-22 可知，该定时器的控制对象为定时器（负载）；其控制目的是实现准确可靠的长时间延时；控制的基本原理是，采用集成电路 M51849L（A）作为延时控制元件，通过双向晶闸管 V 直接控制负载 R_{fz} 的通断。

该定时器主要由如下几个部分组成：

a. 计数定时电路：由 A、电阻 R_1 与 R_2、电位器 RP、电容 C_1 构成。

b. 放大推动电路：即双向晶闸管 V，作为执行元件。

c. 直流电源电路：由电容 C_2 与 C_3、二极管 VD、电阻 R_5、稳压管 VS 构成。

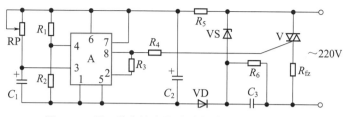

图 4-22　另一种高精度长延时定时器的电路原理图

2. 电路分析

接通电源后，市电交流 220V 经 C_3 降压、VS 稳压、VD 整流、R_5 限流、C_2 滤波后，为 A 提供约为 12V 的直流电源。一旦接通电源，由于 C_1 两端的电压无法突变，故 A 的引脚 3 和引脚 8 输出均为低电平，V 被负脉冲触发而导通，R_{fz} 得电工作，延时开始。同时，12V 电源通过 RP 向 C_1 充电，经过一定时间后，A 的引脚 3 达到一定的电压，导致 A 的引脚 8 变为高电平，V 因无触发电流而关闭，切断负载电路，延时结束。

若将电路制成定时开启负载，则只需将 R_{fz} 及 V 倒接。集成电路 M51849L 的输出电流可达 30mA，能够直接驱动小功率晶闸管。

该定时器的主要元器件的选用见表 4-7。

表 4-7　另一种高精度长延时定时器主要元器件的选用

序号	名称	代号	规格	数量
1	集成电路	A	M51849L	1
2	双向晶闸管	V	KS10A 600V	1
3	二极管	VD	1N4004	1
4	稳压管	VS	2CW111 U_z=13.5～17V	1
5	电位器	RP	WS-0.5W 470kΩ	1
6	金属膜电阻	R_1	RJ-100Ω 1/2W	1
7	金属膜电阻	R_2	RJ-200Ω 1/2W	1
8	金属膜电阻	R_3	RJ-5.1kΩ 1/2W	1
9	金属膜电阻	R_4	RJ-82Ω 1/2W	1
10	金属膜电阻	R_5	RJ-1.2kΩ 2W	1
11	金属膜电阻	R_6	RJ-1MΩ 1/2W	1
12	电解电容	C_1	CD11 470μF 25V	1
13	电解电容	C_2	CD11 100μF 25V	1
14	电容	C_3	CBB22 0.33μF 600V	1

3. 电路调试

接通电源后，以万用表测量电容 C_2 两端的电压，正常时约有 12V 的直流电压。若测量出的电压值过大，可应替换稳压管 VS 或改变电阻 R_5 的阻值，加以调整。

调节电位器 RP 及电容 C_1 的容量值，即可调节延时时间。为提高延时的准确性，C_1 必须选用漏电电流很小的优质电解电容。

由于整个定时器中的全部元件均处于电网电压之下，因此，安装、调试和使用该定时器时务必注意安全。

二十五、数字延时开关电路

1. 电路图

图 4-23 是一种典型的数字延时开关电路，该电路主要包括由与非门 D_1、D_2、单稳态触发器 D_3 等构成的数字电路，及晶体管 VT_1、二极管 VD_1、电阻 $R_1 \sim R_4$、按钮开关 SB、继电器 K_1 等元件。

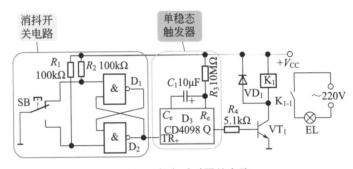

图 4-23　数字延时开关电路

2. 电路分析

D_1、D_2、SB 等构成一个消抖开关电路，每按动一下 SB，则在 D_2 输出端会输出一个正向脉冲，完全消除了机械开关触点抖动而形成的抖动脉冲。

D_3 等构成一个延时电路，TR_+ 为触发端，Q 为输出端；每触发一次，Q 端将输出一定宽度的高电平，其输出脉宽 $T=0.69R_3C_1$；可通过改变 R_3 与 C_1 的值，来调节输出脉宽 T 的值。

该电路的工作原理是：按动一下 SB，消抖开关电路则输出一个正向脉冲触发 D_3，促使其翻转，Q 端输出的高电平经 R_4 使 VT_1 导通，K_1 吸合，照明灯 EL 被点亮；延时约 1min 后，D_3 自动翻转恢复原态，Q 端输出变为低电平，导致 VT_1 截止，K_1 释放，EL 熄灭。

二十六、触摸式延时开关电路

1. 电路图

触摸式延时开关电路中并不存在传统的"开关"，用户只需触摸特定的金属部件，照明灯即可被点亮，且点亮延时一定时间后会自动关灯。

图 4-24 是一种典型的触摸式延时开关电路，其中虚线右侧部分可单独制作为成型产品，直接替代原有的电灯开关 S。图中，单向晶闸管 VS 是主控元件，控制照明灯 EL 的开与断；

晶体管 VT_1 与 VT_2、电容 C_1 等构成一个触摸和延时控制电路，控制 VS 的导通与截止；$VD_1 \sim VD_4$ 为整流二极管，为电路提高直流工作电源。

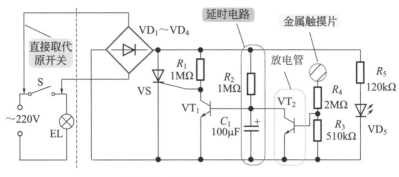

图 4-24 触摸式延时开关电路

2. 电路分析

该电路的特点是采用一个金属触摸片来取代传统开关。平时，VT_2 处于截止状态，C_1 上充满电，促使 VT_1 导通，将 VS 控制极的触发电压短路至地，VS 截止，EL 不被点亮。若有人触摸金属片，则人体感应电压经安全隔离电阻 R_4 加至 VT_2 的基极，促使 VT_2 导通，C_1 被迅速放电，使 VT_1 截止，VS 控制极通过 R_1 获得触发电压而导通，进而点亮 EL。

人体停止触摸后，VT_2 恢复为截止状态，$VD_1 \sim VD_4$ 桥式整流后的直流工作电源通过 R_2 向 C_1 充电，直至 C_1 上的电压达到 0.7V 以上时，VT_1 导通，促使 VS 截止，EL 熄灭。

C_1 的充电时间即是电路的延时时间，这里约为 2min。发光二极管 VD_5 作为电路指示灯，与金属触摸片一起固定于开关面板上，可在黑暗环境中指示出触摸开关的具体位置。

二十七、基于 HM9900 的触摸式延时照明控制器电路

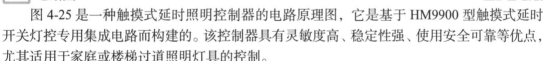

1. 电路图

图 4-25 是一种触摸式延时照明控制器的电路原理图，它是基于 HM9900 型触摸式延时开关灯控专用集成电路而构建的。该控制器具有灵敏度高、稳定性强、使用安全可靠等优点，尤其适用于家庭或楼梯过道照明灯具的控制。

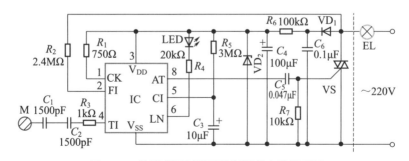

图 4-25 触摸式延时照明控制器的电路原理图

由图 4-25 可知，该电路的内部是由电源电路、触摸控制电路、控制执行电路等几个单元组成的。其中，电源电路由整流二极管 VD_1、降压电阻 R_6、稳压二极管 VD_2 和滤波电容 C_4 构成；触摸控制电路由集成电路 IC 及触摸电极片 M，隔离元件 C_1、C_2、R_3 和发光二极管 LED 等外围元件构成；控制执行电路由双向晶闸管 VS、照明灯具 EL 等元件构成。

该控制器的主要元器件的选用见表 4-8。

表 4-8　触摸式延时照明控制器主要元器件的选用

代号	名称	型号规格	数量
IC	触摸式延时开关灯控专用集成电路	HM9900	1
VS	小型塑封双向晶闸管	BT134、MAC97A6、MAC94A4	1
VD_1	整流二极管	1N4007	1
VD_2	稳压二极管	1N5999	1

2. 电路分析

市电交流 220V 经过整流、滤波、稳压后形成稳定的 9V 直流电压，为 HM9900 等元器件供电，220V 交流电经 R_2 降压后为 HM9900 提供交流电过零同步信号。

电路接通电源后，当无人触摸 M 时，HM9900 的引脚 4 无触摸感应信号的输入，则 HM9900 的引脚 8 也无控制信号输出；VS 由于无触发脉冲而截止，EL 不被点亮，整个控制器处于待机状态。有人触摸 M 时，人体感应信号经 C_1、C_2、R_3 隔离送入 HM9900 的触摸感应信号输入端 TI（引脚 4），则输出端 AT（引脚 8）开始输出控制信号，该控制信号经 C_5 触发 VS 导通，EL 被点亮；延时 60s 后，EL 将自行熄灭，只有当 M 再次被触摸时，EL 方可再次被点亮。

3. 电路调试

该控制器可用于 220V/50Hz 和 110V/60Hz 两种交流电网之中。当用于 110V/60Hz 交流电网时，只需将图中的 R_6 换为 47kΩ、1W 的金属膜电阻，并将 C_6 的容量增大（改用 0.2μF/250V 电容）即可，其他参数无须改变。

另外，安装时，触摸电极片 M 要求对地绝缘良好，否则电路无法正常工作。由于该控制器的电路结构简单，安装完毕后通常无须调试即可通电使用。

二十八、多路延时开关电路

这类电路是一种具有延时关灯功能的自动开关，按一下延时开关上的按钮，照明灯立即被点亮，延时几分钟后再自动熄灭，且可以多路控制。尤其适用于大厅、楼道灯等公共场所的照明灯控制。

1. 电路图

图 4-26 是一种多路延时开关电路，该电路由整流电路、延时控制电路、电子开关和指示电路等几个单元构成。

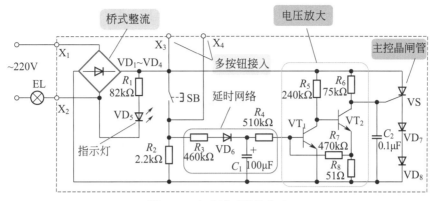

图 4-26 多路延时开关电路

2. 电路分析

① 整流电路　二极管 $VD_1 \sim VD_4$ 构成一个桥式整流电路，其功能是将市电交流 220V 转换为脉冲直流电，为延时控制电路提供工作电源；同时，由于整流电路的极性转换作用，使用单向晶闸管 VS 即可控制交流回路照明灯 EL 的开与断。

② 延时控制电路　晶体管 VT_1 与 VT_2、二极管 VD_6、电容 C_1 等构成一个延时控制电路，控制 VS 的导通与截止，其控制方式是触发后瞬时接通，延时时间达到后再关断。

触发按钮 SB 未被按下时，C_1 上无电压，VT_1 截止，VT_2 导通，VS 截止；此时，整流电路输出的是峰值约为 310V 的脉冲直流电压；虽然 VT_2 导通，但由于 R_6 阻值很大，故导通电流仅为几毫安，不足以驱动照明灯 EL 被点亮。SB 被按下时，整流输出的 310V 脉冲直流电压经 R_3、VD_6 使 C_1 迅速充满电，并经 R_4 使 VT_1 导通、VT_2 截止，VT_2 集电极的电压加至 VS 的控制极，促使 VS 导通，EL 被点亮。

松开 SB 后，由于 C_1 上已充满电，EL 仍会继续被点亮；随着 C_1 的放电，几分钟后 C_1 上的电压将下降至不足以维持 VT_1 导通，VT_1 截止、VT_2 导通，VS 在脉冲直流电压过零时截止，EL 熄灭。

③ 指示电路　发光二极管 VD_5 等构成一个指示灯电路，其功能是指示出触发按钮的具体位置，使用户在黑暗的环境中也能便捷地找寻到 SB。EL 未被点亮时，整流输出的 310V 脉冲直流电压经限流电阻 R_1 使 VD_5 点亮；EL 被点亮后，整流输出的 310V 脉冲直流电压将大幅度下降至 3 ～ 4V（VS、VD_7、VD_8 管压降之和），VD_5 熄灭。通常，延时开关会固定于标准开关板上，可以直接取代照明灯的原有开关；如需从多个地点控制同一盏灯，可将布置在其他地点的多个按钮并联接入 X_3、X_4 端。

二十九、为普通数字万用表安装的延时自动断电开关电路

1. 电路图

普通数字万用表除了具有"电阻、电压、电流"等常用测试功能外，有的还具有"频率、电导、二极管及短路音响"等特殊测试功能，其液晶屏可显示 3.5 位或 4.5 位数字，是一种精度较高、功能较为齐全的数字式万用表。美中不足的是早期的万用表产品不具备延时自动关机功能，故使用这类万用表常常因为忘记关闭电源而致使长期加电、电池耗尽，影响使用。

为此，常采用如图 4-27 所示的电路对 MIC-7000FA 型万用表的电源开关电路进行改进，仅利用 5 个元件即可实现"延时自动断电"功能，较好地解决了上述问题。

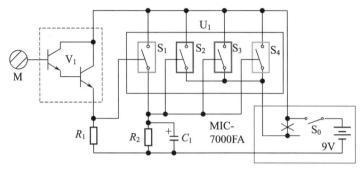

图 4-27　延时自动断电开关的电路原理图

在图 4-27 中，V_1 选用 U850 型达林顿三极管；U_1 选用 CD4066 四路模拟开关；R_1 选用 68kΩ，R_2 选用 2.4MΩ，均为 RTX-1/4W 碳膜电阻器；C_1 选用 100μF/16V 电解电容器。

2. 电路分析

如图 4-27 所示，该电路由两个电阻、一个电容、一个达林顿三极管和一片 CMOS 模拟开关芯片共 5 个元器件构成。电路中的 S_0 是原表的电源开关，现在需要将 S_0 的连线从图中打"×"处断开（可用锋利的小刀将印刷电路板上连接开关的敷铜膜切开），再按照图示方法重新进行连接。

使用万用表时，先将万用表电源开关 S_0 闭合，未触摸 M 时，V_1 处于截止状态，其发射极为低电位，U_1 中 $S_1 \sim S_4$ 的控制端均为低电位，处于断开状态，万用表不被加电。当触摸 M 时，人体感应信号加在 V_1 的基极，由于 V_1 具有极高的放大倍数（$\beta \geqslant 5000$），V_1 导通，其发射极与集电极间的等效电阻变小，使发射极电位升高。S_1 因控制端高电位而闭合，9V 电源经 S_1 向 C_1 充电，C_1 两端的电压瞬间便接近 9V，使 U_1 中的 $S_2 \sim S_4$ 接通，万用表加电工作。停止触摸 M 后，V_1 恢复截止状态，其发射极电位恢复低电位，S_1 断开，C_1 开始经电阻 R_2 放电，经过一段延时后，C_1 两端电压逐渐降低到 $S_2 \sim S_4$ 控制端启控电压（约 1.5V）以下，$S_2 \sim S_4$ 恢复断开状态，万用表断电停止工作，再次触摸 M，电路将重复上述过程。

采用"延时自动断电开关"后，即使忘记关闭万用表的电源开关 S_0，也不再出现万用表长时间加电、导致电池耗尽的问题。

3. 电路调试

图 4-27 的电路虽然是针对 MIC-7000FA 型数字万用表而设计的延时电路，但其设计思想与实施方法可应用到其他数字万用表中。设计印制电路板时，尽可能考虑原数字万用表的内部体积，并设计合适的电路板一并装在其内。

调试时，主要观察延时时间的长短。若时间较短，则可增大 R_2 或 C_1 的值；若时间较长，则应适当减小 R_2 的阻值。若改装的万用表所需工作电流较大，则可多用一片 U_1，使其并联后增加所流过的电流。

三十、直流双向延时开关电路

1. 电路图

图 4-28（a）是一种典型的直流双向延时开关电路，该电路采用单向晶闸管控制，直流电源供电，主要包括电阻 R_1 与电容 C_1 构成的延时电路，非门 D_1、D_2 及电阻 R_2、R_3 构成的施密特触发器整形电路，单向晶闸管 VS 构成的控制电路与负载等几个部分。

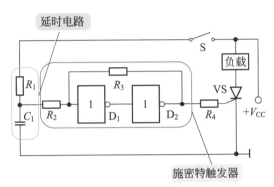

(a) 直流双向延时开关电路

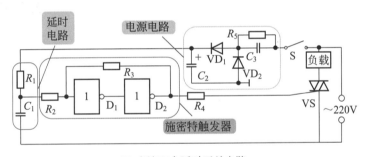

(b) 交流双向延时开关电路

图 4-28　双向延时开关电路

2. 电路分析

接通电源开关 S 后，电源 $+V_{CC}$ 经 R_1 向 C_1 充电。在 C_1 上的电压达到施密特触发器的正向阈值电压之前，触发器的输出电压为"0"，VS 因无触发电压而截止，负载此时不工作。随着充电过程的持续，C_1 上的电压不断升高，直至达到触发器的正向阈值电压时，施密特触发器产生翻转，输出电压变为"1"，经电阻 R_4 触发 VS 导通，负载才开始工作。

切断 S 后，C_1 开始经 R_2、D_1 输入端放电，在 C_1 上的电压下降至施密特触发器的负向阈值电压之前，触发器的输出电压仍为"1"，VS 因触发电压存在而导通，负载持续工作。随着放电过程的持续，C_1 上的电压不断降低，直至达到触发器的负向阈值电压时，施密特触发器再次产生翻转，输出电压变为"0"，VS 因失去触发电压而截止，负载才停止工作。

三十一、交流双向延时开关电路

1. 电路图

图 4-28（b）是一种典型的交流双向延时开关电路，该电路采用双向晶闸管控制，交流电源供电；它主要包括电阻 R_1 与电容 C_1 构成的延时电路，非门 D_1、D_2 及电阻 R_2、R_3 构成的施密特触发器整形电路，双向晶闸管 VS 构成的控制电路与负载，以及二极管 VD_1 与 VD_2、电容 C_2 与 C_3、电阻 R_5 构成的整流电路等几个部分。

2. 电路分析

接通电源开关 S 后，市电交流 220V 经 C_3 降压限流、VD_1 半波整流、C_2 滤波后，形成可供延时控制电路工作的电压。经 R_1 向 C_1 充电，直至 C_1 上的电压达到施密特触发器的正向阈值电压时，触发器翻转，输出为"1"，经电阻 R_4 触发 VS 导通，负载才开始工作。

切断 S 后，C_1 开始经 R_2、D_1 输入端缓慢放电；直至达到触发器的负向阈值电压时，施密特触发器再次翻转，输出电压变为"0"，VS 因无触发电压而截止，负载才停止工作。

三十二、555 时基电路构成的保护视力定时器电路

1. 电路图

图 4-29 是一种基于 555 时基电路构成的延时电路，常用作视力保护器。

2. 电路分析

如图 4-29 所示，该仪器采用 555 时基电路（A）及阻容网络构成一个占空比可调的脉冲发生器，以控制双向晶闸管 V，使台灯 EL 定时完成点亮 - 熄灭 - 点亮的过程，起到保护读者视力的作用。

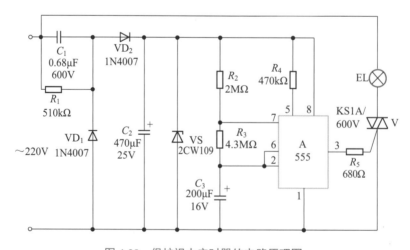

图 4-29 保护视力定时器的电路原理图

由图 4-29 可知，该电路的基本原理与前几节所述的延时电路基本类似；根据图中的元

器件参数，可以算出 EL 的点亮时间为 50min、熄灭时间则为 10min，且点亮 - 熄灭 - 点亮的过程循环往复。通过调节 R_2、R_3、C_3 的值，改变点亮与熄灭的时间段。

三十三、电风扇简易自然风模拟器电路

1. 电路图

图 4-30 是一种基于 555 时基电路而构成的电风扇简易自然风模拟器的电路原理图。该仪器可实现电风扇的时停时转功能，风量由无→逐渐增大→逐渐减小→无，如此循环往复，与自然风类似，使用户有较舒适的体感。

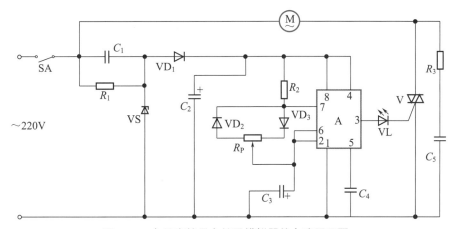

图 4-30　电风扇简易自然风模拟器的电路原理图

由图 4-30 可知，该电路的控制对象即是电风扇 M，其控制目的是使 M 输出自然风。基本的控制原理是，采用由 555 时基电路等构成的自激多谐振荡器来控制电风扇的工作状态。此外，该仪器还具有保护元件 R_3、C_5，以保护双向晶闸管 V 免受过电压的损害。

该模拟器主要由如下几个单元电路组成：

a. 主控电路：由开关 SA、双向晶闸管 V 和 M 构成；其中，V 还兼作控制元件。

b. 自激多谐振荡器：由 555 时基电路（A）、二极管 VD_2 与 VD_3、电阻 R_2、电位器 R_P、电容 C_3 与 C_4 组成。

c. 直流电源电路：由电容 C_1 与 C_2、稳压管 VS 和二极管 VD_1 组成。

2. 电路分析

通电后，交流 220V 经 C_1 降压、VS 稳压（在正半周期其起稳压作用，负半周期则为 C_1 提供放电回路）、VD_1 半波整流、C_2 滤波后，为自激多谐振荡器提供 12V 直流工作电压 U_c。

C_3 通过 R_2、VD_2 及 R_P 充电。当 C_3 上的电压小于 $U_c/3$ 时，A 的引脚 2、6 为低电平，引脚 3 输出为高电平（约 11V），发光二极管 VL 被点亮，并触发 V 导通，接通 M 的电源，M 启动工作，风量逐渐增大；当 C_3 上的电压逐渐升高至 $2U_c/3$ 时，A 的引脚 2、6 为高电平，引脚 3 则变为低电平（约 0V），VL 熄灭，V 截止，切断 M 的电源，电风扇的风量逐渐减小，直至停止运行；此时，C_3 通过 VD_3、R_P 及 A 的引脚 7 内部放电管来放电，直至 C_3 上的电压再次小于 $U_c/3$ 时，A 又恢复为初始状态。

如此循环往复，达到了使电风扇时停时转、模拟自然风的目的。

该模拟器的主要元器件的选用见表 4-9。

表 4-9　电风扇简易自然风模拟器主要元器件的选用

序号	名称	代号	规格	数量
1	开关	SA	KN5-1	1
2	时基集成电路	A	NE555、μA555、SL555 均可	1
3	双向晶闸管	V	KS3A 600V	1
4	稳压管	VS	2CW600 U_z=11.5～12.5V	1
5	二极管	VD_1	1N4007	1
6	二极管	VD_2、VD_3	1N4001	2
7	发光二极管	VL	LED702、2EF601、BT201 均可	1
8	碳膜电阻	R_1	RT-1MΩ 1/2W	1
9	金属膜电阻	R_2	RJ-5.1kΩ 1/2W	1
10	金属膜电阻	R_3	RJ-100Ω 2W	1
11	电位器	R_P	WH118 100kΩ	1
12	电容	C_1	CBB22 0.47μF 630V	1
13	电解电容	C_2	CD11 22μF 25V	1
14	电解电容	C_3	CD11 50μF 25V	1
15	电容	C_4	CBB22 0.01μF 63V	1
16	电容	C_5	CBB22 0.1μF 400V	1

3. 电路调试

调试时，暂用 40W、220V 白炽灯代替电风扇 M，接通电源后，以万用表测量电容 C_2 两端的电压，正常时应有约 12V 的直流电压。调节电位器 R_P，正常时白炽灯应闪烁，其闪烁周期可根据 $0.693(R_2+2R_P')C_3$ 估算（R_P' 为 R_P 靠近二极管 VD_2 一侧的阻值）。调节 R_P，可使闪烁周期在 0.2～31s 之间连续变化。

上述调试正常后，再接入电风扇进行调试，直至满足设计要求为止。

由于该模拟器的所有元器件均处于电网电压之下，因此，在安装、调试、使用该模拟器时务必注意安全。

三十四、基于 DZS-01 的长延时集成电路

1. 电路图

图 4-31 是一种实用的、基于 DZS-01 的长延时集成电路。

如图 4-31 所示，该电路采用的是 DZS-01 多功能定时控制集成电路（A_2），芯片内部集成了开/关输入、定时设置、单路开关输入、可编程计数器、分频器、开关状态记忆和移位寄存器等功能模块，具有三挡定时模式（$1t$、$3t$ 和 $6t$），最长定时时间可达十几个小时。

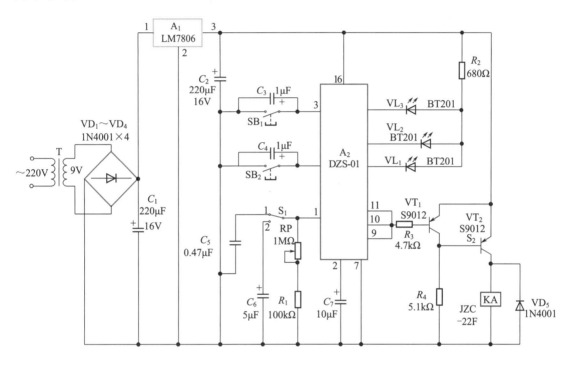

图 4-31　基于 DZS-01 的长延时集成电路

2. 电路分析

图 4-31 中，SB_1 为装置开/关控制按钮，SB_2 为定时设置按钮，S_1 为时基振荡频率选择开关。

$1t$ 定时模式时，发光二极管 VL_1 被点亮，定时时间达到后则熄灭；$3t$ 定时模式时，发光二极管 VL_2 被点亮，定时时间达到后则熄灭；$6t$ 定时模式时，发光二极管 VL_3 被点亮，定时时间达到后则熄灭。

A_2 的 6V 直流工作电源由 LM7806 三端固定集成稳压电源 A_1 提供。

三十五、基于 MC14541B 的长延时集成电路

1. 电路图

图 4-32 是一种基于 MC14541B 的长延时集成电路。

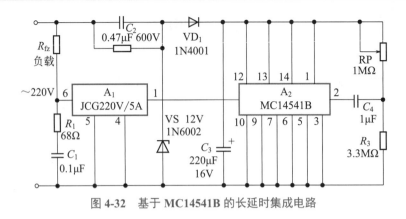

图 4-32 基于 MC14541B 的长延时集成电路

2. 电路分析

该电路采用 MC14541B 型可编程定时专用集成电路（A$_2$）而构成长延时控制器，其芯片内部集成了自动 / 手动复位电路、二进制计数器、计数器级数设定电路、振荡器、输出逻辑控制器等功能模块。

负载控制电路采用 JCG220V/5A 型固态继电器 A$_1$，调节电位器 RP，可使电路输出不同的定时时间，根据图 4-32 中的元器件参数可计算出，该电路的最长定时时间可达 12h。

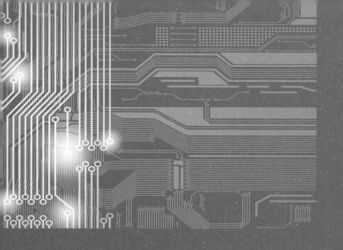

第五章

滤波、晶闸管、控制、充/消磁电路

学习提示：有源滤波电路

滤波电路的基本功能是选频，这类电路只允许特定频率范围内的信号通过，而将该频率范围外的信号大幅度衰减；电路中包含了有源元件的滤波电路称为有源滤波电路，常用的有源元件是集成运算放大器和阻容元件的组合。根据滤波范围的差异，有源滤波电路可分为低通、高通、带通和带阻有源滤波电路四类。

一、一阶有源低通滤波器电路

学习提示：有源低通滤波器

有源低通滤波器的特性是存在上限截止频率f_c，只允许低于f_c的信号通过这类电路，而高于f_c的信号被截止。$0 \sim f_c$的频率范围称为有源低通滤波器的通带，$f_c \sim \infty$的频率范围则称为阻带。有源低通滤波器的常见形式有一阶、二阶、高阶等多种，它们的滤波效果也不同，其中以二阶有源低通滤波器的应用最多。

1. 电路图

图 5-1 是一种典型的一阶有源低通滤波器的电路原理图，它由一阶无源 RC 低通滤波器和集成运放电压跟随器构成，其截止频率 $f_c = \dfrac{1}{2\pi RC}$。

2. 电路分析

图 5-1 中，电压跟随器作为 RC 滤波器的负载，由于其输入阻抗很大，几乎不需要 RC

滤波器提供信号电流；而电压跟随器的输出阻抗很小，具有很强的带负载能力。因此，一阶低通有源滤波器的性能优于一阶无源 RC 低通滤波器。

一阶有源低通滤波器的阻带衰减特性为每倍频程 $-6dB$，即当 $f > f_c$ 时，频率每升高一倍，输出电压幅度即下降 6dB。

一阶有源低通滤波器的频率特性与理想特性之间差距很大，仅用于要求不高的场合。

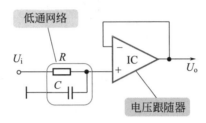

图 5-1　一阶有源低通滤波器的电路原理图

二、压控源二阶有源低通滤波器电路

二阶有源低通滤波器的阻带衰减特性为每倍频程 $-12dB$，包括压控源二阶有源低通滤波器、无限增益多路负反馈二阶有源低通滤波器等电路形式，它们均可获得良好的幅频特性，故得以广泛应用。

1. 电路图

图 5-2 是一种典型的压控源二阶有源低通滤波器的电路原理图，图中，集成运放 IC 为同相输入接法。电路中存在 2 个电容 C_1（接于衰减回路）和 C_2（接于正反馈回路），及 3 个电阻 R（平衡电阻）。

这类滤波器的截止频率为 $f_c = \dfrac{1}{2\pi\sqrt{R_1 R_2 C_1 C_2}}$，若取 $R_1 = R_2 = R$、$C_1 = C_2 = C$，则 $f_c = \dfrac{1}{2\pi RC}$。

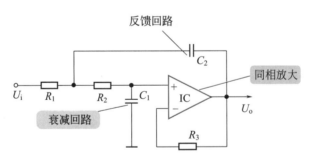

图 5-2　压控源二阶有源低通滤波器的电路原理图

2. 电路分析

a. 输入信号频率很低时，C_1、C_2 的容抗均很大，输出电压 U_o 接近于输入电压 U_i。

b. 输入信号频率增大时，C_1 容抗减小，使衰减增大，C_2 容抗减小，使正反馈增强。在 $f < f_c$ 时，正反馈的作用较强而衰减的作用较小，U_o 基本保持平坦；在 $f > f_c$ 时，正反馈的作用较小而衰减的作用较强，U_o 按每倍频程 $-12dB$ 急剧下降，即频率每升高一倍，输出电压幅度即下降 12dB。

三、无限增益多路负反馈二阶有源低通滤波器电路

1. 电路图

图 5-3 是一种典型的无限增益多路负反馈二阶有源低通滤波器的电路原理图。图中，集成运放 IC 为反相输入接法，电路中存在 R_2 和 C_2 两条反馈通路，C_1 接于衰减回路，R_1 为输入电阻，R_4 为平衡电阻。这类滤波器的截止频率为 $f_c = \dfrac{1}{2\pi\sqrt{R_2 R_3 C_1 C_2}}$。

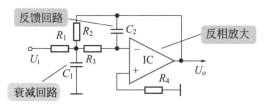

图 5-3　无限增益多路负反馈二阶有源低通滤波器的电路原理图

2. 电路分析

a. 输入信号频率 $f=0$ 时，C_1、C_2 的容抗均为 ∞，输出电压 $U_o = \dfrac{R_2}{R_1} U_i$。

b. 随着 f 的增加，C_1、C_2 的容抗逐渐减小。在 $f < f_c$ 时，C_2 的负反馈作用不大，而 C_1 的衰减作用增大，同时 R_2 的负反馈作用衰减，使 U_o 基本保持平坦；在 $f > f_c$ 时，C_1 继续起着衰减作用，同时 C_2 的负反馈作用变得非常强烈，促使 U_o 急剧下降，衰减幅度为每倍频程 -12dB。

四、高阶低通滤波器电路

1. 电路图

图 5-4 是一种典型的三阶有源低通滤波器的电路原理图。理论上，有源滤波器的阶次越高，其幅频特性则越接近于理想特性。在一些要求更高的场合，三阶甚至更高阶的有源滤波器更为实用。

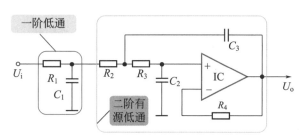

图 5-4　三阶有源低通滤波器的电路原理图

2. 电路分析

如图 5-4 所示，这类有源低通滤波器由一个一阶 RC 低通滤波器（R_1 和 C_1）和一个二

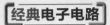

阶有源低通滤波器连接而成，其阻带衰减特性为每倍频程 -18dB。

五、超重低音有源音箱电路

1. 电路图

图 5-5 是一种超重低音有源音箱的电路原理图。

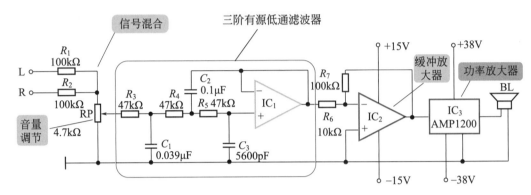

图 5-5　超重低音有源音箱的电路原理图

2. 电路分析

超重低音有源音箱与立体声音箱设备相互配合使用，共同构成一个 3D 放音系统，即可欣赏到具有超重低音震撼效果的影音节目，提升影音收视质量。由于 150Hz 以下的低音波长很长，不具备明显的方向性，因此只需配备一个超重低音有源音箱。

如图 5-5 所示，该电路的组成部分主要包括三阶有源低通滤波器、缓冲放大器、功率放大器等。

a. 三阶有源低通滤波器：分别取自立体声音响系统左、右音箱的 L、R 声道音频信号，经 R_1、R_2 混合后进入三阶有源低通滤波器。由于 R_1、R_2 的阻值很大，又是从扬声器端接取信号，故不会对左、右声道的立体声分离度造成不良影响。如图 5-5 所示，集成运放 IC_1、电阻 $R_3 \sim R_5$、电容 $C_1 \sim C_3$ 等构成一个三阶有源低通滤波器，其阻带衰减特性为每倍频程 -18dB、转折频率为 120Hz，将音频信号中的中高频成分滤除，而仅允许 120Hz 以下的低音信号通过。

b. 缓冲放大器：如图 5-5 所示，集成运放 IC_2 等构成了一个放大倍数为 10 的缓冲放大器，既隔离了功放电路对有源滤波器的影响，又提高了音箱的驱动电压。

c. 功率放大器：功放集成电路 IC_3 采用傻瓜型集成模块 AMP1200，其额定输出功率为 100W，仅有 5 个引脚（输入端、输出端、正电源端、负电源端、地端），使用便捷，完全可满足家庭听音条件下对超重低音效果的要求。图 5-5 中的电位器 RP 用于超重低音音量的调节。

d. 音箱的选用：图 5-5 所示的超重低音电路，可配接任何类型的低音音箱。虽然倒相音箱的重放下限频率低于密闭箱，但倒相音箱的设计、制作和调试均比较复杂且瞬态响应较差。比较而言，密闭箱重放下限频率虽比倒相音箱高一些，但其设计、制作和调试均比较简单，且频响曲线下降平缓、瞬态响应好，更适合与图 5-5 所示的超重低音电路进行组合、配套使用。

学习提示：有源高通滤波器

有源高通滤波器的特点是存在下限截止频率 f_c，只允许频率高于 f_c 的信号通过，而低于 f_c 的信号被大幅度衰减。$0 \sim f_c$ 的频率范围称为有源高通滤波器的阻带，$f_c \sim \infty$ 的频率范围则称为通带。有源高通滤波器的常见形式有一阶、二阶、高阶等多种，它们的滤波效果也不同，其中，以二阶有源高通滤波器的应用最多。

六、一阶高通滤波器电路

1. 电路图

图 5-6 是一阶有源高通滤波器的电路原理图。图中，这类滤波器由一阶 RC 高通滤波器和集成运放电压跟随器构成，与图 5-1 相比，其电路结构仅仅是将 R 与 C 的位置进行了互换，其截止频率 $f_c = \dfrac{1}{2\pi RC}$。

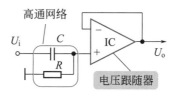

图 5-6　一阶有源高通滤波器的电路原理图

2. 电路分析

如图 5-6 所示，这类滤波器的阻带衰减特性为每倍频程 −6dB，即当 $f < f_c$ 时，频率每下降一半，输出电压幅度即下降 6dB。一阶有源高通滤波器也与理想特性相差较大，仅适用于要求不高的场合。

七、压控源二阶有源高通滤波器电路

二阶高通滤波器的阻带衰减特性为每倍频程 −12dB，当 $f < f_c$ 时，频率每下降一半，输出电压幅度即下降 12dB，故其幅频特性较好，应用普遍。这类滤波器主要包括压控源二阶有源高通滤波器、无限增益多路负反馈二阶有源高通滤波器等形式。

1. 电路图

图 5-7 是压控源二阶有源高通滤波器的电路原理图，它将压控源二阶有源低通滤波器（图 5-2）中的阻容位置对调了一下。

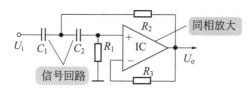

图 5-7　压控源二阶有源高通滤波器的电路原理图

2. 电路分析

图5-7中，集成运放IC为同相输入接法，这有助于利用正反馈来改善滤波器的幅频特性。

该电路的截止频率$f_c = \dfrac{1}{2\pi\sqrt{R_1 R_2 C_1 C_2}}$，若取$R_1 = R_2 = R$、$C_1 = C_2 = C$，则$f_c = \dfrac{1}{2\pi RC}$。

八、无限增益多路负反馈二阶有源高通滤波器电路

1. 电路图

图5-8是无限增益多路负反馈二阶有源高通滤波器的电路原理图，它将无限增益多路负反馈二阶有源低通滤波器（图5-3）中的阻容位置对调了一下。

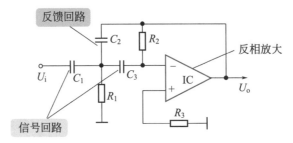

图5-8　无限增益多路负反馈二阶有源高通滤波器的电路原理图

2. 电路分析

图5-8中，集成运放IC为反相输入接法，这有助于利用负反馈来改善滤波器的幅频特性。

该电路的截止频率$f_c = \dfrac{1}{2\pi\sqrt{R_1 R_2 C_2 C_3}}$。

九、高阶高通滤波器电路

1. 电路图

图5-9是一种典型的三阶有源高通滤波器的电路原理图。

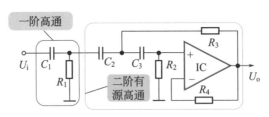

图5-9　三阶有源高通滤波器的电路原理图

2. 电路分析

如图5-9所示，这类滤波器将1个一阶RC高通滤波器（R_1和C_1）和1个二阶有源高通滤波器连接起来。

三阶有源高通滤波器阻带衰减特性为每倍频程 −18dB。

学习提示

　　有源带通滤波器的特点是，同时存在上、下限截止频率（f_H 和 f_L），只允许频率在 f_H 与 f_L 之间的信号通过，而高于 f_H 或低于 f_L 的信号均被大幅度衰减。这类滤波器存在 1 个通带（频率范围是 $f_H \sim f_L$）和 2 个阻带（频率范围是 $0 \sim f_L$ 和 $f_H \sim \infty$），f_0 为通带的中心频率，$f_0 = \sqrt{f_H f_L}$。同样，有源带通滤波器中比较常用的是二阶有源带通滤波器。

十、压控源带通滤波器电路

1. 电路图

　　图 5-10 是一种典型的压控源带通滤波器的电路原理图。

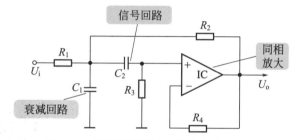

图 5-10 　压控源带通滤波器的电路原理图

2. 电路分析

　　如图 5-10 所示，这类滤波器的集成运放 IC 为同相输入端接法，通带中心频率为

$$f_0 = \cfrac{1}{2\pi \sqrt{C_1 C_2 R_3 \cfrac{R_1 R_2}{R_1 + R_2}}}。$$

十一、数字带通滤波器电路

1. 电路图

　　图 5-11 是一种典型的数字带通滤波器的电路原理图。

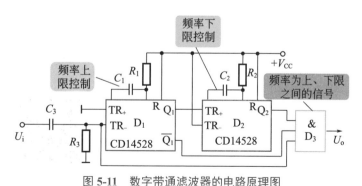

图 5-11 　数字带通滤波器的电路原理图

图 5-11 中，这类滤波器由 2 个单稳态触发器构成。其中，单稳态触发器 D_1 的输出脉宽等于输入信号频率上限所对应的周期，单稳态触发器 D_2 的输出脉宽等于输入信号频率下限所对应的周期。

2. 电路分析

① 输入信号的频率高于频率上限时，D_1 的反向输出端 $\overline{Q_1}=0$，关闭了与门 D_3，输出端 $U_o=0$。

② 输入信号的频率低于频率下限时，D_2 的反向输出端 $Q_2=0$，也使与门 D_3 关闭，输出端 $U_o=0$。

③ 只有输入信号频率在所限定的频率范围内时，$\overline{Q_1}=1$、$Q_2=1$，与门 D_3 才打开，允许输入信号通过；由于 D_1 和 D_2 的输出脉宽分别由外接定时元件 R_1 和 C_1、R_2 和 C_2 来决定，故可通过这些外接定时元件来选择通带频率的上、下限。

十二、有源带阻滤波器电路

有源带阻滤波器（又称陷波器）的特点是，同时存在上、下限截止频率（f_H 和 f_L），频率在 f_H 与 f_L 之间的信号被大幅度衰减，而高于 f_H 或低于 f_L 的信号则可以通过。这类滤波器存在 2 个通带（频率范围是 $0 \sim f_L$ 和 $f_H \sim \infty$）和 1 个阻带（频率范围是 $f_H \sim f_L$）；f_o 为阻带的中心频率。

1. 电路图

图 5-12 是一种典型的二阶有源带阻滤波器的电路原理图。

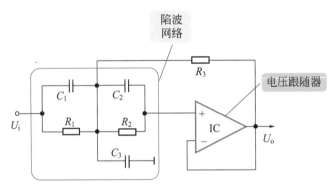

图 5-12　二阶有源带阻滤波器的电路原理图

2. 电路分析

由图 5-12 可知，电路中的集成运放 IC 接成电压跟随器，信号从其同相输入端进入电路；取 $C_1=C_2=C=C_3/2$、$R_3 = \dfrac{R_1 R_2}{R_1 + R_2}$ 时，该电路的阻带中心频率为 $f_o = \dfrac{1}{2\pi C \sqrt{R_1 R_2}}$。

十三、通用可变滤波器电路

1. 电路图

图 5-13 是一种典型的通用可变滤波器的电路原理图。

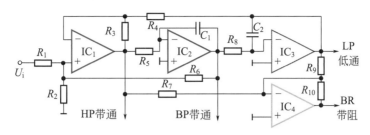

图 5-13 通用可变滤波器的电路原理图

2. 电路分析

如图 5-13 所示，该电路同时具备低通、带通、带阻滤波这 3 种功能，通过选择不同的输出端，即可获得不同的滤波特性。

十四、前级有源二分频电路

1. 电路图

图 5-14 是一种典型的前级有源二分频电路，其分频点为 800Hz。

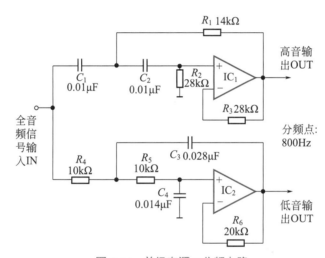

图 5-14 前级有源二分频电路

2. 电路分析

如图 5-14 所示，该电路中的集成运放 IC_1 等构成一个二阶高通滤波器，IC_2 等则构成一个二阶低通滤波器。该电路将来自前置放大器的全音频信号分频后，分别送入两个功率放大器进行放大，再分别驱动高音扬声器和低音扬声器发声。

十五、阻容移相桥式触发电路

1. 电路图

由电位器 RP、电容 C 和带中心抽头的同步变压器 T 构成的桥式电路，是一种最简单实用的触发电路，它主要包括同步电压产生、移相、脉冲形成与输出 3 个部分。

图 5-15 是一种典型的单相半波阻容移相桥式触发电路。

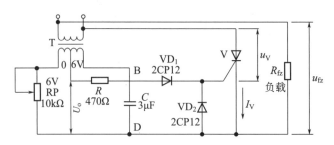

图 5-15　单相半波阻容移相桥式触发电路

2. 电路分析

如图 5-15 所示，调节电位器 RP，移相桥对角线输出电压 U_o 的相位即可发生改变，导致负载 R_{fz} 所获得的整流功率随之改变。

R 为限流电阻，用于限制晶闸管 V 控制极的电流，二极管 VD_1、VD_2 则用于保护 V 控制极免受过大的反向电压而被击穿。

十六、移相范围宽且不受电网波动影响的单结晶体管触发电路

1. 电路图

普通单结晶体管触发电路只能发出窄脉冲，因为单结晶体管导通后很快就会截止，若在单结晶体管触发电路中增加一个 PNP 型三极管，则可使电路获得宽脉冲。

图 5-16 是一种实用的移相范围宽且不受电网波动影响的单结晶体管触发电路。

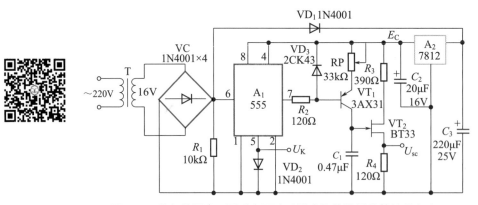

图 5-16　移相范围宽且不受电网波动影响的单结晶体管触发电路

2. 电路分析

由图 5-16 可知，该电路的基本工作原理是：使同步于电网频率的零伏开关的周期性操作对直流电压进行斩波。由于采用了低阈值电压比较器，电网电压的波动对同步脉冲的间歇宽度的影响是微乎其微的，因此，也导致移相角受到电网电压波动的影响大幅度地减小，也扩大了移相范围。

图 5-16 中，以 555 时基电路 A_1 构成单限反相电压比较器，采用 7812 型三端固定集成稳压器 A_2 来提供稳定的工作电压，调节电位器 RP，即可改变输出脉冲 U_{sc} 的移相角。

十七、带晶闸管脉冲放大器的触发电路

1. 电路图

中、大功率晶闸管变流装置中，要求触发脉冲具有较大的功率，为此可在触发电路的末级接入一个小功率晶闸管来实现脉冲的放大。

图 5-17 是一种实用的带晶闸管脉冲放大器的触发电路。

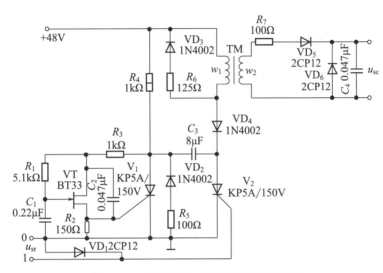

图 5-17　带晶闸管脉冲放大器的触发电路

2. 电路分析

如图 5-17 所示，该电路也是一个单稳态直流开关电路，利用小晶闸管组成的开关电路对输入脉冲进行放大。

该触发电路的特点是，输出信号为宽脉冲，且脉冲的宽度可调，移相范围取决于输入脉冲的移相范围。调节电阻 R_1 的阻值，即可改变电容 C_1 的充电速度，最终改变输出脉冲的宽度。

学习提示：反馈电路

在晶闸管控制的直流电动机传动系统中，电网电压的波动、电动机的温升、负载的大小等均会影响电动机转速的稳定性。为此，需及时调整晶闸管的导通角，以改变输出电压的大小，从而实现转速的校正。能够完成上述功能的电路就是反馈电路。

十八、微分反馈电路

1. 电路图

加入负反馈电路后，由于调节对象和测量反馈环节具有一定的惯性，易产生振荡；

为解决这一问题，可采用电压微分或转速微分电路来减小或消除振荡，这种功能称为动态校正。

图 5-18 是一种典型的电压微分负反馈电路。

2. 电路分析

由图 5-18 可知，从电位器 RP_1 上取出的信号是反映电动机转速变化的电压信号，经 RP_2、C 构成的电压微分电路，再送入三极管 VT 放大器的输入端，从而改变晶闸管的导通角，以减小电动机的转速变化。

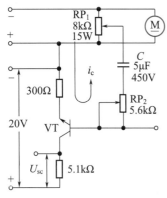

图 5-18　电压微分负反馈电路

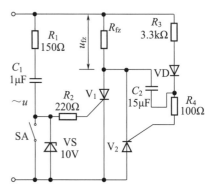

图 5-19　零触发晶闸管功率调整开关电路

十九、开关电路

晶闸管零触发电路输出的波形为正弦波，故不会产生如移相触发电路般的电磁干扰。

1. 电路图

图 5-19 是一种典型的零触发晶闸管功率调整开关电路。

2. 电路分析

如图 5-19 所示，稳压管 VS 的作用是钳位以及向电容 C_1 提供充电回路；VD 的作用是防止电源负半周期内电容 C_2 的反向充电；电阻 R_2 和 R_4 为限流电阻，用于限制晶闸管控制极的电流。该电路的通电时间 t_1 和断电时间 t_2 均取决于开关（或控制触点）SA 的断开与闭合的时间长短，即负载功率由 SA 来控制。

二十、调节电路

（一）斜坡发生器

1. 电路图

图 5-20 是一种典型的斜坡发生器电路。

2. 电路分析

由图 5-20 可知，该电路实质上是一个积分电路，其输出电压为一斜坡，故称为斜坡发生器。图中，电阻 R_1、R_2 和电容 C 构成积分电路；R_1 和 R_3 则构成比例电路。

改变 R_2 的阻值，输出信号电压的上升时间随之改变，其时间可在 0.5～20s 范围内调节。电路的输出电压 U_{sc} 的值，则取决于电位器 RP 的阻值。

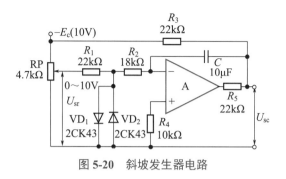

图 5-20　斜坡发生器电路

（二）延时积分器

1. 电路图

图 5-21 是一种典型的延时积分器电路。

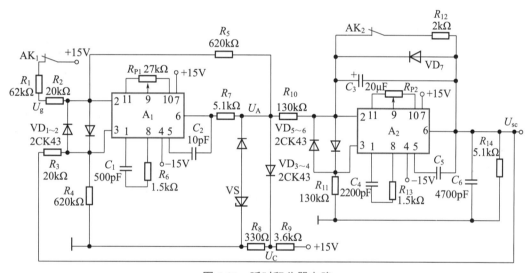

图 5-21　延时积分器电路

2. 电路分析

如图 5-21 所示，慢速信号环节由比例放大器 A_1 和积分放大器 A_2 构成；改变 R_8 的阻值和稳压管 VS 的稳压值，即可改变 A_1 的正向和负向限幅值；输出电压 U_{sc} 的变化速率取决于电阻 R_{10}、电容 C_3 和 U_A（A_1 的输出信号）的数值。

（三）电流调节器

1. 电路图

图 5-22 是一种典型的电流调节器电路。

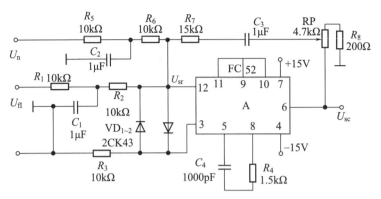

图 5-22　电流调节器电路

2. 电路分析

如图 5-22 所示，在晶闸管直流传动系统中，电流调节器用于维持电流恒定，可使传动系统在启动过程中保持最大的电流给定值，以改善启动性能和缩短启动时间。此外，电流调节器还具有较强的抗电网干扰能力。

该电路由高增益运算放大器 A 和比例 - 积分环节（R_7、C_3）构成一个 PI 调节器，这个调节器具有多个输入端，以便将电流给定信号、电流反馈信号及其他信号进行综合。

二十一、直流电动机晶闸管脉冲调速器电路

1. 电路图

图 5-23 是直流电动机晶闸管脉冲调速器的电路原理图，该调速器可用于以蓄电池为电源的铲车、搬运车等大功率电动车辆上。

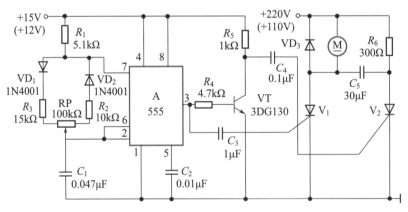

图 5-23　直流电动机晶闸管脉冲调速器的电路原理图

2. 电路分析

如图 5-23 所示，该调速器由 555 时基电路 A 组成的占空比可调的方波发生器（电位器 RP 可改变方波的占空比）、倒相器（三极管 VT）和主电路（晶体管 V_1、V_2 及直流电动机 M）等组成。

当 A 的引脚 3 输出为高电平时，M 有电流；A 的引脚 3 输出为低电平时，M 无电流，故 M 中通过的是单向脉冲电流。调节方波的占空比，即可改变 M 电流的平均值，从而实现电动机的调速。

二十二、带过流保护的电动自行车无级调速器电路

1. 电路图

图 5-24 是带过流保护功能的电动自行车无级调速器的电路原理图，该调速器可用于电动自行车或电动三轮车之中。

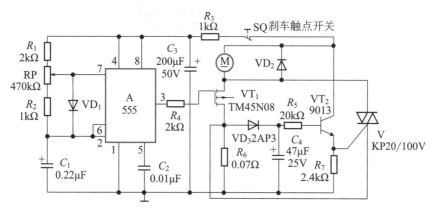

图 5-24　带过流保护功能的电动自行车无级调速器的电路原理图

2. 电路分析

如图 5-24 所示，调节电位器 RP，即可改变由 555 时基电路 A 组成的方波发生器的方波占空比，达到调速的目的。

R_6 是过电流取样电阻，当电动机过载时，R_6 上的电压增大，使三极管 VT_2 导通，触发双向晶闸管 V 导通，分流部分负载，从而实现了保护功率管 VT_1 的目的。

学习提示：自动增益控制电路

　　自动增益控制电路（AGC 电路）是接收机中普遍采用的一种反馈控制电路。接收机工作时，由于接收点与发送台的距离不同以及电波传播条件的变化，使接收机收到的信号强度差异很大，其变化范围可达几十微伏到几百毫伏。在这种情况下，若接收机采用恒定增益放大形式，则无法兼顾灵敏度和动态范围两者的要求。例如，要求接收灵敏度高（即希望增益大），但信号强时，后级放大器将过载；反之，为保证信号强时不过载，则希望增益小，这时接收灵敏度必然降低。解决上述矛盾的办法是在接收机中加入 AGC 电路，AGC 的作用是当输入信号强度在很大范围内变化时，保持接收机输出信号基本恒定或在一个允许的小范围内变化。根据放大器输出等于输入与增益的乘积定理，当输入变化而要使输出基本不变时，只能控制放大器的增益使其大小按上述定理作相应变化；即输入信号强时，增益减小；输入信号弱时，增益增大。这种增益能自动跟随输入信号的强弱而变化，在电路中是通过反馈环来实现的。环路中，反馈控制网络对输出电平的微小变化（由输入引起）进行取样检测，产生一个能反

映输入变化的控制信号，并利用该信号去调节放大器的增益，从而抵消或削弱输入信号强度的变化，以保持输出基本恒定。

控制放大器增益的方法主要有2种：一种是通过改变受控放大器的某些参数（如静态工作电流、负反馈深度等），使其增益随控制电压的大小而变化；另一种是通过改变信号通道中衰减网络的衰减量，使增益随控制电压而变化。

二十三、差动放大器增益控制电路

1. 电路图

在集中选频放大器中广泛采用由多级可控增益差动电路组成的线性集成放大器。图 5-25 是两种典型的单级差动放大器增益控制电路，它们均属于通过改变射极负反馈深度来实现对增益的控制。

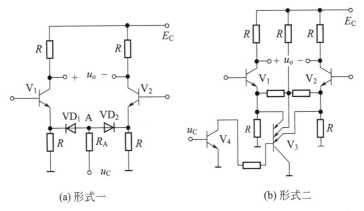

(a) 形式一　　　　　　　(b) 形式二

图 5-25　单级差动放大器增益控制电路

2. 电路分析

在图 5-25（a）中，两个参数相同的二极管 VD_1、VD_2 分别和各自的电阻 R 构成差放管 V_1、V_2 的射极负反馈网络，增益控制电压 u_C 经 R_A 加于 VD_1、VD_2 正极端的 A 点。因为 A 点相当于差模信号的接地端，所以 V_1 和 V_2 的射极等效负反馈电阻 $R_e=R//r_d$（r_d 为二极管的动态电阻）。当 u_C 较大，使得 VD_1、VD_2 强导通时，$r_d \approx 0$，此时因射极负反馈消失，差动放大器的增益达到最大值。随着 u_C 的减小，VD_1、VD_2 管的导通程度减弱，r_d 增大，则负反馈增强，使放大器的增益随之而减小。当 u_C 小到使 VD_1、VD_2 截止时，$r_d \approx \infty$，$R_e \approx R$，此时负反馈增强，差动放大器的增益达到最小值。由此可见，电压 u_C 通过对二极管内部 r_d 的控制，实现了对差动放大器增益的控制，其控制规律是增益随 u_C 的减小而减小。

图 5-25（b）是用一多发射极管 V_3 的两个发射结来代替图 5-25（a）中的 VD_1、VD_2 管，且极性相反，而控制电压 u_C 则通过 V_4 管对 V_3 管起作用。当 u_C 增大时，V_4、V_3 管电流增大，使得 V_3 管两个发射结的动态电阻减小，引起差放管射极等效电阻减小，结果放大器增益因负反馈减弱而增大；反之，u_C 减小时增益将随之减小，当 u_C 减小到使 V_4 管截止时，增益

便降到最小值。可见，该电路的增益受控规律与图 5-25（a）所示电路相同。

二十四、电控衰减器增益控制电路

1. 电路图

在放大级之间的信号通道中插入可控衰减器，通过对衰减量的控制也可实现对总增益的控制。为了在控制增益的同时不影响信号的传输质量，通常要求衰减器不仅要有较大的可控衰减量、足够的带宽，而且控制通道和信号通道之间要有良好的隔离。图 5-26 是一种适用于差动级之间的电控衰减器增益控制电路。

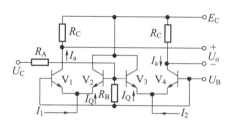

图 5-26　电控衰减器增益控制电路

2. 电路分析

图 5-26 中，V_1、V_2 和 V_3、V_4 管组成差动式可控衰减器，V_1、V_4 的基极相接并加一固定偏压 U_B，控制电压 U_C 经 R_A、R_B 加在 V_2、V_3 的基极。输入电流 I_1 和 I_2 由前级差放管提供，分别由直流分量 I_Q 和差模信号分量 I_a 组成，即 $I_1=I_Q+I_a$，$I_2=I_Q-I_a$，输出电压 U_o 在 V_1、V_4 管的集电极之间取出。

该电路衰减量的控制原理如下：当 U_C 较小时，V_2、V_3 管截止，I_1、I_2 全部流入 V_1、V_4 管，使 U_o 最大（$-2R_CI_a$），此时衰减量为零。当 U_C 增大到使 V_2、V_3 导通时，I_1、I_2 将分别被 V_2、V_3 管分流，且分流量随 U_C 的增大而增大，导致输出电压相应减小，即衰减量增大。当 U_C 大到使 V_1、V_4 管截止时，I_1、I_2 全部流入 V_2、V_3 管，此时 $U_o=0$，衰减量达到最大值。可见，衰减器的控制电压 U_C 通过对 V_2、V_3 管导通强弱的控制，实现了对信号衰减量的控制。

二十五、自动频率控制电路

1. 电路图

自动频率控制电路是一种频率的负反馈控制电路（AFC 电路），其一般的功能框图如图 5-27 所示。

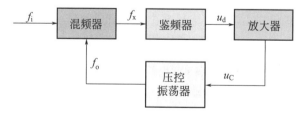

图 5-27　自动频率控制电路的功能框图

2. 电路分析

图 5-27 中，输入信号频率 f_i 和压控振荡器（VCO）的振荡频率 f_o 通过混频器产生新频率 f_x。根据应用条件，f_x、f_i 和 f_o 应满足某一预定关系，如 $f_x = f_i - f_o$ 或 $f_x = f_o - f_i$。根据这种预定关系设计的鉴频器对 f_x 进行检测，如果 f_x 的数值准确，则鉴频器输出的误差电压为零，VCO 的 f_o 将保持不变。若由于某种原因使 f_x 偏离预定值，鉴频器便输出相应的误差电压 u_d，经放大后加到 VCO 上，VCO 则根据控制电压 u_C 的极性和大小调节 f_o，使 f_x 偏差减小。这种调节作用最终使预定关系在很小的误差下得以维持，此时环路处于稳定（锁定）状态。环路锁定后的误差称为剩余频差。

这类电路常用作接收机中本地振荡器的频率控制和调频接收机中的解调电路。

二十六、本地振荡器频率控制电路

1. 电路图

图 5-28 是采用 AFC 电路的调幅接收机的功能框图。与普通调幅接收机相比，它增加了限幅（即切去调幅包络）鉴频器、低通滤波器和放大器，同时将本机振荡器改为压控振荡器，从而形成了一个附加的频率反馈环路。由图 5-28 可知，无论何种原因，当 f_i 偏离规定值时，鉴频器输出的误差电压经低通滤波和放大后去控制 VCO 的频率 f_L，使 f_i 达到或接近规定值。

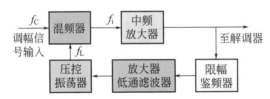

图 5-28 采用 AFC 电路的调幅接收机的功能框图

2. 电路分析

在外差式接收机中，利用本机振荡信号与接收到的高频已调波信号进行混频，将高频已调波信号变换为中频信号，再经中频放大器放大。实际工作中，由于高频载波 f_C 的漂移，或本机振荡频率 f_L 的不稳定，都会使混频后的中频 $f_i' = f_L - f_C$，f_i' 偏离规定值（如电视接收机为 38MHz）。这将导致中频放大器工作在失谐状态，引起增益下降、信号失真等现象。若利用混频后中频 f_i' 偏离规定中频 f_i 的误差 $\Delta f_i = f_i' - f_i$ 去控制本地振荡器的频率 f_L 变化，使误差频率减小，甚至为零，从而维持 $f_i = f_L - f_C$ 的关系不变，实现混频输出频率 f_i' 始终等于规定值 f_i。由于这种控制电路是利用频率的误差去控制本振频率的变化，因此称这种频率负反馈控制电路为自动频率控制电路。AFC 电路的核心是鉴频器。鉴频器将混频器输出信号的频率 f_i' 与标准中频 f_i 的频率误差 Δf_i 变成电压 U_C。利用这个电压去控制本地振荡器的频率，使其朝着减小误差频率的方向变化。

二十七、调频负反馈解调电路

1. 电路图

调频负反馈解调电路的功能框图如图 5-29 所示。

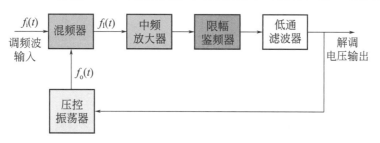

图 5-29　调频负反馈解调电路的功能框图

2. 电路分析

与普通调频接收机的解调电路相比较，区别在于它将输出的解调电压又反馈作为本机振荡器的 VCO 控制电压，使其振荡频率按照调制信号规律变化。此时，对混频器而言，相当于加了两个载波频率不同而调制信号相同的调频波。若设输入调频波的瞬时频率为 $f_i(t)=f_C+\Delta f_{mC}\cos(\Omega t)$，在环路锁定时，VCO 产生的调频振荡的瞬时频率 $f_o(t)=f_L+\Delta f_{mL}\cos(\Omega t)$，则混频器输出的中频瞬时频率：

$$f_I(t)=f_0(t)-f_i(t)=(f_L-f_C)-(\Delta f_{mC}-\Delta f_{mL})\cos(\Omega t)=f_I-\Delta f_{mI}\cos(\Omega t)\qquad（5\text{-}1）$$

式中，$f_I=f_L-f_C$、$\Delta f_{mI}=\Delta f_{mC}-\Delta f_{mL}$ 分别为中频信号的载波频率和最大频偏。可见，中频信号仍为不失真的调频波，只是最大频偏由 Δf_{mC} 减小到 Δf_{mL}，因而通过中频放大器、限幅鉴频器后，即可解调出不失真的调制电压。

调频负反馈解调电路的突出优点是解调门限值低。这是因为负反馈使中频信号的最大频偏减小，相当于压缩了信号的有效带宽，因此可用通频带较窄的中频放大器来放大，于是进入中放并送至鉴频器输入端的噪声功率将随之减小，使得信噪比提高。若维持频带压缩前鉴频器输入端的信噪比不变，则混频器输入端所需的信噪比就可减小，即解调门限值降低。因此，调频负反馈解调电路可提高解调信号的质量。

二十八、锁相环电路

1. 电路图

锁相环电路是相位反馈控制环路。基本的锁相环电路由鉴相器（PD）、环路低通滤波器（LPF）和电压控制振荡器（VCO）三个部件组成，如图 5-30（a）所示。

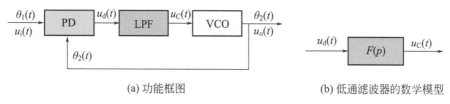

(a) 功能框图　　　　　　　　　　(b) 低通滤波器的数学模型

图 5-30　基本锁相电路

2. 电路分析

设环路的输入信号 $u_i(t)$，其相位为 $\theta_1(t)$；压控振荡器的输出信号为 $u_o(t)$，其相位为

$\theta_2(t)$。鉴相器的输出电压 $u_d(t)$ 是 $u_i(t)$ 与 $u_o(t)$ 的相位差 $\theta_e(t)=\theta_1(t)-\theta_2(t)$ 的函数。$u_d(t)$ 经过低通滤波器滤波取出直流和低频信号 $u_C(t)$。在电压 $u_C(t)$ 的控制下，压控振荡器的频率向输入信号的频率靠拢，直至相等，鉴相器输出电压 $u_d(t)$ 恒定不变。此时环路处于稳定状态，称为锁定状态。

① 鉴相器　鉴相器是相位比较电路，其输入电压为：

$$\begin{cases} u_i(t) = U_{im}\sin(\omega_i t + \theta_i) = U_{im}\sin[\omega_0 t + (\omega_i - \omega_0)t + \theta_i] \\ \quad\quad = U_{im}\sin[\omega_0 t + \theta_1(t)] \\ u_o(t) = U_{om}\cos[\omega_0 t + \theta_2(t)] \end{cases} \quad （5\text{-}2）$$

鉴相器输出电压 $u_d(t)$ 是两个输入电压相位差 $\theta_e(t)$ 的函数。不同形式的鉴相器，函数关系不同，乘积型鉴相器的输出电压为：

$$u_d(t) = \frac{1}{2}k_m U_{im} U_{om}\sin[\theta_1(t) - \theta_2(t)] = u_d\sin[\theta_e(t)] \quad （5\text{-}3）$$

式中，$u_d = \frac{1}{2}k_m U_{im} U_{om}$，$k_m$ 为乘法器的增益；$\theta_e(t)=\theta_1(t)-\theta_2(t)$ 称为误差相位。

② 低通滤波器　环路低通滤波器的数学模型在复频域（即 s 域）可以用传递函数等于 $F(s)$ 的线性网络表示。若用时域的微分算子 p 代替 s，则可得到低通滤波器的传输算子 $F(p)$。所以，在时域又可以用传输算子等于 $F(p)$ 的线性网络表示［图 5-30（b）］。

③ 压控振荡器　压控振荡器（VCO）的瞬时角频率 $\omega_v(t)$ 受外加电压 $u_C(t)$ 的控制。在压控振荡器起始角频率 ω_0 处，压控特性的斜率叫压控灵敏度 k_0，单位是 rad/(s·V)。在压控特性曲线的线性范围内，瞬时角频率 $\omega_v(t)$ 与控制电压的关系可近似为：

$$\omega_v(t)=\omega_0+k_0 u_C(t) \quad （5\text{-}4）$$

压控振荡器输出电压 $u_o(t)$ 的相位为：

$$\int \omega_v(t)dt = \omega_0 t + k_0\int u_C(t)dt = \omega_0 t + \theta_2(t) \quad （5\text{-}5）$$

式中，$\theta_2(t) = k_0\int u_C(t)dt = \dfrac{k_0 u_C(t)}{p}$。

由此可以看出，压控振荡器可视为一个理想积分器。

二十九、锁相频率合成电路

1. 电路图

MC145100 系列是典型的中规模频率合成器，其内部包含有参考振荡器（或放大器）、参考分频器、程序分频器和鉴相器。利用它构成锁相环时需要外接环路滤波器和压控振荡器。

图 5-31 是利用 MC145106 芯片构成的民用波段收 / 发信机频率合成器。

2. 电路分析

如图 5-31 所示，收／发频率由 R/T 信号来控制。程序分频器的分频比由预置端 p_0、p_1、p_2、p_3、p_4、p_5、p_6、p_7、p_8（芯片的引脚 9 ~ 17）所设置的 9 位二进制码决定。参考分频器有两个分频比 2^9 和 2^{11}，当控制端 FS=0 时，其分频比等于 2^{10}。芯片的引脚③外接 10.24MHz 振荡信号。石英晶体谐振器与内部振荡器一起构成参考频率源，频率 f_s=10.24MHz。经过二分频得 5.12MHz，再经参考分频器的 2^{10} 分频得到 5kHz 信号，把它作为锁相环路的输入参考信号，加在鉴相器上。参考频率 f_c=5kHz。鉴相器输出电压经引脚⑦送出芯片，通过芯片外的低通滤波器加在压控振荡器 VCO 上。压控振荡器的输出信号 U_o，其频率为 f_o，经缓冲放大器送到混频器 I 和混频器 II 上。

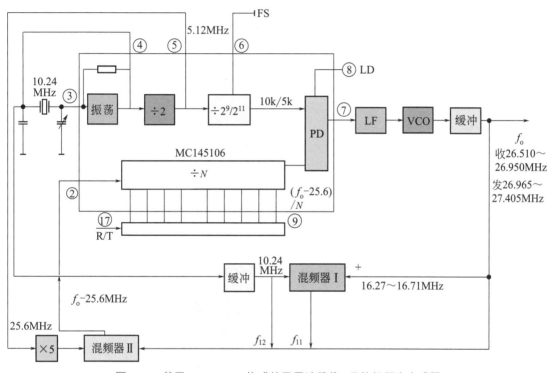

图 5-31 基于 MC145106 构成的民用波段收／发信机频率合成器

在混频器 I 中，f_o 与参考振荡器的频率相减，得到接收机的第一本振频率 $f_{11}=f_o-f_s$。在混频器 II 中 f_o 与 25.6MHz(5.12MHz×5) 相减，得到 $f_o-25.6$MHz 的差频信号。程序分频器的分频比为 N，混频器 II 的输出经程序分频器分频之后送到鉴相器上，从而完成锁相环路的反馈闭合。程序分频器输出信号的频率为 $(f_o-25.6$MHz$)/N$(MHz)。在锁定条件下，有：

$$f_r = \frac{f_o - 25.6}{N} \qquad (5-6)$$

则 $f_o=Nf_r+25.6$MHz。N=2 时，f_{omin}=25.61MHz；当 N=511 时，f_{omin}=28.155MHz。共计 510 个点频。相邻点频的频率间隔等于 5kHz。

利用该频率合成器去控制产生发射机的频率时，通过 R/T 控制 $N=273 \sim 361$，频率合成器产生的频率 $f_T=26.965 \sim 27.405$MHz。当用于接收机中时，控制 $N=182 \sim 270$，相应的频率 $f_R=26.510 \sim 26.950$MHz，相应的第一本振频率 $f_{11}=f_R - 10.24$MHz$=16.27 \sim 16.71$MHz。收发共有 89 对频率，其间隔为 5kHz。利用该芯片构成的民用波段收发信机频率合成器共计可以产生 268 个具有相同频率稳定度的不同的频率信号。

频率合成器的种类很多，特别是集成数字式频率合成器目前发展极为迅速，而且它的应用越来越广。频率合成器的主要指标是信号的频谱纯度、输出频率的点数、相邻频率点间的频率间隔和由一个点频跳变至另一个点频所用的跳频时间。

三十、锁相解调电路

1. 电路图

锁相技术被广泛应用于调制解调，特别是利用锁相实现角度调制信号的解调时，噪声门限低。在通信中，接收的信号均比较弱，输入信噪比较低。在这种情况下，利用锁相解调具有明显的优点。本节以基于集成锁相环 NE567 的电话拨号解调电路为例进行阐述。

目前采用的电话，一种是拨盘式，利用机械拨码盘完成拨号；另一种是按键式，采用双音多频信号。拨号的 10 个数码分别由两组频率中的一个组成双音频信号代表。两组频率一组叫高群频率，它由 4 个点频组成，分别是 1209Hz、1336Hz、1477Hz、1633Hz；另一组叫低群频率，也由 4 个点频组成，它们分别是 697Hz、770 Hz、852Hz、941Hz。高群频率中的一个点频和低群频率中的一个点频组合成双音频信号。组合共有 16 个状态，分别用它们表示 10 个数码和电话的其他功能（具体可查阅相关的技术资料）。举例来说，当将对应号码 5 的按键按下时，电话机就会同时产生两个 770 Hz 和 1336Hz 的音频信号。在交换机中，接收到这两个频率信号后，经解码电路解码就可辨认出号码 5。

双音多频电话信号解码电路如图 5-32 所示。

2. 电路分析

如图 5-32 所示，该电路是用 8 块集成锁相环 NE567 组成的。设计使 8 块 NE567 分别锁定在 8 个频率点上，其输出指示该频率信号的有无。环路由 NE567 内部的主鉴相器、电流控制振荡器、直流放大器和 NE567 外部引脚 2 外接环路滤波器组成；引脚 5、6 外接振荡器的定时电阻。电流控制振荡器的频率是受输入电流的大小控制的。鉴相器 PDI 是一个锁定指示鉴相器，当锁定时，相位差稳定值 $\theta_{e\infty}$ 很小，鉴相器输出电压最低，用此电压与参考电压 U_r 比较，当它低于 U_r 时，放大器输出为低电平，指示环路锁定，否则 A_1 输出为高电平，指示环路失锁。引脚 8 就是锁定指示输出端。

图 5-32 中，8 块 NE567 的引脚 8 输出端分别组合送到 16 个或门的输入端，或门的输出分别指示 16 个状态。如号码 5，对应 770 Hz 和 1336Hz 锁相环的输出端（引脚 8）为低电平，则对应号码 5 的或门输出端为低电平，而其他的或门输出均为高电平，从而完成双音多频信号的解码。

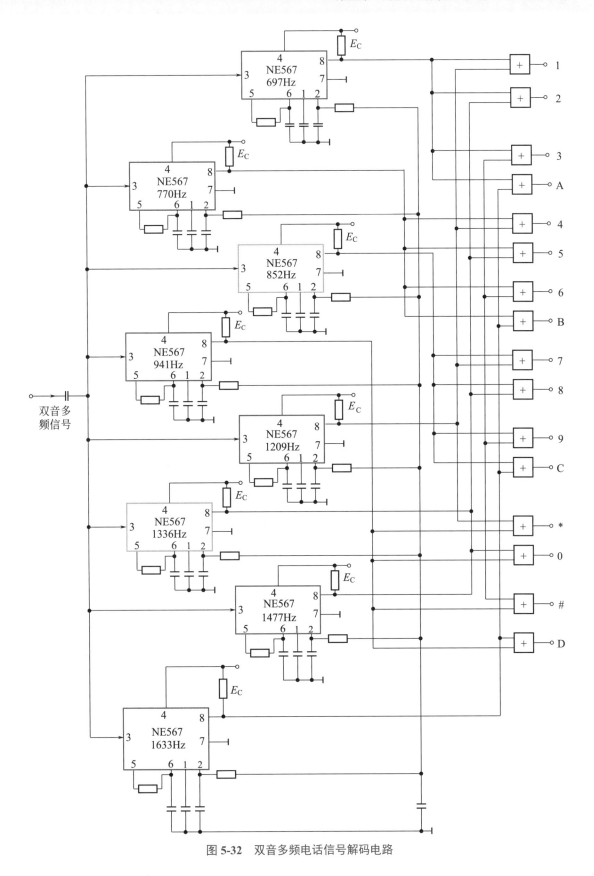

图 5-32　双音多频电话信号解码电路

三十一、单按钮控制通断的继电器电路

1. 电路图

图 5-33 是一种实用的单按钮控制通断的继电器的电路原理图，该继电器的控制对象为继电器 KA，控制目的是：以单个按钮来控制 KA 的吸合与释放。基本控制原理是：利用电容的储能与充、放电特性来实现对 KA 的控制。此外，该继电器还具有保护元件（熔断器 FU），对整个电路起到短路保护的作用。

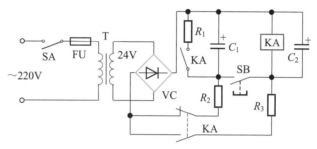

图 5-33　单按钮控制通断的继电器的电路原理图

该继电器的主要元器件的选用如表 5-1 所示。

表 5-1　单按钮控制通断的继电器主要元器件的选用

名称	代号	型号规格	数量
开关	SA	KN5-1	1
熔断器	FU	50T 2A	1
变压器	T	3V·A　220V/24V	1
整流桥	VC	1N4004（二极管型号）	4（二极管数量）
继电器	KA	DZ-100 DC24V	1
金属膜电阻	R_1、R_2	RJ-470kΩ 1/2W	2
金属膜电阻	R_3	RJ-360Ω 1/2W	1
电解电容	C_1	CD11 2200μF 50V	1
电解电容	C_2	CD11 50μF 50V	1
按钮	SB	LA18-22（黄）	1

2. 电路分析

闭合电源开关 SA，市电交流 220V 经变压器 T 降压、整流桥 VC 整流后，获得一个直流电压，并经电阻 R_2 向电容 C_1 充电。此时，按下按钮 SB，C_1 立即通过 KA 的线圈放电，使 KA 吸合，其常闭触点断开而常开触点闭合，从而使 KA 维持吸合状态。同时，C_1 经电阻 R_1 放电，为下一个动作做好准备。

SB 被第二次按下时，直流电压通过电阻 R_3 向 C_1 充电，由于此时的 C_1 两端电压已为零，故 R_3 两端电压增加，而加至 KA 线圈上的电压减小（瞬间为 0V），导致 KA 失电而被释放。

关断 KA 后直至下一次接通 KA，中间需要的间隔不足 1s，这是因为 C_1 的充电时间常数 $(R_1//R_2)C_1 = (470\mathrm{k\Omega}//470\mathrm{k\Omega}) \times 220 \times 10^{-6}\,\mathrm{F} = 0.52\mathrm{s}$。

3. 电路调试

接通电源后，以万用表测量整流桥 VC 的输出电压，正常时应有约 22V 的直流电压（因暂无电容滤波）。

按下 SB，继电器 KA 正常时应吸合，若不吸合，应检查 KA 常闭触点的接触是否良好。松开 SB，应间隔约 1s 再按下按钮 SB，KA 正常时应释放，若不释放，应检查 KA 常开触点的接触是否良好。若接触良好，则应增加 R_3 的值。

此外，电容 C_1、C_2 的质量需良好，其漏电电流应小。

三十二、交流接触器无声运行节电器电路

1. 电路图

图 5-34 是交流接触器无声运行节电器的电路原理图。该电器的控制对象为交流接触器 KM，控制的目的是实现电器的无声运行且节约电能，并降低线圈的温升。电器的基本控制原理是，在原有电路的基础上增加一套简单的整流电路，将交流操作与运行改为直流操作与运行。

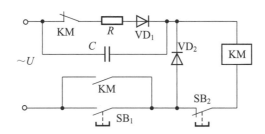

图 5-34　交流接触器无声运行节电器的电路原理图

在原有交流及长期 KM 控制电路中，增加了二极管 VD_1 与 VD_2、电阻 R 和电容 C。其中，启动限流电阻 R 的选用：

$$R = \frac{0.45U}{I_x} - R_0, \quad P_R = (0.01 \sim 0.015)I_x^2 R \tag{5-7}$$

式中，R 为启动限流电阻；P_R 为启动限流电阻的功率；I_x 为 KM 的吸合电流，即保证 KM 正常启动所需的电流，通常，$I_x = 10I_b$，其中，I_b 为继电器（即接触器）KM 的吸持电流，即保证 KM 能够持续吸合的最小电流；U 为电源交流电压；R_0 为 KM 线圈电阻与二极管内阻之和。

电容 C 的选取：

$$C = (6.5 \sim 8)I_z, \quad U_C \geqslant 2\sqrt{2}U \tag{5-8}$$

式中，C 为电容 C 的电容量；U_C 为电容 C 的耐压值；I_z 为 KM 线圈的直流工作电流，

$I_z=(0.6 \sim 0.8)I_b$。

整流二极管 VD_1、VD_2 的选取：

$$I_{VD_1} = I_{VD_2} \geqslant 5I_b, \quad U_{VD_1} > \sqrt{2}U, \quad U_{VD_2} \geqslant 2\sqrt{2}U \tag{5-9}$$

式中，I_{VD_1}、I_{VD_2} 为二极管 VD_1、VD_2 的额定电流；U_{VD_1}、U_{VD_2} 为二极管 VD_1、VD_2 的耐压值。

配额定电压 380V 交流接触器 KM 的节电器的主要元器件的选用如表 5-2 所示。

表 5-2　交流接触器 KM 的节电器主要元器件的选用

接触器规格	C	VD_1	VD_2	R
60 ~ 220A	CZJD 1 ~ 1.5μF 630V	2CZ1A 100V	2CZ1A 1001V	15Ω 10W
250 ~ 350A	CZJD 3 ~ 4μF 630V	2CZ3A 600V	2CZ3A 1001V	27Ω 10W
400 ~ 600A	CZJD 4 ~ 6μF 630V	2CZ5A 600V	2CZ5A 1001V	5.1Ω 30W

2. 电路分析

接通电源后，按下启动按钮 SB_1，交流电流经二极管 VD_1 半波整流、电阻 R 限流、接触器 KM 线圈构成的回路，KM 得电吸合并自锁，其常闭辅助触点断开，电容 C 串联进电路，起到降压的作用。

正半周期时，电源电压经 C 加至 KM 线圈上；负半周期时，电源电压加至 C 上，此时，KM 线圈上产生自感电动势，二极管 VD_2 为自感电流提供通路，线圈电流的方向不变，即松开 SB_1 后，KM 进入直流运行。

3. 电路调试

交流接触器改为无声运行，能够确保其长期安全可靠，取决于正确选用成熟的线路以及正确选择限流电阻 R 和限压电容 C 的数值。不同的交流接触器所配用的 R、C 是完全不同的（表 5-2），而本节所提供的有关 R、C 的计算公式也仅是近似公式，在实际使用中还需适当调整。

4. 故障诊断与维修

调试中，需注意观察交流接触器及阻容元件有无异常响声及失控、冒烟、过热等现象；若有，应立即切断电源，再仔细查找原因。

根据大量经验，该电器在调试与运行中常见的故障及其相应的维修方法如表 5-3 所示。

表 5-3　交流接触器 KM 的节电器的常见故障及其维修方法

故障现象	成因	维修方法
通电不吸合	① 控制线路接线错误 ② 熔丝熔断 ③ 接线松动或断线 ④ 接触器常闭辅助触点或其他保护继电器、中间继电器的联锁触点接触不良 ⑤ 无声节电器中的元件损坏或脱焊 ⑥ 控制电路的连接导线太细、太长	① 按无声节电器使用说明检查，并改正接线 ② 更换熔丝 ③ 拧紧接头或更换断线 ④ 修理触点，使之接触良好 ⑤ 更换元件或焊牢 ⑥ 改用较粗的导线（对于额定电流大于 250A 的接触器，应采用截面积 1.5mm²、长度小于 50m 的铜导线）
能吸合，但不能吸住	① 常闭辅助触点过早断开 ② 电容或变压器损坏或线头松脱 ③ 电流互感器或变压器抽头接错 ④ 电源电压太低	① 严格按无声节电器使用说明书的要求进行调整 ② 更换电容或变压器，重新接好线头 ③ 按无声节电器使用说明书检查并纠正 ④ 检查电源电压
能吸持，但有交流噪声	① 续流二极管损坏或脱焊 ② 无声节电器的转换开关处于交流操作位置上	① 更换二极管或焊牢 ② 使无声节电器在无声节电的位置上运行
断电后交流接触不释放	① 铁芯极面有油垢 ② 铁芯有剩磁 ③ 邻近回路有碰线或有泄漏电流 ④ 相邻载流导体产生感应或分布电容电流	① 清洁铁芯极面 ② 将操作线圈的两接线端对调或更换铁芯 ③ 检查线路或测量绝缘电阻 ④ 将控制线路与相邻载流导体拉开，缩短连接导线，将断开触点尽量装接在靠近无声节电器处
断电后交流接触器延时释放	① 铁芯有剩磁 ② 断开按钮（触点）接在电源电路中	① 将操作线圈的两接线端对调或更换铁芯 ② 将断开按钮（触点）接在操作线圈电路之中

三十三、限流快速保护器电路

1. 电路图

图 5-35 是一种实用的限流快速保护器的电路原理图。当电子设备或电路发生过流或短路故障时，熔断器熔断时间较长（通常需几十毫秒），容易造成集成电路、晶闸管、半导体元件等的损坏，采用如图 5-35 所示的保护器即可解决这一问题，其动作时间仅为 100μs 左右。

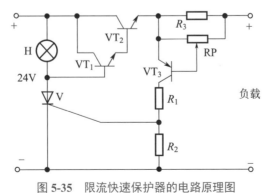

图 5-35　限流快速保护器的电路原理图

如图 5-35 所示,该保护器的控制对象是负载的电子设备即供电线路,控制目的是在过电流时实现快速保护,使电子设备免受损害。该保护器的基本控制原理是,利用晶闸管来控制复合三极管的无触点开关。

该保护器主要由以下几部分组成。

① 采样电路:由三极管 VT_3、电位器 RP 及电阻 $R_1 \sim R_3$ 组成。

② 无触点开关电路:由复合三极管 VT_1、VT_2 组成。

③ 控制电路:由晶闸管 V 和指示灯 H 组成。

该电路的主要元器件的选用如表 5-4 所示。

表 5-4　限流快速保护器主要元器件的选用

名称	代号	型号规格	数量
三极管	VT_1	3DG130 $\beta \geqslant 30$	1
三极管	VT_2	3DD5、3DD6 $\beta \geqslant 60$	1
三极管	VT_3	3CG130 $\beta \geqslant 80$	1
晶闸管	V	KP1A 100V	1
金属膜电阻	R_1	RJ-1kΩ 1/2W	1
金属膜电阻	R_2	RJ-150Ω 1/2W	1
金属膜电阻	R_3	RJ-0.5Ω 2W（几个并联）	1
电位器	RP	WS-0.5W 39Ω	1
小型指示灯	H	XZ24V 0.15A	1

2. 电路分析

正常工作时,NPN 型复合三极管经 H 获得基极偏置电压而导通。因为正常工作时 R_3 上的电压很小,从 RP 上取得的分压远小于 0.7V,即 PNP 型三极管 VT_3 的基极偏置电压远小于 0.7V,VT_3 截止,R_2 上无电压,故 V 关断,复合三极管从 H 获得基极偏置电压。

当电路负载过大或短路时,R_3 上的电压突然增大,VT_3 得到足够大的基极偏置电压而导通,直流电源电压经 VT_3 的集电极 - 发射极结、R_1 和 R_2,在 R_2 上形成一个 3 ～ 4V 的压降,V 被触发导通,从而使复合三极管的基极电位接近 0V,VT_1、VT_2 立即截止,切断电源,达到快速保护的目的,同时点亮指示灯 H。

R_3 的阻值很小,因此其损耗也很小(仅 0.5W)。

3. 电路调试

要使该保护器起到预定的快速保护的作用,关键是要合理选择 $R_1 \sim R_3$、RP 和指示灯 H。

其中,H 的冷态电阻应为 12 ～ 100Ω,XZ24V、0.15A 的热态电阻为 24V/0.15A=160Ω,冷态电阻约为 20Ω,是符合要求的。

R_2 的阻值选择:在 VT_3 导通时,R_2 上的压降应为 3 ～ 4V(即晶闸管 V 的控制极触发电压不可大于 10V):

$$U_{R_2} \approx \frac{(E_c - U_{ec})R_2}{R_1 + R_2} = \frac{(24 - 0.7) \times 150}{1150} = 3(\text{V}) \qquad (5\text{-}10)$$

调节 RP，使负载电流达到限定值时，VT_3 由截止变为导通（即 H 点亮）。若 H 不亮，则可适当增大 R_2 的阻值。

三十四、相序保护器电路

1. 电路图

图 5-36 是一种实用的相序保护器的电路原理图。在某些场合，只允许电动机按照一个指定的方向运转，需在控制电路中设置如图 5-36（b）所示的三相电源相序保护器。

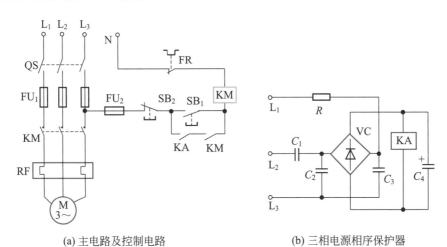

(a) 主电路及控制电路　　　　　　　　　(b) 三相电源相序保护器

图 5-36　三相电源相序保护器的电路原理图

如图 5-36 所示，该保护器的控制对象是中间继电器 KA，其控制目标是：三相电源正相序时，KA 吸合；反相序时，KA 释放。该保护器是基于阻容分相技术来实现控制的。

相序保护器由电阻 R、电容 $C_1 \sim C_4$、整流桥 VC 和中间继电器 KA 组成；该保护器的主要元器件的选用如表 5-5 所示。

表 5-5　相序保护器主要元器件的选用

名称	代号	型号规格	数量
中间继电器	KA	JZC-22F DC48V	1
线绕电阻	R	RX1-51kΩ 5W	1
电容	C_1	CBB22 0.1μF 400V	1
电容	C_2、C_3	CBB22 0.1μF 300V	2
电解电容	C_4	CD22 10μF 63V	1
整流桥	VC	1N4007（二极管型号）	4（二极管数量）

2. 电路分析

当电源正相序时，经阻容分相所得的电压较大，该电压经 VC 整流后，加在 KA 线圈上约 48V 的直流电压，使 KA 吸合，其常开触点闭合，此时，若按下启动按钮 SB_1，则接触器 KM 就能吸合并自锁，电动机可启动运行。图 5-36（b）中，电容 C_4 的功能是使加在 KA 上的电压变得平稳，有利于 KA 的工作。

当电源反相序时，经阻容分相所得的电压很小，KA 不会吸合，其常开触点断开。此时，即使按下 SB_1，KM 也不会吸合，电动机不转，从而保证反相序电动机不转。

若将图 5-36（b）中的 L_1、L_2 端子改为 L_2、L_1，即改为电源正相序时，KA 不吸合，电源反相序时，KA 才吸合。

3. 电路调试

要确保相序保护器动作的正确可靠，关键在于要合理选择电阻 R 及电容 $C_1 \sim C_3$。此外，中间继电器 KA 的直流电阻不可过小。

暂不接入 KA 线圈和电容 C_4（以免电压过高击穿电容），在 L_1、L_2、L_3 端通入正相序三相 380V 电源，以万用表测量整流桥 VC 输出两端的电压，正常时应得到约 48V 的直流电压。若测量的电压值偏离 48V 较大，则应适当调整电阻 R 的值，必要时也可调整各个电容的容量。然后，接入 KA 和电容 C_4，若 KA 上的电压超出 48V 不多，可在 VC 输出端串联一个降压电阻，也可在该降压电阻上并联 KA 的常闭触点，以增加启动时的吸力，正常工作时又能减小 KA 的线圈电流，有利于 KA 的散热。

最后，将电源反相序通入，KA 应可靠释放，万用表指示的电压应低于 10V。否则，还需适当调整 R 和各个电容的值，直至 KA 可靠动作为止。

三十五、逻辑电平测试器电路

1. 电路图

图 5-37 是一种实用的逻辑电平测试器的电路原理图。图中，该测试器的控制对象为红色和绿色发光二极管 VL_1 和 VL_2，其控制的目标是，能够测出逻辑电平，正电平时，红色发光二极管点亮；负电平时，则是绿色发光二极管点亮。

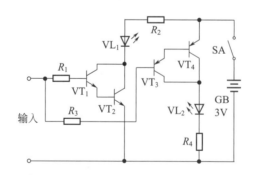

图 5-37 逻辑电平测试器的电路原理图

该测试器由以下几个部分组成。

① 正电平测试电路：由三极管 VT_1 与 VT_2、红色发光二极管 VL_1 和电阻 R_1 与 R_3 组成。

② 负电平测试电路：由三极管 VT_3 与 VT_4、绿色发光二极管 VL_2 和电阻 R_2 与 R_4 组成。

③ 直流电源：+3V 直流电源电路（电池）。

逻辑电平测试器的主要元器件的选型如表 5-6 所示。

表 5-6　逻辑电平测试器的主要元器件选型

名称	代号	型号规格	数量
开关	SA	KN5-1	1
三极管	VT_1、VT_2	3DG130 $\beta \geqslant 80$	2
三极管	VT_3、VT_4	3DG130 $\beta \geqslant 80$	2
发光二极管	VL_1、VL_2	LED702、2EF601、BT201 均可	2
金属膜电阻	R_1、R_2	RJ-220kΩ 1/2W	2
碳膜电阻	R_3、R_4	RT-91Ω 1/2W	2

2. 电路分析

接通电源后，当输入信号为正电平时，NPN 型复合三极管 VT_1、VT_2 得到正基极偏置电压而导通，红色发光二极管 VL_1 点亮，而正基极偏置电压导致 PNP 型复合三极管 VT_3、VT_4 截止，绿色发光二极管 VL_2 不亮。

当输入信号为负电平时，PNP 型复合三极管 VT_3、VT_4 得到负基极偏置电压而导通，绿色发光二极管 VL_2 点亮，而负基极偏置电压导致 NPN 型复合三极管 VT_1、VT_2 截止，红色发光二极管 VL_1 不亮。

3. 电路调试

① 电阻 R_1、R_2 的选择：由于是测试仪器，不具备长期工作的特性，因此发光二极管的工作电流可适当取得大些（如取 15mA），则电阻阻值为（$E_c - U_F$）/I_F=（3-1.7）/0.015=87（Ω）。

② 电阻 R_3、R_4 的选择：当逻辑电平电压较高时，阻值应取得大些；当逻辑电平电压较低时，阻值应取得小些。而在实际调试时，应以发光二极管的亮度明显为准。

三十六、消磁器电路

1. 电路图

图 5-38 是一种典型的快速消磁电路，它常用于铣床电磁吸盘的快速消磁。

2. 电路分析

该电路的基本工作原理是，在电磁吸盘工作时，工件被吸持，进行切削加工；加工完毕后，吸盘需立即停止工作，同时，对吸盘和工件自动进行快速消磁（亦称退磁）。

如图 5-38 所示，YH 为电磁吸盘；KI 为过电流继电器。

工件切削加工完毕后，按下停止按钮 SB_1，继电器 KA 和时间继电器 KT 因失电而释放，流过 YH 上的电流是一个随时间而按照指数曲线规律变化、从大到小直至零的交变电流（交流电源及电容 C 充电电流共同作用的结果），达到快速消磁的效果。

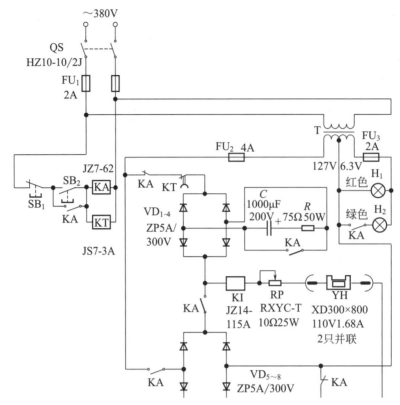

图 5-38　快速消磁电路

三十七、磁控婚礼娃娃电路

磁控婚礼娃娃一套有 2 个（一男一女），当将这两个娃娃靠近时，便会演奏出"婚礼进行曲"，同时闪烁彩灯，增添喜庆气氛，是很受欢迎的新婚贺礼。

1. 电路图

图 5-39 是磁控婚礼娃娃的电路原理图，电路左半部分为音乐电路，由集成电路 IC_1、扬声器 BL 等构成；电路的右半部分则是彩灯电路，由晶体管 VT_2、发光二极管 $VD_1 \sim VD_4$ 等构成；S 为磁控开关，控制整个电路电源的通与断。

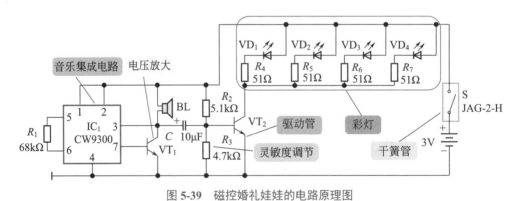

图 5-39　磁控婚礼娃娃的电路原理图

2. 电路分析

如图 5-39 所示，该玩具的基本工作原理是：接通电源后，电路即开始工作，IC_1 产生的音乐信号经 VT_1 功率放大后，驱动 BL 发声；同时，VT_1 集电极输出的音乐信号经电容 C 耦合至电子开关 VT_2 基极作为控制信号。当该控制信号的电平高于 VT_2 的导通阈值（0.7V）时，VT_2 导通，$VD_1 \sim VD_4$ 发光；当该控制信号的电平低于 VT_2 的导通阈值时，VT_2 截止，$VD_1 \sim VD_4$ 熄灭。如此循环往复，总的效果就是，使 $VD_1 \sim VD_4$ 随音乐声节奏而闪烁。

① 灵敏度控制：电阻 R_2、R_3 构成一个偏置电路，为开关管 VT_2 的基极提供适当的正偏置电压，与经 C 耦合来的音频信号电压相互叠加，以提高 VT_2 的触发灵敏度；而且，触发灵敏度的高低，与 R_3 的阻值成正比，调节 R_3 即可调节玩具的触发灵敏度。

② 磁控原理：电路中采用干簧管作为电源开关 S，以实现磁控的功能；当永久磁铁靠近干簧管时，干簧管接点连通；永久磁铁移开时，干簧管接点则断开。实际中，将电路部分及干簧管安装在一个娃娃的体内，永久磁铁则安装在另一个娃娃体内；如此，当两个娃娃相互靠近时，等同于永久磁铁与干簧管相互靠近，干簧管接点吸合，电源接通，玩具产生声、光效果；当两个娃娃分离时，等同于永久磁铁远离干簧管，干簧管接点断开，电源切断，电路停止工作。

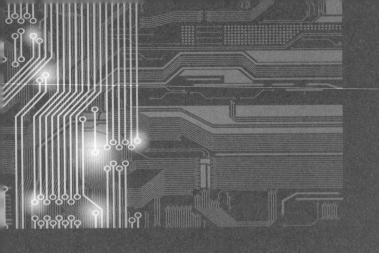

第六章

显示、报警、保护电路

一、数显定时电路

1. 电路图

数显定时电路采用数字显示的形式，可使使用者准确掌握时间进程和时间余量，并可随意设定定时的时间，因而广泛应用于多种场合。数显定时电路如图 6-1 所示。

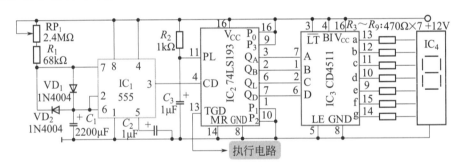

图 6-1 数显定时电路

2. 电路分析

图 6-1 中，IC_1 为 555 时基电路，它与外围元件组成一个无稳态电路。IC_2 为可预置 4 位二进制可逆计数器 74LS193，它与 R_2、C_3 构成预置数为 9 的减法计数器。IC_3 为 BCD-7 段锁存 / 译码 / 驱动器 CD4511，它与数码管 IC_4 组成数字显示部分。C_1 和 R_1、RP_1 用来决定无稳态电路的翻转时间，为了使 C_1 的充电电路保持独立而互不影响，电路中加入了 VD_1、VD_2。

该电路的工作原理是：在接通电源的瞬间，因电容 C_3 两端的电压不能突变，故给 IC_2 一个置数脉冲，IC_2 被置数 9。与此同时，C_1 两端的电压为零且也不能突变，故 IC_1 的引脚 2、6 为低电平，其引脚 3 输出高电平。IC_1 的引脚 7 此时也为高电平，VD_1 导通、VD_2 截止，

电源经 RP_1、R_1 向 C_1 充电，当 C_1 上的电压达到 2/3 倍的电源电压时，IC_1 的引脚 3、7 变为低电平，VD_1 截止、VD_2 导通，C_1 通过 VD_2 迅速放电，当 C_1 上的电压降到 1/3 倍的电源电压时，IC_1 的引脚 2、6 又变成低电平，其引脚 3 又输出高电平。此过程可视为形成一个负脉冲，由 IC_2 对其计数一次并减 1，数码管显示由 9 变为 8。电路以后会重复上述过程。

当 IC_2 计数 9 个脉冲时，数码管显示为"0"，定时时间到时，IC_2 的引脚 3 输出一个负脉冲信号，该脉冲可驱动执行器件工作。

二、电子万年历电路

1. 电路图

该电子万年历主控芯片采用 8051 单片机，日历时钟芯片采用美国 DALLAS 公司推出的高性能、低功耗、带 RAM 的实时时钟 DS1302，通过按键进行日历时间设置，显示器采用点阵图形液晶显示模块，要求能够用汉字同时显示公历、农历、星期等。

电子万年历的电路原理图如图 6-2 所示，主要包括 8051 单片机、日历时钟芯片 DS1302、点阵图形液晶显示模块以及按键等。

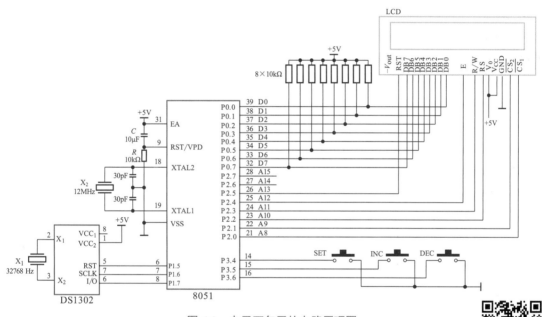

图 6-2　电子万年历的电路原理图

2. 电路分析

日历时钟芯片 DS1302 是一种串行接口的实时时钟，芯片内部具有可编程日历时钟和 31 字节的静态 RAM，日历时钟可自动进行闰年补偿，计时准确，接口简单，使用方便，工作电压范围宽，功耗低，芯片自身还具有对备份电池进行涓流充电功能，可有效延长备份电池的使用寿命。DS1302 主要引脚功能如下：X_1、X_2 为外接 32768Hz 石英晶振输入；RST 为复位或通信允许引脚；I/O 为数据输入、输出引脚；SCLK 为串行时钟输入。

8051 单片机与 DS1302 之间采用 3 线串行通信方式，RST 信号接到单片机的 P1.5 引脚，RST=1 允许通信，RST=0 禁止通信，串行时钟信号 SCLK 接到单片机的 P1.6 引脚。8051 作为主机通过控制 RST、SCLK 和 I/O 信号实现两芯片间的数据传送。DS1302 芯片的 X_1 和 X_2 端外接 32768Hz 的石英晶振，VCC_1 和 VCC_2 是电源引脚，单电源供电时接 VCC_2 端，双电源供电时主电源接 VCC_1，备份电池接 VCC_1，如果采用可充电镉镍电池，可启用内部涓流充电器在主电压正常时向电池充电，以延长电池使用时间。备份电池也可用 $1\mu F$ 以上的超容量电容代替，备份电池的电压应略低于主电源工作电压。

电子万年历的显示部分采用点阵图形液晶显示模块，以间接方式与 8051 单片机进行接口。将单片机的 I/O 端口 P2.4 ~ P2.0 分别接到液晶显示模块的 E、R/W、RS、$\overline{CS_2}$ 和 $\overline{CS_1}$ 端，模拟液晶显示模块的工作时序，实现对显示模块的控制，将 DS1302 中的日历时钟信息显示在 LCD 屏幕上。

三、短路式报警探测电路

1. 电路图

图 6-3 是一种典型的短路式报警探测电路。图中，该电路由 555 时基电路 IC_1 构成一个单稳态触发器，输出脉宽约为 5s。

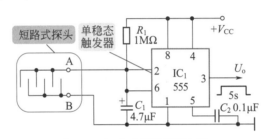

图 6-3　短路式报警探测电路

2. 电路分析

无警报时，单稳态触发器 IC_1 处于稳定状态，输出 $U_o=0$，无报警信号输出。

当 A、B 两点间所连接的探头被瞬间短路时，IC_1 被触发而进入暂稳状态，$U_o=1$，持续约 5s 后，IC_1 自动恢复至稳定状态。如探头被持续短路，则 IC_1 会持续输出高电平；该高电平信号即是报警信号，它可控制后续的报警音源短路发出报警声。

该电路可配备不同形式的探头，进而制成不同用途的报警器，如风雨报警器、婴儿尿湿报警器、水平物倾斜报警器、地震报警器、水塔或洗衣机水位报警器等。

四、断线式报警探测电路

1. 电路图

图 6-4 是一种典型的采用 CMOS 或非门构成的断线式报警探测电路。图中，或非门 D_1、D_2 构成一个 RS 触发器，具有置"1"输入端 S、置"0"输入端 R。防盗报警线实质上是一根极细的漆包线，用于将防盗区域包围起来，或缠绕于防盗物品之上。

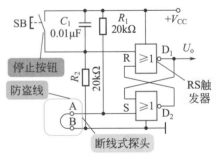

图 6-4　断线式报警探测电路

2. 电路分析

无警报时，防盗线将 S 端接地，R 端经 R_1 再接地，电路输出端 $U_o=0$，无报警信号。

由于某种因素而碰断防盗线时，S 端在上拉电阻 R_2 的作用下变为高电平，使电路置"1"，U_o 变为高电平，触发后续电路发出报警信号。由 RS 触发器的特性可知，此时即使防盗线被重新接好，报警声也不可能停止，直至停止按钮 SB 被按下时，报警声方能停止。

五、温度报警器电路

1. 电路图

图 6-5（a）是一种实用的报警探测电路，它采用集成运算放大器而构成一个高温报警探测电路，由负温度系数热电阻 RT 作为温度传感器。该电路的基本功能是，在被测温度高于设定阈值时，电路发出报警信号。

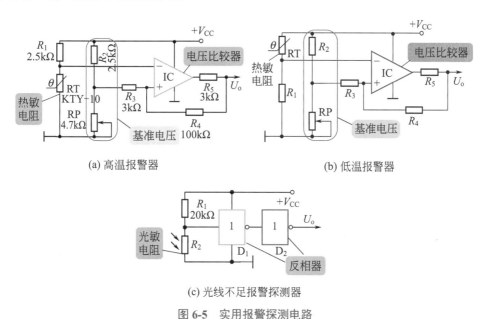

(a) 高温报警器　　　　　　　　　　(b) 低温报警器

(c) 光线不足报警探测器

图 6-5　实用报警探测电路

2. 电路分析

如图 6-5（a）所示，集成运放 IC 构成一个电压比较器，其正输入端连接基准电压，基准电压由 R_2、RP 分压而取得。IC 的负输出端则连接 RT，且 RT 的阻值与温度成反比（温度越高，RT 阻值越小，RT 上的压降也越低）。随着温度的升高，RT 上的压降（即 IC 负输入端电位）不断降低，直至下降到基准电压值以下时，比较器输出端 U_o 由低电平变为高电平，触发后续报警电路发出报警信号。

调节 RP 可改变基准电压的值，也改变了温度的设定阈值。R_3、R_4 的作用是，使电压比较器具有一定的滞后性，工作更为稳定。

若将热电阻 RT 与 R_1 的位置互换，则构成一款低温报警器［图 6-5（b）］，该电路在被测温度低于设定阈值时发出报警信号。

图 6-5（c）也是一种实用的报警探测电路，它采用 CMOS 非门而构成，主要功能是，当光照不足时，该电路即输出一个控制信号，触发后续电路发出报警声，提醒正在看书或做

作业的学生开灯或转移至光照充足的地方。

图 6-5（c）中，R_2 为光敏电阻，其阻值与光照强度成反比（光照越强，阻值越小）。光照充足时，R_2 的阻值很小，R_2 上的电压也很低，D_1 输出为高电平，D_2 输出为低电平，无控制电压输出。光照不足时，若 R_2 上电压升高至 D_1 输入阈值以上，D_1 输出变为低电平，D_2 输出变为高电平，输出控制电压触发后续电路发出报警信号。

六、连续音报警音源电路

1. 电路图

图 6-6 是一种典型的可发出连续长音的报警音源电路。图中，IC_1 采用 555 时基电路构成一个可控多谐振荡器，振荡频率约为 800Hz，IC_1 的输出端（引脚 3）负载电流可达 200mA，可直接驱动扬声器工作。

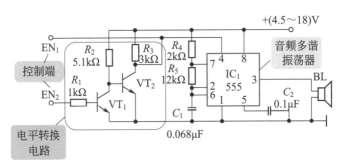

图 6-6　连续音报警音源电路

2. 电路分析

如图 6-6 可知，该电路的工作原理是：IC_1 的复位端 $\overline{MR}$（引脚 4）作为控制电路振荡状态的控制端；即当 $\overline{MR}=0$ 时，电路停振，扬声器不发声；当 $\overline{MR}=1$ 时，电路起振，扬声器发出报警声。

报警探测电路所发出的控制信号接至控制端 EN_1 或 EN_2，当 EN_1 或 EN_2 为高电平时，电路发出报警声；当控制信号电平与该电路的电源电压相等时，控制信号直接接至 EN_1 端；当控制信号电平与该电路的电源电压不等，尤其是较低时，控制信号应接至 EN_2 端，经由晶体管 VT_1、VT_2 等构成的电平转换电路，方可保障可靠地触发报警音源电路发声。

七、断续音报警音源电路

1. 电路图

图 6-7 是一种典型的断续音报警音源电路，它可用于某些非防盗用的场合（如下雨、停电、高温、光照不足等），产生音量较小且不刺耳的报警音。图中电路所发出的就是"嘀嘀嘀"的清脆提示音。

2. 电路分析

如图 6-7 所示，该电路采用了 CMOS 与非门 D_1 与 D_2、D_3 与 D_4 分别构成 2 个门控多谐振荡器，前一个振荡器的振动周期为 2s，后一个则为 330ms，且后一个振荡器受到前一个振荡器输出端的控制，前者则受到控制端 EN 电位的控制。

EN 端无信号输入时，电路停振，不发声；EN 端输入正控制电压时，电路起振，2 个多谐振荡器共同作用的结果，使 D_4 输出端输出每 3 个正脉冲为一组的断续方波，经 VT_1 驱动自带音源的讯响器 HA 发声。

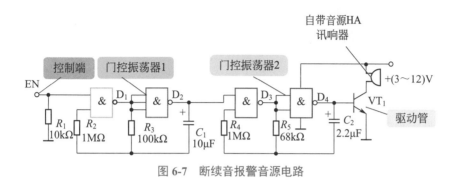

图 6-7　断续音报警音源电路

八、声光报警音源电路

1. 电路图

图 6-8 是一种典型的声光报警音源电路，可发出响亮的报警声和醒目的闪烁报警光。图中，电路采用的是 555 时基电路和声效集成电路。

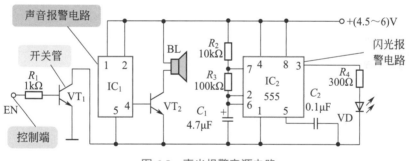

图 6-8　声光报警音源电路

2. 电路分析

如图 6-8 所示，IC_1 为警报声效集成电路，其触发端（引脚 2）直接接至电源正极，使该电路通电工作，输出信号经晶体管 VT_2 驱动扬声器 BL 发出警报声。IC_2 为 555 时基电路，与外围元件共同构成多谐振荡器，驱动发光二极管 VD 闪烁。

晶体管 VT_1 为控制开关管，控制 IC_1 和 IC_2 的电源负端（接地端）。VT_1 的基极作为整个电路的控制端 EN，由报警探测电路来控制。EN 无信号输入时，VT_1 截止，整个电路不工作。EN 接收到报警探测电路传送的高电平控制信号时，VT_1 导通，接通 IC_1 和 IC_2 电源负端使其工作，发出声音和光线报警信号。

九、强音强光报警音源电路

1. 电路图

图 6-9 是一种典型的强音强光报警音源电路，可发出超响度报警声和强烈的报警光。图中的电路一旦被触发，即可发出响度达 120dB 的报警声，同时打开强光源照明灯，将警戒区域全部照亮，适用于防盗报警领域。

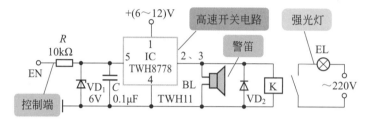

图 6-9　强音强光报警音源电路

2. 电路分析

如图 6-9 所示，IC 采用电子开关 TWH8778，该开关的控制灵敏度高、反应速度快，内部集成有过压、过热、过流保护等功能模块。

控制端 EN 存在不小于 1.6V 的控制电压信号时，IC 的内部电路导通，使接于其输入端（引脚 1）的电源电压从输出端（引脚 2 和 3，已在电路内部并联）输出，使超响度报警器 BL 发生响亮的声音。同时，继电器 K 吸合，接通照明灯 EL 电源，使其发出强光。

IC 的引脚 5 控制电压极限为 6V，因而接入 VD_1，作为钳位控制端。BL 为 TWH11 型超响度报警器，工作电压为 6 ~ 12V，工作电流 200mA，响度为 120dB。

十、警笛声报警音源电路

1. 电路图

图 6-10 是一种典型的警笛声报警音源电路，可发出类似于警笛声响的报警音。该电路采用 KD9561 模拟声响集成电路，可发出 4 种模拟声响，由选声端 SEL_1 和 SEL_2 控制。SEL_1 和 SEL_2 处于不同的逻辑组合状态，则 KD9561 发出不同的模拟声响。图 6-10 中的接法选择就是警笛式的模拟声响，该声音信号由其引脚 3 输出，经晶体管 VT_1 放大后，驱动扬声器发出警笛警报声。

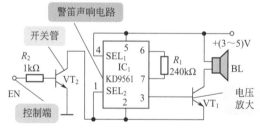

图 6-10　警笛声报警音源电路

2. 电路分析

如图 6-10 所示，R_1 为外接振荡电阻，微调 R_1 的阻值可在小范围内改变电路输出的音调；VT_2 为电子开关，作为报警控制开关。

控制端 EN 存在高电平控制信号时，VT_2 导通，电路工作，发出警笛警报声；EN 端无输入信号时，VT_2 截止，电路不发声。

控制信号可由各类报警探测电路提供。选用不同的报警探测电路，则可构成不同用途的报警器。

十一、音乐声光报警音源电路

1. 电路图

图 6-11 是一种典型的音乐声光报警音源电路，可发出悦耳的音乐报警声和醒目的闪烁报警光。图中，IC_1 为音乐集成电路，其引脚 4 的输出经 VT 放大后，驱动扬声器。IC_2 为 NE555 时基电路，与外围元件共同构成一个多谐振荡器，驱动发光二极管 VD 闪烁。

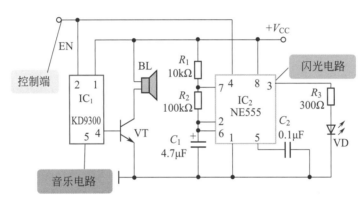

图 6-11　音乐声光报警音源电路

2. 电路分析

如图 6-11 所示，IC_1 的触发端（引脚 2）与 IC_2 的允许端（引脚 4）共同接于控制端 EN。EN 端无输入信号时，IC_1 与 IC_2 均不工作，不发出报警信号；EN 端存在高电平控制信号时，IC_1 与 IC_2 均开始工作，电路发出声、光报警信号。而且，若将 IC_1 换成语音集成电路，则该电路可发出语音报警信号。

十二、振动报警电路

1. 电路图

图 6-12 是一种典型的振动报警电路，它能在受到各种振动时发出持续一段时间的报警声。

图 6-12 中，采用压电陶瓷蜂鸣片 B 作为振动传感器，集成运放 IC_1 构成一个电压放大器，集成运放 IC_2 与 C_3、R_5 等构成一个延时电路，时基电路 IC_3、IC_4 分别构成超低频振荡器和音频振荡器。

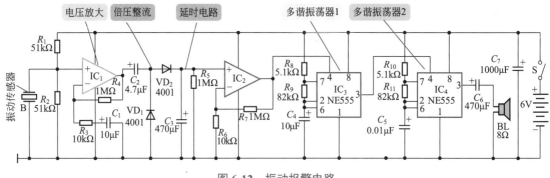

图 6-12　振动报警电路

2. 电路分析

如图 6-12 所示，该电路的工作原理是：当振动等机械力作用于 B 时，由于压电作用，B 可输出电压信号，从同相输入端进入 IC$_1$ 进行电压放大；IC$_1$ 为单电源运放，R_1、R_2 将其同相输入端偏置于 $V_{CC}/2$（V_{CC} 为电源电压）处，放大倍数为 100，可通过改变 R_4 的阻值进行调节，放大后的电压信号由 IC$_1$ 的输出端输出。

C_2、VD$_1$、VD$_2$ 等构成一个倍压整流电路，将放大后的电压信号整流为直流电压，使 C_3 迅速充满电；由于 IC$_2$ 的输入阻抗很高，C_3 主要经过 R_5 缓慢放电，可延续几分钟，在此过程中，IC$_2$ 输出端为高电平，使 IC$_3$ 起振，输出周期为 2s 的方波。

时基电路 IC$_4$ 构成一个音频振荡器，振荡频率约为 800Hz，经 C_6 驱动扬声器发声；IC$_4$ 的复位端（引脚 4）受 IC$_3$ 所输出方波的控制，振荡 1s、间歇 1s。

综上，存在振动信号时，振动报警器激发出间隔为 1s 的报警声，持续时间为 5～8min。

这类振动报警器可用于多种场合，例如，将 B 固定于墙壁上，可作为地震报警器；将 B 固定于门窗或贵重物品上，可作为防盗报警器；将 B 固定于大门上，则可作为振动触发式电子门铃。

十三、新颖语音报警防盗器电路

1. 电路图

图 6-13 是一种新颖实用的语音报警防盗器的电路原理图。该电路采用了"平衡电桥"的工作原理和"报警线警戒"的报警控制方式，"报警线"发生开路或短路时，电路均可被触发并立即被锁定在报警状态，扬声器将会发出"不好了，小偷偷东西了，快来抓小偷啊！"的语音报警信号。该电路的优点在于结构简单、抗干扰能力强、工作稳定可靠并具有一定的防破坏功能。

该防盗器的主要元器件选用方法如下：

在图 6-13 中，U$_1$ 选用 TIL113 光电耦合器；U$_2$ 采用 SR8803A 型专用语音报警集成电路；为降低报警控制电路上的压降，V$_1$～V$_4$ 最好采用 2AP10 型锗二极管；供电电路中的整流二极管 V$_6$～V$_9$ 可采用 1N4001 型硅二极管；V$_5$ 应选用 S9014，$\beta \geqslant 60$；VS 选用电流为 0.5A 或 1A 的小型单相晶闸管；SP 最好选用阻抗为 16Ω 的普通扬声器；U$_3$ 选用 7806 稳压器（最好不低于 6V，否则易造成触发控制电路工作不稳定），T 选用输入为 220 V、输出为 9V、功率为 3W 的小型电源变压器；C_1 选用 50pF，瓷介电容器；C_2 选用 47μF，C_3 选用 220μF，C_4 选用 100μF，均为 CD11-16 电解电容；R_1、R_2、R_5 选用 1kΩ，R_3 选用 2kΩ，R_4 选用 330 kΩ，均为 RTX-1/4W 电阻。

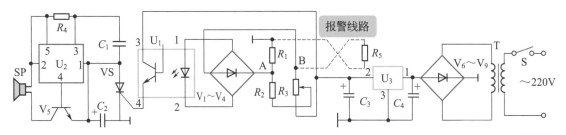

图 6-13　新颖实用语音报警防盗器的电路原理图

2. 电路分析

图 6-13 所示电路主要由光电耦合器 U_1、防盗报警专用语音电路 U_2、稳压器模块 U_3、平衡电桥等元件组成。在 U_2 中固化有多种语音报警信号，其输出的语音信号经 V_5 放大后驱动扬声器发声。U_2 和 V_5 工作与否均受 VS 小型单相晶闸管的控制，而 VS 则是受 U_1 的输出控制触发的。$R_1 \sim R_3$、R_5 组成了一个对称式平衡电桥电路，当报警线路正常时，R_5 被接入电路，调节 R_3 可使电桥处于平衡状态。此时，因图 6-13 中 A、B 间电压为 0V，故 U_1 中的发光二极管不亮，复合光敏管截止，使 VS 控制端无触发信号而截止，则 U_2 和 V_5 因无电源而不工作，扬声器不响，电路处于静止警戒状态。

当报警线路被人为破坏而出现开路或短路现象时，均会导致电桥电路失去平衡，使 A、B 间出现电压。该电压经 $V_1 \sim V_4$ 组成的桥式整流器进行极性变换（注：报警线路开路或短路时，A、B 间所出现的电压极性正好相反，故在此处需要采用极性变换电路）后，加在 U_1 的引脚 1、2 之间，使 U_1 内部的发光二极管发光，导致复合光敏管导通，VS 随之被触发导通，U_2 和 V_5 加电工作。U_2 输出的语音报警信号经 V_5 放大后，驱动扬声器发出"不好了，小偷偷东西了，快来抓小偷啊！"的语音报警声响，电路完成报警线路开路、短路时的语音报警功能。由于 VS 可一经触发便可锁定在导通状态，故报警线一旦被破坏，只要电源开关 S 不断开，电路就会连续发出语音报警信号。

若需较大的语音报警音量，可以通过另接功率放大电路对 U_2 输出的语音信号进行再次放大。

3. 电路调试

按图 6-13 所示电路设计而印制电路板时，应根据 U_2 的软封装结构布局引线，可采用单芯硬导线垂直焊接方法将其焊接于自制的印制电路板上。调试时，首先在报警线路正常情况下调节 R_3，使电桥处于平衡状态，此时以电压表测量 A、B 间电压应约为 0V，U_1 内复合光敏管及所控制的 VS 均应截止，电路处于静止警戒状态。然后，分别人为地使报警线路开路、短路，此时 VS 均应能立即导通，使电路发生语言报警信号（改变 R_4 的阻值可以改变语音输出的节奏）。若有报警声，则说明整个电路工作正常，可以投入使用。

在实际使用时，报警线路最好采用细漆包线，将其设在需要监控的门、窗等部位，最好将报警线路在中间交叉一次。同时，报警线路和 R_5 电阻均应采用隐蔽的安装方式，以增加电路的保密和防破坏性能。

十四、公文包防盗报警器电路

1. 电路图

图 6-14 是基于运放 LM 358 施密特触发器而构成的公文包防盗报警器的电路原理图。图中，BL 是压电传感器，受到压力或振动时会产生电信号，BL 上因此形成的电压会传输至运放 N_1，使输出端（引脚 1）输出为高电平，PZ_1 发出警报声。

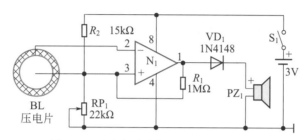

图 6-14　公文包防盗报警器的电路原理图

2. 电路分析

调整预置电位器 RP_1，可在 N_1 同相输入端设置门限电压，而 BL 接至 N_1 的反相输入端与同相输入端之间。在待机状态下，BL 的输出为低电平，而同相输入端由反馈电阻 R_1 拉至上门限电压 U_{TH}（约为 1.8V），此时蜂鸣器不发声。

当 BL 被人员短暂触摸后，将已储存的电荷放电，使 N_1 反相输入端电压超过同相输入端的电压，进而使 N_1 输出端（引脚 1）产生变化。同时，N_1 同相输入端（引脚 3）经电阻 R_1 下拉至下门限电压 U_{TL}，此时 N_1 反相输入端（引脚 2）的电压为低电平，使（引脚 3）输出端（引脚 1）变为高电平，蜂鸣器发声，提醒有人在盗窃公文包。

若输入信号超过 U_{TH}，N_1 的输出降低；若输入信号低于 U_{TL}，N_1 的输出则升高。U_{TH} 与 U_{TL} 间的差值，即为施密特触发器的滞后效应。若 BL 被人员短暂触摸，在手已经脱离 BL 后蜂鸣器也会持续鸣叫几秒钟；因为 N_1 输出变为高电平，N_1 反相输入端的电压对输出均不产生影响；总之，一旦蜂鸣器开始鸣叫，其状态不会轻易转变。

3. 电路调试

压力传感器 BL 建议选用最小的规格，直径为 10 ～ 15mm，以细屏蔽线连接至报警器之中，并且将它粘贴于公文包的下方，报警器电源可选用 3V 的电池。

十五、基于 LC179 的高压反击式防盗报警器电路

1. 电路图

图 6-15 是利用 LC179 型语音合成报警集成电路构成的高压反击式防盗报警器的电路原理图。由图可知，当有盗贼非法撬动防盗门时，该报警器会自动发出语音报警，同时产生约1000V 的高压电强烈电击盗贼。该报警器尤其适用于门锁、金属门窗、保险柜等金属物品的

防盗报警领域。

图 6-15 中，该报警器主要由电源电路、人体感应电路、单稳态触发器、电子开关电路、语音报警电路、高压产生电路等组成。其中，电源电路由蓄电池 GB、电源开关等构成；人体感应电路由金属感应电极 A_1、电子开关 VF_1、VT_1 及 RP_1 等偏置元件构成；单稳态触发器由时基集成电路 IC_1 及定时元件 R_2、C_2 等外围元件构成；电子开关电路由开关集成电路 IC_2 及 R_4 等外围元件构成；语音报警电路由语音合成报警集成电路 LC179（IC_3）、MOS 场效应放大管 VF_2、扬声器 BL、电位器 RP_2 等外围元件构成；高压产生电路则由大功率晶体管 VT_2、高频变压器 T、整流二极管 VD_2、电容 C_7 和高压输出电极 A_2 构成。

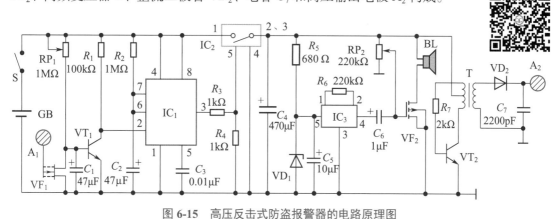

图 6-15　高压反击式防盗报警器的电路原理图

该报警器的主要元器件的选用如表 6-1 所示。

表 6-1　高压反击式防盗报警器主要元器件的选用

代号	名称	型号规格	数量
IC_1	时基集成电路	NE555	1
IC_2	电子开关集成电路	TWH8778	1
IC_3	语音合成报警集成电路	LC179	1
VT_1	晶体管	S9013	1
VT_2	低频大功率晶体管	3DD15D 或 BU406	1
VF_1、VF_2	结型场效应管	3DJ6	2
BL	筒式电动扬声器	8Ω、5～8W	1
GB	免维护蓄电池	12V、容量 >12A·h	1

2. 电路分析

电路接通电源，当人体远离 A_1 时，VF_1 漏极与源极之间的电阻很小（仅几千欧），根据电阻分压原理可知，VT_1 截止，IC_1 的引脚 2 为高电平，单稳态触发器处于稳定状态，IC_1 的引脚 3 为低电平，IC_2 处于关断状态，IC_3 等后续电路因失电而无法工作，报警器处于监控状态。

当人体靠近 A_1 时，由于人体静电感应的作用，VF_1 漏极与源极之间的电阻迅速增大，根据电阻分压原理可知，VT_1 导通；IC_1 的引脚 2 电压下降至 $V_{DD}/3$ 以下，单稳态触发器翻转为暂稳态，IC_1 的引脚 3 输出为高电平，IC_2 处于闭合状态，IC_3 等后续电路因得电而工作。IC_3 的引脚 4 发出"警车电笛声"语音信号，经 VF_2 放大后驱动 BL 发出响亮的警告声。同时，高压产生电路在 A_2 与接地端之间产生 1000V 左右的直流高电压，对盗贼进行强烈的电击。

当人体再次远离 A_1 后，单稳态触发器的暂态时间结束（该暂态时间取决于定时元件 R_2、C_2 的值），触发器再次翻转而进入稳定状态，IC_1 的引脚 3 由高电平变为低电平，IC_2 关断，报警器恢复为监控状态。

3. 电路调试

本节的报警器通常安装于需要防盗监控的场所。其中，金属感应电极 A_1 可选用 10mm×10mm 铜片自制，安装时应靠近所监控的金属物品，但应注意保证对地的良好绝缘。高压输出电极 A_2 与门锁、金属门窗、保险柜等物品相连接，接地端与大地可靠连接。S 可选用触点容量为 5A 的电源开关，通常安装于防盗监控场所的隐蔽位置，平时处于关闭状态，以免误触发而遭电击。

调节 RP_1 的阻值，可改变该报警器的灵敏度；调节 RP_2 的阻值，则可改变报警声的音量；调节定时元件 R_2、C_2 的值，即可改变报警声与高压输出的延时时间。

十六、基于 TWH8751 的家用地震报警器电路

1. 电路图

图 6-16 是利用 TWH8751 型大功率电子开关集成电路而构成的家用地震报警器的电路原理图。图中，该报警器的基本工作原理是基于地震纵波与横波的时间差，实现对地震波的监测，能在有地震活动时发出声光报警，提前向使用者发出地震警报。

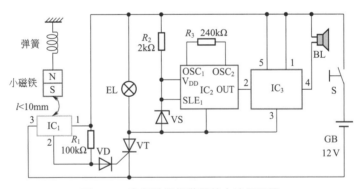

图 6-16　家用地震报警器的电路原理图

由图 6-16 可知，该报警器主要由地震纵波检测电路、电子开关电路和声光报警电路组成。其中，地震纵波检测电路由悬挂于弹簧上的小磁铁和霍尔集成电路 IC_1 构成；电子开关电路由电阻 R_1、二极管 VD 和晶闸管 VT 构成；声光报警电路由指示灯 EL、音效集成电路 IC_2、音频功率放大集成电路 IC_3、电阻 R_2 与 R_3、稳压二极管 VS 和扬声器 BL 构成。

该报警器的主要元器件的选用如表 6-2 所示。

表 6-2　家用地震报警器主要元器件的选用

代号	名称	型号规格	数量
IC$_1$	霍尔传感器集成电路	C56835 或 C56839	1
IC$_2$	音效集成电路	KD9561	1
IC$_3$	大功率电子开关集成电路	TWH8751	1
VT	晶闸管	MCR100-1 或 BT169	1
VS	稳压二极管	2CW52	1
VD	二极管	1N4148	1
BL	电动式扬声器	8Ω、1 ～ 3W	1
GB	蓄电池	12V（小容量、免维护）	1

注：其他元器件的选型见图 6-16。

2. 电路分析

接通电源后，该地震报警器处于监测状态，此时，IC$_1$ 在小磁铁磁力的作用下，其引脚 3 输出为低电平，VT 处于阻断状态，报警器不工作。有地震活动时，小磁铁受到地震纵波的冲击而做上、下运动，在小磁铁远离 IC$_1$ 的瞬间，其引脚 3 输出为高电平，使 VT 因受触发而导通，EL 被点亮，IC$_2$ 和 IC$_3$ 通电工作，IC$_2$ 输出的音效电信号经 IC$_3$ 放大后，驱动 BL 发生响亮的报警音。

3. 电路调试

这里的报警器采用霍尔传感器集成电路，具有监测精度高、集成化程度高、安装调试简单等优点。制作时，为确保监测精度，小磁铁 S 极端面与霍尔传感器保持垂直关系，且二者距离小于 10mm。调试时，压缩弹簧使小磁铁远离霍尔传感器，电路正常时应发出响亮的报警声，否则，表明电路安装不正确或元器件选型有错误。

十七、扬声器保护电路

音频功率放大器中，通常会配备扬声器保护电路。这种电路的作用是，当 OCL 功放输出中点发生电位偏移、出现直流电压时，切断扬声器与功放输出端之间的连接，保护扬声器不被损坏。

1. 电路图

图 6-17 是一种典型的立体声功放器中的扬声器保护电路，该电路主要包括如下几个部分：信号混合电路（由电阻 R_{10} 和 R_{20} 构成）、直流检测电路（由二极管 VD$_1$ ～ VD$_4$ 和晶体管 VT$_1$ 等构成）、驱动电路（由晶体管 VT$_2$ 和单向晶闸管 VS 等构成）、执行电路（由继电器 K 等构成）。

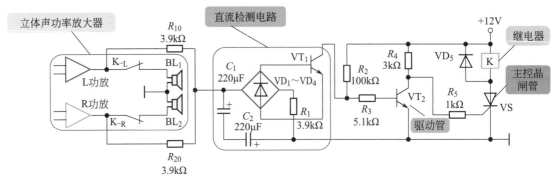

图 6-17 扬声器保护电路

2. 电路分析

① 直流检测电路　在该单元电路中，左、右声道功放输出端信号分别通过 R_{10}、R_{20} 混合后加至桥式检测电路，R_{10}、R_{20} 同时与 C_1、C_2（这 2 个电解电容反向串联、构成无极性电容）组成一个低通滤波器，用于滤除交流成分。

在 OCL 功放正常工作时，直流检测电路的输出端仅有交流信号而无明显的直流成分，此时整个保护电路不启动。当某个声道输出端存在直流电压时，若该电压为正，则经 R_{10}（或 R_{20}）、VD_1、VT_1 的 b-e 结、VD_4、R_1 至地，使 VT_1 导通；若该电压为负，则地电平经 R_1、VD_2、VT_1 的 b-e 结、VD_3、R_{10}（或 R_{20}）至功放输出端，同样使 VT_1 导通。

② 驱动执行电路　VT_1 导通后，将 VT_2 的基极电压旁路，使 VT_2 截止，其集电极输出为高电平，经 R_5 触发 VS 导通，K 被吸合，其常闭触点 K_{-L}、K_{-R}（分别位于左右声道之中）断开，使扬声器与功放输出端相互分离，达到了保护扬声器的目的。

该电路中 VD_5 为保护二极管，以防止 K 的线圈断电时产生的反向电动势击穿 VS。

十八、漏电保护电路

漏电保护电路是家用电器配线板中必不可少的部分，对于保障家庭用电安全十分重要；一旦户内电线或电器发生漏电，或者发生人员触电事故时，这类电路会迅速切断电源、确保安全。

1. 电路图

图 6-18 是一种典型的漏电保护电路。图中，该电路主要包括如下几个部分：漏电检测电路（由电流互感器 TA 构成）、比较控制电路（由 555 时基电路 IC、晶闸管 VS 等构成）、执行保护电路（由电磁断路器 Q_1 构成）、试验电路（由按钮开关 SB 和电阻 R_1 构成）。

2. 电路分析

① 保护原理　市电交流 220V 经 Q_1 接点和 TA 后传输至负载；二极管 VD_1 ~ VD_4 构成桥式整流电路，并通过 R_2、C_1 降压滤波后，为整个电路提供电源。

无漏电情况下，电源相线和零线的瞬时电流大小相等、方向相反，它们在 TA 铁芯中所产生的磁通互相抵消，TA 的感应线圈上无感应电压产生。存在漏电或触电现象时，相线和零线的瞬时电流大小不再相等，它们在 TA 铁芯中所产生的磁通不能完全抵消，因此在 TA

感应线圈上产生一个感应电压，传输至 IC 进行比较处理，IC 的引脚 3 输出低电平，使晶体管 VT 导通，触发 VS 导通，Q_1 得电而动作，其接点瞬间断开而切断了市电交流 220V，以确保线路和人员的安全。

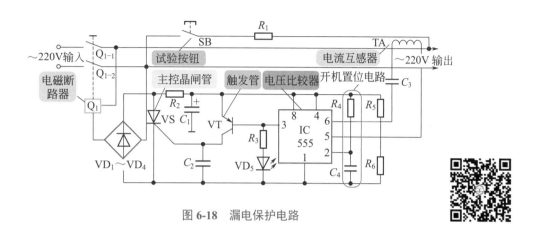

图 6-18　漏电保护电路

Q_1 的结构为手动接通、电磁驱动切断的脱扣开关，一旦保护电路处于"断开"状态，则必须在故障排除后再手动闭合。

② 漏电检测电路　市电交流 220V 电源的相线和零线均穿过 TA 的高磁导率环形铁芯，该铁芯上缠绕着感应线圈（1500～2000 匝），故该单元电路可检测毫安级的漏电电流。

③ 比较控制电路　IC 构成的比较器中，TA 上的感应电压传送至 IC 的引脚 5、6 之间进行比较。未发生漏电时，因 TA 无感应电压，则 IC 的引脚 3 输出为高电平，触发 VT（PNP管）截止，同时点亮发光二极管 VD_5，指示电路供电正常；一旦漏电，TA 产生的感应电压使比较器 IC 置"0"，IC 的引脚 3 输出变为低电平，使 VT、VS 均被导通，Q_1 动作，切断市电电源，同时熄灭 VD_5。

R_4 与 C_4 构成一个开机置位电路，在开机的瞬间，由于 C_4 上的电压无法突变，低电平输入至 IC 的引脚 2，使 IC 置"1"，IC 的引脚 3 输出为高电平，整个电路处于正常状态。

④ 试验电路　图 6-18 中的 SB 为试验按钮，用于检测漏电保护器的保护功能的可靠性。按下 SB 后，相线与零线之间通过限流电阻 R_1 形成一电流回路，该回路的相线部分穿过了 TA 的环形铁芯，而零线部分未穿过铁芯，这就人为地造成了铁芯中相线与零线电流的不平衡，模拟了漏电或触点现象，使 Q_1 开始动作。

十九、自动复位型家庭用电保安器电路

1. 电路图

图 6-19 是自动复位型家庭用电保安器的电路原理图，该保安器具有避免雷击、过压、错相、过载、短路、漏电及人体触电等多种保护功能，可有效杜绝意外事故的发生。当故障排除或人体脱离电源后，电路还能自动恢复供电。该保安器使用方便，保护功能完善，实用性强，适用于 220V、50 Hz 的单相交流电源，允许工作范围为 150～250V，额定负载功率≤ 800W，漏电灵敏度≥ 10mA。故障排除后，约经过 25s 后则自动恢复供电。

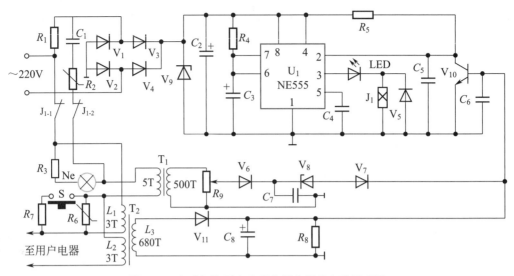

图 6-19　自动复位型家庭用电保安器的电路原理图

该保安器的主要元器件的选用如下：在图 6-19 中，U_1 选用 NE555、μA555、LM555、5G1555 等时基集成电路；J_1（含 J_{1-1} 和 J_{1-2}）选用 JRX-13F 继电器，直流电阻为 300Ω，工作电压为 12V；$V_1 \sim V_7$、V_{11} 选用 1N4004 硅整流二极管；V_8 选用 3V 稳压二极管；V_9 选用 12V 稳压二极管；V_{10} 选用 30K4 型开关管，$\beta \geqslant 80$；C_1 选用 CJ10 型电容器，耐压大于 400V；C_2 选用 220μF，C_3 选用 22μF，C_7 选用 1μF，均为 CD11-25V 电解电容；C_4 选用 0.01μF，C_5、C_6 选用 0.022μF，C_8 选用 0.01μF，均为瓷介电容；R_1、R_3 选用 1MΩ，R_7 选用 51kΩ，均为 1W 电阻；R_2 选用 470 V、3000 A 的氧化锌压敏电阻；R_6 选用 310 ～ 330V 的氧化锌压敏电阻；R_4 选用 1MΩ，R_5 选用 100kΩ，R_8 选用 47kΩ，均为 RTX-1/4W 电阻；R_9 选用 2kΩ，0.5W 电位器；LED 选用 φ3mm 红色发光二极管；S 选用普通按键开关；T_1、T_2 为电流互感器，采用 MXO-2000 型磁环，T_1、T_2 的初级线圈采用 φ1.2mm QZ 漆包线绕制，T_2 的初级采用双线并绕，并注意均匀对称，相互绝缘，次级均采用 φ0.2mm 的漆包线绕制。

2. 电路分析

该保安器一般串联于用户电度表与用户电器之间。平时 U_1 单稳态电路处于稳态，其引脚 3 输出低电平，LED 熄灭，继电器 J_1 释放，常闭触点 J_{1-1}、J_{1-2} 闭合，氖泡 Ne 发光，指示家用电器工作正常。

图 6-19 中，压敏电阻 R_2 的作用是避雷、吸收浪涌电压。当供电线路电压正常时，R_2 的阻值很大，对供电线路毫无影响。当发生雷电时，供电线路所感应的高压将 R_2 击穿导通，使供电电压限制在正常范围内，确保家用电器的安全。

过载、短路检测电路由互感器 T_1、R_9、V_6 及 V_8 等元件组成。当家用电器功率在正常使用范围内时，T_1 次级感应电压较低，稳压管 V_8 处于截止状态，开关管 V_{10} 截止，单稳态电路处于稳态，继电器 J_1 释放，其常闭触点 J_{1-1}、J_{1-2} 闭合导通，家用电器供电工作。当家用电器功率超过限定范围或发生短路故障时，T_1 次级电压升高，V_8 击穿导通，开关管 V_{10} 饱和导通，单稳态电路翻转，U_1 的引脚 3 输出高电平，LED 点亮，同时继电器 J_1 吸合，常闭触点 J_{1-1}、J_{1-2} 断开，将家用电器线路切断。此时，电源通过 R_4 向 C_3 充电，当 U_1 的引脚 6、7 电位上升至 2/3 倍的电源电压时，暂态结束，其引脚 3 输出低电平，J_1 释放，家用电器恢复供电。调整电阻 R_5 的阻值，可调整家用电器的功率限定范围。

人体触电、漏电保护电路由电流互感器 T_2、V_{11}、C_8 等组成。正常工作时，由于 T_2 两个初级线圈中的电流相等、方向相反，故 T_2 次级电压为零。当发生人体触电或电器漏电时，人体或电器与大地间构成一个回路，使得流经 T_2 两个初级线圈中的电流不相等，次级线圈产生交变电压。该交变电压经 V_{11} 整流后使 V_{10} 饱和导通，U_1 的引脚 2 变为低电平，单稳态触发器进入暂态，其引脚 3 输出高电平，LED 点亮，J_1 吸合，常闭触点 J_{1-1}、J_{1-2} 断开，以确保人身安全。当人体脱离电源后，供电线路恢复供电。电路中 S 为漏电试验按钮。

T_2 初级线圈 L_1 的输入端与 L_2 的输入端之间跨接了压敏电阻 R_6，它与 T_2 一起构成了过压、错相检测电路。当电压正常时，流过 R_6 的电流几乎为零，当市电错相或其他原因造成供电电压超过 250 V 时，R_6 阻值变小，流经 R_6 的电流增大，使得流经 T_2 两个初级线圈的电流不相等，次级感应出电压，同样使单稳态电路翻转，继电器 J_1 吸合，常闭触点 J_{1-1}、J_{1-2} 断开，将供电线路切断，确保家用电器的安全。

3. 电路调试

按照图 6-19 所示的电路结构、元器件尺寸及现有机壳，合理地设计印制电路板。若有条件还可将家用电器插座一并安装于自制的印制电路板上。元件焊装好后，方可加电调试。

调试时，可根据家用电器的负载情况（可用大功率可变电阻代替），调整 R_9 的阻值，使电路的输出功率在合适的范围内。若出现负载过重而未被保护时，应检查 V_9、V_8、V_7 及 V_9 等元件是否良好。触电、漏电灵敏度的调试，可用假负载（阻值较小）的大功率电阻，将家用电器的输出与"地"线相碰，并观察是否有继电器动作，若无变化，则应检查 V_{11}、C_9 及 T_2 等元件是否良好。

总之，这种电路的调试一定要仔细小心，只要严格按照元件参数及图示线路装配，一般不需要复杂的调试。

二十、电风扇防手指切伤及触电自停装置电路

1. 电路图

图 6-20 是一种实用的电风扇防手指切伤及触电自停装置。图中，该装置的控制对象是电风扇电动机 M，其基本功能是，当人手触及电风扇金属网罩 P 时，切断电源，并对电动机 M 进行能耗制动，使扇叶立即停止转动。

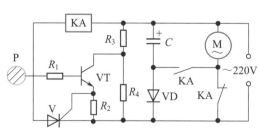

图 6-20　电风扇防手指切伤及触电自停装置

该装置的基本控制原理是，采用晶闸管实现控制，并通过中间继电器 KA 控制电风扇的工作状态（开与停），采用电容实现能耗制动。

该装置主要由如下几个部分构成。

① 主电路：由 KA 触点和 M 组成。

② 电子控制电路：由三极管 VT、晶闸管 V、KA、$R_1 \sim R_4$ 和电风扇金属网罩 P 组成。

③ 能耗制动电路：由电容 C、二极管 VD 和 KA 常开触点组成。

该电路的主要元器件的选用如表 6-3 所示。

表 6-3　电风扇防手指切伤及触电自停装置主要元器件的选用

代号	名称	型号规格	数量
KA	中间继电器	522 型 DC110V	1
V	晶闸管	KP1A 600V	1
VT	开关三极管	3DK106 $\beta \geqslant 100$	1
VD	二极管	1N4004	1
R_1	碳膜电阻	RT-1.2MΩ　1/2W	1
R_2	金属膜电阻	RJ-1.5kΩ　1/2W	1
R_3	线绕电阻	RX-30kΩ　5W	1
R_4	金属膜电阻	RJ-3.3kΩ　1W	1
C	电解电容	CD11　10μF　450V	1

2. 电路分析

接通电源后，当手指未触及 P 时，VT 截止、V 关断，KA 处于释放状态，其常闭触点闭合，M 正常运转；同时，市电交流 220V 经 VD 向 C 充电，为 M 能耗制动做好准备。

当手指触及 P 时，人体的感应信号经电阻 R_1 加至 VT 的基极，使其导通，并在电阻 R_2 上形成电压降，V 因得到控制极电压而导通，KA 得电而吸合，其常闭触点断开，切断 M 的电源，而其常开触点闭合，将 C 上的直流电压加至 M 的定子上，并在定子绕组中产生直流磁场，迅速使 M 制动停转，从而确保用户手指不被扇叶切伤。

3. 电路调试

接通电源后，以万用表测量 C 两端的电压，正常时应约有 10V。以手指触及电风扇的金属网罩 P，中间继电器 KA 正常时应吸合，电风扇立即停止转动；若 KA 不吸合，可减小 R_1 的阻值，若仍无法解决问题，则应考虑 VT 的 β 值是否合适（β 值越大，灵敏度越高），若手边无 β 值足够大的 VT，可采用复合管替换。

此外，适当增加 R_2 的阻值，也有利于晶闸管 V 的导通。但应注意，V 的控制极触发电压不允许超过 10V（通常以 4 ～ 6V 为宜），可以用万用表测量 R_2 上的电压降。

若停机时电风扇未立即停转，则可增大 C 的容量。

由于该装置的全部元器件均处于电网电压下，故在安装、调试、使用时必须注意安全。

该装置应用绝缘材料隔离，并固定在电风扇的底座内。

二十一、单音门铃电路

1. 电路图

图 6-21 是一种最简单的、基于 NE555 时基电路的单音门铃电路，它只能发出单一的音频信号。

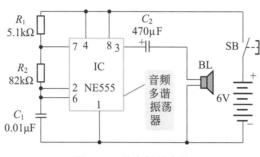

图 6-21　单音门铃电路

2. 电路分析

如图 6-21 所示，NE555 时基电路 IC 构成一个音频多谐振荡器，其振荡频率 f 取决于定时元件 R_1、R_2 和 C_1 $\left[f = \dfrac{1}{0.7(R_1 + 2R_2) C_1} \right]$。改变 R_1、R_2 或 C_1，即可改变电路的振荡频率。

SB 为门铃按钮。按下 SB 时，电源接通，电路开始工作，产生约 800Hz 的单音节音频信号，经 C_2 耦合至扬声器 BL 使其发出声音。

二十二、间歇音门铃电路

1. 电路图

图 6-22 是一种典型的间歇音门铃电路。图中，IC_1 构成一个超低频振荡器，其输出周期为 2s 的方波信号；NE555 时基电路 IC_2 构成一个音频振荡器，其输出频率为 800Hz 的音频信号；SB 为门铃按钮。

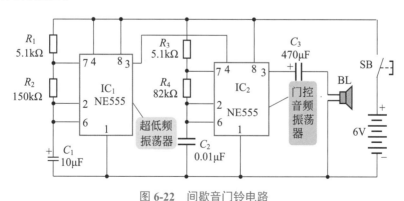

图 6-22　间歇音门铃电路

2. 电路分析

IC$_2$ 是一个门控多谐振荡器，IC$_2$ 的复位端（引脚 4）受超低频振荡器 IC$_1$ 输出信号（引脚 3）的控制。当 IC$_1$ 输出为高电平时，IC$_2$ 振荡并输出 800Hz 音频信号，经耦合电容 C_3 驱动 BL 发声；当 IC$_1$ 输出为低电平时，IC$_2$ 停振，BL 不发声。

两个振荡器联合工作，使得电路在按下 SB 时，门铃发出响声 1s、间隔 1s 的间歇性的声音。

R_1、R_2、C_1 是 IC$_1$ 的定时元件，改变这些元器件的值即可调节 IC$_1$ 的振动周期；R_3、R_4、C_2 是 IC$_2$ 的定时元件，改变这些元器件的值即可调节 IC$_2$ 的振动周期。

二十三、电子门铃电路

1. 电路图

图 6-23 是一种典型的电子门铃电路，它本质上是一个晶体管 RC 移相音频振荡器。图中，该电路包括 RC 移相网络和晶体管放大器 2 个部分。

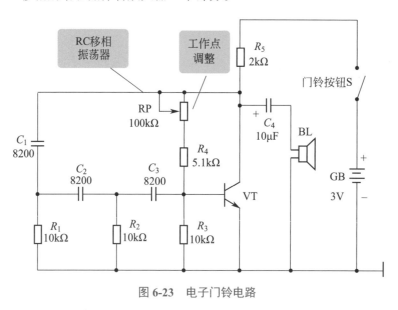

图 6-23 电子门铃电路

如图 6-23 所示，按钮 S 既是电源开关，又是门铃开关；当 S 被按下时，电子门铃可发出"嘟嘟嘟"的声音信号。

2. 电路分析

由图 6-23 可知，晶体管 VT 等构成一个共发射极电压放大器，并采用了并联电压负反馈，RP 和 R_4 是偏置电阻，偏置电压不是取自电源，而是取自 VT 的集电极，这种并联电压负反馈偏置电路能较好地稳定晶体管的工作点；同时 RP 和 R_4 也起到交流负反馈作用，可改善放大器的性能。

C_1 和 R_1、C_2 和 R_2、C_3 和 R_3 分别构成三节 RC 移相网络，每节可移相 60°，三节共移相 180°。该网络接在 VT 的集电极与基极之间，将 VT 的集电极输出电压 U_C 移相 180° 后反馈至其基极（正反馈），形成振荡；R_3 同时也是 VT 的基极下偏置电阻。

RC 移相网络同时具有选频功能，其振荡频率为 $f \approx \dfrac{1}{2\sqrt{6}\pi R_1 C}$，其值取决于 R_1 和 C 的值。该电路的振荡频率约为 800Hz。

二十四、鹦鹉叫声的交流门铃电路

1. 电路图

图 6-24 是一种实用的门铃电路，它可发出类似于鹦鹉的叫声，作为交流门铃的音频信号。图中，该门铃主要包括电源降压电路、RC 间歇振荡电路、振荡信号输出电路三部分。

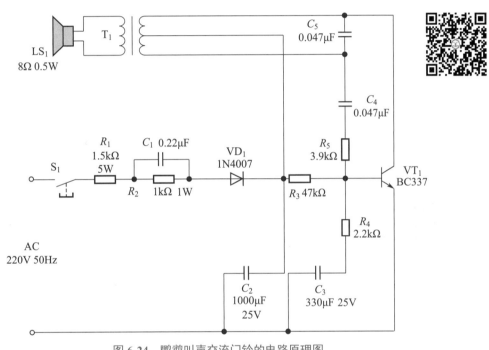

图 6-24　鹦鹉叫声交流门铃的电路原理图

2. 电路分析

① 电源降压电路　该单元电路由市电交流 220V 经开关 S_1 提供，电阻 R_1 是降压限流电阻。电阻 R_2 与并联电容 C_1 共同起到降压作用（R_2 为直流提供回路，C_1 为交流提供回路）；断电时，R_2 为 C_1 提供放电回路。二极管 VD_1 将交流整流为直流（C_2 为滤波电容），整流滤波后分别为 RC 间振荡电路和变压器 T_1 提供工作电源，正常工作时 C_2 两端的电压约为 6V。

② RC 间歇振荡电路　该单元电路主要由振荡管 VT_1 及 R_4、R_5、C_3、C_4、C_5 等构成一个典型的 RC 间歇振荡电路，其振荡频率由 RC 网络来决定。

③ 振荡信号输出电路　该单元电路主要由普通晶体管收音机输出变压器 T_1 和 8Ω 扬声器 LS_1 构成；由 RC 间歇振荡电路传输出的音频信号，通过 T_1 次级线圈转换给 LS_1，使 LS_1 发出类似于鹦鹉叫声的门铃声。

二十五、基于 NS5603 的礼仪迎宾电子门铃控制器电路

1. 电路图

图 6-25 是一种实用的礼仪迎宾电子门铃控制器的电路原理图，它是以 NS5603 型语音集成电路为核心而构成的；该控制器可在客人按动门铃按钮时发出悦耳的乐曲，在主人开门时，乐曲停止，门铃电路则发出"欢迎光临"等礼仪迎宾的语言。

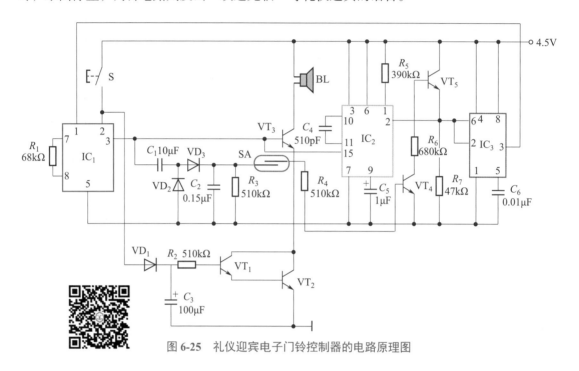

图 6-25　礼仪迎宾电子门铃控制器的电路原理图

如图 6-25 所示，该控制器由电源电路（图中未画出）、触发控制电路、语音电路和延时控制电路等组成。其中，电源电路由 3 节 5 号电池串联或外接 4.5V 稳压电源供电。触发控制电路由时基集成电路 IC_3，门铃按钮 S，磁控开关 SA，晶体管 VT_4、VT_5，电阻 R_3、R_4、R_6，二极管 VD_2、VD_3 和电容 C_1、C_2 构成；语音电路由语音集成电路 IC_1 与 IC_2、晶体管 VT_3 和扬声器 BL 等构成；延时控制电路由二极管 VD_1、晶体管 VT_1 与 VT_2、电阻 R_2 和电容 C_3 构成。

该控制器的主要元器件的选用如表 6-4 所示。

表 6-4　礼仪迎宾电子门铃控制器主要元器件的选用

代号	名称	型号规格	数量
IC_1	语音集成电路	CW9300 或 KD9300	1
IC_2	语音集成电路	NS5603	1
IC_3	时基集成电路	NE555	1
VT_1、VT_3、VT_4	晶体管	S9013	3

代号	名称	型号规格	数量
VT_2	晶体管	C8050 或 3DG12	1
VT_5	晶体管	3CG3 或 C8550	1
SA	动断型干簧管	—	1
BL	电动扬声器	0.25W、8Ω	1

2. 电路分析

接通电源后，按下 S 时，4.5V 电压通过 S 和 VD_1 向 C_3 快速充电；当 C_3 充满时，VT_1 和 VT_2 均饱和导通，使整个电路通电工作；IC_3 的引脚 3 输出的高电平为 IC_1 提供工作电源，IC_1 得电触发，其引脚 3 会输出音乐电信号；该信号分为两路，一路经 VT_3 放大后，驱动 BL 发出响亮的音乐声；另一路经 C_1、VD_2、VD_3 和 C_2 构成的倍压整流电路处理后，在 C_2 两端产生高电位，为下一步（触发 IC_2 和 IC_3）做好准备。

门被打开后，SA 的内部触点接通，使 VT_4 和 VT_5 饱和导通，IC_3 的引脚 2、6 变为高电平，IC_3 的引脚 3 输出为低电平，IC_1 失电而停止工作；同时，VT_5 集电极的高电平使 IC_2 因受触发而工作，IC_2 的引脚 15 输出的语音电信号经 VT_3 放大后，驱动 BL 发出"欢迎光临"等礼仪迎宾语言；当 C_3 放电结束时，VT_1 和 VT_2 截止，整个电路处于断开状态，直至 S 被再次按下。

3. 电路调试

本节的控制器采用专用集成电路，外围电路结构简单，通常无须调试即可通电开始工作。安装时，常将焊接好的电路板置于自制塑料盒中，在控制面板相应位置处固定扬声器 BL，并通过传输线与固定于门外的门铃按钮和门框处的磁控开关 SA 相连接。

通电工作后，调节电阻 R_4 的阻值，即可改变磁控触发的灵敏度。

二十六、数字抢答器电路

抢答器是知识竞赛等娱乐活动必备的电子设备，其基本功能是鉴别和指示各个参与者中第 1 个按下抢答按钮的人，即鉴别出一组数据中的第一有效触发者。数字抢答器则是利用 D 触发器来实现上述功能的电路。

1. 电路图

图 6-26 是一种典型的数字抢答器的电路原理图，该抢答器的核心元器件是 D 触发器、与非门、晶体管等，它包含 2 个信号通道：a. 由抢答按钮电路、第一信号鉴别电路、发光指示电路和复位电路组成的主要信号通道；b. 由门控多谐振荡器和声音提示电路组成的辅助电路通道。

如图 6-26 所示，该抢答器由如下几个主要部分组成。

① 按钮开关 $SB_1 \sim SB_4$ 和电阻 $R_1 \sim R_4$ 等构成的抢答按钮电路，其功能是，提供抢答器的输入操作信号。

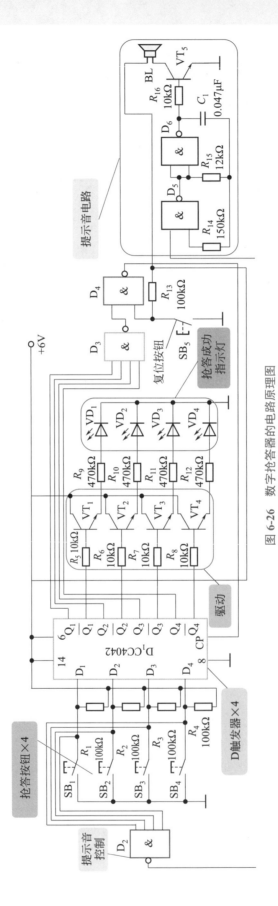

图 6-26　数字抢答器的电路原理图

② 集成 D 触发器 D_1、与非门 D_3 和 D_4 等构成的第一信号鉴别电路，其功能是，从多路输入中鉴别出第一个被按下的按钮信号。

③ 晶体管 $VT_1 \sim VT_4$ 和发光二极管 $VD_1 \sim VD_4$ 等构成的发光指示电路，其功能是，指示出第一信号的鉴别结果。

④ 按钮开关 SB_5 和电阻 R_{13} 等构成的复位电路，其功能是，使抢答器多路复位，以便进行下一轮抢答。

⑤ 与非门 D_2、D_5 和 D_6 等构成的门控多谐振荡器，其功能是，为声音提示电路提供音频信号源。

⑥ 晶体管 VT_5 和扬声器 BL 等构成的声音提示电路，其功能是，发出提示音。

2. 电路分析

如图 6-26 所示，该抢答器的工作原理是：$SB_1 \sim SB_4$ 未被按下时，抢答器处于待机状态，$VD_1 \sim VD_4$ 均不亮。

竞赛开始时，参赛者按下抢答按钮，首先被按下的按钮（以 SB_1 为例）使其对应的 D 触发器翻转，并使所有 D 触发器进入数据锁存状态，电路对在此时间之后的信号均不再响应（即其他抢答按钮均无效）；同时，VD_1 点亮，指示出 SB_1 的按下者获得了发言权。

一轮抢答结束后，主持人按下复位按钮 SB_5，使抢答器恢复为待机状态，为下一轮抢答做好准备。

① 第一信号鉴别电路　该单元电路的核心是集成锁存 D 触发器 CC4042（D_1），它内含 4 个独立的锁存型 D 触发器，它们共用时钟脉冲端 CP 和极性选择端 POL。当且仅当 CP 与 POL 逻辑状态相同时，D 端数据才会被传送至 Q 端，否则数据维持锁存状态。

图 6-26 中，D_1 的 POL 端（引脚 6）固定处于高电平状态，数据的传输或锁存便由 CP 脉冲的极性来控制，CP=1 时传输数据，CP=0 时锁存数据。根据这一原理即可实现信号鉴别的功能。

具体来讲，D_1 中的 4 个 D 触发器的数据输入端 $D_1 \sim D_4$ 分别受控于抢答按钮 $SB_1 \sim SB_4$，按钮未被按下时，输入端为高电平；有任一按钮被按下时，相应的输入端为低电平；4 个反向输出端 $\overline{Q}_1 \sim \overline{Q}_4$ 反映的是鉴别结果，平时均为低电平，鉴别到第一信号时相应的反向输出端变为高电平。

待机状态下，因抢答器按钮 $SB_1 \sim SB_4$ 均未被按下，4 个 D 触发器的数据输入端 $D_1 \sim D_4$ 均为高电平，又因为此时各个 D 触发器共用的时钟脉冲 CP=1，D 触发器处于数据传输状态，故 D 端数据传输至 Q 端，4 个 D 触发器的数据输出端 $Q_1 \sim Q_4$ 均为高电平，反向输出端 $\overline{Q}_1 \sim \overline{Q}_4$ 均为低电平。

抢答开始时，若按钮 SB_1 首先被按下，使 D_1 触发器的数据输入端 D_1 变为低电平，其输出端 $Q_1=0$，使与非门 D_3 输出为高电平，与非门 D_4 输出为低电平（CP=0），D 触发器处于数据锁存状态，电路对在此时间之后的其他信号不再响应（即其他抢答按钮不再有效），同时 $\overline{Q}_1=1$，表示已经鉴别出第一信号。

② 指示电路　图 6-26 中的指示电路包括两个部分，即发光指示电路和声音指示电路，二者的功能均是显示抢答的状态。

a. 发光指示电路：它由晶体管驱动电路和发光二极管构成，对于 4 个抢答按钮，该电路也有相应的 4 套，晶体管 $VT_1 \sim VT_4$ 连接成射极跟随器，为发光二极管 $VD_1 \sim VD_4$ 提供足够的驱动电流，$VT_1 \sim VT_4$ 的基极分别受控于 D 触发器的反向输出端 $\overline{Q_1} \sim \overline{Q_4}$。

举例来说，当第一信号鉴别电路鉴别出 SB_1 首先被按下时，$\overline{Q_1}=1$，VT_1 导通，驱动 VD_1 发光，显示出 SB_1 的按下者获得了发言权。

b. 声音指示电路：它包括门控多谐振荡器和音频功放，为抢答器提供按键音频信号。与非门 D_5、D_6 构成一个门控多谐振荡器，D_5 的输出端（简记为 A 端）为门控端。A=0 时电路停振，A=1 时电路起振。

A 端受控于与非门 D_2，D_2 的 4 个输入端分别由抢答按钮 $SB_1 \sim SB_4$ 控制。$SB_1 \sim SB_4$ 均未按下时，D_2 的 4 个输入端均为高电平，D_2 输出端为低电平（A=0）。$SB_1 \sim SB_4$ 中有任何一个被按下时，D_2 输出端为高电平（A=1），电路起振，D_6 输出约为 800Hz 的脉冲方波，经晶体管 VT_5 放大并驱动扬声器 BL 发生声音，提示抢答成功。

③ 复位电路 复位按钮 SB_5 控制复位端的状态，正常工作时复位端为高电平，SB_5 被按下时则复位端为低电平。

一轮抢答结束后，主持人按下 SB_5，使与非门 D_4 输出为高电平，CP=1，D 触发器又进入数据传输状态，使 4 个 D 触发器恢复至 $Q_1 \sim Q_4$ 均为高电平、$\overline{Q_1} \sim \overline{Q_4}$ 均为低电平的待机状态，为新一轮抢答做好准备。

二十七、实用的抢答器电路

1. 电路图

图 6-27 是另一种实用的抢答器的电路原理图。图中，该抢答器由电源电路和 4 块 NE555 构成的 4 个单稳态触发电路组成，实际制作时，也可采用更多的 NE555 构成多个单稳态触发电路。其中，各个单稳态触发电路的引脚 6 与 7 共同接于 R_t、C_t 组成的充电回路中，引脚 2 为低电平有效的触发端，引脚 4 利用三极管 $VT_1 \sim VT_4$ 强制复位。

2. 电路分析

① 电源电路 市电交流 220V 经电源降压变压器 T 降压后，从次级线圈输出一个 15V 的交流电压，此交流电压经桥式电路 UR 整流、电容 C_1 与 C_2 滤波、7805 稳压后，得到一个 12V 直流电压，为整个抢答器电路供电。

② 单稳态触发电路 由 4 块 NE555（$A_1 \sim A_4$）分别接成 4 个单稳态触发电路，它们各自的引脚 2 为触发端，其各自的引脚 3 输出的高电平分别由一个 $10k\Omega$ 电阻、1N4148 二极管传输至 $VT_1 \sim VT_4$ 的基极，强制其他的单稳态触发电路的引脚 4 为低电平，使得 NE555 的引脚 3 复位为低电平。

若抢答开关 K_1 首先被按下，则 A_1 的引脚 2 被拉低至地，A_1 被触发翻转，其引脚 3 输出高电平，该高电平分为两路：一路经电阻使 LED_1 发光，指示抢答成功。另一路经电阻 R_4、二极管分别传输至 VT_2、VT_3、VT_4 的基极，使三极管 VT_2、VT_3、VT_4 饱和导通，迫使 A_2、A_3、A_4 的引脚 4 电平降低至 0.4V 以下，强制 A_2、A_3、A_4 的引脚 3 电平复位为低电平。

此时，若有人按下其他的抢答开关，均属无效。

在 A_1 的引脚3输出高电平时，A_1 内部放电开关管截止，使 C_t 通过 R_t 充电，导致 A_1 的引脚6电压不断升高直至8V，此时，A_1 的引脚3翻转为低电平，指示灯 LED_1 熄灭，表示可以开始下一轮抢答。

$A_1 \sim A_4$ 的暂稳态时间 $t=1.1R_tC_t$，本节取10s，指示灯则可采用不同颜色的发光二极管。

说明：图6-27中所有未标注的12个二极管型号均为1N4148。

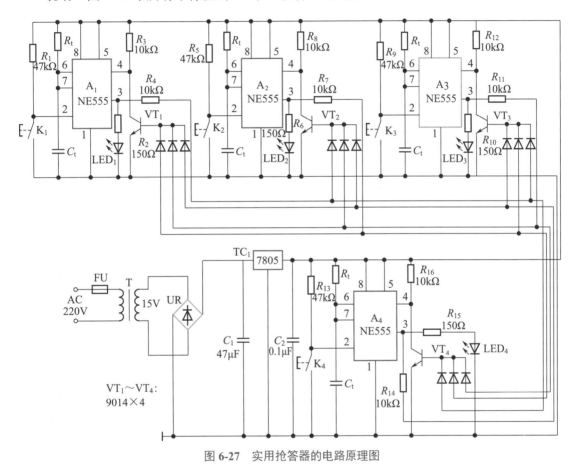

图 6-27　实用抢答器的电路原理图

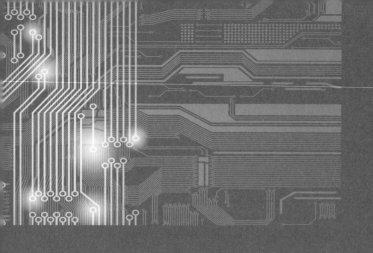

第七章

07

数字电路

 学习提示

　　数字电路的读图步骤和其他电路是相同的，只是在进行电路分析时处处要用逻辑分析的方法。读图时通常遵循如下步骤。

　　① 先大致了解电路的用途和性能。

　　② 找出输入端、输出端和关键部件，区分开各种信号并弄清信号的流向。

　　③ 逐级分析输出与输入的逻辑关系，了解各部分的逻辑功能。

　　④ 最后统观全局得出分析结果。

一、或非门双稳态触发器电路

　　门电路可方便地构成双稳态触发器，而不需要外围元件、无须调试，电路结构简单而性能可靠。

1. 电路图

　　图 7-1 是一种典型的由或非门构成的 RS 型双稳态触发器的电路原理图。该电路将 2 个或非门电路交叉耦合，它具有 2 个输入端（R 和 S），其中，R 为置"0"输入端，S 为置"1"输入端，二者均是高电平触发有效；还具有 2 个输出端（Q 和 $\overline{Q}$）其中，Q 为原码输出端，$\overline{Q}$ 为反码输出端。

2. 电路分析

　　如图 7-1 所示，该电路的工作原理是：

　　a. R=1、S=0 时，触发器被置"0"，Q=0、$\overline{Q}$=1；

　　b. R=0、S=1 时，触发器被置"1"，Q=1、$\overline{Q}$=0；

　　c. R=0、S=0 时，触发器保持原有的输出状态不变；

d. R=1、S=1 时，触发器下一状态不确定，因此应避免使触发器呈现出这种状态。

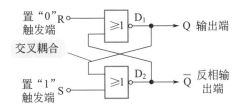

图 7-1　或非门构成的 RS 型双稳态触发器的电路

二、与非门双稳态触发器电路

1. 电路图

图 7-2 是由与非门构成的 RS 型双稳态触发器的电路原理图。该触发器具有 2 个输入端（$\overline{R}$ 和 $\overline{S}$），其中，$\overline{R}$ 为置 "0" 输入端，$\overline{S}$ 为置 "1" 输入端，二者均是低电平触发有效；还具有 2 个输出端（Q 和 $\overline{Q}$）其中，Q 为原码输出端，$\overline{Q}$ 为反码输出端。

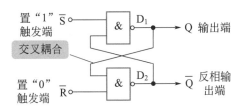

图 7-2　与非门构成的 RS 型双稳态触发器的电路

2. 电路分析

如图 7-2 所示，该电路的工作原理是：
a. $\overline{R}$=0、$\overline{S}$=1 时，触发器被置 "0"，Q=0、$\overline{Q}$=1；
b. $\overline{R}$=1、$\overline{S}$=0 时，触发器被置 "1"，Q=1、$\overline{Q}$=0；
c. $\overline{R}$=1、$\overline{S}$=1 时，触发器保持原有的输出状态不变；
d. $\overline{R}$=0、$\overline{S}$=0 时，触发器下一状态不确定，因此应避免使触发器呈现出这种状态。

三、D 触发器构成的双稳态触发器电路

1. 电路图

图 7-3 是由 D 触发器构成的双稳态触发器的电路原理图。图中，将 D 触发器的反码输出端 $\overline{Q}$ 与其自身的数据输入端 D 相连，即可构成一个计数触发式的双稳态触发器。

2. 电路分析

由图 7-3 可知，触发脉冲 U_i 由 CP 端输入、上升沿触发，输出信号 U_o 通常由原码输出端 Q 引出，也可由反码输出端 $\overline{Q}$ 引出。

每一个 U_i 的上升沿均可使双稳态触发器翻转一次，因此 U_o 的个数是 U_i 的二分之一；

该双稳态触发器常用作二进制计数单元。

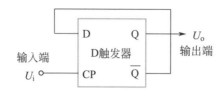

图 7-3　D 触发器构成的双稳态触发器电路

四、时基电路构成的双稳态触发器电路

1. 电路图

　　图 7-4 是一种典型的由时基电路构成的 RS 型双稳态触发器的电路原理图。图中，该触发器具有 2 个输入端（R 和 $\overline{S}$），其中，R 为置"0"输入端，低电平触发有效，$\overline{S}$ 为置"1"输入端，高电平触发有效。输出信号 U_o 由时基电路的引脚 3 输出，C_1、R_1 构成 $\overline{S}$ 端触发信号的微分电路，C_2、R_2 构成 R 端触发信号的微分电路。

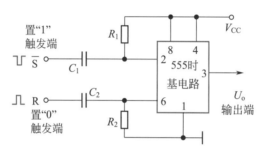

图 7-4　时基电路构成的 RS 型双稳态触发器电路

2. 电路分析

　　如图 7-4 所示，该电路的工作原理是：$U_o=0$ 时，若 $\overline{S}$ 端加入一个低电平触发脉冲，经 C_1、R_1 微分后可产生一个负脉冲，并送至时基电路的引脚 2，使触发器翻转为 $U_o=1$。此后，若 R 端加入一个高电平触发脉冲，经 C_2、R_2 微分后可产生一个正脉冲，并送至时基电路的引脚 6，使触发器再次翻转为 $U_o=0$。

五、声波遥控器电路

　　声波遥控器是一种实用的数字电路，它可以声音（拍手声、口哨等）遥控电灯、电视机、空调等家用电器的通或断，方便快捷。

1. 电路图

　　图 7-5 是一种实用声波遥控器的电路原理图。图中，该仪器包括驻极体话筒 BM 等构成的声电转换电路，晶体管 VT_1 等构成的放大电路，VT_2、VT_3 等构成的整形电路，VT_4、VT_5、继电器 K 等构成的控制执行电路，降压电容 C_8、二极管 $VD_5 \sim VD_8$ 等构成的电源电路。

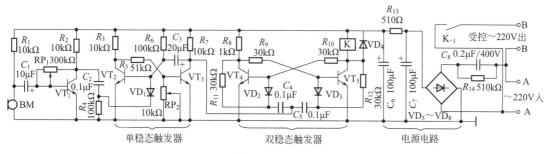

图 7-5　声波遥控器的电路原理图

2. 电路分析

声波遥控器实质上是通过声音信号来控制电源的通与断，实现打开或关闭负载家电的功能。其具体的工作原理如下。

当发出声音信号时，BM 将其接收并转换为电信号，此电信号经电容 C_1 耦合至 VT_1 放大，并经 C_2、R_4 微分后，形成正、负脉冲；其中，正脉冲被二极管 VD_1 阻断，负脉冲则通过 VD_1 到达 VT_2，触发单稳态触发器翻转。触发器翻转后，VT_3 集电极的电压 U_{C3} 从 12V 下跳至 0V；U_{C3} 的变化经 C_4、R_{11} 微分后，其负脉冲通过二极管 VD_2 加至晶体管 VT_4，触发双稳态触发器翻转，VT_5 由截止变为导通，K 吸合，其常开触点 K_{-1} 闭合，使接至 B-B 端的负载家电电源接通而工作。这种工作状态一直保持到双稳态触发器再次被翻转为止。

当再次发生声音信号时，双稳态触发器再次发生翻转，VT_5 截止，K 被释放，其常开触点 K_{-1} 断开，使负载家电的电源被关闭。二极管 VD_4 的作用是，防止在 VT_5 截止的瞬间，K 的线圈产生自感反电动势而击穿 VT_5。

六、或非门单稳态触发器电路

学习提示

单稳态触发器也是最基本的数字电路之一，它的特点是仅有一个稳定状态，另一个则是暂稳状态。在无外加信号时，单稳态触发器处于稳定状态；若有外加信号，该电路则从稳定状态转换为暂稳状态，且在经过一定的时间后，电路能够自动地再次翻转恢复至稳定状态。单稳态触发器在一个触发脉冲的作用下，能输出一个具有特定宽度的矩形脉冲，常用于脉冲整形、定时和延时等单元电路之中。

1. 电路图

图 7-6 是一种典型的由或非门构成的单稳态触发器的电路原理图。图中，由或非门 D_1、非门 D_2、定时电阻 R 和定时电容 C 构成一个单稳态触发器。这类触发器由正脉冲进行触发，输出的是一个脉宽为 T_W 的正矩形脉冲。

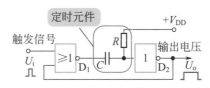

图 7-6　或非门构成的单稳态触发器电路

2. 电路分析

如图 7-6 所示，该触发器的工作原理如下。

单稳态触发器处于稳定状态时，由于反相器 D_2 输入端经 R 接至 $+V_{DD}$，其输出端为"0"，耦合至 D_1 输入端，使 D_1 输出端为"1"，C 两端的电位相等（无压降）。

当触发端加入触发脉冲 U_i 时，D_1 输出端变为"0"，由于 C 两端的电压无法突变，因此 D_2 输入端也变为"0"，D_2 输出端 U_o 则变为"1"。由于 U_o 又被正反馈至 D_1 输入端，形成闭环回路，故电路一经触发，即使取消 U_i 仍能保持暂稳状态。此时，电源 $+V_{DD}$ 开始经 R 向 C 充电。

随着充电过程的持续，D_2 输入端的电位也逐步升高。当该输入端电位达到 D_2 的转换阈值时，U_o 又变为"0"，由于闭环回路的正反馈作用，D_1 输出端随即变为"1"，电路恢复为稳定状态，直至被再次触发（输出脉宽 $T_W=0.7RC$）。

七、与非门单稳态触发器电路

1. 电路图

图 7-7 是一种典型的由与非门构成的单稳态触发器的电路原理图。图中，由与非门 D_1、非门 D_2、定时电阻 R 和定时电容 C 构成一个单稳态触发器。与图 7-6 不同的是，该电路中的 R 不是接入 $+V_{DD}$ 而是接地。该触发器由负脉冲进行触发，输出为一个脉宽为 T_W 的负矩形脉冲。

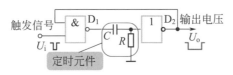

图 7-7　与非门构成的单稳态触发器电路

2. 电路分析

如图 7-7 所示，该触发器的工作原理如下。

单稳态触发器处于稳定状态时，由于反相器 D_2 输入端经 R 接地，其输出端 U_o 为"1"，耦合至 D_1 输入端，使 D_1 输出端为"0"，C 两端的电位相等（无压降）。

当触发端加入触发脉冲 U_i 时，D_1 输出端变为"1"；由于 C 两端的电压无法突变，因此 D_2 输入端也变为"1"，D_2 输出端 U_o 则变为"0"，电路进入了暂稳状态。

随着充电过程的持续，D_2 输入端的电位也逐步降低；当该输入端电位达到 D_2 的转换阈值时，U_o 又变为"1"，电路恢复为稳定状态，直至被再次触发（输出脉宽 $T_W=0.7RC$）。

八、D 触发器构成的单稳态触发器电路

1. 电路图

图 7-8 是一种典型的由 D 触发器构成的单稳态触发器的电路原理图，它由正脉冲进行触发，输出的是一个脉宽为 T_W（$T_\mathrm{W}=0.7RC$）的正矩形脉冲。

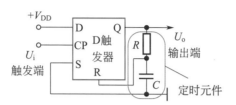

图 7-8　D 触发器构成的单稳态触发器电路

由图 7-8 可知，R 为定时电阻，C 为定时电容；D 触发器的数据端 D 接高电平（$+V_\mathrm{DD}$），置"1"端 S 则接地，输出端 Q 经 RC 定时网络接至置"0"端 R；触发脉冲 U_i 从 CP 端输入，而输出信号 U_o 则由 Q 端输出。

2. 电路分析

如图 7-8 所示，该触发器的工作原理如下。

单稳态触发器处于稳定状态时，$U_\mathrm{o}=0$，当 U_i 加至 CP 端时，U_i 上升沿促使数据端 D 的高电平到达输出端 Q，触发器转换为暂稳状态，$U_\mathrm{o}=1$，并经 R 向 C 充电。

随着充电过程的持续，C 的电压达到 R 端的转换电压时，促使 D 触发器置"0"，$U_\mathrm{o}=0$，触发器恢复为稳定状态；此时，C 经 R 放电，为下一次触发做好准备。

九、时基电路构成的单稳态触发器电路

1. 电路图

图 7-9 是一种典型的由时基电路构成的单稳态触发器的电路原理图，它由负脉冲进行触发，输出的是一个脉宽为 T_W（$T_\mathrm{W}=0.7RC$）的负矩形脉冲。

图中，R、C 构成定时网络，时基电路的置"0"端（引脚6）和放电端（引脚7）共同接至定时电容 C 上端；触发脉冲 U_i 从时基电路的置"1"端（引脚2）输入，输出信号 U_o 则由引脚3输出。

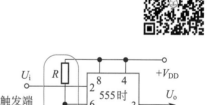

图 7-9　时基电路构成的单稳态触发器电路

2. 电路分析

如图 7-9 所示，该触发器的工作原理如下。

当 U_i 加至时基电路的引脚2时，电路发生翻转，进入暂稳状态，$U_\mathrm{o}=1$，放电端（引脚7）截止，电源 $+V_\mathrm{DD}$ 开始经 R 向 C 充电。

由于 C 上电压直接接至时基电路的置"0"端（引脚6），随着充电过程的持续，C 上的电压不断上升，当该电压达到 $\frac{2}{3}V_\mathrm{DD}$（引脚6的阈值）时，触发器再次翻转，恢复为稳定状态。

经典电子电路

十、声控坦克电路

声控坦克不像有线控制玩具那样拖有长长的"尾巴"，也不像无线遥控那样复杂、干扰因素多，而只需发生声音信号即可操控坦克玩具。

1. 电路图

图 7-10 是声控坦克的电路原理图。图中，该装置包括驻极体话筒 BM 等构成的声电转换电路，晶体管 VT₁、VT₂ 等构成的音频放大电路，晶体管 VT₃ ~ VT₅ 等构成的单稳态触发器，晶体管 VT₆ 等构成的射极跟随器，晶体管 VT₇ 等构成的电子开关，而直流电动机 M 是该电路的最终执行器件。

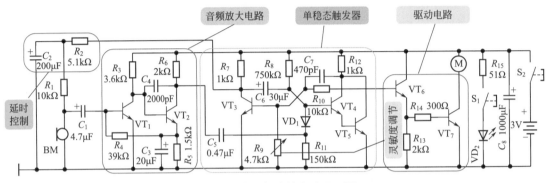

图 7-10　声控坦克的电路原理图

2. 电路分析

由图 7-10 可知，该装置的基本工作原理是：在发生声音信号时，该信号经 BM 接收并转换为相应的电信号，再经音频放大电路放大后，触发单稳态触发器的翻转，使之进入暂稳状态；此时，单稳态触发器输出一个高电平信号，经射极跟随器电流放大后，接通电子开关，M 转动，玩具坦克得以开动。单稳态触发器的暂稳状态结束后，电子开关被关断，M 停止转动，玩具坦克也停止运动。

① 音频放大电路　VT₁、VT₂ 构成一个直接耦合式双管放大器，VT₁ 的基极偏压不是取自电源电压，而是通过 R_4 取自 VT₂ 的发射极电压，如此则构成了一个二级直流负反馈，使整个电路的工作点更加稳定。

② 单稳态触发器　VT₃ ~ VT₅ 等构成了一个单稳态触发器，其中，VT₄ 与 VT₅ 接成达林顿复合管的形式，其功能是提高其基极的输入阻抗和放大倍数，使基极电阻 R_8 可取较大的阻值，以满足长延时的需要。

有声音信号时，经 C_5、R_{11} 微分后形成的负脉冲，可触发单稳态触发器翻转进入暂稳状态，VT₄、VT₅ 截止，输出为高电平。随着 C_6 经 R_8、VT₃ 放电并反方向充电约 15s 后，触发器再次自动恢复为稳定状态，直至下一个触发脉冲的到来。

VT₃ 的基极电阻 R_9 可调节声控坦克电路的灵敏度；R_9 是一个可调电阻，其阻值增大则灵敏度提高，反之亦然。

③ 延时控制电路　如无延时控制电路，在单稳态触发器的暂稳状态结束、电子开关刚关闭的瞬间，由于机械惯性，坦克并不能立即停止运动，其运动噪声和振动又会立即被 BM

接收，误认为是声音信号，再次触发单稳态触发器的翻转，结果会造成玩具坦克持续运行、无法停止的问题。延时控制电路就是为解决这一问题而设计的。由单稳态触发器经延时控制电路来控制 BM 的工作电源；当暂稳状态结束、VT_3 集电极由 0V 变为 3V 时，由于延时电路 R_2、C_2 的作用，BM 需要延时一个短暂的时间后才能恢复正常工作，确保声控坦克运行的稳定性。

十一、施密特触发器电路

1. 电路图

图 7-11 是基于两个非门构成的施密特触发器的电路原理图，R_1 为输入电阻，R_2 为反馈电阻；非门 D_1、D_2 直接连接在一起；R_2 将 D_2 的输出信号反馈至 D_1 的输入端，构成一个正反馈回路。

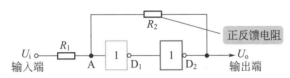

图 7-11 两个非门构成的施密特触发器的电路原理图

2. 电路分析

① 第一稳定状态 无输入信号时，D_1 输入端为"0"，触发器处于第一稳定状态，各非门输出端状态为：$D_1=1$，$D_2=0$。此时，R_1、R_2 对输入信号形成对地的分压电路。

② 第二稳定状态 接入输入信号 U_i 时，因 R_1、R_2 的分压作用，D_1 的输入端 A 点的实际电压 $U_A = \dfrac{R_2}{R_1+R_2}U_i$；当其上升至 $U_i \geqslant \dfrac{R_1+R_2}{R_2} \times \dfrac{1}{2}V_{DD}$（$\dfrac{1}{2}V_{DD}$ 为非门阈值电压）时触发器才发生翻转；$\dfrac{R_1+R_2}{R_2} \times \dfrac{1}{2}V_{DD}$ 被称为施密特触发器的正向阈值电压 U_{T+}，即 $U_{T+} = \dfrac{R_1+R_2}{2R_2}V_{DD}$。

由于 R_2 的正反馈作用，翻转过程非常迅速且彻底，触发器进入第二稳定状态，$D_1=0$，$D_2=1$；此时，R_1、R_2 对输入信号形成对正电源 V_{DD} 的分压电路。

③ 再次翻转 当 U_i 经峰值下降至 U_{T+} 时，触发器不会发生翻转，其原因是，V_{DD} 经 R_2、R_1 在 A 点有一分压，该分压叠加于 U_i 之上，使 A 点的实际电压 $U_A = U_i + \dfrac{R_1}{R_1+R_2}(V_{DD}-U_i)$；只有当 U_i 继续下降至 $U_A \leqslant \dfrac{1}{2}V_{DD}$ 时，触发器才再次翻转，恢复至第一稳定状态。施密特触发器的负向阈值电压 $U_{T-} = \dfrac{R_2-R_1}{2R_2}V_{DD}$，滞后电压 $\Delta U_T = U_{T+} - U_{T-} = \dfrac{R_1}{R_2}V_{DD}$。

十二、光控自动窗帘电路

光控自动窗帘可根据环境光线而调节窗帘的拉开与拉合，完全省去了人工操作，给生活带来了方便。

1. 电路图

图 7-12 是一种实用的光控自动窗帘的电路原理图。图中，该电路包括光敏晶体管 VT_1 构成的光控电路、晶体管 VT_2 与 VT_3 构成的施密特振荡电路、晶体管 VT_4 构成的反相电路、C_2 与 R_{10} 及 C_7 与 R_{13} 构成的 2 个微分电路、时基电路 IC_1 和 IC_2 构成的驱动电路等部分。

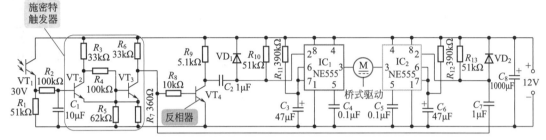

图 7-12 光控自动窗帘的电路原理图

2. 电路分析

由图 7-12 可知，该电路的工作原理如下。

a. 假设该电路开始工作的时刻为光线充足的白天，VT_1 受光照而导通，其发射极输出信号为高电平，VT_2 与 VT_3 构成的施密特触发器输出端（VT_3 集电极）也是高电平。

b. 夜间天色渐黑后，VT_1 由导通变为截止，其发射极输出信号由高电平变为低电平，经施密特触发器整形后，VT_3 集电极的输出信号是下降沿陡直的低电平，该下降沿经 C_7、R_{13} 微分而形成一个负脉冲（D），触发 IC_2 单稳态驱动电路翻转至暂稳态，其输出变为高电平。同时，VT_3 集电极的输出信号经 VT_4 反相电路反相、C_2 与 R_{10} 微分后，形成的正脉冲对 IC_1 单稳态驱动电路不起作用，其输出保持为低电平。

因为直流电动机 M 接于 IC_1、IC_2 两个单稳态驱动电路的输出端之间，当 IC_2 输出为高电平、IC_1 输出为低电平时，M 转动，使窗帘拉合；窗帘拉合后由于 IC_2 单稳态驱动电路的暂态结束，恢复为稳定状态，其输出变为低电平，M 停止转动。

c. 之后天色渐亮，VT_1 由截止变为导通，经施密特触发器整形后，其发射极输出信号为上升沿陡直的高电平，经 VT_4 反相电路反相后变为下降沿陡直的低电平，该下降沿经 C_2、R_{10} 微分后形成负脉冲，该脉冲触发 IC_1 单稳态驱动电路翻转至暂态，IC_1 输出变为高电平。同时，VT_1 发射极的输出信号经 C_7、R_{13} 微分后，形成的正脉冲对 IC_2 单稳态驱动电路不起作用，其输出保持低电平。因为 IC_1 输出为高电平、IC_2 输出为低电平，M 反转，使窗帘拉开；IC_1 单稳态驱动电路的暂态结束后，M 停止转动。

十三、并行输入、输出数码寄存器电路

 学习提示

寄存器用来存储一组二进制代码，它被广泛地用于各类数字系统和数字计算机中。因为一个触发器能储存 1 位二进制代码，所以用 N 个触发器组成的寄存器能储存一组 N 位的二进制代码；此外，寄存器除了触发器外，还需具有控制门电路，使存储器能按照寄存指令存储数字或信息。

1. 电路图

图 7-13 是由 D 触发器构成的 4 位寄存器 74LS75 的逻辑图。

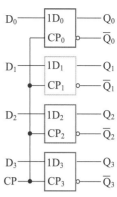

2. 电路分析

在 CP 的高电平期间 Q 端的状态跟随 D 端状态改变，在 CP 变成低电平以后，Q 端将保持 CP 变为低电平的状态。例如，要将二进制数 $D_0D_1D_2D_3=1011$ 存储到寄存器中，在 CP=1 来之前，将 1011 数值送至 $D_0D_1D_2D_3$ 引脚上，在 CP=1 到来后，使 1011 出现在输出端 $Q_0Q_1Q_2Q_3$，数码的输入和输出都是一起完成的，因此称为并行输入和输出。

图 7-13　D 触发器构成的 4 位寄存器 74LS75 的逻辑图

十四、移位寄存器电路

移位寄存器具有存放数码和移位的双重功能。在时钟脉冲的控制下，触发器的状态可左移或右移 1 位。在数字系统中，往往出于运算的需要，需将寄存器的状态进行移位。

1. 电路图

图 7-14 是一种典型的由边沿触发结构的 D 触发器组成的 4 位右移寄存器的逻辑图。

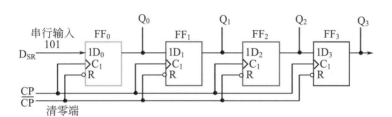

图 7-14　4 位右移寄存器的逻辑图

2. 电路分析

图 7-14 中，第一个触发器 FF_0 的输入端接收输入信号，其余的每个触发器输入端均与前边一个触发器的 Q 端相连接。

例如：在 4 个时钟周期内输入代码依次为 1011，在输入数据之前，可通过 R 清零端（附加脉冲）将各触发器 Q 端置零，即 $Q_0Q_1Q_2Q_3=0000$，则在移位脉冲（即触发器的时钟脉冲）的作用下，移位寄存器中代码的移动状况如表 7-1 所示。

表 7-1　移位寄存器中代码的移动状况

CP 的顺序	输入 D_1	Q_0	Q_1	Q_2	Q_3
0	0	0	0	0	0
1	1	1	0	0	0
2	0	0	1	0	0
3	1	1	0	1	0
4	1	1	1	0	1

同理，移位寄存器还有左移寄存器和双向寄存器（既可控制数据左移，也可控制数据右移）。如 74LS194 是一种典型的双向通用寄存器，它是一款较常用且功能较强的中规模集成电路。

十五、基于 74LS194 的触摸控制电路

1. 电路图

图 7-15 是一种采用 74LS194 型双向移位寄存器而制作的八级触摸控制电路。

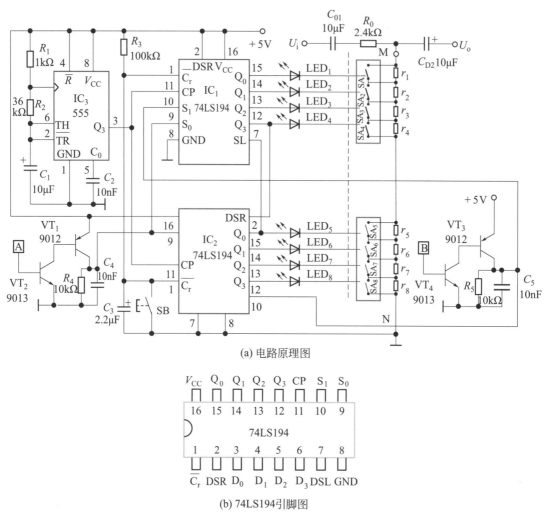

(a) 电路原理图

(b) 74LS194引脚图

图 7-15 八级触摸控制电路

由图 7-15 可知，该电路的优点是：

① 电路结构简单，外围元件少，设计新颖实用；

② 通过触摸两个传感片，可方便地调整被控参数的增或减，利用发光管光柱的长短来显示被控量的大小；

③ 负载能力强，应用广泛；可在多种音源的选择、音量控制、定时编程、节日流水灯控制、

照明灯调光、电风扇调速、加热器调温等多个领域得以应用。

作为本电路核心芯片的 74LS194，是一款 4 位双向移位寄存器，它由 4 个 D 触发器和相应的输入控制电路组成［图 7-15（b）］。74LS194 的 DSR 引脚为数码右移串行输入端；DSL 为数码左移串行输入端；$D_0 \sim D_3$ 为数码并行输入端；S_0、S_1 为移位寄存器的移位控制端；$\overline{C_r}$ 为异步清零端；$Q_0 \sim Q_3$ 为并行输出端。74LS194 引脚的具体功能可参见相关的芯片资料。

2. 电路分析

如图 7-15（a）所示，$\overline{C_r}$ 是复位清零端，电阻 R_3、电容 C_3 构成上电复位电路，实现低电平复位清零，按钮 SB 可实现手动复位。CP 为 74LS194 的时钟信号输入端，它是脉冲上升沿触发有效的。时钟信号是由 555（IC_3）内部的 2Hz 超低频振荡器来提供的，由 74LS194（IC_1）的引脚 11 输入；VT_1、VT_2 和 VT_3、VT_4 构成两组触摸开关，用以控制 S_0、S_1 的输入状态，A、B 为触摸传感片。未触摸 A、B 时，由于 R_4、R_5 的下拉作用，$S_0=S_1=0$，输出指示发光二极管 $LED_1 \sim LED_8$ 的状态保持不变，光柱的长短也无变化；当 A 片被触摸时，$S_0=1$、$S_1=0$，在 CP 脉冲的推动下，IC_1 的 DSR 设置电路为高电平串行右移方式，首先 LED_1 被点亮，接着是 LED_2、$LED_3 \sim LED_8$；A 被触摸的时间越长，则输入的 CP 脉冲越多，光柱也越长（该电路中设定为约 0.5s 点亮一个 LED）。同理，当 B 片被触摸时，$S_0=0$、$S_1=1$，IC_2 的 DSR 设置电路为高电平串行左移方式，即按照 $LED_8 \sim LED_1$ 的方向依次熄灭发光二极管，使得光柱逐渐变短；B 被触摸的时间越长，则熄灭的发光二极管越多。

如图 7-15（a）所示，若前级 U_i 输入的是音频信号，U_o 的输出则送入功放。两个 4066 构成 8 个模拟电子开关 $SA_1 \sim SA_8$，分压电阻 $r_1 \sim r_8$ 的阻值均为 1kΩ；A 片被触摸时，$SA_1 \to SA_8$ 逐一接通，将 $r_1 \sim r_8$ 依次短路，总电阻 $r \left(r = \sum_{i=0}^{8} r_i \right)$ 减小；同理，B 片被触摸时，$SA_8 \to SA_1$ 逐一断开，将 $r_8 \sim r_1$ 依次被串联进电路之中，总电阻 r 增大。如此，通过 r 的变化实现了音量的调节。整个电路输入信号与输出信号的关系如下：

$$U_o = U_i \left[r / (r + R_0) \right] \tag{7-1}$$

学习提示：计数器

在数字系统中应用最多的时序电路就是计数器。计数器不仅能用于对时钟脉冲计数，还常用来分频、定时、产生节拍脉冲和脉冲序列以及进行数学运算等。计数器的种类按触发器是否同时翻转分类，可分为同步式和异步式两种：在同步计数器中，当时钟脉冲输入时各触发器的翻转是同时发生的；在异步计数器中，触发器的翻转有先有后。若按照计数过程中数字增减分类，可分为加法计数器、减法计数器和可逆计数器。随着计数脉冲的不断输入而作递增计数的称为加法计数器，作递减计数的称为减法计数器，可增可减的则称为可逆计数器。若按照数字的编码方式分类，还可分成二进制计数器、十进制计数器、循环码计数器等。此外，有时也用计数器的计数容量来区分各种不同的计数器。

十六、同步二进制加法计数器电路

1. 电路图

图 7-16 是一种典型的 4 位同步二进制加法计数器的逻辑图。

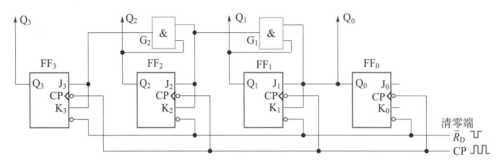

图 7-16 4 位同步二进制加法计数器的逻辑图

2. 电路分析

异步加法计数器因其进位信号是逐个触发器传递的，故它的计数速度受到限制。若当时钟脉冲输入时使各触发器同时发生翻转，则可提高计数器的速度，同步加法计数器由此应运而生。假设同步加法计数器由 4 个 JK 触发器组成，则该电路有如下的逻辑关系。

① 第一位触发器 FF_0，来一个计数脉冲即翻转一次，因此 $J_0=K_0=1$。

② 第二位触发器 FF_1，在 $Q_0=1$ 时再来一个计数脉冲才翻转，因此 $J_1=K_1=Q_0$。

③ 第三位触发器 FF_2，在 $Q_0=Q_1=1$ 时再来一个计数脉冲才翻转，因此 $J_2=K_2=Q_0Q_1$。

④ 第四位触发器 FF_3，在 $Q_0=Q_1=Q_2=1$ 时再来一个计数脉冲才翻转，因此 $J_3=K_3=Q_0Q_1Q_2$。

同步计数器的状态转换时间是触发器的延时时间加上几个控制门电路的时间，因此，与异步计数器相比，同步计数器的计数速度被进一步提高。

十七、十进制计数器电路

1. 电路图

图 7-17 所示的 4 位同步十进制加法计数器的逻辑图。

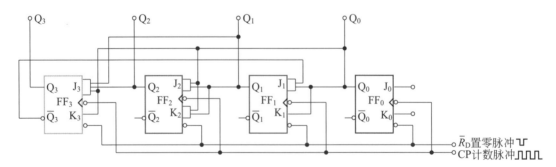

图 7-17 4 位同步十进制加法计数器的逻辑图

2. 电路分析

在二进制的基础上，大多采用8421BCD编码，用4位二进制数代表十进制的每一位数。十进制计数器符合人们的读数习惯，它是逢十进一。在第十个脉冲到来时，与4位二进制计数器不同，其状态不是由"1001"翻转为"1010"而是"0000"，若十进制计数器由4个二进制JK触发器组成的话，各JK端的逻辑关系如下。

① 第一位触发器FF_0，来一个计数脉冲即翻转一次，因此$J_0=K_0=1$。

② 第二位触发器FF_1，在$Q_0=1$时再来一个计数脉冲才翻转，而在$Q_3=1$时不能翻转，因此$J_1=Q_0\overline{Q_3}$，$K_1=Q_0$。

③ 第三位触发器FF_2，在$Q_0=Q_1=1$时再来一个计数脉冲才翻转，因此$J_2=K_2=Q_0Q_1$。

④ 第四位触发器FF_3，在$Q_0=Q_1=Q_2=1$时再来一个计数脉冲才翻转，在第十个脉冲到来时由"1"必须翻转为"0"，因此$J_3=Q_0Q_1Q_2$，$K_3=Q_0$。

目前有很多型号的十进制计数器可供选择，有的在一个集成芯片上可实现二 - 五 - 十进制的计数器，这些计数器的具体技术参数，可查阅相关的资料或手册得到使用的引脚说明。

十八、计数译码和显示电路

在仪器仪表及其他数字系统中，常需将测量结果或运算结果用十进制数显示出来，因此要用到译码与显示器。现在常用的显示器件有半导体数码管、液晶数码管等。

1. 电路图

图7-18（a）是七段译码器74LS49的引脚排列图；图7-18（b）是74LS49与共阴极七段数码管的连线图。

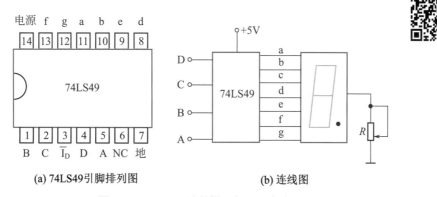

(a) 74LS49引脚排列图　　　　(b) 连线图

图 7-18　74LS49 计数译码与显示电路图

2. 电路分析

图7-18（a）中，$\overline{I_D}$端输入为零时，字段a～g输出为零，数码管熄灭，故正常工作时这些字段端应接入高电平，其工作电压为4.5～5.5V。

图7-18（b）中，限流电阻R可调节字段二极管的亮度，ABCD端的十进制数码可由计数器产生。

十九、基于 CD4541 的互耦式双定时控制电路

1. 电路图

图 7-19 是采用两片 CD4541 型可编程振荡器/定时器集成电路而构成的双定时控制电路。图中从 CD4541 的引脚 8 输出的定时信号用于控制晶体管 VT 的导通或截止，借助继电器 K 的触点来控制其他负载电路。

如图 7-19 所示，CD4541 的引脚 1～3 为振荡端，时钟振荡频率以 $f=1/(2.3R_TC_T)$（R_T 为等效定时电阻，C_T 为等效定时电容）来计算。引脚 5 接入低电平时可启用复位控制，接入高电平或开路时则使自动复位失效。引脚 6 是手动复位控制端，引脚 6 接入高电平时片内 16 级二进制计数器被清零复位，而正常工作时引脚 6 必须接低电平。引脚 8 是定时信号输出端，由引脚 9 选输出电平：若复位后引脚 8 输出低电平，定时结束时引脚 8 的输出变为高电平；若引脚 9 接入高电平，复位后引脚 8 则输出高电平，定时结束时引脚 8 变为低电平。引脚 10 接低电平时选择的是单次定时方式，接入高电平时则选择的是循环定时方式。引脚 12、13 为编程控制端，改变控制电平组成，可方便地分挡调整片内 16 级二进制计数器的后续延时级数，灵活选定定时时间。

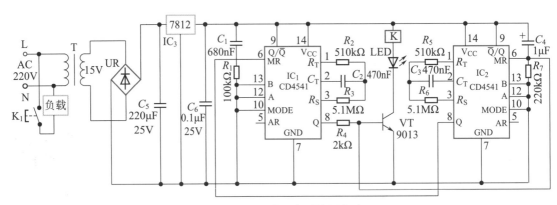

图 7-19　互耦式双定时控制电路

CD4541 的分频系数 $N=2^{n-1}$，如表 7-2 所示。IC_1、IC_2 的定时时间为 $t_1=t_2=2.3R_TC_TN$，可依据不同的设计需求而适当改变 R_T、C_T、N 的值，使定时时间 $t_1 \neq t_2$。

表 7-2　CD4541 分频系数表

12 引脚 A	13 引脚 B	分频系数 2^{n-1}
0	0	$2^{13-1}=4096$
0	1	$2^{10-1}=512$
1	0	$2^{8-1}=128$
1	1	$2^{16-1}=32768$

2. 电路分析

如图 7-19 所示，C_1 与 R_1、C_4 与 R_7 分别为 IC_1、IC_2 的加电复位电路，由于 C_1R_1 小于 C_4R_7，故接通电源后 IC_1 首先复位工作，IC_1 的引脚 6 为高电平复位清零，低电平则处于工

作状态。IC_1 的引脚 8 输出一个高电平使 VT 导通，继电器 K 吸合，指示灯 LED 被点亮。从 IC_1 的引脚 8 输出的高电平加至 IC_2 的引脚 6，使 IC_2 处于复位状态，IC_2 的引脚 8 输出一个低电平加至 IC_1 的引脚 6，使 IC_1 保持工作状态，K 维持吸合形式。

当 IC_1 达到定时时间 t_1 后，其引脚 8 跳变为低电平，晶体管 VT 截止，K 被释放，LED 熄灭；该低电平还加至 IC_2 的引脚 6，使 IC_2 开始工作，其引脚 8 输出一个高电平加至 IC_1 的引脚 6，IC_1 的引脚 8 则维持低电平输出，K 继续保持着释放状态。直至 IC_2 达到定时时间 t_2 时，IC_2 的引脚 8 才输出一个低电平，促使 IC_1 工作，K 又被吸合，且再次使 IC_2 的引脚 6 为高电平。如此循环往复，IC_1、IC_2 轮流工作，实现了双定时的功能。

通过 K 的触点 K_1 控制其他的负载，实际中常用的负载有加热器、单相电动机或其他家用电器。

二十、趣味红外枪控制电路

1. 电路图

图 7-20 是一款采用 CD4017B 而设计的趣味红外枪的电路原理图。

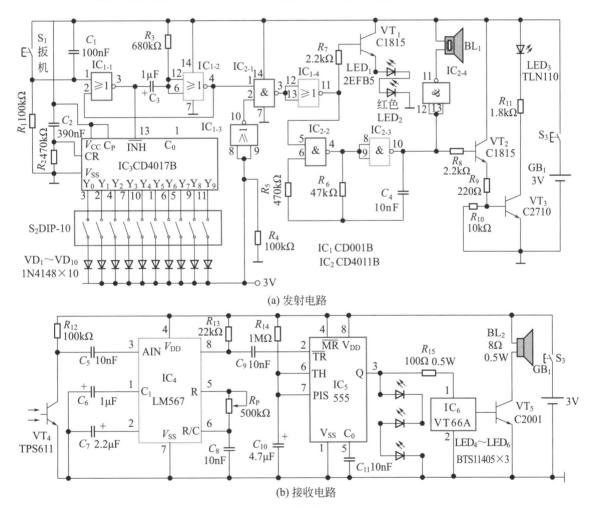

(a) 发射电路

(b) 接收电路

图 7-20　趣味红外枪的电路原理图

由图 7-20 可知，该装置分为两个部分：发射电路和接收电路。其中，发射电路安装于玩具手枪或冲锋枪内部，接收电路则安装于标靶上。该装置的优点是电路结构简单、设计思路新颖、制作方便，常用于娱乐场所的打靶游戏项目或家庭电子玩具之中。

2. 电路分析

① 发射电路　如图 7-20（a）所示，或非门 CD001B（IC_1）的 IC_{1-1}、IC_{1-2} 组成一个正沿触发的单稳态触发器，定时时间约为 0.55s（$t=0.7R_2C_2$）。计数器 CD4017B（IC_3）在本电路中的作用是控制，而非定时。

若扣动红外枪的扳机 S_1，IC_{1-1} 的引脚 1 输入为高电平、引脚 3 输出为低电平。由于 C_3 两端的电压无突变，故电源经 R_3 向 C_3 充电。C_3 刚充电时，IC_{1-2} 的引脚 5、6 为低电平，引脚 4 为高电平，0.5s 后充电结束，IC_{1-2} 的引脚 4 变为低电平，完成一次击发控制过程。

单稳态触发器的作用有两个：一是，在扣动 S_1 时，将 IC_{1-1} 的引脚 3 所输出的负脉冲作为 IC_3 允许射击的计数信号；二是，从 IC_{1-2} 的引脚 4 所输出的正脉冲加至与非门 IC_{2-1} 的引脚 1，允许射击次数由微型集成开关 S_2（DIP-10）来设定，例如，每个射击者最多有 3 发子弹，可将 IC_3 的 $Y_0 \sim Y_3$ 外接开关断开，$Y_4 \sim Y_9$ 外接开关闭合。

此时，闭合开关 S_3，自动复位电路通过 R_2、C_2 给 IC_3 的 CR 端加入一个清零脉冲，同时，Y_0 输出为高电平，而 $Y_1 \sim Y_9$ 输出为低电平。在第 1 次扣动 S_1 时，IC_3 的引脚 13 被负脉冲触发计数，输出端 $Y_1=1$，由于外接开关是断开的，对外电路无作用。在 R_4 下拉和 IC_{1-3} 反相后，IC_{2-1} 的引脚 2 为 1，而 IC_{2-1} 的引脚 1 在 0.5s 暂稳态定时时间内也为 1，其引脚 3 输出则为 0，IC_{1-4} 的引脚 11 为 1，由 IC_{2-2}、IC_{2-3} 组成的振荡器被选通，产生约 970Hz〔$f=1/（2.2R_6C_4）$〕的振荡信号，该信号经晶体管 VT_2、VT_3 而驱动红外发光二极管 LED_3 向外发射射击信号；另外，从振荡器的引脚 10 输出的信号会输入至 IC_{2-4} 的引脚 12、13，经反相后驱动压电蜂鸣器 BL_1 发出"嘣"的一声；与此同时，VT_1 导通，安装于枪口负极的红色发光二极管 LED_1、LED_2 闪亮一下。

因 IC_3 的 Y_2、Y_3 外接开关也是断开的，在第 2、第 3 次扣动 S_1 时，同理也会产生如第 1 次扣动 S_1 的射击效果。

如此，3 枪过后，第 4 次扣动 S_1 时，IC_3 的 $Y_4=1$，由于其外接开关是闭合的，IC_{1-3} 的引脚 8、9 经二极管获得高电平，IC_{1-3} 的引脚 10 则为低电平，IC_{2-1} 的引脚 2 为低电平，IC_{2-1} 的引脚 1 在 0.5s 定时时间保持为 1，其引脚 3 也为 1，IC_{1-4} 的引脚 11 为 0，VT_1 截止，LED_1、LED_2 不发光；此时，LED_3、BL_1 也不工作，表示第 4 次射击是无效的；同理，因 IC_3 的 $Y_5 \sim Y_9$ 外接开关也是闭合的，故，此后再扣动 S_1 仍然是无效的。

② 接收电路　如图 7-20（b）所示，这部分电路安装于标靶上。译码器 LM567（IC_4）内含有正交相位检波器、锁相环、放大器等。电容 C_5 为输出滤波电容，C_6 为低通滤波电容，电阻 R_{13} 为输出上拉负载电阻，电位器 R_P、C_8 共同设定译码的频率〔$f=1/（1.1R_PC_8）$〕。

红外接收管 VT_4 将接收到的光射击信号转换为电信号（970Hz），经 C_5 送至 IC_4 的引脚 3，经 IC_4 内部译码处理后，又从其引脚 8 输出，经 C_9 耦合至 IC_5 的引脚 2。

IC_5 接成 LM555 单稳态触发器的形式，其引脚 2 作为触发引脚；IC_5 的引脚 3 输出电流很大（200mA），可直接为频闪发光管 $LED_4 \sim LED_6$ 和音乐三极管 VT66A（IC_6）供电。

若红外枪发射出的信号频率与 R_P、C_8 设置的接收译码频率相等，则 IC_4 的引脚 8 变为低电平，并加至 IC$_5$ 的引脚 2，触发 IC$_5$ 的引脚 3 输出高电平，使 LED$_4$ ～ LED$_6$ 频闪发光，表明"子弹"已击中标靶。同时，IC$_6$ 输出音乐信号，驱动晶体管 VT$_5$，推动扬声器 BL$_2$ 发出响亮清晰的报靶声；其声光报靶时间，由 IC$_5$ 暂稳态时间 $t=1.1\,R_{14}C_{10}$ 的值来决定。

3. 电路调试

发射和接收电路均可按照实际配用的玩具枪和标靶来装配。调试时，电路在接通电源后，将红外枪对准标靶靶心，扣动扳机，并且调整 R_P 使得 IC$_4$ 的引脚 8 输出为低电平；再不断延长射击的距离，微调 R_P 使射程最远，通常可达到 5m 以上。

二十一、基于 CD4017 的流云行雾动态画电路

1. 电路图

图 7-21 是基于 CD4017 而制作的流云行雾动态画的电路原理图。由图可知，该电路主要包括电源电路和控制电路两个部分。

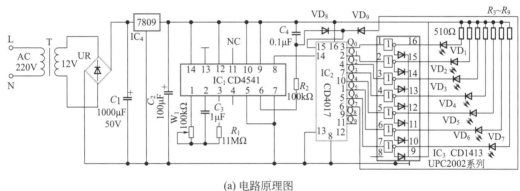

(a) 电路原理图

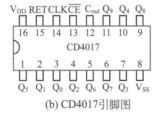

(b) CD4017引脚图

图 7-21　流云行雾动态画的电路原理图

2. 电路分析

① 电源电路　市电交流 220V 电源输入至电源变压器 T 的初级绕组，再由次级绕组输出一个 12V 的交流低压电源，并由整流桥 UR 整流，C_1、C_2 滤波，从三端稳压器 7809（IC$_4$）中获得一个 +9V 直流电压，作为控制电路 CD4541（IC$_1$）、CD4017（IC$_2$）及 VD$_1$ ～ VD$_7$ 的工作电压。

② 控制电路　该单元电路由定时电路 CD4541（IC$_1$）、计数电路、非门驱动电路和发光管等组成。

a. 定时电路：这部分电路以定时集成芯片 CD4541 为核心，它所需的外围器件很少，应用范围广，在定时、延时、时钟、保护等电路中运用得多。CD4541 内部包括振荡电路、计数、

时间编程选择电路、模式选择、初始输出状态设置、自动/手动复位电路、触发器等功能模块，其引脚的具体功能可参见相关的芯片资料。

根据图 7-21（a）所示的 IC_1 的引脚 12、13 分频接法和分频级数的设置，可以确定 CD4541 的延时范围；定时电路引脚 12、13 的接法，可以确定选择电路，选择三个输入中的其中 1 个，它们的分频级数分别为：8、10、13、16（表 7-3）。例如，将 IC_1 的引脚 12 接高电平、引脚 13 接低电平，其延时范围是在 0.58～59s 可调，本节中设定的切换时间为 1s。

表 7-3　CD4541 定时时间范围表

引脚 12	引脚 13	分频级数 n	计数值	延时时间 /s
1	0	8	256	0.58～59
0	1	10	1024	2.3～235
0	0	13	8192	19～1884
1	1	16	65536	150～15075

表 7-3 中"0"和"1"分别代表引脚 12、13 的电平值（"0"为低电平，"1"为高电平）。本电路中高电平是指接入 +9V 电压，低电平是指接入地。

b. 计数电路：这部分电路以计数器 CD4017 为核心而构成。CD4017 是十进制计数 / 分频器，其内部包括计数器和译码器两个部分，由译码输出实现对脉冲信号的分配，整个输出时序就是 Q_0～Q_9 依次出现与时钟同步的高电平，其宽度等于时钟周期。如图 7-21（b）所示，CD4017 有 10 个输出端（Q_0～Q_9）和 1 个进位输出端（引脚 12，C_{out}）。每输入 10 个计数脉冲，即可获得 1 个进位脉冲，该进位输出信号可作为下一级的时钟信号。CD4017 引脚的具体功能可参见相关的芯片资料。

当 CD4017 有连续脉冲输入时，其对应的输出端会依次变为高电平。CD4017 的引脚 14（CLK 端）为计数脉冲信号输入端，开机瞬间，由电阻 R_2、电容 C_4 构成清零电路，将 IC_2 进行清零。时钟脉冲经由 IC_1 的引脚 8 输出一个周期为 1s 的时钟脉冲信号，该信号送至 IC_2 的引脚 14，触发 IC_2 进行计数。调节电位器 W_1 即可改变时钟的频率。二极管 VD_8、VD_9 的作用是清零与复位隔离；IC_2 的复位信号由 IC_2 的引脚 6（Q_7 端）输出的信号经 VD_9 引入复位引脚 15，产生复位。

c. 非门驱动电路：IC_1 的引脚 8 提供一种脉冲频率为 1Hz/s 的时钟信号，IC_2 的 Q_0～Q_6 循环导通，以控制 CD1413（IC_3）的输入端，使 IC_3 的 0～7 通道循环导通，进而使发光二极管 VD_1～VD_7 被循环点亮。因为 IC_1 的引脚 8 输出的是 1Hz/s 的脉冲，故 Q_0 输出信号的周期为 1s、Q_1 为 2s、Q_2 为 3s、Q_3 为 4s、Q_4 为 5s、Q_5 为 6s、Q_6 为 7s，它们的导通周期均为 1s，Q_7 的输出脉冲为 IC_2 提供复位信号，迫使 IC_2 的计数重新开始。

IC_1 的引脚 8 所输出的时钟信号经 IC_2 的引脚 14 再输入进 IC_2，以推动 IC_2 进行计数，其输出端 Q_1～Q_7 将依次输出高电平，促使非门驱动电路 CD1413 的引脚 9～16 依次变为低电平，则发光二极管 VD_1～VD_7 被依次点亮。当 IC_2 的引脚 6（Q_7 端）输出高电平时，可对 IC_2 进行复位，发光二极管的点亮循环又重新开始。

CD1413 是一款 16 引脚的集成非门驱动电路，带负载能力强，可直接驱动发光二极管，若要增加流动行雾动态效果，可将发光二极管 VD_1～VD_7 多个并联。NPC2002 系列与

CD1413 的功能与引脚排列完全相同，可替换使用。

知识链接 集成电路的调试

（1）集成门电路的调试技术

数字电路的调试，主要是指检测电路能否满足设计要求的逻辑功能及电路能否正常工作，通过必要的调整，达到设计要求。数字电路的调试也应遵循一般电子电路"先静态、后动态"的原则。多单元数字电路的调试顺序则是，先调试单元电路或子系统，再扩大为几个单元电路的联调，最后进行整机联调。

在数字电路安装之前，应对所选用的数字集成电路器件进行逻辑功能测试，以避免因器件功能不正常而增加调试的困难。检测器件功能方法多种多样，常用的方法为：仪器测试法（即应用数字集成电路测试仪进行测试）、替代法（将被测器件替代正常工作数字电路中的相同器件，检测被测器件功能）和功能实验检查法（用实验电路进行逻辑功能测试）；本节所述即为功能实验检查法。

集成门电路静态测试时一般采用模拟开关输入模拟的高、低电平，用发光二极管显示方式或万用表、逻辑测试笔测试输出的高、低电平，看其是否满足门电路的真值表。动态测试时，各输入端接入规定的脉冲信号，用双踪示波器直接观察输入与输出波形，并画出这些脉冲信号的时序关系图，验证输入、输出是否符合设定的逻辑关系。

① CMOS 门电路的调试　以 CC4012 为例进行分析。这是一款双四输入与非门；两个四输入端的与非门集成于同一块芯片之中，其引脚排列形式如图 7-22 所示。引脚 14 接电源 V_{DD}，引脚 7 接地；引脚 2、3、4、5 为第一个与非门的输入端，引脚 1 为其输出端；引脚 9、10、11、12 为第二个与非门的输入端，引脚 13 为其输出端。

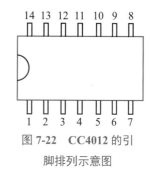

图 7-22　CC4012 的引脚排列示意图

调试前，应确保电路的连接正确，以免损坏器件或引起逻辑关系的混乱，导致调试结果不正确。CMOS 与门和与非门的多余输入端决不允许悬空，而应连接 $+V_{DD}$，电源电压切不可接反，输出端不允许直接接入 $+V_{DD}$ 或地，除了三态门外均不允许两个输出端并联使用。调试时，应先加 $+V_{DD}$，而后再加入输入信号。关机时，则应先切断输入信号，后断开 $+V_{DD}$。若采用专门的测试仪器进行调试，则所有的测试仪器外壳必须确保接地良好。若需焊接时，应切断 $+V_{DD}$，电烙铁外壳也必须接地良好，甚至在必要时应拔下电烙铁的电源插头，仅以其余热进行焊接。

调试过程中，将 4 个模拟开关接入某一个与非门的 4 个输入端，按照不同的组合来模拟输入"0""1"电平。输出端连接发光二极管，二极管的阳极通过限流电阻接 $+V_{DD}$，阴极则接入输出端。输出为"1"时，发光二极管不发光。输出为"0"时，发光二极管被点亮。若调试的最终结果与其逻辑功能相符，则表明被测的集成门电路性能正常。

CMOS 或门、或非门在使用时，除多余输入端应接地外，其余和与非门的接法相同。

② TTL 门电路的测试　测试方法与 CMOS 门电路基本相同，在测试时，不允许输出端直接接 +5V 电源或地，除 OC 门和三态门外，输出端不允许并联使用，否则会引起逻辑混乱或损坏器件。与门、与非门的多余端可悬空，但在应用时容易受到干扰，一般会采用串

联 1 ～ 10kΩ 电阻后接 $+V_{CC}$ 或直接接至 $+V_{CC}$ 来获得高电平。或门、或非门电路的多余输入端则只能接地。

实际应用中，TTL 器件的高速切换会导致电流跳变（其幅度为 4 ～ 5mA），该电流在公共走线上的压降会引起噪声干扰，所以要尽量缩短地线。具体的措施是，在电源输入端与地之间并联 1 个 100μF 的电解电容作低频滤波，并接一个 0.01 ～ 0.1μF 的电容作高频滤波。

③ 集电极开路门电路（OC 门）与三态门（TSL 门）调试

a. OC 门的调试。调试前，应先接好上拉电阻 R_C，R_C 阻值的选择应参考相关书籍或技术手册；OC 门的调试方法与非门的调试方法相同。

b. 三态门（TSL）的逻辑功能调试。TSL 除正常数据输入端外，还具有一个控制端（使能端）EN。对于控制端高电平有效的三态门，当 EN 为高电平时，TSL 与普通与非门无异。当 EN 为低电平（禁态）时，输出端对电源正、负极均呈高阻抗。还有一种控制端低电平有效的电路，即 EN 为低电平时，TSL 逻辑功能与普通与非门相同，EN 为高电平时，输出端呈高阻抗。

TSL 的调试方法和与非门基本相同，在输入端与使能端分别接入模拟开关，输出端接入发光二极管。当 EN 为有效电平时，测量输入、输出之间的逻辑关系。当 EN 为禁态时，则检测其输出端是否呈高阻抗的特性。

（2）时序逻辑电路的调试技术

这类电路的特点是，任意时刻的输出不仅取决于该时刻输入逻辑变量的状态，而且还和电路原来的状态有关，具有记忆功能。这类数字电路可分为两大类：一类由触发器或由触发器和门电路组成；另一类由中规模集成电路（如各类计数器、移位寄存器等）构成。

① 集成触发器的调试　集成触发器是组成时序电路的主要器件。静态调试主要是测试触发器的复位、置位、翻转功能；动态调试则是在时钟脉冲作用下，测试触发器的计数功能，用示波器观测电路各处波形的变化情况，并根据波形测定输出与输入信号之间的分频关系、输出脉冲上升和下降时间、触发灵敏度和抗干扰能力以及接入不同性质负载时对输出波形参数的影响。调试时，输入触发脉冲的宽度一般要大于几微秒，且脉冲的上升沿和下降沿要陡。

② 时序逻辑电路的静态调试　时序逻辑电路的静态调试主要测试电路的复位、置位功能；它也被称为"半动态测试"，因为测试时序逻辑电路的逻辑功能时，必须有动态的时钟脉冲加入，且输入信号既有电平信号，又有脉冲信号，所以称为"半动态测试"。其调试时的连线框图如图 7-23 所示。具体的调试步骤如下：

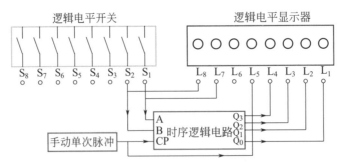

图 7-23　时序逻辑电路调试的连线框图

　　a. 将输入端分别接至逻辑电平开关，输入信号由逻辑电平开关提供；将时钟脉冲输入端 CP 接至手动单次脉冲输出端，时钟脉冲由能消除抖动的手动单次脉冲发生器来提供。

　　b. 将输入端、CP 端与输出端分别连接至逻辑电平显示器，连接时注意按照输出信号高、低位的排列顺序来连接。

　　c. 调试时，依次按照逻辑电平开关和手动单次脉冲按钮，从显示器上观察输入、输出状态的变化和转换情况；若全部转换情况均符合状态转换表（图）的设定，则该电路的逻辑功能符合要求。

　　③ 时序逻辑电路的动态调试　时序逻辑电路动态调试是指，在时钟脉冲的作用下，测试各输出端的状态是否满足功能表（图）的要求，用示波器观测各输入、输出端的波形，并记录、分析这些波形与时钟脉冲之间关系。

　　动态调试通常采用示波器进行观测。若所有输入端均接入适当的脉冲信号，则称为"全动态测试"。而一般情况下，多数属于半动态测试，全动态与半动态测试的区别在于，时钟脉冲改为由连续时钟脉冲信号源提供，输出则由示波器进行观测。动态调试的具体连接图如图 7-24 所示。工程实际中，一般均用全动态测试。该调试方法的具体步骤如下：

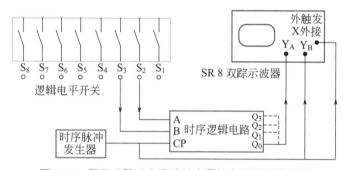

图 7-24　用示波器动态调试时序逻辑电路的连线框图

　　a. 将时序脉冲发生器接入时序逻辑电路的 CP 端，同时连接至 SR 8 双踪示波器的 Y_B 通道和外触发输入端，使示波器的触发信号为时钟脉冲信号。如此，在示波器屏幕观察到的两个信号波形都具有同一触发源（时钟脉冲 CP），使两个波形在时间关系上相对应。另外一种方法是，时钟脉冲信号仅接 Y_B 通道的输入端，而将"内触发式 Y_B"开关拉出，使示波器的触发信号以内触发方式取自 Y_B 通道。

　　b. 将输出端依次接到 Y_A，分别观察各输出端信号与时钟脉冲 CP 所对应的波形。由于 Y_B 通道内触发源取自 CP，故依次记录下的输出波形可保证与 CP 的波形在时间上完全对应。

　　c. 对记录下来的波形进行分析，判断被测电路功能是否正确，状态转换能否跟上时钟频率的变化。

　　"全动态测试"一般需用多踪示波器进行观测，将输入端、输出端、CP 端接至同一示波器上。如采用双踪示波器观测，则需注意整个调试过程均应以时钟脉冲 CP 作为触发源，使观测的波形具有准确的时间关系，以便得到正确的分析判断。

　　应用逻辑分析仪进行动态测试最为方便准确。它可对波形进行存储，并具有多种数制显示数据等功能；它是复杂数字电路分析、检测、调试及故障寻找非常有用的智能仪器，但其价格较昂贵。

④ 时序逻辑电路调试的实例　目前，时序逻辑电路大多由中等规模的集成电路构成；但早期的仪器设备中，是由触发器构成的。在维修时，会遇到这类电路的调试问题。现以常见的由 JK 触发器构成的二 - 十进制计数器为例，阐述其具体的调试方法与步骤，其电路如图 7-25 所示。

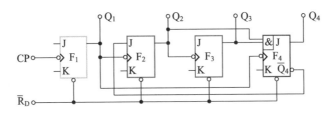

图 7-25　二 - 十进制计数器的电路图

二 - 十进制计数器是用二进制计数单元构成的十进制计数器。图 7-25 中，由 4 个 JK 触发器构成 8421 码编码的二 - 十进制计数器。触发器 F_4 的计数脉冲来自 Q_1，它的两个 J 输入端分别接到 Q_2 和 Q_3。在 F_4 触发器置 0 后，欲翻转为"1"状态，必须要到第 8 个脉冲后沿到来后，即 F_4 输出 Q_4 才能由"0"变为"1"。第 9 个脉冲输入后，计数器计数状态从 1000 变为 1001，第 10 个脉冲输入后计数器状态变成 0000。具体的调试步骤如下：

a. 首先，检查清零端能否将计数器清零。即 $\overline{R}_D$ 端为低电平时，所有触发器的输出为低电平。

b. 将 JK 触发器接成计数状态，在 CP 输入端接入 f=100kHz、正脉宽 τ =3μs 的脉冲信号，其余各输入端悬空（均为"1"），用示波器观察输出波形，比较输入、输出波形的周期，判断触发器有无二分频的功能。

c. 调节电源电压在 5V（±10%）范围内变化，重复上述二分频测试，观察 JK 触发器的作用是否正常。

d. 恢复电源电压为 5V，逐个检查各触发器 J、K、$\overline{R}_D$ 端是否良好。方法如下：在 CP 输入端仍接入脉冲信号，用示波器观察其输出波形，用一根接地线分别接触 J、K、$\overline{R}_D$ 端，Q 端若无输出波形，说明该输入端良好；反之，输出仍有波形，则说明该输入端有问题，已失去控制作用。

e. 再将电路清零，在 CP 端接入计数脉冲，用示波器观察 CP、Q_1、Q_2、Q_3、Q_4 波形，分析、判断该计数器的工作性能是否正常。

二十二、编码器电路

随着微电子技术的不断发展，单片集成器件所具有的逻辑功能越来越复杂，种类也越来越多。本节将介绍编码器、数据选择器和数据分配器、算术 / 逻辑运算单元。对于这些常用的集成组合逻辑电路，着重分析它们的功能及基本的应用方法。

通常，用文字、符号或数字表示特定对象的过程都可以叫作编码。日常生活中就经常遇到编码问题。例如，孩子出生时家长给其取名字，开运动会给运动员编号等，均属于编码；其中，孩子取名字用的是汉字，运动员编号用的是十进制数，而汉字、十进制数用电路实现起来比较困难，故在数字电路中不用它们编码，而是用二进制数进行编码，在编码电路中，相应的二进制数称作二进制代码。编码器即是实现编码操作的电路。本部分以 8421BCD 码编码器为例进行介绍。

1. 电路图

8421BCD 码编码器是一种用 4 位二进制代码对 10 个信号或数字进行编码的电路，如图 7-26 所示。

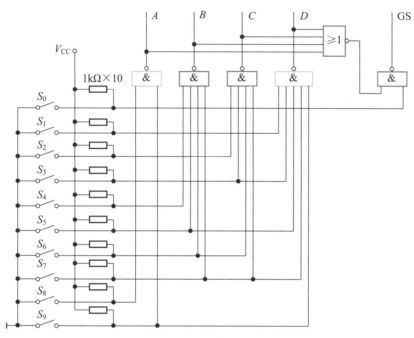

图 7-26　8421BCD 码编码器的电路原理图

2. 电路分析

由图 7-26 可知，该仪器的逻辑关系如下：

$$\begin{cases} A = \overline{S}_8 + \overline{S}_9 = \overline{S_8 S_9} \\ B = \overline{S}_4 + \overline{S}_5 + \overline{S}_6 + \overline{S}_7 = \overline{S_4 S_5 S_6 S_7} \\ C = \overline{S}_2 + \overline{S}_3 + \overline{S}_6 + \overline{S}_7 = \overline{S_2 S_3 S_6 S_7} \\ D = \overline{S}_1 + \overline{S}_3 + \overline{S}_5 + \overline{S}_7 + \overline{S}_9 = \overline{S_1 S_3 S_5} \end{cases} \tag{7-2}$$

由式（7-2）即可列出 8421BCD 码编码器的真值表，这里不再详述。

在图 7-26 中，GS 为使能控制输出标志，当按下 $S_0 \sim S_9$ 任意一个键时，GS=1，表示有信号输入；当 $S_0 \sim S_9$ 均未被按下时，GS=0，表示无信号输入，此时的输出代码 0000 为无效代码。

二十三、数据分配器电路

1. 电路图

图 7-27（a）是 8 路数据分配器的示意图，图中的开关位置由地址信号 A=$A_2 A_1 A_0$ 决定，其功能表可参阅相关的芯片技术手册，该数据分配器的逻辑关系图如 7-27（b）

所示。

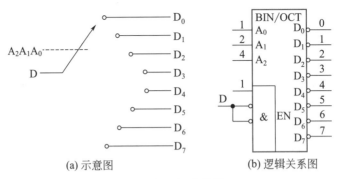

(a) 示意图　　　(b) 逻辑关系图

图 7-27　数据分配器

2. 电路分析

如图 7-27 所示，$A_2A_1A_0=000$，若 $D=1$，则译码器处于禁止状态输出，$\overline{Y_0}=D_0=1$；若 $D=0$，显然 $\overline{Y_0}=D_0=0$，从而实现了将 D 传送到 $\overline{Y_0}$ 端即 D_0 的目的。由于变量译码器可以不附加任何元件实现数据分配，故有时也把它称作数据分配器，并称 $A_0 \sim A_2$ 为地址变量。数据分配器常用定性符 DEMUX 表示。

二十四、集成数据选择器电路

1. 电路图

74151 是一种典型的集成 8 选 1 数据选择器，其引脚图和逻辑功能图如图 7-28 所示。

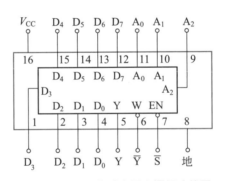

图 7-28　74151 的引脚图和逻辑功能图

2. 电路分析

如图 7-28 所示，74151 有 8 个数据输入端 $D_0 \sim D_7$，3 个地址输入端 A_2、A_1、A_0，2 个互补的输出端 Y 和 $\overline{Y}$，1 个使能输入 $\overline{S}$（又称选通输入端），它是低电平有效。74151 的引脚功能表详见相应的芯片数据手册，这里不再赘述。

当选通输入端 $\overline{S}$ 为 1 时，选择器禁止工作，输入数据和地址均无效；当选通输入端 $\overline{S}$ 为 0 时，选择器开始工作（使能工作），且有：

$$Y=D_0\overline{A_2}\,\overline{A_1}\,\overline{A_0}+D_1\overline{A_2}\,\overline{A_1}\,A_0+\ldots+D_6A_2A_1\overline{A_0}+D_7A_2A_1A_0 \tag{7-3}$$

二十五、数值比较器电路

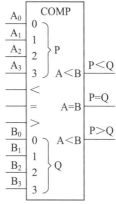

1. 电路图

该仪器是对 2 个位数相同的二进制数进行数值比较，以判定其大小关系的逻辑电路。图 7-29 为 4 位并行比较器的逻辑功能图。

2. 电路分析

图 7-29 中，"COMP"为比较器的编写符号。该比较器有 11 个输入端和 3 个输出端。它的功能是，当两个数比较时，首先比较最高位 A_3 和 B_3。若最高位不相等，则输出就由最高位决定，其余各位大小不影响比较结果；当两个数的高位相等时，则依次比较低位；当两个数相等（即 $A_3A_2A_1A_0=B_3B_2B_1B_0$）时，比较器的输出直接由 "<" "=" 和 ">" 这 3 个输出信号来决定。因此，这 3 个端可认为是比 A_0、B_0 更低位的比较结果，故常称其为级联输入端。当仅作 4 位二进制数比较时，可视具体情况在这 3 个输出端加适当的固定电平。目前，具有上述功能的典型芯片是 7485。

图 7-29　4 位并行比较器的逻辑功能图

  知识链接 组合逻辑电路的调试

组合逻辑电路的功能由真值表即可得出；调试工作就是通过试验来验证组合逻辑电路的功能是否与真值表相符合。

（1）组合逻辑电路的静态调试

组合逻辑电路静态调试，可根据如图 7-30 所示的电路进行连接，具体调试步骤如下。

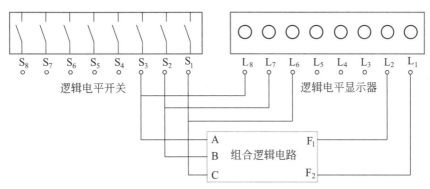

图 7-30　组合逻辑电路静态调试的连线框图

① 将电路的输入端分别接至逻辑电平开关。注意，按真值表中输入信号高低位顺序排列。

② 将电路的输入端和输出端分别连至逻辑电平显示器，分别显示电路的输入状态和输出状态。注意，输入信号的显示也按真值表中高低位的排列顺序，不可颠倒。

③ 根据真值表，用逻辑电平开关给出所有的状态组合，观察输出端的电平显示是否满足所设定的逻辑功能。

对于数码显示译码器，可在上述调试电路的基础上加接数字显示器。在数码显示译码器输入端送入规定的信号，显示器上应按真值表显示出规定的数码。否则，该电路有问题。

（2）组合逻辑电路的动态调试

动态调试是指根据要求，在组合逻辑电路输入端分别送入合适的信号，用脉冲示波器测试电路的输出响应。输入信号可由脉冲信号发生器或脉冲序列发生器产生。调试时，用脉冲示波器观察输出信号是否跟得上输入信号的变化，输出波形是否稳定并且是否符合输出输入逻辑关系。

（3）译码显示电路的调试

译码显示电路首先测试数码管各笔段工作是否正常。例如，共阴极 LED 显示器，可将阴极接地，再将各笔段通过 1kΩ 电阻接至电源正极 $+V_{DD}$，各笔段应发光。再在译码器的数据输入端依次输入 0000 ～ 1001 的数码，则显示器对应显示出 0 ～ 9 这 10 个数字。

译码显示电路常见故障所对应的分析判断如下：

① 数码显示器上某段总是"亮"而不灭，可能是译码器的输出信号幅度不正常或译码器工作不正常；

② 数码显示器上某段总是不"亮"，可能是数码管或译码器连接不正确或接触不良；

③ 数码显示器字符模糊，且不随输入信号变化而改变，可能是译码器的电源电压偏低、电路连线不正确或接触不良。

二十六、数控增益放大器电路

1. 电路图

图 7-31 是一种典型的数控增益放大器的电路原理图。图中，该电路以数控电阻网络替代了运放的反馈电阻，而该数控电阻网络的阻值是由 4 位二进制数来控制的，从而达到了 4 位二进数控增益（放大倍数）的目的。

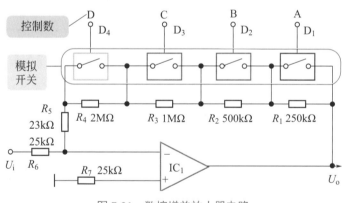

图 7-31　数控增益放大器电路

2. 电路分析

如图 7-31 所示，双向模拟开关 D_1 ～ D_4 及电阻 R_1 ～ R_5 构成一个数控电阻网络，数控输入端 A、B、C、D 则接入二进制控制数。也就是说，当某位控制数为"1"时，该位对应的模拟开关导通，相应的电阻被短路，从而实现了数字信号控制电阻网络阻值的功能。

表 7-4 是该放大器的控制数与增益（放大倍数）的对应关系表。

表 7-4　数控增益放大器的控制数与增益对应关系

控制数 ABCD	增益（放大倍数）	控制数 ABCD	增益（放大倍数）
0000	150	1000	70
0001	140	1001	60
0010	130	1010	50
0011	120	1011	40
0100	110	1100	30
0101	100	1101	20
0110	90	1110	10
0111	80	1111	1

二十七、数控频率振荡器电路

1. 电路图

图 7-32 是一种典型的数控频率振荡器的电路原理图。图中，该电路的振荡频率是由 4 位二进制数来控制的。

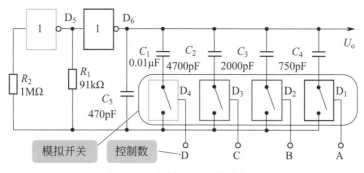

图 7-32　数控频率振荡器电路

2. 电路分析

如图 7-32 所示，双向模拟开关 $D_1 \sim D_4$ 及电容 $C_1 \sim C_4$ 构成一个数控电容网络，且该网络并联于振荡电容 C_5 上，$C_1 \sim C_4$ 是否接入网络则取决于 $D_1 \sim D_4$ 的导通与否，而 $D_1 \sim D_4$ 的导通与否受到 A、B、C、D 四个控制端输入的二进制数的调控。也就是说，在不同的 4 位二进制数下，$C_1 \sim C_4$ 的接入状态也不相同，从而实现了改变电路振荡频率的功能。

表 7-5 是该振荡器的控制数与振荡频率的对应关系表。

表 7-5 数控频率振荡器的控制数与振荡频率对应关系

控制数 ABCD	振荡频率 /Hz	控制数 ABCD	振荡频率 /Hz
0000	10k	1000	500
0001	4k	1001	450
0010	2k	1010	400
0011	1.5k	1011	360
0100	1k	1100	330
0101	850	1101	300
0110	700	1110	290
0111	600	1111	280

二十八、双通道音源选择器电路

1. 电路图

图 7-33 是基于双 4 路模块开关 CC4052 构成的双声道音源选择器的电路原理图，它常用于立体声放大器输入音源的选择。

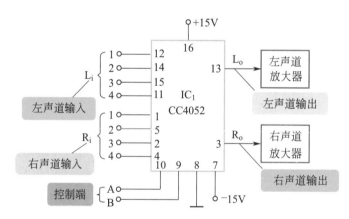

图 7-33 双声道音源选择器的电路原理图

2. 电路分析

如图 7-33 所示，该选择器的左、右声道均有 4 路输入端，各有 1 个输出端。A、B 为控制端，由 2 位二进制数来选择接入控制器的音源（其具体对应关系详见表 7-6）。被选中的左、右声道输入端信号分别接至各自的输出端（L_o、R_o 端），再送往后续电路进行放大等处理。

表 7-6 双声道音源选择器的控制端与输入端对应关系

控制端		接通的输入端
B	A	
0	0	1

220

续表

控制端		接通的输入端
B	A	
0	1	2
1	0	3
1	1	4

知识链接　逻辑控制电路的故障诊断

常用的查找数字电路故障的基本方法有直观诊断法、开路诊断法、对比诊断法、代换诊断法、电阻诊断法和示波器诊断法等。

① 直观诊断法是指不采用任何仪器设备，也不改动电路接线，直接观察电路表面来发现问题、诊断故障的方法。它包括静态观察和通电后观察；其中，静态观察也称为冷诊，观察电源是否接入电路，器件是否插对，引脚有无弯折、互碰情况，多余输入端的处理是否正确，布线是否合理，是否有相碰短路现象；通电后观察又称为热诊，观察电源是否短路，熔断器是否烧断，元器件是否发烫、冒烟等。一般明显的故障均可通过该诊断法来发现。

② 开路诊断法是将整个电路按电路结构或实现功能不同，分割成若干个相对独立的电路，分别通电测试，先找出有故障的部分，再采用万用表或逻辑笔找出故障的具体位置。例如，计数译码显示电路，可以分割成两个部分（计数器和译码显示电路）；先给计数器输入计数脉冲，观察其是否能正常工作，若能，再接入译码显示电路，测试电路能否正确译码、显示。该方法可快速确定故障范围、缩短诊断故障的时间。

③ 对比诊断法是怀疑某一部分电路存在故障时，可通过测量故障电路中各点信号，与正常电路逐项比较，从而较快地找到电路中不正常的信号，分析出故障原因并判断故障位置。

④ 代换诊断法是在故障比较隐蔽时（如集成器件性能下降），用测量逻辑电平或波形很难找出故障点，则可用相同型号的优质器件逐一替代可疑部件，再观察电路故障是否消除。应用该方法时应注意，务必是在断电情况下方可拔插、更换器件。

⑤ 电阻诊断法是电路通电后有明显异常现象（如元器件冒烟、发烫）时，为避免故障进一步扩散，必须尽快切断电源，采用电阻诊断法检查器件的输出端与电源是否有短路现象。该方法也可判断元器件的好坏及电路是否存在短路现象。

⑥ 示波器诊断法是应用示波器对故障点进行检测，它具有准确而迅速的优点；用示波器可以分析波形的质量（如上升沿、下降沿、脉冲幅度、有无毛刺以及脉冲频率等）。数字电路大多由门电路构成，由于多次门的输入、输出使特性变差，经常会使电路发生故障。例如，由于未能有效地抑制过度脉冲，使输出端产生不应有的窄脉冲，尽管很窄，也足以使后面的电路产生误动作，这种干扰脉冲只能通过示波器来发现、诊断。

（1）逻辑电平诊断法

逻辑电平诊断法类似电压检测法，由于数字电路只具有 0 和 1 两种对立的状态，因此其输入、输出电平也只有 2 种（即高电平与低电平）。在诊断数字电路的故障时，以万用表的电压挡测量有关引脚的高、低电平，再根据电路中输入、输出电平的变化来判断故障所在的部位。

数字逻辑电路的基本特性是：通常，数字电路的工作电压为 5V，而逻辑电压为 3.6V 或更低。因此，典型逻辑电平为 0V 和 3V，0V 表示逻辑 0，3V 表示逻辑 1。这意味着 3V 或高于 3V 的电压输入"或门"将输出"1"状态，而低于 3V 的电压输入（如 2V）将输出"0"状态，2～3V 之间的电压输入、输出是不确定的。

实例：影碟机不读碟的故障诊断

某台万利达 S223 型超级 VCD 影碟机，放入碟片后不能读出 TOC 目录，而显示"NO disc"提示。

① 故障诊断：检查发现装入碟片后主轴电动机不转动。观察激光头物镜有上、下聚焦动作，但斜视却看到无红色激光发出，判断故障出在 LD ON 控制、APC 电路或激光二极管本身。该机激光二极管发射控制电路如图 7-34 所示。其工作过程是，光盘入盒完毕，激光头复位后微处理器 ES4108F 便向数字信号处理和伺服电路 IC_3（OT1206）发出 LD ON（激光接通）指令，IC_3 接收到该指令后，处理成高电平控制信号由引脚 40 输出，送入 RF 放大电路 AN8803NSB（IC_1）的引脚 3，APC 电路启动，其引脚 2 输出的是低电平，使激光二极管发光。在播放光盘结束或无碟的情况下，IC_3 的引脚 40 输出一个低电平控制信号，使 IC_1 内的 APC 电路停止工作，引脚 2 输出的则是高电平，VT_1 变为截止状态，激光二极管停止发光。激光二极管 LD、光电二极管 PD、可调电阻 RP 与 IC_1 的引脚 1 内电路共同构成一个激光功率调整（APC）电路，PD 管将 LD 发射的激光功率变化量从 IC_1 的引脚 1 输入，经内部运算后，从引脚 2 输出调整激励电流，最终使通过 LD 中的电流稳定在设定的最佳值（40mA）。

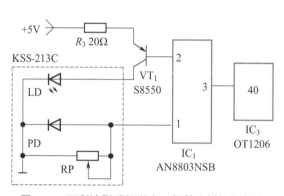

图 7-34　万利达影碟机激光二极管发射控制电路

② 故障排除：在聚焦搜索过程中测得 IC_1 的引脚 2 电压为 4.3V 高电平，说明 IC_1 无激光开启激励信号电压输出，进一步检测 IC_1 的引脚 3 电压为 0，而 IC_3 的引脚 40（LD ON 控制信号输出端）为 4.9V，为正常值，说明 IC_1 的引脚 3 至 IC_3 的引脚 40 之间存在开路点，仔细观察，发现 IC_3 的引脚 40 有一圈裂痕，补焊后再试机，故障即被排除。

（2）清零复位诊断法

复位是时序逻辑电路以及各种微处理器的初始化操作。时序逻辑电路在启动运行时，均需先复位，其作用是使微处理器（CPU）和系统中其他部件均处于一个确定的初始状态，并从这个状态开始工作。除了进入系统的正常初始化之外，当时序逻辑电路在运行出错或操作错误导致系统处于死锁状态时，也可按下复位键重新启动。因此，清零复位法是一个很重要的诊断方法，有些数字电路出现故障就是因为没有复位而引起的。

📓 实例：电磁灶不加热的故障诊断

某台美的 MC-PDD16 型电磁灶接通电源后，电源指示灯亮，但不加热，操作各键均无反应。

① 故障诊断：接通电源后电源指示灯亮，说明电源电路、主控电路等工作基本正常，判断可能是高频谐振、温度检测、锯齿波产生等电路存在故障，造成保护电路动作所致。拆开外壳，直观检查元件无异常现象，用表检查整流块、高频开关管等均正常，接通电源测各级电源输出（5V、10V、12V、18V）基本正常。再对温度检测、锯齿波产生及主控制电路进行检测，发现主控制集成块 IC_1 的引脚 4（复位端）为低电平，正常工作时应复位为高电平。接着，继续检查与该引脚有关的电路，发现 IC_1 的引脚 4 是与 C_3、IC_5 的引脚 14、IC_2 的引脚 5 相连接的，其具体电路如图 7-35 所示。

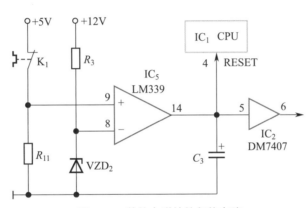

图 7-35　美的电磁灶的复位电路

② 故障排除：按先易后难的原则，先拆下 C_3 检查，正常。再用万用表测集成电路 IC_5 的引脚 8、9 的电压，发现其引脚 8（反相输入端）的电压略高于引脚 9 的正向输入端电压，控制引脚 14（输出端）一直为低电平，造成 IC_1 的引脚 4 为低电平。接着对 IC_5 的引脚 8 外接元件 R_3、VZD_2 进行检查，发现稳压二极管 VZD_2 性能不良，用一个 4.0V 稳压管换上后，该机恢复正常工作，故障被排除。

（3）数字集成电路的诊断方法

数字集成电路按电路所采用的器件不同，主要有 TTL 和 CMOS 两大系列。对于同样的门电路，TTL 与 CMOS 的结构完全不同。CMOS 电路具有电源电压范围宽、功耗小、输入阻抗高、逻辑摆幅大、扇出能力强、抗干扰和抗辐射能力强、温度稳定性好的特点，应用十分广泛；不足之处是工作速度较慢、输出电流较小。TTL 电路具有工作速度快、传输延迟时间短、工作频率高、输出电流大、抗杂散电磁场干扰能力强、稳定性和可靠性高的特点，应用范围很广，特别适用在高速数字系统中；不足之处是功耗较大、输入阻抗较低、电源电压范围窄（限定为 +5V）。

数字集成电路可分为组合逻辑电路和时序逻辑电路两大类。其中，组合逻辑电路由若干逻辑门构成，无存储电路，用于处理数字信号；时序逻辑电路除包含组合电路外，还含有存储电路，具有时序与记忆功能，并需要时钟信号驱动，主要用于产生 / 储存数字信号。

① 检测数字集成电路的通用方法　对有怀疑的数字集成电路可用如下的诊断方法：

a. 检测集成电路相关点的直流电压。若不正常，先检查电源端，找出故障点；若不是，再检查微型耦合电容、电路反馈电阻或开关晶体管等元器件。

b. 使用示波器检测时钟脉冲，计数器可测出其频率，对每个时钟脉冲输入端均要检查，因为集成电路必须在正确的时钟频率下才能正常工作。

时钟脉冲必须达到：ⓐ快速形成的方形波；ⓑ在输入电压为 5V 时，有 3.5 ～ 5.25V 的振幅；ⓒ可从波形和周期时间来计算出正确的频率。

c. 检测集成电路有无控制信号输入、输出，检查相关数据、地址线路，观察来自微处理器或控制芯片的指令是否正常。

② 数字集成电路内部的故障诊断方法　数字集成电路内部电路故障诊断通常包括如下几个方面：

a. 芯片击穿。它是指数字集成电路内部电路的某一对或某一组输入 / 输出引脚之间呈现完全导通（短路）状态（无论芯片的内部逻辑关系如何，均不应有输入 / 输出端之间完全导通现象），有时则表现为个别引脚或多个引脚与电源引脚或地线引脚存在直接导通的问题。出现短路故障时，特别是出现输入 / 输出引脚对电源或地线短路时，由于它的输出电流很大，因此它引起的故障现象是，不但自身的逻辑功能不正常，还常常将其输入或输出端固定为恒定电平，使得它的上一级输出芯片也出现逻辑错误。这种现象多出现在具有三态输入 / 输出的处理器芯片或总线驱动芯片之中。由于这类故障的最大特点是短路，所以使用万用表检查会比较方便。

b. 引线开路。在数字集成电路内部控制电路的故障中，封装内连接线开路是常见的形式之一。若输出引线断开、输出脚被悬浮，逻辑探头将指示出一个恒定的悬浮电平；若输入引线断开，则表现为功能不正常；若这些输出进入到三态总线，将引起逻辑混淆。

c. 引线短路。引线对地短路也是数字集成电路内部的常见故障。这种故障比较复杂，主要有如下几种。

ⓐ 输入端对地短路。这种现象常由集成电路内部的输入保护二极管损坏所致，表现为固定低电平。

ⓑ 输入或输出端对 V_{CC} 或地短路。这种短路将会影响与该点相连的全部输入和输出；或者使其保持在高电平（与 V_{CC} 短路），或者使其保持在低电平（与地短路）。

ⓒ 两个输出端短路。此时，这两端的激励信号可能正相反，一个企图将该点拉向高电平，而另一个企图将该点拉向低电平。当这两个输出端同时高或同时低时，短路点上的响应是正常的；但当有一个输出为低电平时，短路点就保持低电平。

d. 内部存储的数据与程序丢失。若数字集成电路内部存储的数据与程序丢失，将导致整机无法正常工作。例如采用 I^2C 总线控制的新型彩色显示器内的 E^2PROM 数据采用的是二进制编程文件，常用的方法是用存储器读写器拷贝正常机型的 E^2PROM 数据保存下来，供以后检修同类机型时（如怀疑数据有问题），可方便地对故障机的数据进行"复制"。现在大型的家电维修网站有一些彩色显示器 E^2PROM 数据可供免费下载，读者可自行下载备用。

实例：彩色电视剧频繁开关机的故障诊断

某台熊猫 2906 型彩色电视机，出现以 2s 左右的频率在开机和关机两种状态下反复进行。

a. 故障诊断：检查开关电源电路，各路负载未见异常现象。断开行输出电路，接上灯泡试验，灯泡呈闪烁异常状态，由此判断开关电源部分有故障。但对开关电源部分进行仔细检查却未见异常。后来查出 CPU（87CK38N-1P77）的引脚 7（电源控制端）存在高低电平转换异常的问题。正常时该引脚为低电平时开机，高电平时则关机，而检测该引脚的电压在 $0 \sim 4.5V$ 之间以 2s 左右的频率异常转换。但对 CPU 外围元件进行仔细检查并加以代换却无法排除该故障。于是怀疑此故障是软件出错造成的。因为软件数据出错常会引起一些奇怪的故障现象。

b. 故障排除：取一片空白 24C08 存储集成电路，插入总线数据读写仪上，调出电脑中熊猫 2906 的数据，通过仪器写入 24C08，装上试机一切恢复正常。说明本机故障确是原存储器内数据出错而引起的。

③ 数字集成电路外部元器件的故障诊断方法 数字集成电路由外部电路造成的故障有 4 种：引脚与 V_{CC} 或对地短路；两个引脚间短路；信号线开路；外部元件故障。

数字集成电路外部引脚与 V_{CC} 或地短路，则很难与数字集成电路内部引线与 V_{CC} 或地短路区分开来。这两种短路均会使短路引脚上始终保持高电平（与 V_{CC} 短路），或始终保持低电平（与地短路）。

微处理器（CPU）是各种自动控制系统的"大脑"，若 CPU 出问题，肯定会导致整个控制系统无法工作。查找含有 CPU 电器的电路故障时，先要检查 CPU 是否具备正常工作的外部条件，即 CPU 正常工作"外部四要素"：a. 检查 CPU 的供电，既要求 5V 电压值处于正常范围内，又要 5V 供电的平滑滤波不受干扰；b. 检查 CPU 的复位，要检查复位端的电压值是否明显异常，首先应判断外围复位电路有无故障，CPU 若得不到正常的复位电压，内部的程序不能工作；c. 检查 CPU 的振荡（OSC），在 CPU 的 OSC 引脚外围，一般均有一个晶振和两个瓷片电容，与内部电路一起作用，形成时钟振荡脉冲，若无振荡脉冲，CPU 则不能工作；d. 检查键盘输入电路，需检查键盘按键有无漏电，若漏电且漏电电压与某个按键按下时对应的电压基本相符，则 CPU 就会判断有按键按下，从而只执行该按键对应的指令而不执行别的指令。

实例：电冰箱制冷正常、但启动频繁的故障诊断

某台东芝 GR-185 型电冰箱制冷正常，但启动频繁。

a. 故障诊断：电冰箱能制冷，表明制冷系统包括压缩机等正常，故障可能发生在压缩机启动电路。相关的启动电路如图 7-36 所示。IC_1（包含 IC_{1-1} 和 IC_{1-2}）的引脚 5 电压为基准参考电压，正常时为 4V。引脚 4 的电压随冷藏室温度的变化而改变，温度变化通过温度传感器 RT_1 转换为电压信号，作为比较信号电压。当冷藏室温度上升时，RT_1 阻值下降，IC_1 的引脚 4 电压升高，当该电压高于引脚 5 的基准参考电压时，引脚 2 输出低电平。该低电平经 IC_2 反相，IC_2 的引脚 3 输出高电平，三极管 VQ_{811} 饱和导通，继电器 K_1 得电吸合，动合接点接通，压缩机受电启动制冷，冰箱内温度下降。

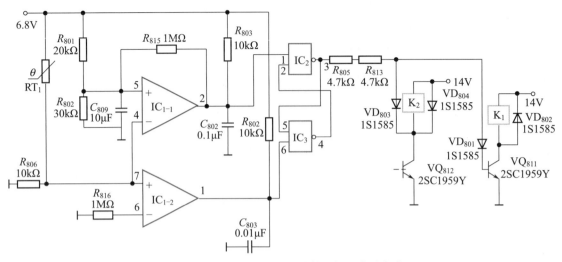

图 7-36 东芝 GR-185 型电冰箱的相关启动电路

　　b. 故障排除：因故障为启动频繁，故仅对启动电路的 IC₁ 的引脚 4、5 所接外围元件进行检查，先更换温度传感器 RT₁ 无效，而当更换电容 C_{809} 后故障消除。对拆下电容 C_{809} 进行检查，发现其漏电严重。

　　④ 外部干扰引发故障的诊断方法　在数字电路中大量地应用 CMOS 数字集成电路和数字模拟混合集成电路，当设备工作时这些器件同时工作会导致数字电路板内的电源电压和地电平波动，导致信号波形产生尖峰过冲或衰减振荡，造成数字集成电路的噪声容限下降而引起误动作。其原因首先是数字集成电路的开关电流在电源线、地线上形成的电压降与印制条和元器件引脚的分布电感所形成的感应电压降共同作用的结果。由于数字电子产品中有多条高频数字信号线，故电源和地线的干扰相当严重。其次，由于一部分 CMOS 电路是数字模拟混合器件（如 D/A 转换器件），根据 CMOS 的基本理论，数字和模拟电路集成在同一个类型芯片上，如只有数字部分电源 V_{DD} 供电，尽管模拟电源未接，V_{DD} 的电能会转换到模拟部分上，V_{DD} 电压依然会出现于模拟电源 V_{CC} 引脚上。同样，V_{DD} 上存在的噪声也会出现在 V_{CC} 上，由于 V_{DD} 和 V_{CC} 上的噪声作用造成数模混合电路动态范围下降，影响整机的性能。

　　另外，在数字信号处理系统中，时钟信号和数字信号传输因其传输线路始端和终端的阻抗不匹配，将导致所传输信号在阻抗不连续处产生反射，使传输的信号波形出现上冲、下降和振荡。反射还会降低器件的噪声容限，加大延迟时间，例如，传输线传输时间与所传输的延迟时间大致相同，引起的反射会带来严重后果，有的使传输的信息产生错误，有的使电压超过电路的极限值而影响电路的正常工作。

　　■ 实例：空调偶尔启动但无法持续工作的故障诊断

　　某台格力 KFR-50LW/EF 型空调，电源灯亮、压缩机工作指示灯不亮、室外机不启动，偶尔启动一下，很快即停机。

　　a. 故障诊断：因该机无故障自诊功能，不显示故障代码。在查找电路故障时先将工作模式调至送风，按风速键，风速大小能调，说明室内 CPU 正常，应重点检查室外机。

经分析压缩机指示灯不亮，是处于保护状态，结合空调有时能启动一下，分析可能有接触不良情况。将所有插头重插了一遍，并用万用表检测发现有一个瓷片电容 C_{101} 因引脚过长，线路板在密封时未能封住，长期氧化使其一端引脚锈断。C_{101} 为空调通信线路的抗干扰电容，用同型号电容更换后，试机能工作了，但随着工作电流的加大，室内的空气开关发出"吱吱"声，空气开关有接触不良现象，这才是空调不工作的真正原因。

　　b. 故障排除：因电容 C_{101} 的损坏使通信线路抗干扰能力下降，由于空气开关接触不良而产生杂波干扰 CPU，而产生本故障，更换空气开关后故障排除。

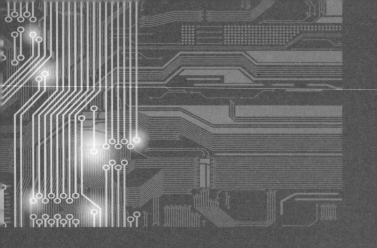

第八章 08

照明、光控电路

一、门控电灯开关电路

1. 电路图

夜晚归家、打开大门后,若是再摸黑寻找电灯开关是极不方便的,如图 8-1(a)所示的门控电灯开关,可以解决这一个问题。在人员夜晚归家、打开大门后,室内电灯会立即自动点亮。

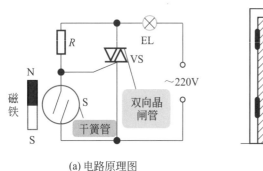

(a) 电路原理图

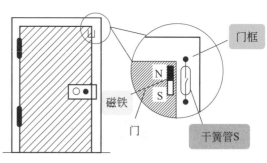

(b) 干簧管与磁铁的相互位置

图 8-1 门控电灯开关的电路原理图

图 8-1(a)中,该开关由双向晶闸管 VS、干簧管 S 等构成一个门控无触点开关,以控制照明灯 EL 的交流电源。

2. 电路分析

如图 8-1(a)所示,该开关的门控部分由常开触点(干簧管 S)与永久磁铁构成,S 安装于门框上,永久磁铁则安装于门上靠近 S 的位置[图 8-1(b)]。

大门闭合时,磁铁靠近 S,使其触点闭合,将双向晶闸管 VS 的控制极短路,VS 因无触发电压而截止，照明灯 EL 不亮；大门被打开时，磁铁远离 S，S 的触点断开，电源电压经触发电阻 R 加至 VS 的控制极，VS 因获得触发电压而导通，EL 被点亮。

二、红外线探测自动开关电路

1. 电路图

图 8-2 是一种实用的红外线探测自动开关的电路原理图，此开关可用于自动干手器、自动洗手器、报警器等电子设备之中。图中，该开关的控制对象为继电器 KA，主要功能是，当光线受到阻挡时，KA 吸合，控制负载设备。该开关的基本控制原理是，采用一体化红外发射接收头 TLP947 作为探测元件，经运算放大器 A 来控制 KA 的动作。此外，该开关还具有保护器件（二极管 VD），以保护 A 免受 KA 反向电动势的损害。

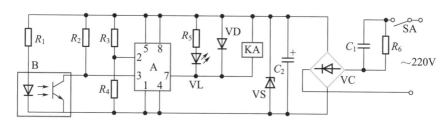

图 8-2　红外线探测自动开关的电路原理图

图 8-2 中，该自动开关主要由如下几部分构成。

① 探测电路：由红外发射接收头 B 和电阻 R_1、R_2 构成。

② 电压比较器：由集成运算放大器 A 和电阻 R_3、R_4 构成。

③ 执行与控制电路：由中间继电器 KA（执行元件）和发光二极管 VL（指示灯）、限流电阻 R_5 构成。

④ 直流电源：由电容 C_1、整流桥 VC、稳压管 VS 和电容 C_2 构成。

该自动开关的主要元器件的选用如表 8-1 所示。

表 8-1　红外线探测自动开关主要元器件的选用

代号	名称	型号规格	数量
SA	开关	KN5-1	1
B	红外发射接收头	TLP947	1
A	运算放大器	LM311	1
VL	发光二极管	LED702、2EF601、BT201 均可	1
VS	稳压管	2CW60 U_z=11.5～12.5V	1
VD	二极管	1N4001	1
VC	整流桥	1N4007	4
KA	继电器	JRX-13F DC12V	1
R_1	金属膜电阻	RJ-2kΩ 1/2W	1
R_2、R_3	金属膜电阻	RJ-240kΩ 1/2W	2

续表

代号	名称	型号规格	数量
R_4	金属膜电阻	RJ-62kΩ 1/2W	1
R_5	碳膜电阻	RT-1.2kΩ 1/2W	1
R_6	碳膜电阻	RT-1MΩ 1/2W	1
C_1	电容	CBB22 0.47μF 630V	1
C_2	电解电容	CD11 220μF 16V	1

2. 电路分析

接通电源后，市电交流220V经C_1降压、VC整流、C_2滤波、VS稳压后，向A和B提供一个12V的直流电压。

正常情况下，B中的发光二极管导通，发出红外光，B中的光电三极管则接收来自发光二极管的光线而导通，其集电极与发射极之间的电阻很小，A的引脚3为低电平（其电压比引脚2的2.5V还低很多），A的引脚7输出为高电平，KA不吸合，VL不被点亮。当LED发出的光线被遮挡或减小时，光电三极管的集电极与发射极之间的电阻陡然增大，A的引脚3电位变得高于引脚2的电位，A的引脚7输出变为低电平（约0V），KA因得电而吸合，其触点将带动负载设备进行工作，同时，VL被点亮，负载设备处于工作状态。

3. 电路调试

暂时断开红外发射接收头B中的光电三极管集电极的引出线，在运算放大器A的引脚3与负极之间串联一个几百千欧的电位器RP，接通电源后，以万用表测量稳压管VS两端的电压，正常时应有约12V的直流电压。调节电位器RP，中间继电器KA能顺利地吸合与释放，同时发光二极管VL会被点亮或熄灭，这表明电压比较器性能正常。再恢复断开的引出线，拆除RP，接通电源，正常时，KA不吸合，若光线被阻挡，则KA吸合。

改变R_4的阻值，可调节该自动开关的灵敏度，也即改变了红外线的测试距离。适当减小R_1的阻值，也可提高灵敏度。

由于该开关的全部元器件均处于电网电压下，故安装、调试、使用时必须注意安全。

三、基于NE555的多功能照明控制器电路

1. 电路图

图8-3是一种实用的、基于NE555型时基集成电路而构成的多功能照明控制器的电路原理图。此多功能照明控制器具有室内微光照明、定时照明与调光等功能，适用于楼道、走廊等地点的照明，可以避免使用普通灯泡由于无人管理而出现的长明灯现象，能够节省电能。

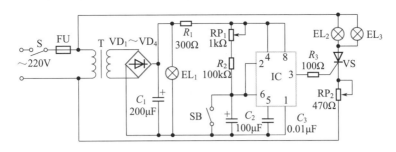

图 8-3　多功能照明控制器的电路原理图

如图 8-3 所示，该控制器由电源电路、节电延时开关电路和调光电路等几部分组成。其中，电源电路由电源开关 S、熔断器 FU、电源变压器 T、整流二极管 $VD_1 \sim VD_4$、滤波电容 C_1、限流电阻 R_1 等构成；节电延时开关电路由时基集成电路 IC 及控制按钮 SB、电位器 RP_1、电阻 R_2 和电容 C_2 与 C_3 等外围元件构成；调光电路由晶闸管 VS、灯泡 EL_2 与 EL_3 和电位器 RP_2 构成。

该控制器的主要元器件的选用如表 8-2 所示。

表 8-2　多功能照明控制器主要元器件的选用

代号	名称	型号规格	数量
IC	时基集成电路	NE555	1
VS	晶闸管	MCR100-6	1
T	电源变压器	3 ～ 5W、6V	1
$VD_1 \sim VD_4$	整流二极管	1N4007	4

2. 电路分析

在图 8-3 中，接通电源后，控制按钮 SB 被按下时，IC 被置位，其输出端（引脚 3）输出为高电平，使晶闸管受触发而导通，驱动灯泡 EL_2、EL_3 发亮。SB 被断开后，6V 直流电压通过 RP_1、R_2 向 C_2 充电，当该充电电压升高至 $2V_{DD}/3$ 阈值时，IC 被复位，其引脚 3 的输出变为低电平，使 EL_2、EL_3 熄灭。

若 SB 再次被按下，则定时电路被启动，EL_2、EL_3 再次被点亮，而定时时间取决于 RP_1、R_2 向 C_2 充电的时间。通电工作时，调节 RP_1 的阻值或改变 C_2 的容量，均可改变定时时间的长短。举例来说，若 RP_1 为 1MΩ、C_2 为 100μF，则定时时间为 2min；若 RP_1 为 10MΩ、C_2 为 100μF，则定时时间为 19min；若 RP_1 为 1MΩ、C_2 为 200μF，则定时时间为 32min。

而调节 RP_2 的大小，则可改变晶闸管电路中的电压降，即调节灯泡 EL_2、EL_3 的亮度，从而实现了无级调速的功能；另外，EL_1 可用于电视辅助灯或床头灯。

3. 电路调试

本节的多功能照明控制器的优点是电路结构简单，无须调试即可通电正常工作。安装时，常将焊接好的印制电路板置于自制的塑料机盒之中，在控制面板的相应位置固定电位

器 RP_1、RP_2 即可。实际应用时，常将该控制器固定于墙壁上，再通过电线与 $EL_1 \sim EL_3$、控制按钮 SB 相连接。

四、歌舞厅自动补光器电路

1. 电路图

图 8-4 是一种实用的歌舞厅自动补光器的电路原理图。图中，该补光器的控制对象为辅助照明灯 EL，其主要功能为，当舞厅内灯光偏暗时，EL 自动点亮，且舞厅内灯光偏暗越严重，EL 灯光的亮度越大，从而使舞厅内灯光自动保持一定的亮度。

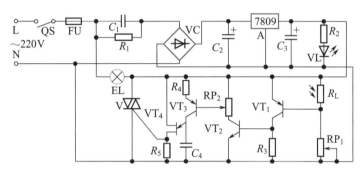

图 8-4　歌舞厅自动补光器的电路原理图

该补光器主要由如下几部分组成。

① 主电路：由电源开关 QS、熔断器 FU、双向晶闸管 V（兼作控制元件）和灯（或灯组）EL 构成。

② 直流电源电路：由电容 $C_1 \sim C_3$、整流桥 VC 和三端固定稳压电源 A 构成。

③ 控制电路：由探测元件（光敏电阻 R_L）、三极管控制电路和单结晶体管 VT_4 等构成的触发电路及执行元件（双向晶闸管 V）构成。

④ 其他电路：电阻 R_1 为安全保护元件，为 C_1 的放电电阻，其阻值范围是 510kΩ $\sim$ 1.5MΩ；当切断 220V 电源时，若无 R_1，则 C_1 的带电时间较长，人体一旦接触 C_1 即会受到电击；若有 R_1，则 C_1 上的电荷可通过 R_1 迅速释放。发光二极管 VL 为指示灯，用以指示 9V 直流电源是否正常。电阻 R_2 为限流电阻，以限制流过 VL 的电流不超过 10mA。

该补光器的主要元器件的选用如表 8-3 所示。

表 8-3　歌舞厅自动补光器主要元器件的选用

代号	名称	型号规格	数量
QS	开关	DZ12-60/1 20A	1
FU	熔断器	RL1-15/10A	1
V	双向晶闸管	KS10A 600V	1
A	三端固定稳压电源	7809	1
VT_1、VT_3	三极管	9015 $\beta \geqslant 50$	2
VT_2	三极管	9014 $\beta \geqslant 50$	1

续表

代号	名称	型号规格	数量
VC	整流桥	QL0.5A/50V	1
R_L	光敏电阻	MG41～MG45	1
VT_4	单结晶体管	BT33 $\eta \geq 0.6$	1
VL	发光二极管	LED702、2EF601、BT201 均可	1
R_1	碳膜电阻	RT-510kΩ 1/2W	1
R_2、R_5	碳膜电阻	RT-1kΩ 1/2W	2
R_3	金属膜电阻	RJ-10kΩ 1/2W	1
R_4	金属膜电阻	RJ-5.1kΩ 1/2W	1
RP_1	电位器	WS-0.5W 2.2MΩ	1
RP_2	电位器	WS-0.5W 22kΩ	1
C_1	电容	CBB22 0.68μF 630V	1
C_2、C_3	电解电容	CD11 100μF 16V	2
C_4	电容	CBB22 0.22μF 63V	1

2. 电路分析

由图 8-4 可知，电源开关 QS 闭合后，市电交流 220V 经 C_1 降压、VC 整流、C_2 和 C_3 滤波、A 稳压后，为控制电路提供一个 9V 的直流电压。

若舞厅内全黑，R_L 无法得到光照，其阻值极大，VT_1 和 VT_3（均为 PNP 型）得到足够的基极负偏置电压而导通，VT_2（NPN 型）也得到足够的基极正偏置电压而导通，C_4 通过 R_4 充电，直至 C_4 上的电压达到 VT_4 的峰点电压 U_p 时，VT_4 导通，并在电阻 R_5 上产生电压降，当 C_4 经 VT_4 射 - 基结和 R_5 放电完毕后，VT_4 又被截止，C_4 又被充电。C_4 充电速度很快，则在 R_5 上出现一系列脉冲电压，并加至 V 的控制极，V 全导通，照明灯 EL 两端被施加约 220V 的交流电压，全被点亮。

若舞厅内光线偏暗（或偏亮）时，R_L 上接收到一定的光照，使 R_L 具有一定的阻值，VT_1 具有适当的基极偏置电压，VT_1 和 VT_2 均处于非饱和导通状态，VT_3 的基极通过 RP_1 和 VT_2 集 - 射结的电阻分压，得到适当的基极偏置电压而处于非饱和导通状态。C_4 经 R_4、VT_3 的集 - 射结而充电，且充放电过程与前面类似，但充放电的速度较慢，R_5 上也形成一系列变化较慢的脉冲电压，即存在一定的导通角 α（舞厅内光线越暗，则 α 越大），V 非饱和导通（等效于 V 两端产生一定的电压降），照明灯 EL 两端被施加了一定的电压，产生一定的亮度。由此，EL 可根据舞厅内灯光的亮度而变化，实现了自动补光的功能。

3. 电路调试

接通电源后，以万用表测量电容 C_3 两端的电压，正常时约为 9V 直流电压，发光二极管亮度也正常。将光敏电阻遮挡起来，则正常时 EL 应全亮，且 EL 两端的电压约为 220V。若 EL 不亮或未全亮，可调节电位器 RP_1 和 RP_2，也可减小 R_4、C_4 的值，进行调试。

　　再将 R_L 通过少量光线，观察 EL 的亮度是否有所下降，若 EL 能够随 R_L 受光量而改变，则表明该控制器性能正常。

　　最后，确定 RP_1 滑动臂的位置：将舞厅内灯光调节至标准亮度，再调节 RP_1，必要时还要适当调节 RP_2，使 EL 不亮。经过上述调整，该控制器便可根据舞厅内灯光的亮度变化而自行补光。

五、基于 TT6061 的触摸式四挡调光照明控制器电路

1. 电路图

　　图 8-5 是触摸式四挡调光照明控制器的电路原理图，它是基于 TT6061 型四挡步进式触摸调光专业集成电路而构成的，图中，该控制器可通过触摸电极片实现照明灯具的四挡调光控制，由于它能在恶劣温度（-40 ～ 85℃）下稳定可靠地工作，故常用于野外低温环境之中。

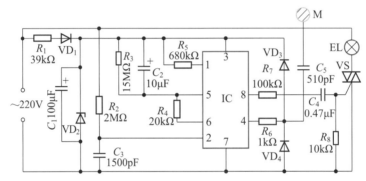

图 8-5　触摸式四挡调光照明控制器的电路原理图

　　图 8-5 中，该控制器主要由电源电路、触摸控制电路和控制执行电路等几部分组成。其中，电源电路由降压电阻 R_1、整流二极管 VD_1、滤波电容 C_1 和稳压二极管 VD_2 构成；触摸控制电路由触摸电极片 M、隔离电容 C_5、四挡步进式触摸调光专业集成电路 TT6061（即 IC）及保护二极管 VD_3 与 VD_4 等外围元件构成；控制执行电路则由双向晶闸管 VS 和照明灯具 EL 等组成。该控制器的主要元器件的选用如表 8-4 所示。

表 8-4　触摸式四挡调光照明控制器主要元器件的选用

代号	名称	型号规格	数量
IC	四挡步进式触摸调光专业集成电路	TT6061	1
VS	小型塑封双向晶闸管	3CTSA、MAC94A4、MAC97A6	1
VD_1	整流二极管	1N4007	1
VD_2	稳压二极管	1N5999	1
VD_3、VD_4	开关二极管	1N4148	2
EL	白炽灯泡	60W	1

2. 电路分析

如图 8-5 所示，接通电源后，M 无人触摸时，IC 的引脚 8 无触发脉冲输出，VS 处于截止状态，照明灯具 EL 不会被点亮。M 有人触摸时，人体感应的杂波信号经隔离电容 C_5 送入 IC 的感应信号输入端（引脚 4），经 IC 内部电路处理后，再由其引脚 8 输出一个触发信号，该触发信号经 C_4、R_7 加至 VS 的触发端，通过改变 VS 的导通角来实现 EL 的调光控制。

由此，每一次触摸 M，即可控制照明灯具 EL 按照"弱光→中光→强光→关断→弱光"的顺序无限循环变化。

3. 电路调试

本节的触摸式四挡调光照明控制器适用于两种交流电网（220V/50Hz 和 110V/60Hz）；若用于 110V/60Hz 交流电网，只需将图 8-5 中的 R_1 变为 20kΩ（2W）的电阻、R_5 的阻值变为 500kΩ 即可。

由于该控制器的电路结构简单，故安装完毕后，通常无须调试即可通电正常使用。

六、基于双向晶闸管的白炽灯寿命延时电路

1. 电路图

图 8-6 是一种实用的基于双向晶闸管的白炽灯寿命延时电路，图中，它采用二级供电方式，第一级半波、第二级全波。

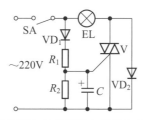

图 8-6　基于双向晶闸管的白炽灯寿命延时电路

图 8-6 中，该电路的控制对象为白炽灯 EL，其基本功能是，避免冷态启动的瞬间冲击电流的影响，延长白炽灯的使用寿命。

由图 8-6 可知，该控制器主要由如下几个部分组成。

① 主电路：由开关 SA、双向晶闸管 V（兼作控制元件）和灯具 EL 等构成。二极管 VD_2 仅在启动阶段起到预热的作用。

② 控制电路：由二极管 VD_1、电阻 R_1 与 R_2、电容 C、双向晶闸管 V 构成。

该电路的主要元器件的选用如表 8-5 所示。

表 8-5　基于双向晶闸管的白炽灯寿命延时电路主要元器件的选用

代号	名称	型号规格	数量
SA	开关	86 型 250V 10A	1
V	双向晶闸管	KS1A 400V	1
VD_1、VD_2	二极管	1N4004	2

续表

代号	名称	型号规格	数量
R_1	金属膜电阻	RJ-220kΩ 1/2W	1
R_2	金属膜电阻	RJ-10kΩ 1/2W	1
C	电解电容	CD11 50μF 16V	1

2. 电路分析

闭合 SA 的瞬间，C 上的电压为 0V，V 因无触发电压而截止，电源经 VD_2 半波整流，故流过灯泡 EL 的电流小，EL 发出弱光（灯泡上的电压 $U_{EL}=0.45U=0.45\times220V=99V$）。

同时，电压又经 VD_1、R_1 向 C 充电，经过约 0.6s 的延时，C 上的电压可达到 V 的触发阈值，使 V 导通，EL 被正常点亮。

3. 电路调试

该电路的延时时间取决于 R_1、C 的值，可根据具体的应用要求而选择二者的参数。电阻 R_2 的阻值不宜过大，以防 C 开路或损坏时过高的控制极电压将双向晶闸管 V 损坏。

注意

由于该电路的全部元器件均处于电网电压之下，故在安装、调试、使用时尤其需要注意安全。

七、低压石英灯调光电路

石英灯是一种新颖时尚的灯具，它通常采用 12V 的石英灯泡，其优点是亮度高、功耗小、寿命长、安全可靠等。

1. 电路图

图 8-7 是一种典型的低压石英灯调光电路，它可控制石英灯的亮度在微亮到全亮之间连续可调。图中，VS 为晶闸管，VD_5 为触发二极管，EL 为 12V 石英灯泡，T 为电源变压器；电阻 R_1、电位器 RP 和电容 C_1 构成一个延时电路，与 VD_5 共同形成一个触发低压 U_G。

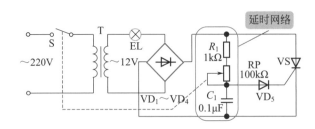

图 8-7　低压石英灯调光电路

2. 电路分析

如图 8-7 所示，接通电源后，T 次级的 12V、50Hz 交流电压经二极管 $VD_1 \sim VD_4$ 桥式整流为 100Hz 的脉动电流，每半个周期开始时通过 R_1、RP 向 C_1 充电，由于充电电流很小，不足以使石英灯 EL 发光。随着充电过程的持续，当 C_1 上电压达到 VD_5 的导通电压时，VD_5 输出一个触发电压 U_G，使单结晶闸管 VS 导通，EL 发光。当交流电压过零时 VS 关断，下一个半周期开始时再重复上述过程。

当 R_1+RP 的阻值较小时，C_1 充电时间 t 较短，VS 的导通角较大，EL 上获得较大的电压，发光较亮；当 R_1+RP 的阻值较大时，C_1 充电时间 t 较长，VS 的导通角较小，EL 上获得较小的电压，发光较暗。因此，调节电位器 RP 即可改变晶闸管的导通角，从而实现调光的功能。

八、智能节电楼道灯电路

声光楼道灯属于智能灯具，它只在夜晚有人时才亮灯，既能满足照明需要，又能最大限度地节约电能。这种灯主要用于公寓楼、办公楼、教学楼等公共场所，也可作为行人较少的小街巷的路灯，有助于节约电能。

1. 电路图

图 8-8 是一种典型的智能节能型声光控楼道灯的电路原理图，它包括声控电路、延时电路、光控电路、逻辑控制电路、电子开关等部分。

2. 电路分析

① 声控电路 如图 8-8 所示，该单元电路由拾音电路 BM 和电压放大器（D_1、D_2、D_3）等构成。声音信号（如脚步声、讲话声等）由 BM 接收并转换为电信号，经电压放大器放大后输出。

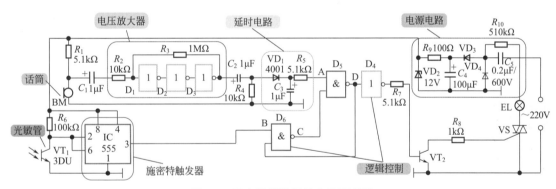

图 8-8 声光控楼道灯的电路原理图

其中，电压放大器由 3 个 CMOS 与非门 D_1、D_2、D_3 串联而成，R_3 为反馈电阻，R_2 为输入电阻，电压放大倍数 $A=R_3/R_2=100$。改变 R_3 或 R_2 即可改变 A。采用 CMOS 与非门来构成电压放大器，可确保电路结构简单、增益较高且功耗极低，故该电压放大器适用于小信号的电压放大。

② 延时电路 因为楼道灯无法随声音的有无而一亮一灭，而是应维持照明一段时间，故必须配备延时电路，本节的楼道灯是由 VD_1、C_3、R_5 及 D_5 的输入阻抗共同构成一个延时电路。

有声音信号时，电压放大器的输出电压通过 VD_1 使 C_3 迅速充满电，使后续电路开始工作。声音信号消失后，由于 VD_1 的隔离作用，C_3 只能通过 R_5 和 D_5 的输入端放电，由于 CMOS 非门电路的输入阻抗为几十兆欧，故放电过程极其缓慢，实现了延时功能，延时时间约为 30s，并可通过改变 C_3 的容量来调节延时时间。

③ 光控电路　为确保声光控楼道灯在白天不会被点亮，由光敏晶体管 VT_1 和 555 时基电路 IC 等组成一个光控电路；在夜晚无光环境中，VT_1 截止，IC 的输出为低电平。而在白天光线较强的环境中，VT_1 导通，IC 的输出为高电平。

④ 逻辑控制电路　图 8-8 中的逻辑控制电路是由与非门 D_5、D_6 等构成的。声光控楼道灯需满足如下的逻辑关系。

a. 白天，无论有无声音信号，整个楼道灯系统不工作。这种情况下，光控电路的输出端（B 点）为高电平，楼道灯未被点亮，故 D 点也为高电平，D_6 的输出端（C 点）为低电平，关闭了 D_5，此时，无论声控延时电路的输出如何，D_5 的输出端（D 点）恒为高电平，EL 不亮。

b. 夜晚，有一定响度的声音时，楼道灯打开；声音消失后，楼道灯需延时一段时间后再关闭。这种情况下，B 点输出为低电平，C 点输出为高电平，打开了 D_5，D_5 的输出状态由声控延时电路来决定。有声音时，声控延时电路的输出端（A 点）为高电平，D_5 输出端（D 点）变为低电平，使电子开关导通，EL 被点亮；声音信号消失后，还会再延时一段时间，A 点才变为低电平，EL 熄灭。

c. 该楼道灯点亮后，不会被误认为是白天。EL 点亮时，D 点的低电平同时加至 D_6 的另一个输入端将其关闭，使 B 点的光控信号无法通过，此时，即使 EL 的光线照射至 VT_1 上，系统亦不会误认为是白天，而使 EL 被点亮后立即关断。

由电容 C_5、整流二极管 VD_3 和 VD_4、稳压二极管 VD_2 等构成一个电容降压整流电路，为控制电路提供 +12V 的工作电压。

九、16W 高效电子节能荧光灯电路

1. 电路图

图 8-9 是一种实用的 16W 高效电子节能荧光灯的电路原理图。

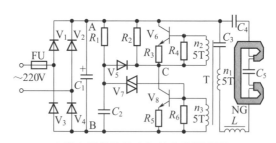

图 8-9　16W 高效电子节能荧光灯的电路原理图

该荧光灯的主要元器件的选用如下。

在图 8-9 中，V_1 ~ V_5 为小功率二极管，可选用 1N4007、1N5414 型整流二极管；V_7 为双向触发二极管，选用国产 2CTS 型双向触发二极管，选其转折电压为 16 ~ 30V，要求双向特性一致；V_6、V_8 为硅 NPN 双极型大功率塑封晶体管 MJE13003，要求其集电极与发射极耐压大于 400V，集电极与基极反向电压大于 500V，且要求两管特性一致，$\beta \geqslant 20$ ~ 40；C_1 选用 4.7μF、400V 小型电解电容；C_2 为 0.022μF、63V 小型涤纶电容；

C_3 为 2200pF、400V 小型涤纶电容；C_4 为 0.047μF、630V 小型 CBB 聚丙烯电容；C_5 选用 4700pF、630V 小型涤纶电容，它安装于灯管内部；R_1 选用 680kΩ 1/4W 小型碳膜电阻，R_3、R_5 可选用 2Ω 1W 小型碳膜电阻；R_2 选用 300kΩ 1/4W 小型碳膜电阻；R_4、R_6 为 51Ω 1/4W 小型碳膜电阻。

振荡变压器 T 可选内径为 4mm、外径为 7mm、高 4mm 的锰锌铁氧体磁环 2 个，并通过磁芯配对选择仪挑选。其中 3 个绕组选用 ϕ 0.8mm 的单股铜塑料线绕制，先在两个磁环上各穿绕 5 匝，绕向、绕法需一致。2 个磁环绕好后，将 2 个磁环没有绕线的一侧互相靠在一起，即可制成振荡变压器。

L 为非饱和漏磁镇流器，选用 "E" 形锰锌铁氧体磁芯，再选 1 个与磁芯配套的塑料线圈骨架。可选 ϕ 0.31mm 的高强度漆包线在线圈骨架上密绕 250 匝，线圈绕好后固定 2 个出线端头，再在线圈中镶入两个 "E" 形磁芯，并在两个磁芯的气隙中垫入 0.2 ～ 0.5mm 的绝缘纸，需以胶水粘牢。

2. 电路分析

如图 8-9 所示，它是一种触发二极管启动式串联推挽振荡逆变电路。V_1 ～ V_4 整流电路与 V_6、V_8 两个大功率开关管构成主体开关电路。振荡变压器 T 的线匝 n_1 与 n_2 及 n_1 与 n_3 的比为 1:1，相当于大功率镇流器的匝数比。如此设计的好处是：①三极管的基极可得到较高的激励功率；②振荡电路容易起振；③两个大功率开关管可工作于深度饱和状态，三极管的工作温度较低，省去了散热片。另外，两个大功率三极管基极与发射极之间并联的 R_4、R_6 可使推动电压的稳定性提高，避免三极管的基极受浪涌脉冲电压的影响而被击穿。

3. 电路调试

按图 8-9 所示的电路结构及元器件尺寸设计印制电路板，并将元器件逐一焊接好。待整个电路安装完毕且无短路（或断路）时，方可通电调试。

调试时，电子镇流器输出端插上 16W2D 型荧光灯管，输入端串联 100mA 交流电流表，并引入 220V 交流电压。正常时，荧光灯管应启辉发光，总电流指示 65mA。灯具点亮 5 ～ 10min 后，总电流上升至 70mA。如接通电源的瞬间总电流超出 75mA，则应立即关闭电源，增加镇流线圈 L 的电感量后再试。如总电流偏低太多，可减少镇流线圈 L 的电感量，直至总电流达到 70mA 左右为止。

中点平衡电压的调试，可通过置换 V_6、V_8 的位置及 R_1、R_2 的阻值，使 V_6、V_8 的 c、e 极直流电压相等。有时总电流的变化对中点电压也有影响；调整时，两者应互相兼顾、反复调试，使总电流及中点电压数据均达最佳值。

4. 故障诊断与维修

这种电子节能荧光灯，使用一年以后易出现灯管内电容 C_5 失效的故障，其故障现象是荧光灯管两端发红光，灯管不能启辉点燃。其原因是电子镇流器主电路已产生高频振荡，而且这种振荡频率远低于正常值，致使高频输出串联谐振电路失谐，不能产生激发高压。

打开灯管中心塑料盒拆下电容 C_5，然后用相同规格的电容替换上，该故障即可排除。

十、基于 CD4017 的 LED 节日字灯控制器电路

1. 电路图

图 8-10 是一种实用的、基于 CD4017 型十进制 / 脉冲分频器集成电路而构成的 LED 节日字灯控制器的电路原理图。图中，该控制器可以按照时序轮换地显示由多个 LED 组成的 4 字词组（如"庆祝十一""祖国万岁""欢度新春""国泰民安"等），以增添节日的喜庆欢乐气氛。

由图 8-10 可知，该控制器由电源电路、脉冲发生电路、字灯控制电路、晶闸管控制电路等组成。其中，电源电路由降压元件 R_1 与 C_1、整流二极管 VD_1 与 VD_2、稳压二极管 VD_3 和滤波电容 C_2 构成；脉冲发生电路由时基集成电路 IC_1 及电阻 R_2 与 R_3、电容 C_3 与 C_4 等外围元件构成；字灯控制电路由集成电路 IC_2 及二极管 VD_4 等外围元件构成；晶闸管控制电路则由晶闸管 $VS_1 \sim VS_4$ 和 4 块字灯显示器构成。该控制器的主要元器件的选用如表 8-6 所示。

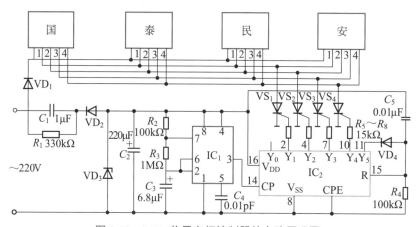

图 8-10　LED 节日字灯控制器的电路原理图

表 8-6　LED 节日字灯控制器主要元器件的选用

代号	名称	型号规格	数量
IC_1	时基集成电路	NE555	1
IC_2	十进制 / 脉冲分频器集成电路	CD4017 或 CC4017	1
$VS_1 \sim VS_4$	晶闸管	MCR100-6	4
VD_1、VD_2	整流二极管	1N4007	2
VD_3	稳压二极管	1N4742A	1
VD_4	开关二极管	1N4148	1

2. 电路分析

如图 8-10 所示，市电交流 220V 一方面经降压、整流、滤波后形成一个稳定的 12V 直流电压，为脉冲发生电路和字灯控制电路供电；另一方面经 VD_1 整流后，为字灯显示器提

供直流脉冲电压。

脉冲发生电路工作后，IC_1 的引脚 3 输出的是一个时间间隔为 10s 的方波脉冲信号，作为 IC_2 的计数脉冲。IC_2 开始计数，则其 $Y_0 \sim Y_5$ 端依次输出高电平。即 IC_2 的 Y_0 输出为高电平时，$Y_1 \sim Y_5$ 端均输出低电平，$VS_1 \sim VS_4$ 均处于截止状态，字灯显示器不工作，无字句显示。当 IC_2 计入第一个时钟脉冲时，其 Y_1 端输出为高电平，使 VS_1 受触发而导通，字灯显示器的词句选择功能端（引脚 1）变为低电平，使第一组词句事先编程的 4 个字（如"庆祝十一"）被同时显示出来。显示约 10s 后，IC_2 计入第二个时钟脉冲，Y_2 端输出变为高电平，使 VS_2 导通，使第二组词句事先编程的 4 个字（如"祖国万岁"）被显示出来。同时 IC_2 的 Y_1 端恢复至低电平，VS_1 截止，第一组词句消失。

同理，IC_2 的 Y_3、Y_4 端输出依次变为高电平时，VS_3 和 VS_4 依次被导通，使第三组和第四组词句（"欢度新春"和"国泰民安"）也轮流被显示出来。

当 IC_2 的 Y_5 端输出变为高电平时，IC_2 被强制复位，Y_0 端的输出又变为高电平，4 组词句全部熄灭。Y_1 端输出为高电平时，下一轮显示又重新开始。如此周而复始，实现了 4 组词句的循环显示。

3. 电路调试

本节的 LED 节日字灯控制器的优点是，电路结构简单，通常无须调试即可通电正常工作。安装时，常将焊接好的印制电路板置于自制塑料盒之中，并通过传输线与 4 块字灯显示器相连接即可。通电后，改变电阻 R_2、R_3 的阻值或电容 C_3 的容量，即可调节 4 组词句循环显示的速率。

十一、基于 SH-809 的多功能彩灯控制器电路

1. 电路图

图 8-11 是一种基于 SH-809 型专用彩灯控制集成电路（内存 8 支乐曲）构成的多功能彩灯控制器的电路原理图。该电路能够同时驱动 4 路彩灯，使之随乐曲而自动变换出 16 种灯光模式（即左转跑动、右转跑动、逐灯点亮、依次熄灭、双灯流水移动、相邻两灯滚动、间隔双灯追逐、4 灯同时闪烁、单灯依次跳动、单灯反向跳动、双灯移位闪烁、相邻双灯跳动追逐、双灯反向跳动闪光、间隔双灯跳动闪光、4 灯同时跳动、间隔双灯反向跳动）。

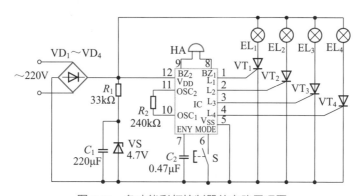

图 8-11　多功能彩灯控制器的电路原理图

图 8-11 中，该控制器由电源电路和声、光驱动控制电路组成。其中，电源电路由整流

二极管 $VD_1 \sim VD_4$、电阻 R_1、电容 C_1 和稳压二极管 VS 构成；声、光驱动控制电路由彩灯控制集成电路 IC、电阻 R_2、电容 C_2、按钮 S、晶闸管 $VT_1 \sim VT_4$、彩灯 $EL_1 \sim EL_4$ 和蜂鸣器 HA 构成。

该控制器的主要元器件的选用如表 8-7 所示。

表 8-7　多功能彩灯控制器主要元器件的选用

代号	名称	型号规格	数量
IC	专用彩灯控制集成电路	SH-809	1
$VT_1 \sim VT_4$	晶闸管	MCR100-8	4
$VD_1 \sim VD_4$	整流二极管	1N4007	4
VS	稳压二极管	1N4733	1
HA	电动式扬声器	0.5W　8Ω	1

2. 电路分析

接通电源后，市电交流 220V 经 $VD_1 \sim VD_4$ 整流、R_1 限流降压、VS 稳压、C_1 滤波后，为 IC 提供一个 4.5V 的直流工作电压。

IC 通电工作后，其引脚 1 ～ 4（$L_1 \sim L_4$ 端）输出的是触发控制信号，通过控制 $VT_1 \sim VT_4$ 的工作状态来控制彩灯 $EL_1 \sim EL_4$ 按需要变换出 16 种灯光模式。同时，IC 内部的音乐电路直接驱动 HA 播放乐曲。

S 为灯光闪烁方式的选择与音量的控制按钮，每按下一次 S，则灯光模式变换一次，HA 所播放的乐曲音量也变化一次。

3. 电路调试

本节的多功能彩灯控制器采用的是专用彩灯控制集成电路，具有电路新颖、结构简单、安装调试便捷等优点，制作时，将焊接好的整个控制器的印制电路板置于绝缘小盒之中，并在控制面板的相应位置固定按钮 S 和扬声器 HA 即可。

另外，该电路整体安装完毕后，通常无须调试即可通电开始工作。

十二、实用光控、触摸两用电源插座电路

1. 电路图

图 8-12 是一种实用的光控、触摸两用电源插座的电路原理图。此电源插座体积小巧、使用方便；使用时，只需将被控的家用电器的电源插头插在 CZ 上，既可使用手电筒或家用电器的红外遥控器对被控电器进行遥控开机或关机，也可利用电源插座上的触摸片进行触摸式开机或关机。

该电源插座的主要元器件的选用如下。

图 8-12 中集成电路选用 CD4011 型 CMOS 器件；V_7 选用 9013、9011、3DG201 等硅 NPN 三极管，$\beta \geqslant 100$；V_6 可用 3DU31、3DU33 等光敏三极管；$V_1 \sim V_4$ 可用 1N4001、1N4007 等普通硅整流二极管；V_5 用 3CW18 型 10V、1/2W 稳压二极管；LED 用普通 ϕ5mm 红色发光二极管；VS 最好采用 MAC94A4 等 1A/400V 小型塑封双向晶闸管，其外形与普通塑封三极管十分相似。

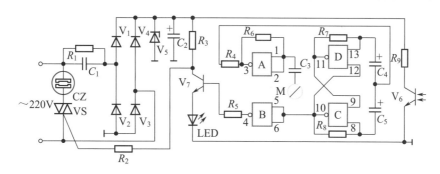

图 8-12　光控、触摸两用电源插座的电路原理图

电阻全部采用 RTX-1/4W 型碳膜电阻，其中，R_1 用 470 kΩ，R_2 用 56Ω，R_3 用 5.1kΩ，R_4 用 6.8kΩ，R_5 用 2kΩ，R_6 用 510kΩ，R_7、R_8 用 1MΩ，R_9 用 5.7kΩ；电容 C_1 要用 CBB-400V 型 0.47μF 聚苯电容；C_2 用 47μF，C_4、C_5 用 10μF，均为 CD11-16V 型电解电容；C_3 要用 CBB-1000V 型 100pF 聚苯电容，以确保触摸者的绝对安全。

2. 电路分析

两用电源插座的功能主要由一块四输入与非门 CD4011 集成电路来完成。与非门 A 因 R_6 偏置处于线性放大状态，手指触摸信号经 C_3 送入与非门 A 放大，放大后信号经 R_4 去触发双稳态电路。与非门 C 和 D 组成双稳态电路，R_7、R_8 和 C_4、C_5 构成引导门。手指触摸信号或来自 V_6 的光控信号均可使双稳态电路发生一次翻转，如输出端（引脚 10）由高电平就变为低电平，由低电平就变为高电平。

与非门 B 接成反相器，起隔离门作用。它将双稳态电路输出的电平反相放大后，加到三极管 V_7 的基极，控制 V_7 导通或截止，进而控制双向晶闸管 VS 导通或关断，从而自动开启或关闭插在插座 CZ 上的家用电器。LED 为插座工作状态指示灯。V_1～V_5、C_1、C_2 和 R_1 组成电容降压桥式整流稳压电路，输出约 10V 左右直流电，给 CD4011 等集成电路供电。

3. 电路调试

按图 8-12 所示的电路和实际插座的大小设计合适的印制电路板，并装上相应的元器件。因电路中有 220V 高压（印制板和某些电子元件均带电），故调试时要特别小心，必须在断电后才能更换元器件。调试时，最好能用示波器观察插座输出的电压波形，要求是完整的正弦波，如波形畸变，说明晶闸管 VS 没有完全导通，此时可减小电阻 R_2 的阻值。

由于有光接收电路，所以光敏三极管 V_6 的距离应根据实际情况进行调整，以获得最远的光控距离。该插座的开关控制触摸和光控是等价有效的，即无论是触摸还是光照，双稳态电路均会翻转一次。为确保使用安全，机壳必须采用绝缘良好的材料制作。除触摸片外，机壳面板上不得有任何金属部件。

十三、基于 CD4017 的光控 LED 彩灯控制器电路

1. 电路图

图 8-13 是一种基于 CD4017 型十进制计数 / 脉冲分配器集成电路而构成的光控 LED 彩灯控制器的电路原理图。该控制器在白天不会启动，只在夜晚才自动点亮，可用作家庭装饰灯、商店广告灯、节日彩灯等。

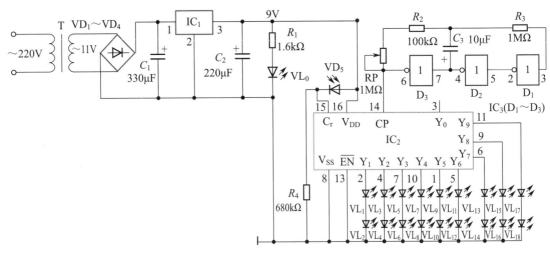

图 8-13　光控 LED 彩灯控制器的电路原理图

图 8-13 中，该控制器由电源电路、多谐振荡电路、光控电路和 LED 驱动控制电路组成。其中，电源电路由电源变压器 T、整流二极管 $VD_1 \sim VD_4$、滤波电容 C_1 和 C_2、限流电阻 R_1、电源指示发光二极管 VL_0、三端稳压集成电路 IC_1 构成。多谐振荡电路由非门集成电路 IC_3（$D_1 \sim D_3$）和电阻 R_2 与 R_3、电容 C_3、可变电阻 RP 构成。光控电路由光敏二极管 VD_5、电阻 R_4 和 IC_2 的引脚 15 内部电路构成；LED 驱动控制电路由计数分配器集成电路 IC_2 和发光二极管 $VL_1 \sim VL_{18}$ 构成。

该控制器的主要元器件的选用如表 8-8 所示。

表 8-8　光控 LED 彩灯控制器主要元器件的选用

代号	名称	型号规格	数量
IC_1	三端稳压集成电路	LM7809	1
IC_2	十进制计数/脉冲分配器集成电路	CD4017 或 CC4017	1
IC_3	六非门集成电路	CD4069 或 MC14069	1
T	电源变压器	3～5W、二次电压 11V	1
$VD_1 \sim VD_4$	整流二极管	1N4007	4
VD_5	光敏二极管	2DU 系列	1
VL_0	发光二极管	ϕ3mm（绿色）	1
$VL_1 \sim VL_{18}$	高强度发光二极管	ϕ5mm 或 ϕ8mm（颜色自选）	18

2. 电路分析

由图 8-13 可知，接通电源后，市电交流 220V 经 T 降压、$VD_1 \sim VD_4$ 整流、C_1 滤波、IC_1 稳压后形成一个 9V 的直流电压，该电压分作两路：一路作为 IC_2 和 IC_3 的工作电源；另一路经 R_1 限流降压后将 VL_0 点亮。

白昼环境下，VD_5 受光照，呈低阻状态，IC_2 则因其引脚 15 为高电平而禁止计数，其

Y_0 输出端为高电平，$Y_1 \sim Y_9$ 输出端均为低电平，$VL_1 \sim VL_{18}$ 均不亮；夜晚环境下，VD_5 无光照或光照变弱而呈现为高阻状态，使 IC_2 的引脚 15 变为低电平，IC_2 开始计数，多谐振荡电路产生的振荡信号作为 IC_2 的引脚 14 的计数脉冲，使 IC_2 的 $Y_0 \sim Y_9$ 端依次输出高电平，使 $VL_1 \sim VL_{18}$ 依次点亮，形成循环流水状的灯光效果。

3. 电路调试

本节的光控 LED 彩灯控制器具有集成度较高、控制灵敏度高、设计制作简单等优点，故经整体安装后，通常无须再调试即可通电工作。

制作时，可根据实际需要将高强度发光二极管 $VL_1 \sim VL_{18}$ 排列为各种形态，以强化美化效果。另外，该控制器通电工作时，调节 RP 的阻值，即可改变多谐振荡电路的振荡频率，从而改变灯光的闪烁效果。

十四、基于 NE555 的光控自动窗帘控制器电路

1. 电路图

图 8-14 是一种基于 NE555 型时基集成电路而构成的光控自动窗帘控制器的电路原理图。该控制器能根据环境光线的照射而实现窗帘的自动开合（即清晨时窗帘能自动拉开，傍晚时窗帘能自动关闭）。

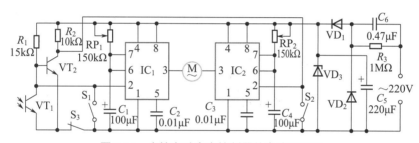

图 8-14 光控自动窗帘控制器的电路原理图

图 8-14 中，该控制器由电源电路、光控电路、单稳态触发电路等组成。其中，电源电路由降压元件 R_3 与 C_6、整流二极管 VD_1 与 VD_2、稳压二极管 VD_3 和滤波电容 C_5 构成；光控电路由光敏晶体管 VT_1、晶体管 VT_2 和相关外围元件构成；单稳态触发电路则由时基集成电路 IC_1 与 IC_2 及电位器 RP_1 与 RP_2、手动开关 $S_1 \sim S_3$ 等外围元件构成。

该控制器的主要元器件的选用如表 8-9 所示。

表 8-9 光控自动窗帘控制器主要元器件的选用

代号	名称	型号规格	数量
IC_1、IC_2	时基集成电路	NE555	2
VT_1	光敏晶体管	3DU 系列	1
VT_2	晶体管	S9014 或 S8050	1
VD_1、VD_2	整流二极管	1N4007	2
VD_3	稳压二极管	1N4742	1

2. 电路分析

如图 8-14 所示，接通电源后，若处于清晨环境中，VT_1 在自然光线的照射下导通，使 IC_2 的引脚 2 和 VT_2 的基极为低电平，VT_2 截止，IC_1 的内部单稳态触发器变换为暂稳状态，其引脚 3 输出高电平；同时，IC_2 的引脚 2 为高电平，其内部单稳态触发器处于稳定状态，引脚 3 输出低电平，使电动机 M 正转，将窗帘拉开。窗帘完全拉开后，IC_1 又由暂稳状态变为稳定状态、其引脚 3 恢复为低电平，使 M 停转。

傍晚环境下，VT_1 截止，IC_1 因其引脚 2 为高电平而无法被触发，其引脚 3 为低电平；VT_2 因其基极变为高电平而导通，其集电极电压下降，使 IC_2 的引脚 2 形成一个低电平触发电压，IC_2 的内部单稳态触发器翻转，由稳定状态变为暂稳状态，引脚 3 输出为高电平，使 M 反转，窗帘开始闭合；窗帘完全闭合后，单稳态触发器恢复至稳定状态，IC_2 的引脚 3 变为低电平，M 停转。

当该控制器采用手动控制方式时，应将 S_3 关断，使光控电路失效；按下 S_1 时，IC_1 被触发而翻转，M 正转，将窗帘拉开；按下 S_2 时，IC_2 被触发而翻转，M 反转，将窗帘闭合。

3. 电路调试

本节的光控自动窗帘控制器具有电路结构简单、集成度较高的优点，目前市场上已有成型产品出售，用户可根据实际需要进行选取。自行安装时，常将焊接好的印制电路板置于自制的塑料盒之中，在控制面板的相应位置固定按钮 $S_1 \sim S_3$ 和光敏晶体管 VT_1，并通过传输线和电动机 M 相连，再将该控制器安装于采光条件好的窗台部位。

通电工作时，调节 RP_1 和 RP_2 的阻值，即可改变电动机 M 的运转时间。

十五、光控变色龙电路

1. 电路图

变色龙是一种有趣的光控电子玩具，其电路原理图如图 8-15 所示。当用手电筒照射变色龙的左眼时，它就会变色；而以手电筒照射变色龙的右眼时，它则会停止变色。

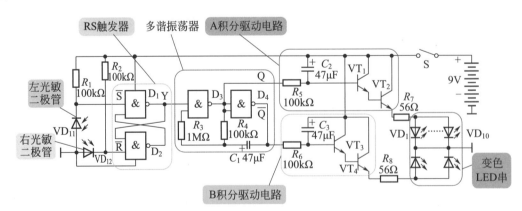

图 8-15　光控变色龙的电路原理图

图 8-15 中，光敏二极管 VD_{11}、VD_{12} 分别构成光控 A 电路、光控 B 电路；与非门 D_1、D_2 构成 RS 触发器，D_3、D_4 构成一个门控多谐振荡电路；R_5、C_2 和 R_6、C_3 等分别构成积分 A 电路和积分 B 电路，晶体管 VT_1、VT_2 和 VT_3、VT_4 分别构成两个达林顿复合管射极跟随器，

用作缓冲级并驱动发光二极管；$VD_1 \sim VD_{10}$ 是 10 个变色发光二极管。

2. 电路分析

① 积分电路　如图 8-15 所示，多谐振荡电路的 2 个互为反相的输出端 Q 和 $\overline{Q}$，分别接于 A 积分电路和 B 积分电路。当 Q=1、$\overline{Q}$=0 时，A 积分电路输出端的电压逐渐上升，B 积分电路输出端的电压逐渐下降；当 Q=0、$\overline{Q}$=1 时，A 积分电路的电压逐步下降，B 积分电路的电压逐步升高，A、B 两电压呈反方向变化。正是这 2 个互为反向变化的 A、B 电压，使变色发光二极管变色。

② 变色原理　将 A 和 B 两个积分电路的输出电压，分别经限流电阻后接入变色二极管。设初始状态为红色管芯电流 I_R=0、绿色管芯电流 I_G=1，变色发光二极管发出绿色光。

随着时间的推移，I_R 逐渐增大、I_G 逐渐减小，发光颜色逐渐由绿色向橙色转变。当 I_R=I_G 时，变色发光二极管发出橙色的光；当 I_R=1、I_G=0 时，变色发光二极管发出红色的光。接着，I_R 逐渐减小、I_G 逐渐增大，发光颜色逐渐由橙色向绿色转变。如此周而复始，实现了"绿→橙→红→橙→绿"的无限循环光色变化。

③ 控制电路　光控 A 电路受到光照时，将 RS 触发器置"1"，门控多谐振荡电路起振，A 积分电路和 B 积分电路输出互为反向变化的电压，使变色发光二极管产生周期性变化。光控 B 电路受到光照时，将 RS 触发器置"0"，门控多谐振荡电路停振，变色发光二极管停止变色。

十六、报晓公鸡电路

1. 电路图

图 8-16 是电子报晓公鸡的电路原理图。该报晓公鸡能在天亮时，如同一只真正的公鸡那样发出洪亮的"喔喔喔"的报晓声，既能起到闹钟的作用，又能增添房间中的田园情趣。

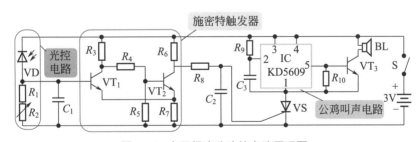

图 8-16　电子报晓公鸡的电路原理图

图 8-16 中，该玩具由光控电路、整形电路、电子开关、模拟鸡叫电路、功放电路、扬声器等组成。

2. 电路分析

如图 8-16 所示，该玩具的核心是声效集成电路 KD5609（IC），其内部储存有公鸡叫声的音频，一经触发即可发出模拟的公鸡报晓声。IC 的电源受控于单向晶闸管 VS，而 VS 导通与否则由光控电路来触发。破晓时，光控电路输出一个高电平，经整形电路产生一个触发信号，以触发 VS 导通，接通 IC 的工作电源，使其发出模拟公鸡报晓的声音信号，经 VT_3 放大后，驱动扬声器发声。

VS 一旦导通，便不再依赖触发脉冲而维持导通状态，模拟公鸡报晓的叫声即不会停止，直至用户关闭电源开关 S 为止。

图 8-16 中，光控电路由光敏二极管 VD、电阻 R_1 和可变电阻 R_2 等构成。无光照时，光敏二极管 VD 截止，R_1 上的电压约为 0V，有光照时，VD 导通，R_1 上的电压约为 3V，经 VT_1、VT_2 整形后，VS 导通。电容 C_1 的作用是滤除短暂的光脉冲干扰，防止误触发；R_2 是微调可变电阻，调节其阻值，即可改变光控的灵敏度。

十七、电子萤火虫电路

夏夜成群的萤火虫发出成片的闪光，且其发射磷光的频率互相影响，最终趋于一致（闪光频率完全同步）；而电子萤火虫以电子电路来模拟天然萤火虫的上述行为，十分有趣。

1. 电路图

图 8-17 是一种典型的电子萤火虫的电路原理图，该玩具是一个具有红外光控功能的自激多谐振荡器，它由 555 时基电路、红外发光二极管、红外光敏二极管等组成，可以模拟自然界萤火虫的群聚闪光现象。

图 8-17 中，VD_1 是大型绿色发光二极管，用于模拟萤火虫的发光闪烁行为；$VD_2 \sim VD_5$ 是红外发光二极管，用于向其他"萤火虫"发出光同步信号；$VT_1 \sim VT_4$ 是红外光敏晶体管，用于接收其他"萤火虫"发出的光同步信号。

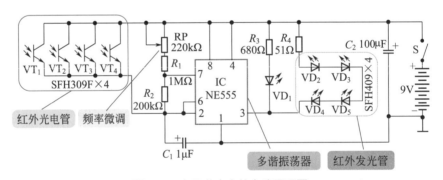

图 8-17 电子萤火虫的电路原理图

2. 电路分析

如图 8-17 所示，多谐振荡器的振动周期取决于 RP、R_1、R_2、C_1，输出一个脉宽不对称的方波，IC 的输出端（引脚 3）为低电平时，发光二极管和红外发光二极管被点亮。调节 RP，即可改变输出"1"信号的脉宽，从而改变振荡频率。

在定时电容 C_1 正极端与电源之间接入红外光电管，构成一个红外光控振荡电路。在 C_1 充电过程中（此时本"萤火虫"未发光），如其他"萤火虫"发出的红外光照射至红外光电管上，则光电管导通，使 C_1 加速充电直至阈值，电路提前翻转，输出变为低电平，发光管发光，使得各个"萤火虫"的闪烁频率趋于同步。

3. 电路调试

　　实际制作这种电子萤火虫时，4个红外光敏二极管应并联且朝向4个不同的方向，以便接收前后左右的其他"萤火虫"的红外光信号。4个红外发光二极管应串联且同样朝向4个方向，以便向前后左右的其他"萤火虫"发射红外光信号。

　　调试该玩具需在环境光线较昏暗的条件下进行。将若干个同样的电子萤火虫排成矩阵，使它们的红外LED与红外光电管相互对准，其间距应使它们能彼此发射或接收到光同步信号。如此，在该玩具性能正常的前提下，刚接通电源时，全部"萤火虫"的闪烁此起彼伏、杂乱无章，但经过一段时间后，它们的闪烁频率就会趋于一致，最终完全同步。

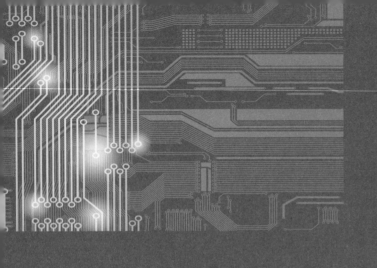

第九章 09
声控电路

一、声控照明灯电路

声控电路的触发信号为声音信号，它广泛应用于照明灯、电源、电风扇等家用电器的控制。声控技术最广泛的应用是实现照明灯的自动开关。

 1. 电路图

图 9-1 是一种实用的声控照明灯的电路原理图。图中，该电路主要包含由驻极体话筒 BM、声控专用集成电路 SK-6 等构成的声控电路；晶体管 VT 等构成的触发电路；双向晶闸管 VS 构成的功率电子开关，用以控制照明灯电源的通断；由二极管 VD_2 与 VD_3、电容 C_2 与 C_3、稳压二极管 VD_1、泄放电阻 R_5 等构成的电容降压电源电路（为声控电路提供 +6V 工作电压）。

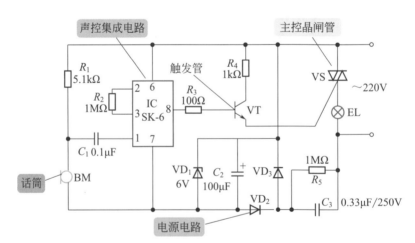

图 9-1 声控照明灯的电路原理图

2. 电路分析

如图 9-1 所示，该电路的核心是声控专用集成电路 SK-6，其内部集成有放大器、比较器、双稳态触发器等功能模块，能够完成该电路的全部任务。

当存在输入信号（口哨声、拍手声等）时，该输入信号被 BM 接收并转换为电信号，通过 C_1 输入 SK-6，经放大处理后触发其内部的双稳态触发器翻转，SK-6 的引脚 8 输出一个高电平，使晶体管 VT 导通，触发双向晶闸管 VS 导通，照明灯 EL 被点亮；若再有输入信号送至，SK-6 的内部双稳态触发器会再次翻转，其引脚 8 的输出变为低电平，使 VT 截止，VS 因失去触发电压而在交流电过零时截止，EL 被熄灭。

3. 电路调试

将该电路安装于各类实用灯具之内，即可实现利用声音信号（口哨声、拍手声等）控制电灯工作状态的功能，而不必再安装传统的按钮或按键式开关。

二、声控电源插座电路

1. 电路图

图 9-2 是一种实用的声控电源插座的电路原理图。此插座可在用户拍一下手时，遥控接于电源插座上的台灯、电视机、音响等家用电器的工作状态（通与断）。

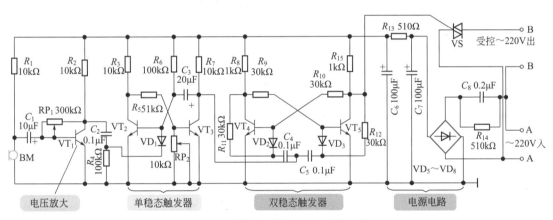

图 9-2 声控电源插座的电路原理图

图 9-2 中，该电路由声电转换、放大电路、整形电路、执行电路、电源电路等组成。其中，由驻极体话筒 BM 构成声电转换器，将声音信号转换为电信号；由晶体管 VT_1 构成共发射极放大电路，将 BM 输出端的声控信号放大至足够的幅度；晶体管 VT_2、VT_3 等构成单稳态触发器，对声控信号进行整形，确保电路工作的稳定可靠；晶体管 VT_4、VT_5 等构成双稳态触发器，与双向晶闸管 VS 共同构成一个执行电路，实现对受控电源插座的控制；整流二极管 $VD_5 \sim VD_8$、电容 $C_6 \sim C_8$ 等构成电源电路，为整个电路提供工作电源。

2. 电路分析

如图 9-2 所示，有声音信号传入时，BM 接收到声波并将其转换为相应的电信号，经 C_1

耦合至 VT_1 的基极进行放大,放大后的信号由 VT_1 的集电极输出,经 C_2、R_4 微分后,所形成的负脉冲通过 VD_1 传输至 VT_2 的基极,使单稳态触发器翻转,VT_3 集电极的电压 U_{C3} 从 +12V 跳变为 0V。U_{C3} 的变化经 C_4、R_{11} 微分后,负脉冲经 VD_2 加至 VT_4 的基极,使双稳态触发器翻转,VT_5 由导通转变为截止,其集电极电压加至 VS 的控制极,触发 VS 导通,使接于 B-B 端的家用电器的电源被接通,开始工作。

图 9-2 中,单稳态触发器处于暂稳状态的时间为 1.4s,这段时间内声音信号不再起作用,从而确保了双稳态触发器的可靠翻转。1.4s 后若再有声音信号输入,单稳态触发器的输出经 C_5、R_{12} 微分后,该负脉冲通过 VD_3 加至 VT_5 的基极,触发双稳态触发器再次发生翻转,VT_5 导通,VS 因失去触发电压而截止,切断接于 B-B 端的家用电器的电源。

图 9-2 中,电源电路采用电容降压整流电路的形式,可达到缩小体积、降低成本的目的。C_8 为降压电容,对于 50Hz 的交流市电而言,其容抗 $X_C = \dfrac{1}{2\pi fC} \approx 16\text{k}\Omega$,远高于电路阻抗,故市电交流 220V 电源中的绝大部分电压均降于 C_8 上。经 C_8 降压后的交流电压,由 $VD_5 \sim VD_8$ 桥式整流后,再经 C_6、C_7、R_{13} 滤除交流成分,最终输出一个 +12V 的直流电压,供整个电路工作。R_{14} 为泄放电阻,它在电源被切断后为 C_8 提供放电回路。

三、采用继电器的照明声控开关电路

1. 电路图

图 9-3 是一种实用的基于继电器构成的照明声控开关电路,它可用于走廊、住宅的照明灯控制。

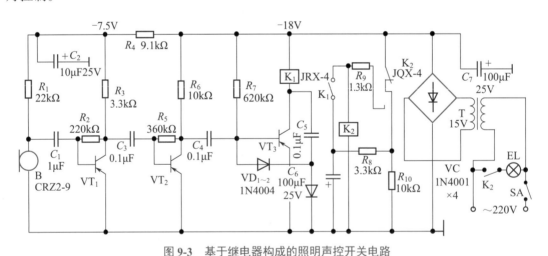

图 9-3　基于继电器构成的照明声控开关电路

2. 电路分析

如图 9-2 所示,该开关电路采用继电器进行控制,其特点是:用户第一次拍手,发出声控信号时,该电路将声音信号转换为电信号,导通 VT_3,使 K_1、K_2 依次导通,最终接通负载,照明灯 EL 被点亮;当用户第二次拍手,再发送声控信号时,电路则会切断负载,EL 熄灭。

图 9-2 中以传话筒 B 作为声音信号传感器,在实际制作时,B 可选用头戴式传声器或炭精式传声器,还可以采用录音机专用的 CRZ2-9 型电容传声器。

四、采用晶闸管的照明声控开关电路

1. 电路图

图 9-4 是一种实用的基于晶闸管的照明声控开关电路。

2. 电路分析

由图 9-4 可知，该声控开关在有人从住宅内走出时，会断开开关 SA，而照明灯 EL 并不立即关断，而是延时一定时间后再熄灭。有人员进入住宅时，可通过拍手掌来发出声控信号，以便点亮 EL，而且 EL 延时一段时间后方才熄灭。

该开关的延时时间取决于电阻 R_6、R_7 和电容 C_3 的数值。

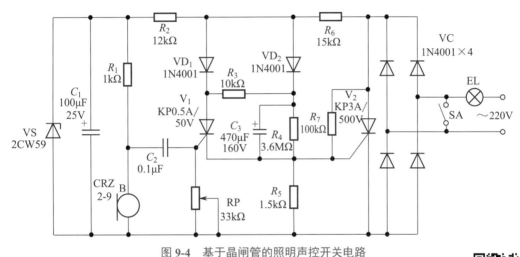

图 9-4 基于晶闸管的照明声控开关电路

五、照明声光控开关电路

照明声光控开关的特点是，白天或光线较强时，声控电路不起作用，开关仅在光控电路的作用下来控制开关的工作状态，实现开关断开并自锁的操作，照明灯 EL 不会被点亮；而当夜晚或光线较暗时，开关自动进入预备工作的状态，若有声控信号（脚步声、拍掌声等），则开关自动闭合，EL 被点亮，并且 EL 不会立即熄灭而是延时一段时间后再熄灭。

1. 电路图

图 9-5 是一种实用的照明声光控开关电路。

2. 电路分析

如图 9-5 所示，声控信号被受话器（压电陶瓷片）HTD 所接收，光控信号则被光敏电阻 R_G 接收；由三极管 VT_1、电阻 R_3 和电容 C_2 等构成延时电路，其延时时间约为 1min，延时时间的长短取决于 R_3、C_2 的数值。

发光二极管 VL 作为电源和工作状态的指示灯，若电灯 EL 不亮，则 VL 被点亮；若电灯 EL 发亮，则因为晶闸管 V 被导通而使 VL 熄灭。

该电路的光控灵敏度由分压电阻 R_7 来调节，光敏电阻 R_G 两端并联一个电容 C_3，以提高光控开关的抗干扰能力，二极管 VD 则用于提高该电路的工作稳定性。

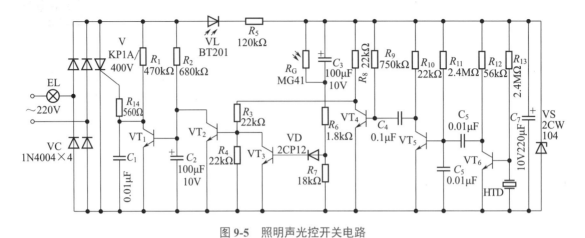

图 9-5　照明声光控开关电路

六、婴儿室自动调光器电路

1. 电路图

图 9-6 是一种实用的婴儿室自动调光器的电路原理图。

该调光器可根据婴儿的哭声来自动调节室内灯光的亮度；即婴儿睡觉期间灯光自动熄灭，婴儿啼哭醒来时自动接通照明灯的电源，并使照明灯的亮度逐渐升高；婴儿啼哭的时间越长，则照明灯的亮度越高，直至最大亮度为止。若婴儿再次停止啼哭，则照明灯亮度逐渐减弱，直至熄灭。

图 9-6 中，该电路的主要组成部分包括声控电路、调光电路、电源电路等。转换开关 SA 用于检查调光电路的工作状态是否正常，$IC_{1A} \sim IC_{1D}$ 为集成四运放 LM324，VS 是 4.7V 稳压二极管，起限幅作用。

2. 电路分析

① 电源电路　市电交流 220V 经变压器降压、桥式整流后，经电阻 R_1、R_2 分压，在 R_2 两端形成一个频率为 100Hz 的脉冲直流电压。当交流电压过零时，R_2 两端的电压也降低为 0V，该电压作为调光电路的同步信号。VD_5 将滤波后的直流电压与脉冲电压隔离，再由集成三端稳压器 7805 输出，为整个电路提供一个 5V 的工作电源。

② 调光电路　IC_2（NE555）等元器件构成一个过零触发的脉冲发生器，它实质上是一个单稳态触发器。IC_2 的引脚 3 输出高电平的时间长短取决于 R_3、C_2 的数值和 IC_2 的引脚 5 输入的直流电压。

IC_3（NE555）等元器件构成一个晶闸管触发电路，这也是一个单稳态触发器，其工作状态同时受控于 IC_2 和 IC_{1A}，其输出端（引脚 3）通过光电耦合器触发双向晶闸管导通，照明灯被点亮。

调节 IC_2 的 VC 端（引脚 5）的电压，即可改变晶闸管的导通角，从而调控照明灯的亮度。

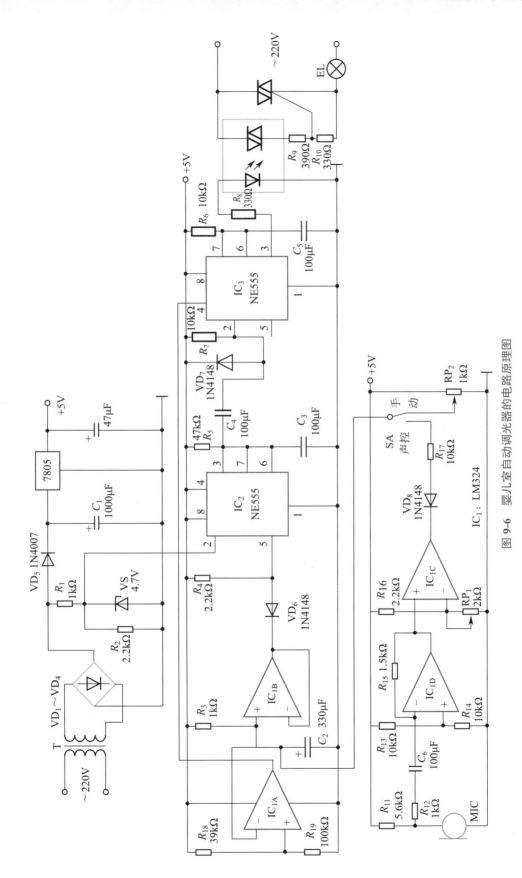

图 9-6 婴儿室自动调光器的电路原理图

③ 声控电路 IC_{1D} 等元器件构成一个高增益放大器，该放大器对驻极体话筒接收的声音信号进行放大，改变反馈电阻 R_{15} 的阻值即可调节整个电路的声控灵敏度。

IC_{1D} 输出的信号传送至比较器 IC_{1C} 的同相输入端，与分压电阻 R_{16}、RP_1 所形成的参考电压进行比较，由于 $R_{13}=R_{14}$，故在无声音信号时，IC_{1C} 的同相输入端静态电压为 1/2 倍的电源电压，RP_1 的阻值小于 R_{16} 的阻值，故 IC_{1C} 输出高电平，由于二极管 VD_8 的隔离作用，声控电路对调光电路无影响。

④ 工作原理 无声控信号时，在接通电源的瞬间，5V 电源通过 R_3 向 C_2 充电，由于电容两端的电压无法突变，故 C_2 两端的电压仍为 0V，该低电平一方面使比较器 IC_{1A} 的同相输入端电位高于反相输入端电位，IC_{1A} 输出高电平，给 IC_3 的总复位端（引脚 4）加上一个高电平。另一方面，使缓冲放大器 IC_{1B} 输出为低电平，VD_6 导通，IC_2 的 VC 端（引脚 5）达到最低电平，在交流电过零时，R_2 两端的电压也为零，IC_2、IC_3 开始工作，IC_3 输出为高电平，晶闸管被触发而导通，照明灯达到最大亮度。随着 C_2 充电过程的持续，其两端电压逐渐升高，IC_{1B} 输出电压和 IC_2 的 VC 端电压也逐渐升高，晶闸管导通角逐渐减小，照明灯的亮度逐渐变暗；约 9min 后，C_2 两端电压将高于 IC_{1A} 的参考电压，此时 IC_{1A} 输出为低电平，IC_3 复位，晶闸管截止，照明灯被熄灭。改变 R_3、C_2 的数值或 R_{18}、R_{19} 的分压比，均可改变照明灯减光过程的时间长短。

有婴儿啼哭时，驻极体话筒接收的声控信号经 IC_{1D} 放大后，信号的负半周期使 IC_{1C} 断续输出低电平，使 C_2 通过 R_{17}、VD_8 放电，C_2 两端电压逐渐降低；当该电压降低至 IC_{1A} 的阈值电压时，IC_{1A} 输出为高电平，使 IC_3 的复位端加上高电平，在交流电过零时，IC_2、IC_3 开始工作，晶闸管被触发而导通，照明灯被点亮。婴儿啼哭的时间越长，则 C_2 的放电次数越多，其两端的电压降得越低，照明灯的亮度越高。当 C_2 两端的电压接近于 0V 时，照明灯达到最高亮度。婴儿停止啼哭后，整个电路进入前述的减光过程。

七、声控精灵鼠电路

1. 电路图

声控精灵鼠是一种典型的声控类玩具。在安静的环境中，精灵鼠会做出东张西望的动作，试探着向前走。一旦发出声响，它就害怕地瞪大"眼睛"并立即退缩回去，待"危险"过去，精灵鼠又会试探着前进。图 9-7 是一种实用的声控精灵鼠玩具的电路原理图。

图 9-7 中，驻极体话筒 BM 等构成一个声控电路，集成电路 IC_1 等构成一个单稳态触发器，集成电路 IC_2、IC_3 等分别构成驱动器 A 和驱动器 B，与非门 D_1、D_2 等构成一个多谐振荡器，与非门 D_3、D_4 等组成一个闪光控制电路，发光二极管 VD_1、VD_2 则代表精灵鼠的两只"眼睛"。

2. 电路分析

由图 9-7 可知，单稳态触发器 IC_1 由声控电路来触发，无声控信号时，IC_1 的输出为低电平，驱动器使电动机 M 正转，精灵鼠做出"前进"动作且左右两只眼睛轮流闪光（表示"东张西望"的神态）。有声控信号输入时，IC_1 的输出变为高电平，驱动器使 M 反转，精灵鼠做出"后退"动作且左右两只眼睛常亮（表示"害怕紧张"的神态）。

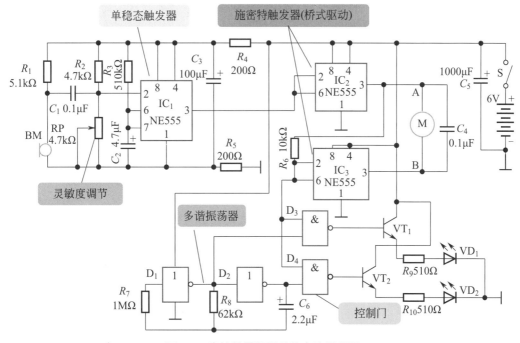

图 9-7　声控精灵鼠玩具的电路原理图

① 驱动电路　驱动器 A 和 B 均是基于 555 时基电路而构成的施密特触发器，其中，驱动器 A（IC₂）的输入信号为单稳态触发器的输出信号，而驱动器 B（IC₃）的输入信号则是驱动器 A 的输出信号。由于施密特触发器的输入与输出是互为反相的，故驱动器 A 和 B 的输出状态总是相反的，直流电动机 M 接于两个驱动器之间，构成一个桥式驱动电路。

单稳态触发器输出为低电平时，驱动器 A 的输出端为高电平，驱动器 B 的输出则为低电平，导致 M 正转，实现精灵鼠的"前进"动作。同理，单稳态触发器输出为高电平时，驱动器 A 的输出端为低电平，驱动器 B 的输出则为高电平，导致 M 反转，实现精灵鼠的"后退"动作。

② 闪光控制电路　该单元电路受控于单稳态触发器输出信号的反码。无声控信号时，控制精灵鼠做出"前进"动作，单稳态触发器输出信号的反码为高电平，与非门 D₃、D₄ 打开，多谐振荡器（D₁、D₂）可使 2 个发光二极管 VD₁、VD₂ 轮流闪烁，模拟精灵鼠两只眼睛"东张西望"的神情。有声控信号输入时，控制精灵鼠做出"后退"动作，单稳态触发器输出信号的反码为低电平，闭合 D₃、D₄，使二者的输出恒为高电平，VD₁、VD₂ 一起常亮，模拟精灵鼠两只眼睛"害怕紧张"的神情。

八、电子仿真生日蜡烛电路

1. 电路图

图 9-8 是一种实用的电子仿真生日蜡烛的电路原理图。

电子生日蜡烛可用火柴点燃，点燃后即自动播放"祝你生日快乐"乐曲。若吹熄蜡烛，则乐曲也自动停止播放。

图 9-8 中，该电子蜡烛由声控电路、触发电路、驱动电路等部分组成。

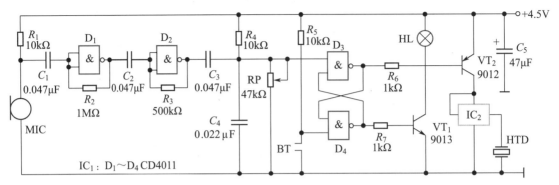

图 9-8　电子仿真生日蜡烛的电路原理图

2. 电路分析

由图 9-8 可知，与非门（CD4011）D_3、D_4 构成一个 AT 型触发器，R_4、C_4 构成一个复位电路，在电源接通的瞬间，由于 C_4 两端的电压无法突变，使 D_3 的输出为高电平、D_4 的输出为低电平，VT_1、VT_2 均处于截止状态，蜡烛（小型灯泡）不会被点亮，音乐集成电路 IC_2 也不工作。

双金属片 BT 用作电路中的火焰传感器，以火柴加热 BT 并达到一定的温度时，BT 的两片金属闭合在一起，BT 被接通，导致触发器的输出状态发生翻转，D_3 输出变为低电平，VT_2 导通，IC_2 因得电而开始工作，驱动压电陶瓷片 HTD 演奏播放"祝你生日快乐"乐曲，D_4 输出变为高电平，VT_1 导通，蜡烛被点亮发光。

驻极体话筒 MIC 和与非门 D_1、D_2 构成一个声控电路，有人欲吹灭蜡烛的火焰时，吹气声会被 MIC 接收，并经 D_1、D_2 构成的两级电压放大器放大后，使触发器的输出状态发生翻转，D_3 输出又变为高电平，D_4 输出则变为低电平，VT_1、VT_2 均截止，蜡烛熄灭、乐曲停止演奏。调整电位器 RP，即可调节整个电路的声控灵敏度。

九、基于 CD4520 的声控变色彩灯控制器电路

1. 电路图

图 9-9 是基于 CD4520 型双二进制加法计数器集成电路而构成的声控变色彩灯控制器的电路原理图。该控制器可使彩灯随着音乐的节奏而不断变换其灯光颜色，常用作歌舞厅、文娱晚会等公共场合的灯光装饰。

图 9-9 中，控制器由电源电路、声控电路、压控振荡电路、灯控电路和晶闸管控制电路等部分组成。其中，电源电路由降压元件 R_1 与 C_1、整流二极管 VD_1、稳压二极管 VD_2 和滤波电容 C_2 构成。声控电路由传声器 BM、晶体管 VT_1 及其偏置电路构成。压控振荡电路由晶体管 VT_2、单结晶体管 VU_1、电位器 RP、电阻 $R_5 \sim R_8$、耦合电容 C_4 及旁路电容 C_5 构成。灯控电路由集成电路 IC 及电阻 $R_7 \sim R_9$、电容 C_6 等外围元件构成；晶闸管控制电路则由晶体管 $VT_3 \sim VT_5$、双向晶闸管 $VS_1 \sim VS_3$ 和彩灯 $H_1 \sim H_3$ 构成。

该控制器的主要元器件的选用，如表 9-1 所示。

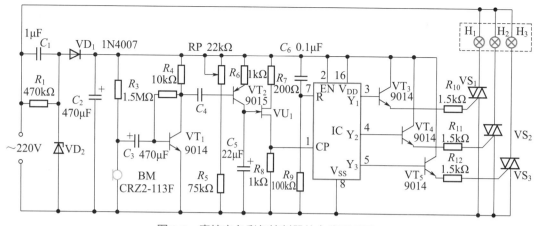

图 9-9 声控变色彩灯控制器的电路原理图

表 9-1 声控变色彩灯控制器主要元器件的选用

代号	名称	型号规格	数量
IC	双二进制加法计数器集成电路	CD4520 或 MC1452	1
VT₁	晶体管	S9014 或 3DG8	1
VT₂	晶体管	S9015 或 C8550	1
VT₃ ～ VT₅	晶体管	S9014 或 3DG8	3
VD₁	单结晶体管	BT31	1
BM	高灵敏度驻极体电容话筒	CRZ2-113F	1
VS₁ ～ VS₃	双向晶闸管	3CT 系列 6A、400V	3
VD₂	稳压二极管	1N4742A	1
H₁ ～ H₃	彩色灯泡	10 ～ 150W	3

2. 电路分析

接通电源后，市电交流 220V 经降压、整流、稳压、滤波后，形成一个稳定的 12V 直流电压，为声控电路和压控振荡器供电。另外，交流 220V 还向晶闸管控制电路直接供电。

通电后，BM 将由外界接收来的声控信号转换为电信号，该电信号经 VT₁ 放大后送至压控振荡器，使其起振工作，VU₁ 为 CD4520 提供与音乐节奏及强弱同步变化的计数脉冲。CD4520 在计数脉冲的作用下，其 Y₁ ～ Y₃ 输出端输出的是随音乐而变化的控制信号，通过控制 VT₃ ～ VT₅ 和 VS₁ ～ VS₃ 的工作状态（导通或截止）来控制三路彩灯 H₁ ～ H₃ 的亮与灭，从而形成各种合成的灯光效果。

根据三基色混色原理，该控制器的计数脉冲与合成灯光效果之间的关系如表 9-2 所示。

表 9-2　计数脉冲与合成灯光效果之间的关系列表

计数脉冲顺序	Y₁	Y₂	Y₃	灯光合成
1	1	0	0	红色光
2	0	1	0	绿色光
3	1	1	0	黄色光
4	0	0	1	蓝色光
5	1	0	1	紫色光
6	0	1	1	青色光
7	1	1	1	白色光
8	0	0	0	不发光
9	1	0	0	红色光

3. 电路调试

本节的声控变色彩灯控制器采用的多是数字集成电路，无须调试，通电即可正常工作。安装时，常将焊接好的印制电路板置于自制塑料盒之中，在控制面板的相应位置固定传声器 BM，并通过传输线与彩灯 H₁ ～ H₃ 相连接即可。

实际使用时，调节电位器 RP 的阻值，即可改变压控振荡电路的振荡频率，也即改变了变色灯发光色彩的变换速率。

十、基于 LC182 的声控闪烁彩灯控制器电路

1. 电路图

图 9-10 是一种实用的、基于 LC182 型音频调制彩灯控制集成电路而构成的声控闪烁彩灯控制器的电路原理图。该控制器可使 4 路彩灯随着声音信号的大小而顺序闪亮，适用于商店、宾馆、歌舞厅等公共场所。

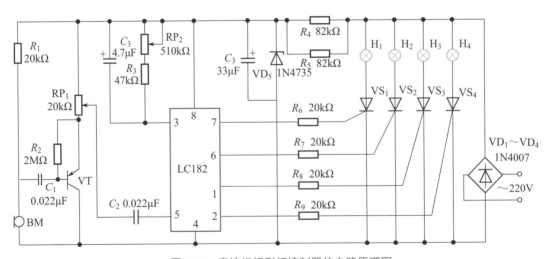

图 9-10　声控闪烁彩灯控制器的电路原理图

由图 9-10 可知，该控制器由电源电路、声控电路、灯控电路和晶闸管控制电路组成。其中，电源电路由桥式整流二极管 $VD_1 \sim VD_4$、降压电阻 R_4 与 R_5、稳压二极管 VD_5、滤波电容 C_3 构成。声控电路由传声器 BM、晶体管 VT 及灵敏度调节电位器 RP_1 等偏置电路构成；灯控电路由集成电路 IC（LC182）及电位器 RP_2 等外围元件构成；晶闸管控制电路则由晶闸管 $VS_1 \sim VS_4$ 和彩灯 $H_1 \sim H_4$ 等元器件构成。

该控制器的主要元器件的选用如表 9-3 所示。

表 9-3　声控闪烁彩灯控制器主要元器件的选用

代号	名称	型号规格	数量
IC	音频调制彩灯控制集成电路	LC182	1
VT	晶体管	S9014	1
BM	高灵敏度驻极体电容话筒	CRZ2-113F	1
$VS_1 \sim VS_4$	单向晶闸管	根据负载而选用	4
$H_1 \sim H_4$	彩色灯泡	—	4

2. 电路分析

如图 9-10 所示，接通电源后，LC182 的引脚 7、6、1、2 输出的是彩灯控制信号，使 $VS_1 \sim VS_4$ 轮流导通，驱动彩灯 $H_1 \sim H_4$ 产生追逐流水状灯光效果。

同时，BM 将接收的音乐信号转换为相应的电信号，该信号经 VT 放大、RP_1 音量调节后，经 C_2 加至 LC182 的引脚 5，对 LC182 的内部压控振荡器的振荡频率进行调制，使彩灯随着音乐信号的节奏而同步变化。

3. 电路调试

本节的声控闪烁彩灯控制器具有电路结构简单、集成度较高的优点，通常无须调试即可通电正常工作。

安装时，常将焊接好的印制电路板置于自制的塑料盒之中，并在控制面板的相应位置固定好电位器 RP_1、RP_2 和传声器 BM，并通过传输线与彩灯 $H_1 \sim H_4$ 相连接即可。

通电工作后，调节 RP_1 的阻值，即可改变 LC182 的内部压控振荡器的振荡频率，进而改变彩灯流动闪亮的速率。

十一、基于 KD9300 的声、光双控延时照明控制器电路

1. 电路图

图 9-11 是声、光双控延时照明控制器的电路原理图，本电路基于 KD9300 型专用音乐集成电路而构成。该控制器可在夜晚或环境光线较弱时，受突发声响（如拍手声、咳嗽声、开门声等）自动点亮照明灯具，并经过一段时间的延时后再熄灭照明灯具。

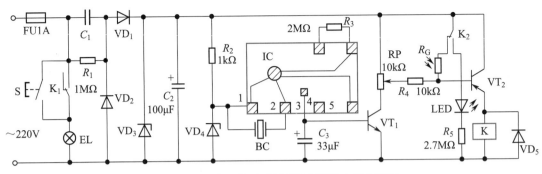

图 9-11　声、光双控延时照明控制器的电路原理图

该控制器具有灵敏度高、抗干扰性强等优点，适用于楼道、走廊、庭院等场所的夜间照明。它由电源电路、声光控制延时电路和控制执行电路等几部分组成。其中，电源电路由熔断器 FU、降压元件 R_1 与 C_1、整流二极管 VD_1 与 VD_2、稳压二极管 VD_3 和滤波电容 C_2 构成；声光控制延时电路由集成电路 IC 及稳压二极管 VD_4、压电陶瓷片 BC、光敏电阻 R_G、晶体管 VT_1 等外围元件构成；控制执行电路则由照明灯具开关 S、晶体管 VT_2、继电器 K、照明灯具 EL 等构成。

该控制器的主要元器件的选用如表 9-4 所示。

表 9-4　声、光双控延时照明控制器主要元器件的选用

代号	名称	型号规格	数量
IC	专用音乐集成电路	KD9300	1
VT_1	晶体管	S9014 或 S9014	1
VT_2	晶体管	S8550 或 C8550	1
K	直流继电器	JRX-13F	1
R_G	光敏电阻	MG45	1
VD_1、VD_2	整流二极管	1N4007	2
VD_3	稳压二极管	1N4735	1
VD_4	稳压二极管	1N5987	1

2. 电路分析

由图 9-11 可知，接通电源后，当该控制器处于白天或光线较强的环境中时，R_G 受自然光的照射而呈低阻状态，使 VT_2 的基极为高电平，VT_2 截止，此时，声控电路不起作用，K 处于释放状态，其动合触点 K_1、K_2 断开，发光二极管 LED 和 EL 均不被点亮，整个控制器处于监控状态。

当该控制器处于夜晚或光线较暗的环境中时，R_G 的阻值增大，若此时有声控信号（如拍手声、咳嗽声、开门声等）输入，则 BC 将接收到的声音信号转换为电信号，使 IC 受触发而工作，其引脚 3 输出的音效信号经 VT_1 放大后，使电子开关 VT_2 饱和导通，K 因得电而吸合，其动合触点接通，使 LED 和 EL 被点亮。当 IC 的乐曲播放完毕后，IC 即停止工作，VT_1 和 VT_2 截止，K 因失电而释放，LED 和 EL 熄灭。

此外，若按下照明灯具开关 S，则 EL 立即被点亮，而不再受控于声光控制延时电路。

3. 电路调试

本节的声、光双控延时照明控制器电路结构简单，目前已有成型产品在市场上销售，用户购买现成产品时可根据实际需要来选用，再按产品要求进行简单的安装即可；自行组装时，按照如图 9-11 所示的电路图进行装配后，调节 RP 的阻值使 BC 的最佳监控距离在 1～1.5m 的范围内。

尤其应注意的是，由于电路直接连接市电交流 220V 电网，故调试与使用时务必小心，谨防触电。由于该控制器的最大负载功率为 100W，切忌超载，而照明灯具 EL 不能短路，故接线时应先关闭电源或将灯具 EL 去掉。

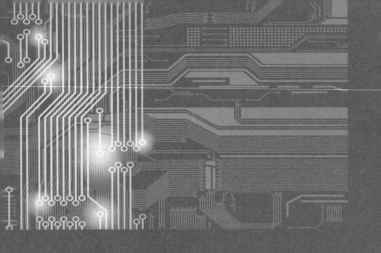

第十章

充电、放电电路

一、多用途充电器电路

1. 电路图

图 10-1 是基于 555 时基电路而构成的多用途充电器的电路原理图。该充电器可为 4 节镍氢电池或镍镉电池、4V 或 6V 铅酸蓄电池充电。

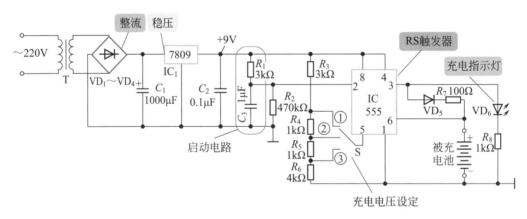

图 10-1 多用途充电器的电路原理图

图 10-1 中，该充电器的主要组成部分包括整流滤波电路、稳压电路、充电控制电路、充电电压设定电路、充电指示灯路等。

2. 电路分析

如图 10-1 所示，该充电器的工作原理是：市电交流 220V 经电源变压器 T 降压、二极管 $VD_1 \sim VD_4$ 桥式整流、电容 C_1 滤波、集成稳压器 IC_1 稳压后，形成一个 +9V 的直流电压，为整个充电电路提供工作电压与充电电压，对被充电池进行充电。此时，充电指示灯 VD_6 被点亮。电池充满后，充电控制电路关断充电电压，充电指示灯 VD_6 熄灭。

① 充电控制电路　555 时基电路 IC 工作于 RS 型双稳态触发器状态，构成一个充电检测与控制电路；R_1、C_3 则构成一个启动电路。

刚接通电源时，由于 C_3 两端电压无法突变，其输出仍为"0"，该低电平加至 IC 的引脚 2 使双稳态触发器置"1"，其输出端（引脚 3）为 +9V，经 VD$_5$、R_7 向被充电池充电，同时使发光二极管 VD$_6$ 发光，指示充电过程正在持续。

② 充电电压设定电路　IC 的控制端（引脚 5）通过开关 S 接入不同的电压，即它为检测电路设定不同的比较电压，当 IC 的引脚 6 上的电压与引脚 5 的比较电压相等时，双稳态触发器即刻发生翻转。

S 是充电电压设定开关。当 S 指向"①"挡时，设定的电压为 6V，适用于为 4 节镍镉电池、6V 铅酸蓄电池充电；当 S 指向"②"挡时，设定的电压为 5V，适用于为 4 节镍氢电池充电；当 S 指向"③"挡时，设定的电压为 4V，适用于为 4V 铅酸蓄电池充电。

二、数控式快速充电器电路

1. 电路图

如图 10-2 所示的电路采用数字逻辑电路和晶闸管进行自动控制，用三端稳压集成块作恒流源，并采用 50Hz 工频作充、放电的时序脉冲。该充电器结构十分简单，易于制作，适宜对镍镉电池快速充电。

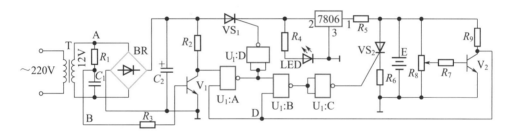

图 10-2　数控式快速充电器的电路原理图

该充电器的主要元器件的选用如下。

在图 10-2 中，U_1（含 U_1：A ～ U_1：D）选用 CD4011 或 CC4011 CMOS 集成电路；BR 选用 3A 以上整流硅电路；V_1 选用 S9013、S9014 或 3DG 系列三极管；V_2 选用 S9014 或 8050 三极管；R_1 选用 39kΩ，R_2、R_9 选用 100kΩ，R_3 选用 10kΩ，R_4 选用 2kΩ，R_7 选用 11kΩ，均为 RTX-1/4W 碳膜电阻；R_5 选用 10Ω，R_6 选用 8.1Ω，均为 RTX-1/2W 碳膜电阻；R_8 选用 10kΩ 小型 1/2W 电位器；C_1 选用 0.22μF 纸介电容；C_2 选用 1000μF/25V 电解电容；VS$_1$、VS$_2$ 选用耐压大于 100V、电流大于 1A 的单向晶闸管；LED 选用 ϕ5mm 红色发光二极管；T 选用 220V 输入、12V 输出、3 ～ 5W 电源变压器。

2. 电路分析

图 10-2 中，220V 交流电压经变压器 T 变为 12V 的交流电压，再经 BR 整流、C_2 滤波后，输出直流电压作为电路的工作电压。从 R_1 与 C_1 的接点 B 处输出降幅后的交流 50 Hz 电压，控制三极管 V_1 的导通与截止，从 V_1 的集电极输出的脉冲作为充、放电时间的控制脉冲。如改变 B 点的电压值，即可改变充、放电时间比。

当三极管 V_2 截止时，电路中的 D 点为高电平，这时三极管 V_1 集电极输出的充、放电控制脉冲，通过由 4 个 2 输入端"与非"门组成的数字控制电路，控制晶闸管 VS_1 与 VS_2 的通与断，以实现被充镍镉电池 E 的充、放电。例如，当 V_1 的集电极输出高电平时，U_1 的 A 端输出低电平，U_1 的 B 端输出高电平，U_1 的 C 端输出低电平，使晶闸管 VS_2 截止；与此同时，U_1 的 D 端输出高电平，晶闸管 VS_1 导通，对 E 实施充电过程；当 V_1 的集电极输出低电平时，U_1 的 D 端输出低电平，U_1 的 C 端输出高电平，这时晶闸管 VS_1 截止，VS_2 导通，对 E 实施放电过程。由于控制脉冲频率为 50Hz，故 E 的充、放电是以 50Hz 的频率进行的。当 E 被充足电时，将导致三极管 V_2 导通，D 点变为低电平，VS_1、VS_2 均截止，指示灯 LED 熄灭，表示充电过程结束。

3. 电路调试

按图 10-2 所示的电路形式设计合适的印制电路板，并装焊好元器件。7806 三端稳压集成电路应安装在 25mm×35mm 的散热器上。调整时，可用两节新的干电池取代 E，调整 R_8 的阻值，使 LED 刚熄灭为宜。只要安装无误，就可对两节镍镉电池进行充电，这时充电电流应为 500～600mA，放电电流为 300～500mA。如果要对 3～4 节电池进行充电，则也要用同样的方法调整 R_8 的阻值，但要同时调整 R_6 的阻值，使其充电电流保持不变，而放电电流为 400～600mA。

三、锂离子电池充电控制器电路

1. 电路图

在图 10-3 所示电路中，U_1 是 LTC（美国线性技术公司）推出的一种适用于锂离子电池（LIB）充电控制的新型集成电路。该电路采用内置准确度为 1% 的内部电压基准，完全适应 LIB 对充电的恒压要求，并且允许输入电压可以高于、等于乃至低于电池电压。电路中 500 kHz 的开关频率可使外部电感尺寸做得很小。

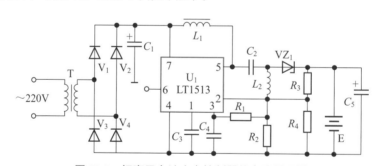

图 10-3　锂离子电池充电控制器的电路原理图

该充电控制器的主要元器件的选用如下。

在图 10-3 中，U_1 选用 LT1513 锤离子电池充电控制集成电路；V_1～V_4 选用 1N4004 硅整流二极管；L_1、L_2 选用 100μH 小型电感；VZ_1 选用 3V 稳压二极管；R_1 选用 24Ω，R_2 选用 0.08Ω，均为 1W 线绕电阻；R_3 选用 10kΩ，R_4 选用 22kΩ，均为 RTX-1/4W 碳膜电阻；C_1 选用 22μF，C_5 选用 47μF，均为 CD11-16V 电解电容；C_3 选用 0.1μF，C_4 选用 0.22μF，均为瓷介电容；T 选用 220V 输入、9V 输出电源变压器。

2. 电路分析

图 10-3 是一个以 U_1 为核心构成的输出充电电流为 1.25A 的 LIB 充电器。其中，L_1 和 L_2 为同一磁芯上的两个相同线圈。R_3、R_4 构成的分压器用作电池电压检测，确定电池浮充电压。

该集成电路在每个振荡周期开始时，开关导通，而当电流达到预定值时，开关断开。内部稳压器给器件内部所有电路提供 2.3V 电源。内部定时的基准时钟是一个 500kHz 的振荡器，振荡器输出控制逻辑并通过输出电路来控制输出开关管。自适应抗饱和电路一旦检测到功率开关管饱和，立刻调节驱动器电流以限制饱和。

U_1 采用 7 引脚封装，引脚 1 为补偿端，主要用于频率补偿，也可实现软启动及限流。在引脚 1 和 2 之间可以直接连接一个电容或 RC 串联网络，即可实现频率补偿。U_1 的引脚 2 为反相端，用于对输出的正电压进行检测。在图 10-3 中，U_1 的引脚 2 与一阻性分压器相连，该分压器决定了对 LIB 完全充电时的浮充电压。U_1 的引脚 3 为电流反馈端，用于检测 LIB 的充电电流，当电池电压低于编程极限电压时，对充电电流进行控制。U_1 的引脚 4 为接地端。引脚 5 为开关管集电极引出端，该端输出电流可达 3A，且升降时间极短。U_1 的引脚 6 为关断 / 同步端，该端子的电平与逻辑电平相兼容，如在该端加入逻辑低电平可使整个充电电路关断。引脚 7 为电源输入端。这种器件的电源电压可达 30V，开关管电压达 40V，其引脚 6 电压达 30V。

3. 电路调试

按图 10-3 所示的电路结构与元器件尺寸设计合适的印制电路板，并装焊好元器件。检查无误后加电调试，接入被充电电池 E，并以万用表监视充电电流。若充电电流大于 1.25A 时，则可适当调整 L_1、L_2 的电感量或 R_3、R_4 的阻值。因使用专用集成电路，一般加电即可正常工作。

四、蓄电池快速充电机电路

若以大电流对铅酸蓄电池连续充电，电解液会很快产生气泡、温升剧增，时间长了会使电解液沸腾、极板变形，造成蓄电池的快速损坏；故铅酸蓄电池普遍采用慢速常规充电法，即以 1/10 的额定容量电流值充电，但如此会导致充电时间较漫长。蓄电池的快速充电是指，先用高于普通常规充电电流的 10 倍到几十倍的电流来充电，而当蓄电池电压上升至规定数值（电解液汽化点）时，蓄电池的极化现象已十分严重，则立即停止充电；再使蓄电池瞬间大电流放电，其电压迅速下降，极化现象急速消失；而后，再用大电流继续充电，如此循环往复，可提高充电速度，也有助于提高蓄电池的使用寿命，并可节电 20% ～ 30%。

1. 电路图

图 10-4 是一种蓄电池快速充电机的电路原理图。该装置的控制对象为蓄电池 GB，其主要功能是，采用单相全波晶闸管整流电路，通过 555 时基集成电路 A 来实现自动、快速充电，且充、放电过程是全自动进行的。此外，该装置还具有保护元件，熔断器 FU，为整个装置提供短路保护。二极管 VD_6，保护三极管 VT 免受继电器 KA 反向电动势的损坏。

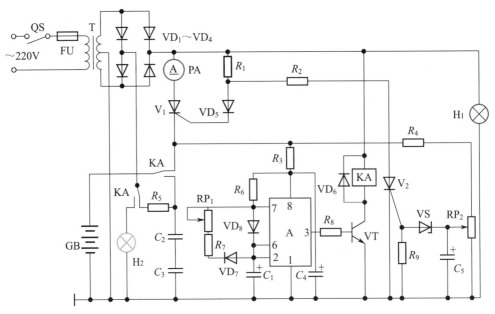

图 10-4　蓄电池快速充电机的电路原理图

该装置由如下几个部分组成。

① 主电路：由开关 QS、熔断器 FU、整流变压器 T、整流桥 $VD_1 \sim VD_4$、晶闸管 V_1（兼作控制元件）和蓄电池 GB 构成。

② 充、放电控制电路：由 555 时基集成电路 A、三极管 VT 和继电器 KA 等构成。

③ 停止充电控制电路：由晶闸管 V_2，稳压管 VS，电容 C_5，电阻 R_9、R_2、R_4 和电位器 RP_2 构成。

④ 指示灯电路：由绿色发光二极管 H_1（充电指示灯）和红色发光二极管 H_2（放电指示灯）等构成。

该装置的主要元器件的选用如表 10-1 所示。

表 10-1　蓄电池快速充电机主要元器件的选用

代号	名称	型号规格	数量
T	变压器	300V·A 220/15V×2	1
V_1、V_2	晶闸管	KP10A 100V	2
$VD_1 \sim VD_4$	二极管	ZP10A 100V	4
$VD_5 \sim VD_8$	二极管	1N4001	4
A	时基集成电路	NE555、μA555、SL555	1
VT	三极管	3DC130 $\beta \geqslant 50$	1
VS	稳压管	2CW53 U_Z=4～5.8V	1
R_1、R_2	线绕电阻	RX1-30Ω 5W	2
R_3	金属膜电阻	RJ-120Ω 1W	1

代号	名称	型号规格	数量
R_4	金属膜电阻	RJ-47Ω 1W	1
R_5	碳膜电阻	RT-15Ω 2W	1
R_6	金属膜电阻	RJ-6.8kΩ 1/2W	1
R_7	金属膜电阻	RJ-25kΩ 1/2W	1
R_8、R_9	金属膜电阻	RJ-1kΩ 1/2W	2
RP_1	电位器	WX5-11 3MΩ	1
RP_2	电位器	WX5-11 510Ω	1
C_1、C_4、C_5	电解电容	CD11 100μF 25V	3
C_2、C_3	电解电容	SXC 12000μF 25V	2
KA	继电器	JQX-10F DC12V	1
H_1、H_2	指示灯	XZ12V	2

2. 电路分析

如图 10-4 所示,充电时,由于蓄电池 GB 的电压低,A 的引脚 3 输出为低电平,VT 截止,KA 被释放,而 GB 的电压经 R_4、RP_2 分压,形成较低的分压电压,VS 截止,V_2 处于关断状态。此时,GB 处于充电状态,同时,C_2、C_3 通过 VD_1、VD_3 整流后被充电,充电指示灯 H_1 被点亮。

随着蓄电池充电过程的持续,其电压持续升高,直至达到某一设定值时,由于 A 的工作电源升高,其引脚 3 输出变为高电平,VT 导通,KA 得电而吸合,其常开触点闭合,GB 向 C_2、C_3 快速充电。此时,放电指示灯 H_2 被点亮。当 GB 充足电后,其电压经 R_4、RP_2 分压,VS 被击穿,V_2 导通,旁路了 V_1 的触发电流,V_1 被关断,充电过程自动停止。

3. 电路调试

如图 10-4 所示,暂时在充电机的输出端接入一个 12V、60W 白炽灯,断开三极管 VT 的发射极,闭合电源开关 QS,以万用表测量变压器二次侧两个绕组的电压,正常时应有约 15V 的交流电压,灯泡全亮,则表明整流桥和晶闸管 V_1 工作性能是正常的。再断开电阻 R_2 的连接线,接通 VT 的发射极,测试 555 时基集成电路 A,若调节电位器 RP_1 能够促使继电器 KA 吸合与释放,即表明 A 的性能正常。

将 R_2 的连接线复接,以一组良好的 12V 蓄电池接入输出端,调节电位器 RP_2,若能够使 KA 吸合与释放,则表明充电控制电路(晶闸管 V_2 等)工作正常。

然后,以欲充电的蓄电池进行实际试验:调节 RP_1,即可改变放电时间的间隔;调试时,应注意放电时间价格需调至与蓄电池中的电化学反应速度相适应。当蓄电池的电压低时,电化学反应快,故充电时间应短一些;而蓄电池接近充足时,间隔则应变长一些;当蓄电池充足电时,调节 RP_2,使 V_2 刚好导通、V_1 关断。此时,以万用表测量 V_2 阳极和阴极之间的电压,正常时应有约为 0.8V 的直流电压。

A 构成一个矩形脉冲发生器，其占空比的可调范围高达 0 ~ 90%，且充、放电回路是各自独立的。在本节的电路中，该充电机的放电时间约为 0.5s、充电时间为 1.75 ~ 210s；可见，蓄电池放电时间要远小于其充电时间。

五、蓄电池放电状态指示电路

1. 电路图

图 10-5 是一种蓄电池放电状态指示电路。

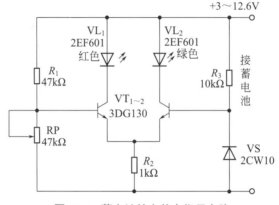

图 10-5　蓄电池放电状态指示电路

2. 电路分析

当蓄电池电压在 7 ~ 12.6V 范围内时，发光二极管 VL_1 被点亮，且其亮度几乎稳定不变，蓄电池的电压下降至 7V 以下，则 VL_1 开始变色发红，同时发光二极管 VL_2 的亮度减弱。当 VL_1 和 VL_2 的亮度相等时，表明电池必须充电或更换了，当蓄电池的电压在 2.5 ~ 6V 范围内时，VL_2 发红，预示蓄电池电压已经低于正常值了。

适当选择该指示器的各个电阻的阻值和稳压管的型号，即可适应不同类型蓄电池电压的监测需求。

六、蓄电池放电保护电路

1. 电路图

图 10-6 是蓄电池放电保护电路。通常，蓄电池深度放电时会使极板硫化，缩短蓄电池的使用寿命，为此可配备如图 10-6 所示的蓄电池放电保护电路。

2. 电路分析

如图 10-6 所示，该电路的最大负载电流为 100mA，其本身所消耗的电能很少。在负载电流为 20mA 时，该电路所消耗的功率不超过 7mW。

当蓄电池放电至其电压小于 7V 时，该电路能自动切断负载回路，使蓄电池停止放电。

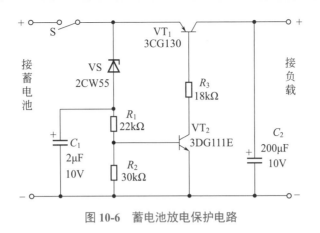

图 10-6　蓄电池放电保护电路

七、电动车充电器电路

1. 电路图

图 10-7 是电动车充电器的电路原理图。该充电器能够为电动自行车、电动残疾人车辆的蓄电池充电，且充电电流可调，适用于不同电压、不同容量的蓄电池充电。

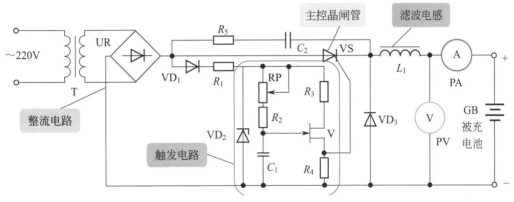

图 10-7　电动车充电器的电路原理图

如图 10-7 所示，该充电器主要包括：电源变压器 T 和由整流桥堆 UR 构成的降压整流电路，由单向晶闸管 VS 等构成的主控电路，由单结晶体管 V 等构成的触发电路等。

2. 电路分析

由图 10-7 可知，该充电器的基本工作原理是：市电交流 220V 经 T 降压、UR 全波整流后，形成一个脉动直流电压，该电压在 VS 的控制下向蓄电池 GB 充电。通过改变该直流电压的触发时间，即可改变 VS 的导通角，从而控制充电器的充电电压和充电电流的值。

① 主控电路　如图 10-7 所示，UR 全波整流后输出的脉动直流电压加至 VS 的阳极，在每半个周期内，只要存在触发脉冲加至 VS 的控制极，VS 即被导通。而在每半个周期结束、电压过零时，VS 即截止。

VS 的导通角受控于触发脉冲的到来时刻。在每半个周期内,触发脉冲的到来时刻越早则 VS 的导通角越大,通过 VS 的平均充电电压和充电电流也越大。同理,触发脉冲的到来时刻越晚则 VS 的导通角越小,通过 VS 的平均充电电压和充电电流也越小。

由 VS 输出的直流脉动电压,经电感 L_1 滤波后,向 GB 充电,R_5、C_2 构成一个阻容吸收网络,并连接于 VS 的两端,起到过压保护的作用。续流二极管 VD_3 在 VS 截止期间,为 L_1 产生的自感电动势提供回路,以防 VS 失控或损坏,电流表 PA 则用于监测充电电流的大小;电压表 PV 用于监测 GB 两端的电压值。

② 触发电路 该单元电路中,由 RP、R_2、C_1 构成一个定时网络,用于设定触发脉冲产生的时间。UR 全波整流后输出的脉动直流电压,经二极管 VD_1 隔离、电阻 R_1 降压、稳压二极管 VD_2 稳压后,为单结晶体管 V 提供合适的工作电压。

在每半个周期的开始时刻,脉动直流电压经 RP(充电电源调节电位器)、R_2 向 C_1 充电。当 C_1 两端电压达到 V 的峰点电压时,V 导通,C_1 经 V、R_4 迅速放电,在 R_4 上形成一个触发脉冲,促使 VS 导通。由图 10-7 可知,C_1 的充电时间受制于 RP 和 R_2 的阻值。RP 阻值增大时,C_1 的充电时间延迟,V 导通而产生触发脉冲的时间也被延后,使 VS 的导通角减小。同理,RP 阻值减小时,C_1 的充电时间缩短,V 导通而产生触发脉冲的时间也被提前,使 VS 的导通角增大。

八、实用变压器式充电器电路

1. 电路图

电动三轮车电池容量大(可达 $60 \sim 120\text{A} \cdot \text{h}$),充电电流大,故其随车充电器采用工频变压器降压式,虽然变压器偏重,但由于结构简单、性能可靠,仍应用广泛,其电路如图 10-8 所示。这是一种典型的变压器降压、桥式整流电路。变压器 T 的初级侧设置 $2 \sim 3$ 抽头,当 220V 交流电接在 $1 \sim 3$ 间为正常速度充电;接在 $1 \sim 2$ 和 $1 \sim 4$ 间,分别为快速、慢速充电。

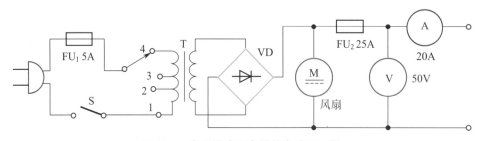

图 10-8 变压器式充电器的电路原理图

对 48V 的蓄电池充电时,T 的次级绕组输出电压分别为 52V、48V 及 44V 对应为快速、正常、慢速充电,整流二极管 VD 可选用 $10 \sim 20\text{A}/100\text{V}$ 规格,其充电电流限在 6A 之内。对 24V 的蓄电池充电时,T 的次级绕组输出电压分别为 28V、24V 及 22V,整流二极管 VD 可选用 $35 \sim 50\text{A}/100\text{V}$ 规格,其充电电流限在 12A 之内。为便于调节充电参数,特设置了 20A 电流表和 50V 电压表。

充电时的充电电流比较大,变压器、整流桥会产生大量的热量,因此安装风扇加强散热,从 T 的次级绕组输出一路电压,经 1N4007 四个桥式整流二极管为风扇提供电压。

本节以千鹤牌电动自行车为例进行分析和识图。千鹤牌电动自行车充电器，经变压器降压、二极管整流后，通过晶闸管调节，控制充电电流和电压，实现对蓄电池充电。该充电器的电路原理图如图10-9所示。

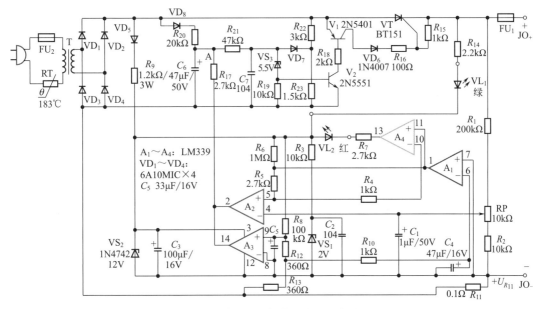

图 10-9 千鹤牌电动自行车充电器的电路原理图

2. 电路分析

① 变压器降压、二极管整流电路 如图10-9所示，交流市电220V通过熔断器FU$_2$（183℃温度熔断器）送到 R 型变压器 T，经 T 降压后通过 4 个二极管 VD$_1$ ～ VD$_4$ 桥式整流，得到脉动直流电，即 50Hz 的正弦波正、负半周交流电变成 100Hz 正向脉动直流电压。

② 功率输出电路 该单元电路由晶闸管 VT 等元器件组成。当脉动电压高于电池电压，且晶闸管门极出现触发脉冲时，VT 导通，通过熔断器 FU$_1$、R$_{11}$ 给蓄电池充电。这时 VL$_1$ 绿灯亮，作为充电器工作指示灯。

③ 触发脉冲产生电路 它包括触发脉冲生成电路和触发电路两部分。

a. 触发脉冲生成电路。触发脉冲产生电路由 C$_7$、VD$_8$、R$_{20}$ ～ R$_{23}$、C$_6$、VD$_7$、VS$_3$、R$_{19}$、V$_2$ 等构成。VD$_1$ ～ VD$_4$ 桥式整流得到 100Hz 正向脉动电压，通过 VD$_8$ 隔离、R$_{20}$ 限流、C$_6$ 平滑滤波，在 C$_7$ 上即 A 点形成 C$_7$ 充电电源，通过 R$_{21}$ 对 C$_7$ 充电，充电电流在 C$_7$ 上形成锯齿波电压上升沿，由于 VS$_3$、V$_2$ 的 b-e 结钳位作用，C$_7$ 上充得电压最高为 6V 左右，当改变脉动电压时，改变了锯齿波上升沿陡度，也就改变了 C$_7$ 充电到达最高电压的时间，即改变了触发脉冲的宽度。R$_{22}$、R$_{23}$ 对 VD$_1$ ～ VD$_4$ 桥式整流得到的脉动电压分压，在过零点附近，则 VD$_7$ 导通，C$_7$ 通过 VD$_7$ 放电，在 C$_7$ 上形成锯齿波下降沿。如此，在正弦交流电每次过零时，触发电路中 C$_7$ 原有电荷全部泄放；过零后，C$_7$ 再从零开始充电。上述过程能保证每个正弦波的半个周期中触发脉冲出现的时间一致，即保证触发同步。通过 C$_7$ 充电、放电，在 VD$_7$ 上形成与正弦波过零点同步的触发脉冲。

b. 触发电路。由 V$_2$、VS$_3$、R$_{18}$、V$_1$、VD$_6$、R$_{15}$、R$_{16}$ 等构成晶闸管 VT 的触发电路。在 C$_7$ 上产生的触发脉冲，通过 VS$_3$ 使 V$_2$ 导通；导通的 V$_2$ 再通过 R$_{18}$ 使 V$_1$ 导通。VD$_1$ ～

VD_4 桥式整流得到的 100Hz 脉动直流电，在 V_2 控制下经 V_1、VD_6、R_{16} 加到 VT 的门极，作为 VT 的触发电压。此时若该脉动直流电脉冲电压高于电池电压，则 VT 导通，充电器为蓄电池充电。

④ 恒流充电控制　充电初期，充电器对蓄电池充电时，充电电流为 $0.18C_2$ 或 $0.16C_3$，通过 R_{11} 取样，A_3 电压比较器、R_8、R_{12}、R_{13}、C_5 等元件处理后，经 R_{17} 改变 A 点电压，即改变 C_7 充电电压的高低，从而改变 C_7 上产生的触发脉冲宽度，改变晶闸管 VT 的触发延迟角，达到控制充电电流的目的。如图 10-9 所示，该单元电路的工作原理是：充电电流在 R_{11} 上产生上正下负的取样电压 $U_{R_{11}}$，直接加在 A_3 电压比较器反相端（引脚 8）；R_8、R_{12}、R_{13}、R_{11} 对 12V 分压，形成基准电压加到电压比较器同相端（引脚 9）。当充电电流过大时，R_{11} 上取样电压使 A_3 反相端电压高于同相端，A_3 输出管导通，经 R_{17} 致使 C_7 充电到 6V 的时间延长，这样，在 C_7 上产生的触发脉冲从零点开始达到充电电压最大值 6V 的时间延迟了，触发脉冲宽度变窄，通过 V_2、V_1、VD_6 的控制使 VT 导通角减小，VT 输出电流下降；反之，$U_{R_{11}}$ 下降，R_{11} 上取样电压使 A_3 反相端电压低于同相端，A_3 的引脚 14 电压上升，使 C_7 充电电压上升，C_7 上触发脉冲加宽，通过 V_2、V_1、VD_6 使 VT 导通角增加，输出电流随之上升。

通过 R_{11}、A_3 控制，使充电电流保持在 $0.18C_2$，充电器进行恒流充电，电池电压逐渐上升到 43.2V。

⑤ 充电电压控制　充电电压控制电路内 A_2、R_6、R_5、R_4、VS_1、R_1、R_2、RP、C_1 等构成。R_1、R_2 和微调电阻 RP 对输出电压取样，取样电压加到电压比较器 A_2 反相端的引脚 4，12V 通过 R_4、R_5、R_6、VS_2 分压加到 A_2 同相端（引脚 5），作为基准电压。在充电的第一个阶段末期，当电池电压升高到 43.2V 时，其反相端（引脚 4）取样电压高于引脚 5 的基准电压，A_2 电压比较器输出管导通，充电器转为第二阶段——恒压充电。A_2 的引脚 2 内晶体管导通，输出的低电平通过 R_{17} 使 C_7 充电电压下降，在 C_7 上产生的触发脉冲变窄，减小 VT 的导通角，输出电压下降；反之亦然，确保充电电压恒定地进行充电。

⑥ 涓流充电控制　涓流充电电路由 A_1、R_8、R_{11} ~ R_{13}、C_4 等元器件控制。充电电流经取样电阻 R_{11} 得到取样电压 $U_{R_{11}}$ 加到 A_3 的引脚 8，同时，$U_{R_{11}}$ 加到 A_1 的引脚 7，R_8、R_{12}、R_{13} 对 12V 分压经 R_{10} 达到 A_1 反相端（引脚 6）作为基准电压。充电初期，充电电流较大，$U_{R_{11}}$ 较高，A_1 同相端电压大于反相端电压，A_1 内输出晶体管截止，不影响其他电路工作。当充电电流下降到涓流值时，$U_{R_{11}}$ 取样电压下降，小于反相端基准电压，A_1 内输出晶体管导通，其引脚 1 变成低电平。引脚 1 输出的低电平一路使 A_4 的引脚 11 变成低电平，另一路使 R_5 上端变为低电平，充电器进入第三阶段——涓流充电。

当 A_4 的同相端（引脚 11）为低电平，A_4 的反相端（引脚 10）接在稳压管 VS_1 上，VS_1 上的电压高于 A_4 同相端电压，A_4 内部输出晶体管导通，使 VL_2 红色发光二极管点亮，指示充电器充满电。由于 R_5 上端为低电平，R_4、R_5 对 VS_1 稳压电压进行分压，改变了 A_2 同相端基准电压。基准电压下降，通过 A_2 等控制，充电器输出电压下降，以 41.4V 的恒压值进行涓流充电，充电电流从 0.36A 逐渐趋近于 0，充电结束。

九、单端 AC-DC 变换式充电器电路

1. 电路图

单端 AC-DC 变换式充电器与双端 AC-DC 变换式充电器相比，其电路简单，电路原理

如图 10-10 所示。它主要有输入保护电路、抗干扰电路、市电整流滤波电路、PWM（脉宽调制）和激励集成电路、功率场效应晶体管开关变换电路、整流滤波电路、输出电压和电流检测等充电控制电路。

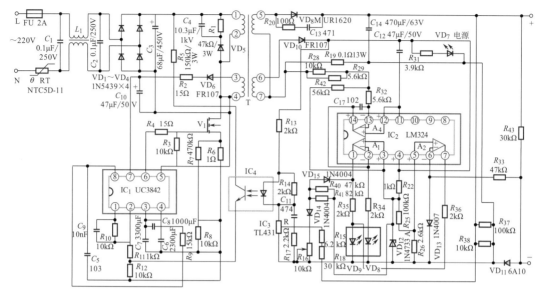

图 10-10　单端 AC-DC 变换式充电器的电路原理图

2. 电路分析

① 保护电路　输入端 2A 熔断器起过电流保护作用，NTC 热电阻使开机瞬间浪涌电流的数值减小。

② 抗干扰电路　L_1、C_1、C_2 组成双向低通滤波器，L_1 是由两个扼流线圈绕在一磁芯上组成的互感滤波器，结构对称，高频信号在两个扼流圈上产生的电压大小相等、极性相反。同时，高频信号通过滤波器时感抗高，损耗大，C_1、C_2 对高频信号容抗小，进一步旁路削弱高频干扰信号；而对 50Hz 的低频交流市电感抗低，容抗大，不影响市电进入。

L_1、C_1、C_2 组成的滤波器对市电低通，而对各种高频干扰信号呈高阻，防止干扰信号通过电源进入充电器造成损坏，同时防止充电器高频脉冲通过电源线对其他电器干扰，提高充电器的兼容性。

③ 市电整流滤波电路　经抗干扰电路后 220V、50Hz 交流市电送入由 $VD_1 \sim VD_4$ 组成的桥式整流电路，整流后得到的脉动直流电压由 C_3 平滑滤波后得到 300V 左右的直流电压，输出到开关电源电路。

④ 开关电源的启动　整流滤波得到的约 300V 直流电压，一路从开关变压器 T 的引脚 1 输入，经 T 的绕组①～②加到功率场效应晶体管 V_1 漏极（D）；另一路通过启动电阻 R_5 加到 IC_1 的引脚 7，对 IC_1 的引脚 7 所接电容 C_{10} 充电。当 C_{10} 充电电压大于 16V 时，其引脚 8 输出 5V 基准电压，对 C_6 充电，R_9、C_6 和 IC_1 内部电路形成的锯齿波振荡电路启动，其引脚 6 输出开关脉冲，通过 R_4 加到功率场效应晶体管 V_1 栅极（G），V_1 开始导通。

R_4 用于抑制 V_1 栅极寄生振荡，通常串在靠近功率场效应晶体管 V_1 栅极处，栅极电阻 R_4 不能太大，它能直接影响 PWM 驱动信号对场效应晶体管输入电容的充放电，即影响了场效应晶体管的开关速度。

⑤ IC_2 的二次供电　V_1 导通后，变压器 T 的初级绕组①～②有电流流过，在绕组③～④上产生互感电压，该电压从引脚 2 输出，经 VD_6 整流、R_2 限流、C_{10} 滤波后向引脚 7 继续供电，完成 IC_1 启动、二次供电转换工作。IC_2 正常工作后，从其引脚 6 输出脉冲控制 V_1 的导通和截止。

⑥ 充电电流一次控制特性　场效应开关晶体管 V_1 的源极电流通过电阻 R_6 取样，形成反映电流大小的电压信号。当源极电流变化时，取样电阻 R_6 两端电压随之变化，通过 R_7 送入 IC_1（UC3842）的引脚 3，通过内部比较器控制 IC_1 的引脚 6 输出脉冲宽度。

取样电阻 R_6 取值较大（1Ω），使一次电流对脉冲宽度反馈控制作用明显，当蓄电池电压在最低值 31.5V 时，充电初始电流不大，而充电至最高值 44V 时充电电流也不会很小，使得电池在充电第一阶段具有恒流充电特性，与二次控制电路共同完成恒流 - 恒压充电。

⑦ 二次整流充电输出电路　IC_1 启动后，V_1 工作在开关状态，变压器 T 的次级绕组⑤～⑦、⑥～⑦产生互感电压。绕组⑤～⑦电压经 VD_8 整流、C_{14} 滤波，形成 36V 电压输出到蓄电池进行充电。绕组⑥～⑦电压经 VD_{10} 整流，C_{12} 滤波后为 IC_2、IC_3 及指示电路提供 12V 的工作电压。

⑧ 充电状态转换电路　该单元电路由 R_{19}、IC_2、IC_3 及其他外围元件构成。充电初始阶段，充电电流较大，R_{19} 两端电压较高，通过 R_{28}、R_{29}、R_{32} 送到 IC_2 的引脚 13，该引脚的电压为负，低于引脚 12 的电压，其引脚 14 输出高电平，通过 R_{34} 使发光管 VD_8 发绿光。

IC_2 的引脚 14 的高电平同时加到 IC_2 的引脚 2，大于引脚 3 的参考电压，引脚 1 输出低电平，一方面致使 VD_9 不亮；另一方面使 VD_{15} 因阴极电压低而导通，通过 R_{40}、R_{41} 的参考电压被 VD_{15} 钳位于低电平，VD_{14} 截止。输出电压经 R_{18}、R_{15}、R_{16}、R_{17} 分压送到 IC_3 取样极 R 端，对输出电压进行控制。

⑨ 电压控制　由 R_{18}、R_{15}、R_{16}、R_{17} 对输出电压进行分压加到 TL431（IC_3）控制端，控制输出电压的高低，改变 R_{16} 可微调输出电压高低，通过 R_{18}、R_{15}、R_{16}、R_{17}、TL431 控制充电器输出电压恒定。当充电电流减小至涓流值时，R_{19} 两端电压降低，IC_2 的引脚 13 电压升高，其引脚 14 电压逐渐降低，VD_8 绿光减弱，引脚 1 的电压升高，VD_9 红光逐渐点亮。VD_{15} 阴极电压升高而截止，参考电压通过 R_{40}、R_{41} 使 VD_{14} 导通，并控制 IC_3 取样极 R 端，进行由参考电压控制向涓流充电状态的转换。通过 IC_2 控制，与一次电路共同完成充电方式的转变。

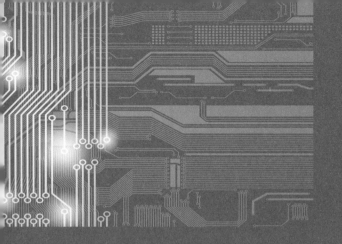

第十一章

常见物理参数的测量及控制电路

一、数字显示温度计电路

 电路图

数字显示温度计采用 3 位 LED 数码管进行显示,测温范围为 -50 ~ +100℃,测量误差 ≤ 0.5℃;其优点是,测温范围宽、测量精度较高、反应速度快、测量结果直观易懂、便于实现远距离测温和计算机控制等。数字显示温度计(其电路原理图见图 11-1)不仅可以测量气温,还可测量水温、体温等(只需将图中的温度传感器以导线连接到外部)。

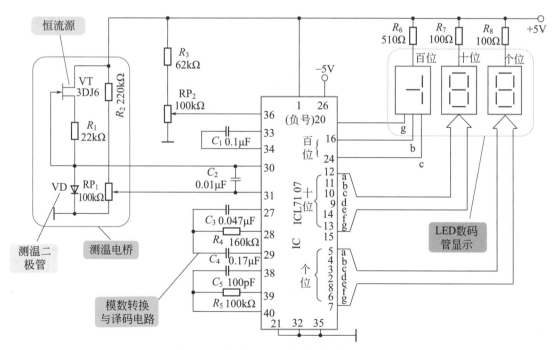

图 11-1 数字显示温度计的电路原理图

由图 11-1 可知，该数显温度计主要由温度传感器、测温电桥、基准电压、模数转换、译码驱动和显示等几部分电路组成。

2. 电路分析

① 温度测量电路　如图 11-1 所示，本节采用的温度传感器是 1N4148 型硅二极管，它内部 PN 结的正向压降具有负的温度系数，且在一定温度范围内基本呈现线性变化，故该硅二极管可用作温度传感器。1N4148 的正向压降温度系数约为 −2.2mV/℃（即温度每升高 1℃，正向压降约减小 2.2mV），它可测量的温度范围是 −50 ～ +150℃，且具有良好的线性度。若采用恒流源为 1N4148 提供恒定的正向工作电压，还可进一步改善其测温的线性度，使该传感器的测量误差 ≤ 0.5℃。

VT、R_1、VD、R_2、RP_1 等共同构成一个测温电桥。其中，VD 为温度传感器的测温二极管；场效应管 VT 和 R_1 构成一个恒流源，为 VD 提供恒定的正向电流；R_2 和电位器 RP_1 构成电桥的另两个臂。该电桥的上下两端点接入直流工作电压，左右两端点（VD 正极、RP_1 移动臂）的输出代表温度函数的差动信号电压，其中，RP_1 的移动臂可作为固定参考电压，VD 正极则作为随温度而变化的函数电压。

② 模数转换与译码驱动电路　该单元电路由 3 位半双积分 A/D 转换驱动集成电路 ICL7107（IC）构成，主要功能是将测温电桥输出的代表温度函数的模拟信号转换为数字信号，进行处理后再去驱动显示电路的工作。

IC 内部集成了双积分 A/D（模 / 数）转换器、BCD 七段译码器、LED 数码管驱动器、时钟和参考基准电压源等功能模块，可将输入的模拟电压转换为数字信号，并直接驱动 LED 数码管显示测温结果；此外，IC 还具有调零、自动显示极性、超量程指示等功能。

③ 显示电路　该单元电路采用的是 3 个 7 段共阳极 LED 数码管，在 IC 电路的控制下，它将温度测量结果显示出来。由于百位的数码管只需显示"1"和"−"号，故仅连接百位数码管的"b、c、g"这 3 个笔画段即可。R_6、R_7、R_8 分别是上述 3 个数码管的限流电阻。

二、高精度温度控制器电路

1. 电路图

图 11-2 是高精度温度控制器的电路原理图。该控制器采用了温度检测控制集成电路 LM3911（A），其内部由基准稳压器、温度传感器、运算放大器（用作比较器）组成。其中，内部基准电压为 6.85V，其电源端 V_+ 与输出端之间的电压与热力学温度成正比，测温灵敏度为 +10mV/℃。内部基准稳压器只需采用足够大的限流电阻，限定其工作电流在几毫安量级，即可正常测温。

图 11-2 中，该控制器的控制对象为电热器 EH，其控制目的在于，确保温箱内的温度恒定。该控制器的基本检测和控制元件为 LM3911。此外，它还具有保护元件，如熔断器 FU（对电热器的过电流保护），R_1、C_1（对双向晶闸管的过电压保护），R_9、C_3（抗干扰元件）。

该控制器主要由如下几部分组成。

① 主电路：包括开关 QS、熔断器 FU、双向晶闸管 V_1（兼作控制元件）和电热器 EH。

② 控制电路：由 A 及外围阻容元件、二极管 $VD_2 \sim VD_5$、晶闸管 V_2、双向晶闸管 V_1 和电阻 R_4 与 R_2 构成。

③ A 的直流工作电源电路：由降压元件 R_3 与 R_4、二极管 VD_1 和电容 C_2 构成。

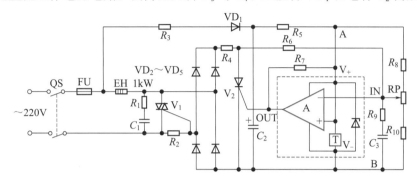

图 11-2　高精度温度控制器的电路原理图

该控制器的主要元器件的选用如表 11-1 所示。

表 11-1　高精度温度控制器主要元器件的选用

代号	名称	型号规格	数量
QS	开关	HK2-10 10A/220V	1
FU	熔断器	RT14-20/5A	1
V_1	双向晶闸管	KS10A 600V	1
V_2	晶闸管	KS1A 600V	1
A	集成电路	LM3911	1
$VD_2 \sim VD_5$	二极管	1N4007	4
VD_1	二极管	1N4001	1
R_1	线绕电阻	RX-51Ω 10W	1
R_2	金属膜电阻	RJ-27Ω 2W	1
R_3	金属膜电阻	RJ-3.3kΩ 1/2W	1
R_4	线绕电阻	RX-100Ω 8W	1
R_5	金属膜电阻	RJ-180kΩ 1/2W	1
R_6	金属膜电阻	RJ-4.7Ω 1/2W	1
R_7	金属膜电阻	RJ-680kΩ 1/2W	1
R_8	金属膜电阻	RJ-29kΩ 1/2W	1
R_9	金属膜电阻	RJ-510kΩ 1/2W	1
R_{10}	金属膜电阻	RJ-35kΩ 1/2W	1

续表

代号	名称	型号规格	数量
RP	电位器	WX3.5-5.6kΩ 3W	1
C_1	电位器	CBB22 0.1μF 400V	1
C_2	电解电容	CD11 50μF 25V	1
C_3	电容	CBB22 0.05μF 63V	1

2. 电路分析

① 逆向分析 如图 11-2 所示，当温箱内的温度下降至设定阈值以下时，应先加热→ V_1 导通→ R_2 上的电压降 U_{R_2} 升高至足够大（如 2V 以上）→ V_2 需导通→ A 的输出端 OUT 为高电平。

当温箱内的温度回升至阈值时，应停止加热→ V_1 截止→电压 U_{R_2}=0V → V_2 截止→ A 的输出端 OUT 为低电平。

② 正向分析 图 11-2 中，接通电源后，市电交流 220V 经 R_3 降压、VD_1 半波整流、C_2 滤波和 R_5 再降压后，为 A 提供一个 ±12V 的直流电压；A 的输入端 IN 从分压器 R_8、R_{10}、RP 上获取基准比较电压。当温箱内的温度下降至设定阈值以下时，将被 A 的内部温度传感器检测到，使 A 内部电路转换，A 的输出端 OUT 输出为高电平，使 V_2 被触发而导通，于是经二极管 $VD_2 \sim VD_5$ 整流的电流经过 R_2，在 R_2 上形成足够的压降，V_1 获得足够的控制极电压而导通，进而接通 EH，开始加热处理。

当温箱内的温度回升至阈值时，A 的输出端 OUT 输出变为低电平，V_2 截止，R_2 上不再有电流流过，V_1 因失去控制极电压而截止，EH 即停止加热。上述过程循环往复，即可使温箱内的温度保持在设定阈值附近，实现了恒温调节。

R_6 作为正反馈电阻，用于消除临界温度点附近晶闸管 V_2 工作时的不稳定性。

3. 电路调试

暂时不接入电热器 EH 和 LM3911 集成电路 A，而是在接通电源后，以万用表测量 A、B 两端的电压，正常时应有约 24V 的直流电压，然后，接入 EH 和 A，并在 EH 两端并联 1 个 40W、220V 的灯泡，接通电源后，以万用表监测 A 的输出端 OUT 的直流电压。以电烙铁等热源物体接近 A 时，若 OUT 端为低电平（约 0V）、灯泡不亮，则表明 EH 已停止加热，然后，移开热源物体，若 OUT 端变为高电平、灯泡点亮，则表明 EH 又开始加热。

上述实验中，若灯泡不亮，可适当增大 R_2 的阻值，通常，使 R_2 上的电压为 2V 以上（V_1 的导通阈值）即可。但 R_2 上的电压也不宜过大，超过 10V 时，会导致 V_1 的损坏，实际中应根据 EH 的功率（即负载电流的大小）来调整 R_2 的阻值，使 R_2 上的电压在 4 ~ 6V 为宜，这个电压范围既可确保 V_1 被可靠触发，又能保证电路的安全。

此外，电位器 RP 的温度调整范围是 20 ~ 60℃。由于该控制器的全部元器件均处于电网电压之下，故安装、调试、使用时应注意安全。

三、基于 UAA1016B 的电暖器温度控制器电路

1. 电路图

图 11-3 是一种基于 UAA1016B 型多功能新型温控 / 调功驱动集成电路而构成的电暖器温度控制器的电路原理图。该控制器适用于电暖器、电炒锅等大功率、纯电阻型负载的家用电器的调温和控温。

图 11-3 中，该控制器由温控电路和晶闸管控制电路等组成。其中，温控电路由多功能新型温控 / 调功驱动集成电路 UAA1016B 及 NPC 热电阻温度传感器 RT、温度调节电位器 RP、锯齿波产生电容 C_1 等外围元件构成。晶闸管控制电路则由双向晶闸管 VS、加热器 EH、压敏电阻 RV 等构成，其中，RV 用于保护 VS。

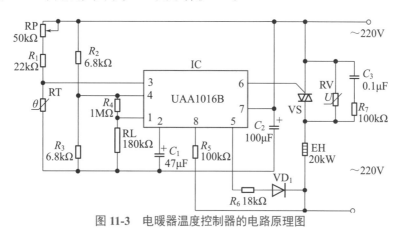

图 11-3　电暖器温度控制器的电路原理图

该控制器的主要元器件的选用如表 11-2 所示。

表 11-2　电暖器温度控制器主要元器件的选用

代号	名称	型号规格	数量
IC	多功能新型温控 / 调功驱动集成电路	UAA1016B	1
VS	双向晶闸管	BT162-600	1
RT	负温度系数热电阻	MF12-1	1
VD$_1$	开关二极管	1N4148	1

2. 电路分析

如图 11-3 所示，接通电源后，RT 检测到的环境温度电压信号被传送至 UAA1016B 的引脚 3，并与其引脚 4 上的基准电压进行比较，用于控制 VS 的工作状态。

即 RT 检测到的温度值低于设定阈值时，UAA1016B 的引脚 6 输出为高电平，使 VS 处于导通状态，电暖器 EH 因得电而开始加热处理。而 RT 检测到的温度值高于设定阈值时，UAA1016B 的引脚 6 输出变为低电平，使 VS 处于截止状态，EH 因失电而停止加热。当环境温度逐渐降低，直至低于设定阈值时，上述过程又将重新开始。

如此循环往复，即可使环境温度保持在设定阈值附近，实现了恒温调节。

3. 电路调试

本节的电暖器温度控制器采用了专用温控集成电路,故电路中的外围元件少,通常无须调试即可通电正常工作。

安装时,常将焊接好的印制电路板置于自制塑料盒或木盒之中,并在盒体上预先留出温度调节电位器和温度传感器的端口及电暖器的插座孔。

实际使用时,可将电暖器的电源接线插入该插座孔,即可实现恒温调控;此外,调节电位器 RP,即可设定、改变控制温度的阈值。

四、基于 TC602 的双限温度控制器电路

1. 电路图

图 11-4 是基于 TC602 型智能型温度传感器集成电路而构成的双限温度控制器的电路原理图。该控制器可根据需要调节的温度控制范围,在检测到温度超范围时,产生声、光提示信号,常用于禽蛋孵化、食用菌培养等农业生产的关键领域。

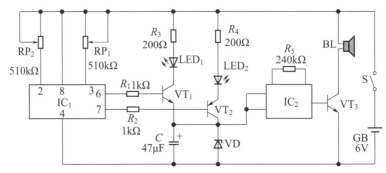

图 11-4 双限温度控制器的电路原理图

图 11-4 中,该控制器由电源电路、温度控制电路、温度指示电路和语音报警电路等几部分组成。其中,电源电路由电池 GB、电源开关 S 构成,实际应用时,S 通常选用的是小型单极拨动式开关,GB 则选用 6V 叠层电池。温度控制电路由智能型温度传感器集成电路 TC602(IC₁)及上限温度调节电位器 RP₁、下限温度调节电位器 RP₂ 等构成;温度指示电路由电子开关 VT₁ 与 VT₂、发光二极管 LED₁ 与 LED₂、滤波电容 C 和稳压二极管 VD 等构成;语音报警电路则由语音集成电路 IC₂ 及晶体管 VT₃、扬声器 BL 等外围元件构成。

该控制器的主要元器件的选用见表 11-3。

表 11-3 双限温度控制器主要元器件的选用

代号	名称	型号规格	数量
IC₁	智能型温度传感器集成电路	TC602	1
IC₂	语音集成电路	KD9561	1
VT₁、VT₃	晶体管	S9013 或 C8050	2
VT₂	晶体管	S9015 或 C8550	1

续表

代号	名称	型号规格	数量
VD	稳压二极管	1N5987	1
LED$_1$、LED$_2$	发光二极管	ϕ3mm 高亮度	2
BL	微型电动式扬声器	0.25W、8Ω	1

2. 电路分析

如图 11-4 所示，接通电源后，当被测温度在设定的控制范围内时，IC$_1$ 的引脚 6 输出为低电平，引脚 7 输出为高电平，使 VT$_1$、VT$_2$ 均处于截止状态，LED$_1$、LED$_2$ 均不发光。同时，IC$_2$ 和 VT$_3$ 不工作，扬声器 BL 也不发声。

当被测温度低于报警温度的下限值时，IC$_1$ 的引脚 6 输出仍为低电平，引脚 7 的输出则跳变为低电平，使 VT$_2$ 处于导通状态，驱动 LED$_2$ 发光，指示被测温度偏低。同时，IC$_2$ 得以通电工作，其输出的语音信号经 VT$_3$ 放大后，驱动 BL 发出警报声音信号。同理，当被测温度高于报警温度的上限值时，IC$_1$ 的引脚 7 输出仍为高电平，引脚 6 的输出则跳变为高电平，使 VT$_1$ 处于导通状态，驱动 LED$_1$ 发光，指示被测温度偏高。同时，IC$_2$ 得以通电工作，驱动 BL 发出警报声音信号。

3. 电路调试

本节的双限温度控制器具有电路结构简单、集成度较高的优点，故仅需简单调试即可通电正常工作。

安装时，常将焊接好的印制电路板置于自制塑料盒或木盒之中，并将上、下限温度调节电位器 RP$_1$ 和 RP$_2$、发光二极管 LED$_1$ 与 LED$_2$ 及电源开关固定于控制面板的相应端口上。

通电工作时，调节 RP$_1$ 和 RP$_2$，即可改变该控制器的上、下限温度报警阈值。

五、基于 VD5026/5027 的遥控温度控制器电路

1. 电路图

图 11-5 是基于 VD5026/5027 型无线遥控编码、解码集成电路而构成的遥控温度控制器的电路原理图。该控制器中的温度传感器与控制器之间采用的是无线密码遥控方式，可实现远距离的温度检测与控制，应用十分广泛。

如图 11-5 所示，该控制器由两大部分组成：温度检测及无线发射电路和温度控制及无线接收电路。其中，温度检测及无线发射电路由温度检测电路、遥控编码电路和无线发射电路构成；温度控制及无线接收电路则由无线接收集成电路 IC$_5$、无线遥控解码集成电路 IC$_6$、电阻 R_8 与 R_9、晶体管 VT、继电器 K 和二极管 VD$_5$ 等构成。

该控制器的主要元器件的选用见表 11-4。

表 11-4　遥控温度控制器主要元器件的选用

代号	名称	型号规格	数量
IC$_1$	运算放大器集成电路	CA3140	1

续表

代号	名称	型号规格	数量
IC$_2$	六非门集成电路	CD4069 或 CC4069	1
IC$_3$	无线遥控编码集成电路	VD5026	1
IC$_4$	无线发射集成电路	TWH630	1
IC$_5$	无线遥控接收集成电路	TWH631	1
IC$_6$	无线遥控解码集成电路	VD5027	1
VT	晶体管	S8050 或 C8050	1
RT	负温度系数热电阻	MF51	1
VS	稳压二极管	1N4735	1
VD$_1$ ~ VD$_4$	开关二极管	1N4148	4
VD$_5$	整流二极管	1N4007	1
K	直流继电器	JRX-13F	1
GB	叠层电池	12V 或 A23 型电池	1

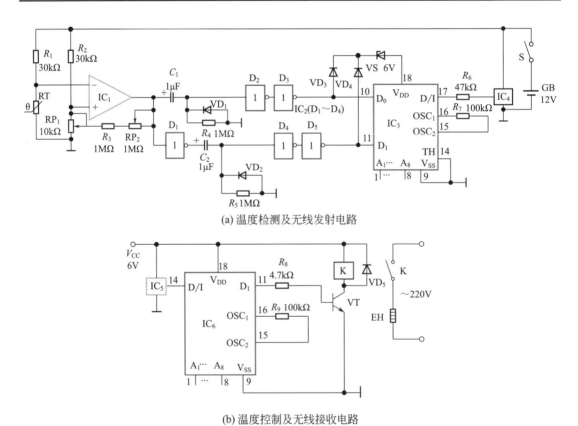

(a) 温度检测及无线发射电路

(b) 温度控制及无线接收电路

图 11-5　遥控温度控制器的电路原理图

2. 电路分析

如图 11-5 所示，闭合电源开关 S 后，温度检测及无线发射电路通电工作。在被测温度低于 RP_1 设定的控制温度时，RT 的阻值增大至一定值，使 IC_1 的输出为低电平，IC_2 的内部非门 D_1 输出高电平，向 C_2 充电，直至 C_2 充满电（约 1s）后，非门 D_5 输出正脉冲，使 IC_3 的引脚 17 输出特定的编码信号，该编码信号经 IC_4 调制后向外界空间发射出去。IC_5 接收到 IC_4 所发射的调制编码信号后，将该信号传送至 IC_6 进行译码处理，使 IC_6 的引脚 11 输出恒为高电平，VT 饱和导通，K 因得电而吸合，加热器 EH 通电而开始加热。

同理，被测温度达到或超过 RP_1 设定的控制温度时，RT 的阻值减小至一定值，使 IC_1 的输出为高电平，向 C_1 充电，直至 C_1 充满电后，IC_2 的内部非门 D_3 输出高电平脉冲，使 IC_3 的引脚 17 再次输出特定的编码信号，该编码信号经 IC_4 调制后向外界空间发射出去；IC_6 将 IC_5 接收到的调制编码信号进行译码处理后，由其引脚 11 输出为低电平，使 VT 截止，K 释放，EH 因断电而停止加热。

上述过程循环往复，可使被测环境温度恒定于 RP_1 设定的控制温度附近。

3. 电路调试

本节的遥控温度控制器采用多个专用集成电路，具有设计新颖、温控精度高、安装调试方便等优点，适用于温度传感器与控制器相距较远或无法直接测温、控温的领域。整体安装接线完毕后，通常无须调试即可通电正常工作。通电工作后，调节 RP_1 的阻值即可改变设定的控制温度；调节 RP_2 的阻值，即可改变设定的温控回差（通常设定为 $1 \sim 4℃$）。

六、基于 LC179 的温度、湿度超限报警器电路

1. 电路图

图 11-6 是基于 LC179 型语音合成报警集成电路构成的温度、湿度超限报警器的电路原理图。该报警器能在大棚温室等监控区域的室内温度和湿度偏离设定阈值时，及时发出声光报警信号，提醒用户注意调控大棚内的温度和湿度。

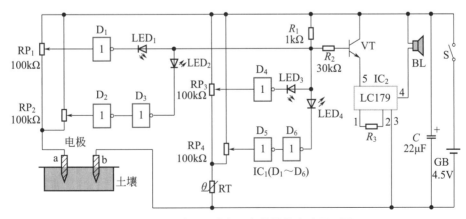

图 11-6　温度、湿度超限报警器的电路原理图

图 11-6 中，该报警器由电源电路、温度检测电路、湿度检测电路和语音报警电路等几部分组成。其中，电源电路由干电池与电源开关 S 构成。温度检测电路由热电阻 RT、电位器 RP_3 与 RP_4、CD4069 型六非门集成电路 IC_1 的内部 $D_4 \sim D_6$ 构成；湿度检测电路由湿度检测电极 a 与 b、电位器 RP_1 与 RP_2、CD4069 型六非门集成电路 IC_1 的内部 $D_1 \sim D_3$ 构成；语音报警电路则由电子开关 VT、语音合成报警检测电路 IC_2、定时元件 R_3、扬声器 BL 等构成。

该控制器的主要元器件的选用见表 11-5。

表 11-5　温度、湿度超限报警器主要元器件的选用

代号	名称	型号规格	数量
IC_1	六非门集成电路	CD4069 或 CC4069	1
IC_2	语音合成报警集成电路	LC179	1
VT	晶体管	C9012	1
BL	电动式扬声器	0.25W、8Ω	1
$LED_1 \sim LED_4$	发光二极管	普通型 ϕ5mm	4
RT	热电阻	MF51 型负温度系数	1
GB	干电池	5 号电池（3 节）	1

2. 电路分析

如图 11-6 所示，接通电源后，当大棚温室内土壤湿度在设定的湿度阈值范围内时，D_1 和 D_3 均输出高电平，LED_1 和 LED_2 均处于截止状态，使 VT 也处于截止状态，IC_2 由于失电而不工作，BL 不发声。整个报警器处于监控状态。

当大棚温室内土壤湿度高于设定湿度的上限值时，电极 a、b 之间的阻值变小，使 RP_2 的中点电位低于 2.7V，D_2 输出为高电平，经 D_3 反相后输出为低电平，LED_2 发光，指示棚内湿度过大。同时，VT 处于导通状态，IC_2 得电而开始工作，从其引脚 4 输出模拟 "警车电笛声" 的语音信号，驱动 BL 发出报警声。同理，当大棚温室内土壤湿度低于设定湿度的下限值时，电极 a、b 之间的阻值变大，使 RP_1 的中点电位高于 2.7V，D_1 输出为低电平，LED_1 发光，指示棚内湿度偏小。同时，VT 处于导通状态，IC_2 得电而开始工作，驱动 BL 发出模拟 "警车电笛声" 的报警声。

当大棚温室内的温度在设定的阈值范围内时，D_4 和 D_6 均输出为高电平，LED_3 和 LED_4 均处于截止状态，VT 截止，语音报警电路由于失电而不工作，BL 不发声。整个报警器处于监控状态。当大棚温室内的温度高于设定温度的上限值时，RT 的阻值变小，使 RP_4 中点电压低于 2.7V，D_5 输出为高电平，经 D_6 反相后输出为低电平，LED_4 发光，指示棚内温度偏高；同时，VT 处于导通状态，IC_2 因得电而工作，从其引脚 4 输出模拟 "警车电笛声" 的语音信号，驱动 BL 发出报警声。同理，当大棚温室内的温度低于设定温度的下限值时，RT 的阻值增大，D_4 输出为低电平，LED_3 发光，指示棚内温度偏低；同时，VT 处于截止状态，IC_2 因得电而工作，驱动 BL 发出模拟 "警车电笛声" 的报警声。

3. 电路调试

本节的温度、湿度超限报警器采用了专用语音报警集成电路 LC179 及技术成熟的数字集成电路 CD4069，只需经过简单的调试即可通电正常工作。实际使用时，湿度检测电路的电极常用钢丝或不锈钢丝来制作，安装时两电极间距为 10～12cm，再与负温度系数热电阻 RT 一起通过传输线与值班室内的报警器对应的接口相连。

调节电位器 RP$_2$、RP$_1$ 的阻值，即可改变大棚温室内的湿度上、下限阈值，调节 RP$_4$、RP$_3$ 的阻值则可改变大棚温室内的温度上、下限阈值。

七、基于 MC14066 的土壤湿度检测器电路

1. 电路图

图 11-7 是基于 MC14066 型模拟电子开关集成电路而构成的土壤湿度检测器的电路原理图。该检测器能在土壤湿度过小（过于干燥）时发出红色报警信号，对于大棚、温室、种子实验室等场所的土壤性能鉴定十分有用。

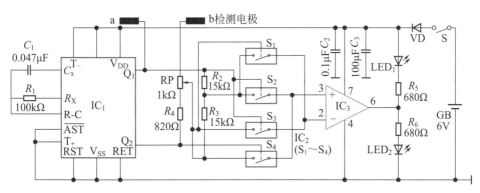

图 11-7　土壤湿度检测器的电路原理图

图 11-7 中，该检测器由电源电路、无稳态多谐振荡器、湿度检测控制电路和 LED 指示电路组成。其中，电源电路由电池 GB、电源开关 S、整流二极管 VD 和滤波电容 C_2 与 C_3 构成。无稳态多谐振荡器由数字集成电路 IC$_1$ 和电阻 R_1、电容 C_1 构成。湿度检测控制电路由电子开关集成电路 IC$_2$（S$_1$～S$_4$）及电阻 R_2～R_4、电位器 RP 和检测电极 a 与 b 等外围元件构成。LED 指示电路则由运放集成电路 IC$_3$ 及发光二极管 LED$_1$ 与 LED$_2$ 和电阻 R_5 与 R_6 构成。

该控制器的主要元器件的选用见表 11-6。

表 11-6　土壤湿度检测器主要元器件的选用

代号	名称	型号规格	数量
IC$_1$	单稳态 / 无稳态触发集成电路	CD4047	1
IC$_2$	模拟电子开关集成电路	MC14066	1
IC$_3$	运放集成电路	NE5534	1
VD	整流二极管	1N4007	1
LED$_1$、LED$_2$	高亮度发光二极管	ϕ3mm	2
GB	叠层电池	6V	1

2. 电路分析

如图 11-7 所示，接通电源后，IC_2 开始振荡工作，振荡频率为 58Hz，从 IC_1 的 Q_1 端和 Q_2 端交替输出高、低电平；当 IC_1 的 Q_1 端输出高电平、Q_2 端输出低电平时，IC_2 的内部电子开关 S_2 和 S_3 接通；当 IC_1 的 Q_1 端输出低电平、Q_2 端输出高电平时，IC_2 的内部电子开关 S_1 和 S_4 接通。

由 R_2、R_3 串联分压后所产生的基准电压经电子开关 S_1 和 S_2 分别加至 IC_3 的引脚 2（反相输入端）和引脚 3（同相输入端），由检测电极 a、b 之间的土壤电阻和 RP、R_4 串联分压后所产生的取样电压经电子开关 S_3 和 S_4 则加至 IC_3 的引脚 3。IC_3 将输入的取样电压与基准电压进行比较，以发光二极管 LED_1 和 LED_2 显示出测量的结果。当土壤湿度适宜时，IC_3 输出为低电平，绿色发光二极管 LED_1 点亮，指示土壤湿度正常；若土壤湿度偏小，IC_3 输出为高电平，红色发光二极管 LED_2 点亮，指示土壤过于干燥。

3. 电路调试

这里的土壤湿度检测器采用了多个专用集成电路，故其外围电路结构简单、性能稳定可靠。目前市场上已有成型产品销售，用户可根据实际需要来选用。

安装时，常将焊接好的检测器固定于监控室的墙壁上，并通过传输线与置于监测范围土壤中的电极 a、b 相连接；通电工作后，调节电位器 RP 的阻值，即可改变检测器的监测阈值和指示的准确度。

八、基于 HT7601A 的热释电红外防盗器电路

1. 电路图

图 11-8 是基于 HT7601A 型热释电红外控制专用集成电路而构成的热释电红外防盗器的电路原理图。

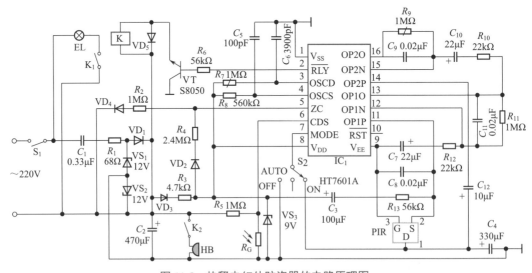

图 11-8　热释电红外防盗器的电路原理图

图 11-8 中，该防盗器由电源电路、热释电红外线检测电路、光控电路和控制执行电路组成。其中，电源电路由电源开关 S_1、降压电容 C_1、限流电阻 R_1、整流二极管

$VD_1 \sim VD_4$、稳压二极管 $VS_1 \sim VS_3$、滤波电容 C_2 与 C_4 构成。热释电红外线检测电路由工作模式选择开关 S_2、热释电红外控制专用检测电路 HT7601A 及外围元件、红外传感器 PIR 构成；光控电路由光敏电阻 R_G、电阻 R_5、HT7601A 的引脚 6 内部电路构成；控制执行电路则由晶体管 VT、继电器 K、二极管 VD_5、限流电阻 R_6、报警扬声器 HB 构成。

该控制器的主要元器件的选用见表 11-7。

表 11-7　热释电红外防盗器主要元器件的选用

代号	名称	型号规格	数量
$VD_1 \sim VD_4$	整流二极管	1N4007	4
VD_5	开关二极管	1N4148	1
VS_1、VS_2	稳压二极管	1N4742A	2
VS_3	稳压二极管	1N4739A	1
IC_1	热释电红外控制专用集成电路	HT7601A	1
PIR	热释电红外传感器	SD622 或 P228	1
R_G	光敏电阻	MG42-04	1
VT	晶体管	S8050	1
K	继电器	12V 直流继电器	1
HB	扬声器	高响度报警扬声器	1

2. 电路分析

如图 11-8 所示，接通电源后，当 PIR 未检测到人体红外信号时，IC_1 的引脚 2 输出为低电平，VT 处于截止状态，K 不吸合，HB 不工作。若有人进入 PIR 的防盗监控区域，传感器接收到人体辐射的红外信号并将其转变为电信号，从 IC_1 的引脚 11 输入，经 IC_1 内部电路处理后，再从 IC_1 的引脚 2 输出一个控制高电平，使 VT 处于导通状态，K 因得电而吸合，其动合触点 K_2 将 HB 的工作电源接通，HB 发出响亮的报警声。同时，动合触点 K_1 闭合，使报警指示灯 EL 闪烁。

IC_1 的引脚 6 外接于光控电路。白天时，R_G 受光照射而呈现低阻状态，使其引脚 6 为低电平，IC_1 工作于禁止输出状态，其引脚 2 无控制电压输出，HB 不工作。夜晚时，R_G 的阻值增大，IC_1 和报警器正常工作。若要使该报警器全天候工作，则可将 R_G 和 R_6 拆除。

IC_1 的引脚 7 则外接于工作模式选择开关 S_2。将 S_2 置于 "ON" 位置时，IC_2 的引脚 2 始终为有效输出。将 S_2 置于 "OFF" 位置时，其引脚 2 无输出；将 S_2 置于 "AUTO" 位置时，IC_1 处于自动工作状态，其引脚 2 的输出受控于热释电红外线传感器的信号。

3. 电路调试

本节的热释电红外防盗器将所有的元器件焊接于购置的印制电路板上，经检查无错焊或虚焊后，即可接通电源进行调试。调试时，首先接通电源开关 S_1，分别对工作模式选择开

关 S_2 进行操作，以万用表测量各个位置点的电压，有条件的话可采用示波器来观察各点的波形。调节 R_7 的阻值，可改变延时振荡器的工作频率，进而改变输出定时时间的长短；调节 R_9 的阻值，则可改变热释电红外传感器的检测灵敏度。

尤其值得注意的是，由于人体辐射的远红外信号的能力非常微弱，直接由热释电红外传感器接收，其灵敏度很低，监控距离也仅有 $1 \sim 2m$，远不能满足要求，还需配以良好的光学透镜（如抛物镜、菲涅尔透镜等），方可实现较高的接收灵敏度。通常，若配以菲涅尔透镜，则可将传感器的监控距离提高至 10m 以上。

九、基于 BISS0001 的热释电红外延时照明控制器电路

1. 电路图

图 11-9 是基于 BISS0001 型热释电红外传感信号处理集成电路而构成的热释电红外延时照明控制器的电路原理图。该控制器能实现有人进入时灯亮、人离去时灯灭的功能，适用于浴室、储藏室、梳妆台镜前灯等的自动控制。

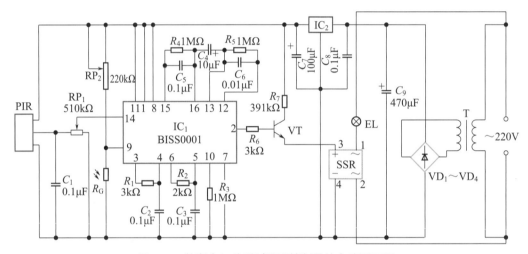

图 11-9　热释电红外延时照明控制器的电路原理图

图 11-9 中，该控制器由电源电路、红外延时照明控制电路和控制执行电路组成。其中，电源电路由电源变压器 T、整流二极管 $VD_1 \sim VD_4$、滤波电容 C_7 与 C_9、旁路电容 C_8、三端稳压集成电路 IC_2 等构成。红外延时照明控制电路由热释电红外传感器 PIR、灵敏度电位器 RP_1、热释电红外传感器信号处理集成电路 BISS0001（IC_1）及延时元件 R_1 与 C_2、电位器 RP_2、光敏电阻 R_G 等外围元件构成。控制执行电路则由电子开关 VT、固态继电器 SSR 和照明灯具 EL 构成。

该控制器的主要元器件的选用见表 11-8。

表 11-8　热释电红外延时照明控制器主要元器件的选用

代号	名称	型号规格	数量
IC_1	热释电红外传感信号处理集成电路	BISS0001	1
IC_2	三端稳压集成电路	1M7805	1

续表

代号	名称	型号规格	数量
VT	晶体管	C9013	1
PIR	热释电红外传感器	P2288、PH5324、1H1956	1
R_G	光敏电阻	MG45 型	1
SSR	过零紧凑型固态继电器	JCX-2F-DC5V	1
$VD_1 \sim VD_4$	整流二极管	1N4001	4
EL	白炽灯泡	100W 以下	1

2. 电路分析

如图 11-9 所示，市电交流 220V 经降压、整流、滤波、稳压后而形成一个稳定的 +5V 直流电压，为整个电路供电。

接通电源后，无人进入 PIR 的监控范围时，IC_1 处于复位状态，其控制信号输出端（引脚 2）输出的是低电平，VT 截止，SSR 关断，EL 不点亮，整个控制器处于监控状态。若有人进入 PIR 的监控范围并移动时，PIR 可将人体散发出的红外线辐射转换为电信号输出，该输出信号的频率为 0.1 ~ 10Hz。

RP_2 与 R_G 构成一个光控电路，白天时，R_G 受自然光照射而呈现低阻状态，当 IC_1 的引脚 9 电平 $V_C < 0.2V_{DD}$（供电电压）时，触发被禁止，IC_1 等后续电路不工作，EL 不点亮。夜晚或光线较暗时，R_G 的阻值增大，当 IC_1 的引脚 9 电平 $V_C > 0.2V_{DD}$ 时，IC_1 处于监控状态，其输出端 V_0 仍为低电平。若此时有人进入 PIR 监控范围内并移动，PIR 便会输出随人体移动而变化的电信号，通过 RP_1 送至 IC_1 芯片内部的独立高输入阻抗运算放大器 OP_1 的输入端 $1IN_+$（引脚 14），经 OP_1 前置放大后由引脚 16 输出，经 C_4 耦合至 $2IN_-$ 端（引脚 13），再经芯片内部第二级运算放大器 OP_2 进行放大，而后经芯片内部双向鉴幅器处理信号，输出有效的触发信号，启动芯片内部的延时定时器 TX，最后由状态控制器从 IC_1 的引脚 2 输出一个高电平控制信号，使 VT 导通，SSR 开通，EL 被点亮发光。

IC_1 引脚 2 输出高电平控制信号的持续时间，等于电路的延时时间，它取决于延时元件 R_1 与 C_2 的时间常数（本节中延时时间为 15s）。由于 IC_1 的引脚 1 接入高电平，电路处于允许重复触发的状态，即在延时时间（15s）内，只要有人稍微移动一下，该控制器即会被重新触发，引脚 2 会再次输出一个脉宽为 15s 的高电平信号。故只要有人处在 PIR 的监控范围内，EL 则始终会被点亮，只有当监控范围内人员离开后，再延时 15s，电路才复位，EL 才会自动熄灭。

3. 电路调试

本节的热释电红外延时照明控制器在安装时，与热释电传感器 PIR 配套的菲涅尔透镜应对准需要监控的方向（如在浴室或卧室中，即是对准浴具或梳妆台的镜前位置）。调试时，首先接通电源 45s，PIR 进行充分预热后，用手在 PIR 透镜前晃动，调节 RP_1 的阻值，使 PIR 的监控距离在 1 ~ 1.5m 范围内，再根据需要调整 RP_2 的阻值，调节出控制器具有合适的光控灵敏度即可。

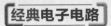

该控制器稍作改动则可用于宾馆、银行等的自动门控制，其具体方法是：拆除光敏电阻 R_G，将 RP_2 改用为 100kΩ 固定电阻，同时将 RP_1 的灵敏度调高，用 SSR 控制自动门的电动机开关；如此，有顾客走至自动门前时，门将在电动机的驱动下自动开启；顾客离开 PIR 的监控范围后，借助自动门电动机的机械或电气控制，门将自动闭合。

十、基于 NB9017/9211 的红外线遥控照明灯电路

1. 电路图

图 11-10 是基于 NB9017/9211 型红外遥控发射 / 接收集成电路而构成的红外线遥控照明灯的电路原理图。该装置除了采用红外线遥控外，电灯的分路组合点亮是根据二进制加法计数顺序自动控制的，共有 7 种组合状态，使用便利，且电视机等家用电器的红外遥控对该装置毫无影响。

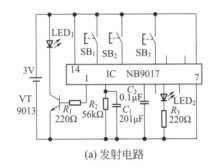

(a) 发射电路

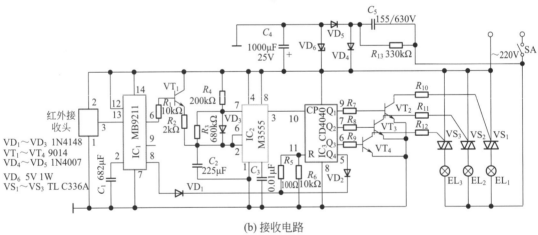

(b) 接收电路

图 11-10 红外线遥控照明灯的电路原理图

图 11-10 中，该装置由红外线发射电路和红外线接收电路两大部分组成。其中，红外线接收电路由电源电路、红外接收电路、时钟信号发生器、计数器电路和驱动电路等构成。

该装置的主要元器件的选用见表 11-9。

表 11-9 红外线遥控照明灯主要元器件的选用

代号	名称	型号规格	数量
IC	红外遥控发射集成电路	NB9017	1

续表

代号	名称	型号规格	数量
IC$_1$	红外遥控接收集成电路	NB9211	1
IC$_2$	时基集成电路	NE555	1
IC$_3$	12 位串行二进制计数器	CD4040	1
VT	晶体管	S9013	1
VT$_1$ ~ VT$_4$	晶体管	S9014	4
VS$_1$ ~ VS$_3$	双向晶闸管	TLC336A（3A、600V）	3
VD$_4$、VD$_5$	整流二极管	1N4007	2
VD$_6$	稳压二极管	AN4733A	1
LED$_1$	红外发光二极管	SE303	1
—	红外接收头	TIP91	1

2. 电路分析

如图 11-10 所示，IC 的引脚 13、12、11、10、9、8 为发射按键控制端，可分别发射 6 路不同的编码脉冲调制信号。本节中仅用到了 SB$_1$、SB$_2$（发射连续信号）、SB$_3$（发射单发信号）这 3 个控制键。IC$_1$ 的输出端引脚 6、8、9、10、11、1 则对应于 IC 的按键控制端 13、12、11、10、9、8。

接通电源后，IC$_1$ 所有输出端均为低电平，VT$_1$ 截止，由 IC$_2$ 构成的时钟信号发生器起振，形成一个振动周期为 1.5s、占空比为 1:4 的时钟脉冲，传输至 IC$_3$ 的引脚 10，IC$_3$ 的各输出端即按照二进制加法计数顺序分别输出高、低电平。3 位输出端分别经 VT$_2$ ~ VT$_4$ 放大，使 VS$_1$ ~ VS$_3$ 受触发而导通，进而控制三组电灯 EL$_1$ ~ EL$_3$ 按照 7 种点亮的组合而不断变化。

若需使电灯停留在某种组合状态时，只要按一下图 11-10（a）中的 SB$_1$，图 11-10（b）中 IC$_1$ 的引脚 6 即可输出高电平，使 VT$_1$ 饱和导通，IC$_2$ 的引脚 2、6 保持高电平而停振，IC$_3$ 因无时钟脉冲输入而停止计数，三组电灯即会停留在当时的组合状态。若要使灯的组合重新变化，只要按一下图 11-10（a）中的 SB$_3$，图 11-10（b）中 IC$_1$ 的引脚 9 即可输出高电平，因互锁关系，IC$_1$ 的引脚 6 翻转为低电平，使 VT$_1$ 截止；约 2s 后 IC$_2$ 又重新起振。需要关灯时，只要按一下图 11-10（a）中的 SB$_2$，图 11-10（b）中 IC$_1$ 的引脚 8 即输出高电平，使 IC$_3$ 复位，三组电灯全部熄灭；若要再次开灯，则要再一次按下 SB$_3$ 使 IC$_3$ 接触复位，电灯被点亮且按照组合顺序重新变化。

3. 电路调试

本节的红外遥控照明灯采用了多种专用集成电路，具有集成度高、性能稳定、安装调试简便等优点。制作时，常将焊接好的印制电路板置于合格的绝缘小盒之中，并在盒面板上开一个 $\phi 9$ ~ 10mm 的小孔对准红外接收头；将手动开关 SA 安装于绝缘盒的下方。

根据图 11-10 中的元器件参数，该装置无须调试即可正常通电工作，最大遥控距离可达

10m 左右。

十一、水位数字控制电路

1. 电路图

图 11-11 是两种不同结构的水位数字控制电路，其中图 11-11（a）可用于近距离的水塔水位的控制，图 11-11（b）和（c）则用于远距离的水位遥控电路。

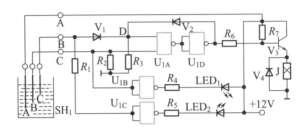

(a) 近距离水塔水位控制

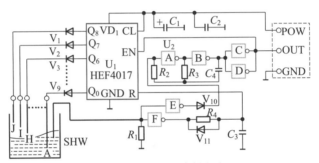

(b) 远距离水塔水位发射电路

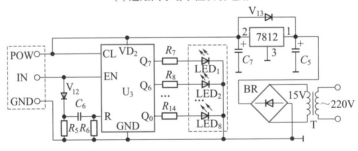

(c) 远距离水塔水位接收与显示电路

图 11-11 水位数字控制电路

该电路的主要元器件的选用如下。

在图 11-11（a）电路中，U_1（含 $U_{1A}\sim U_{1D}$）选用 CD4011B 或 CC4011 四 2 输入与非门；V_1、V_2 选用 1N4148 硅二极管；V_3 选用 S9012 三极管；V_4 选用 1N4001 硅二极管；LED_1、LED_2 选用 ϕ3mm 红、绿色发光二极管；$R_1\sim R_3$ 选用 200 kΩ，R_4、R_5 选用 3kΩ，R_6 选用 10kΩ，R_7 选用 56kΩ，RTX-1/4W 碳膜电阻；J 选用 12V、1A 继电器。

在图 11-11（b）和（c）电路中，U_1 选用 HEF4017；U_2（含 A ～ F）选用 CD4069 六非门；U_3 选用 CD4017；R_1、R_2 选用 1MΩ，R_3、R_4 选用 200kΩ，R_5 选用 3MΩ，R_6 选用 100kΩ，

$R_7 \sim R_{14}$ 选用 $2k\Omega$，均为 RTX-1/4W 碳膜电阻；$V_1 \sim V_{12}$ 选用 1N4148 硅二极管，V_{13} 选用 1N4001 硅整流二极管；$LED_1 \sim LED_8$ 选用红、绿、黄 $\phi3mm$ 发光二极管；BR 选用 3A 硅整流桥电路；C_1 选用 $100\mu F$，C_7 选用 $47\mu F$，C_5 选用 $220\mu F$，均为 CD11-25V 电解电容；C_2、C_3 选用 $0.1\mu F$，C_4 选用 $0.01\mu F$，C_6 选用 1000pF，均为瓷介电容；T 选用 220V 输入、15V 输出、5W 电源变压器。

2. 电路分析

在图 11-11（a）所示电路中，探针 A 点接至电源，B 点和 C 点分别为低水位控制点，该电路可自动将水位控制在 B、C 点之间。当水塔无水时，B、C 点为低电平，U_1 的 D 输出为低电平，V_3 饱和导通，继电器 J 加电，其常开触点闭合使水泵运行，开始给水塔加水。当水升至探针 B 点时，B 点为高电平，由于 U_{1A} 的 D 点仍为低电平，电路不翻转，水泵仍在运行，给水塔继续加水。这时 U_{1B} 为低电平，低位指示灯 LED_1 点亮。当水位上升至探针 C 点时，D 点变为高电平，电路翻转，U_{1D} 输出为高电平，一路使 V_3 截止，使水泵停转。另一路通过 V_2 使 D 点钳位在高电平，同时 U_{1C} 输出为低电平，高位指示灯 LED_2 点亮。由于 D 点钳位在高电平，当水面低于探针 C 点时，V_1 反偏截止，D 点仍为高电平，水泵仍不启动。只有当水位低于探针 B 点时，电路才翻转，水泵才重新开机运行。

图 11-11（b）和（c）的电路分发送和接收、显示两个部分，它们之间用一根 3 股护套线连接，连线长度视遥控距离而定。发送部分如图 11-11（b）所示，假定水位在 I、H 点之间。当 U_1 的 Q_0 输出高电平时，通过水电阻（约 $50k\Omega$）与 R_1 的分压，使 E 门输入为高电平，输出为低电平，A、B 门电路起振，一路经 C、D 门缓冲后从 OUT 端向远方发送；另一路输入到 U_1 的 EN 端接收计数脉冲，并将输出的高电平向 $Q_1 \sim Q_7$ 移动，当移到 Q_6 时，因水位在 I、H 之间，故 E 门输出为高电平，A、B 门停振。此刻经 OUT 端已向外发送了 6 个脉冲。当 E 门的输入为低电平时，同样，F 门的输入也为低电平，其输出高电平经 R_4 向 C_3 充电，约 20ms 以后，U_1 的 R 端为高电平，使 U_1 复位，Q_0 为高电平。此刻 F 门的输入跳变为高电平，输出为低电平，C_3 上的电荷经 V_{11} 快速释放。并且，由于 E 门的输出也为低电平，A、B 门又起振，电路进入了第 2 次计数状态。同时，通过 OUT 端第 2 次向外发送串行脉冲。同理，如果水位在 C、D 之间时，则每次向外发送 2 个脉冲。其他情况可依次类推。

接收与显示电路如图 11-11（c）所示。从远方传来的脉冲串经 IN 端输入，使 U_3 计数 / 译码，并且每次传来的脉冲串中的第 1 个脉冲的上升沿，通过 V_{12}、C_6、R_6 微分电路后，使 U_3 复位，以使接收与发送同步。C_6 的放电回路时间常数较大，使 U_3 的 R 端保持一段时间的低电平，故从第 2 个脉冲开始，上升沿不会使 U_3 复位。如此，从 IN 端输入 6 个脉冲后，U_3 的 $Q_0 \sim Q_5$ 将分别输出高电平。由于发送的串行脉冲码重复时间很短，再加上人眼的视觉暂留特性，故看上去 $LED_1 \sim LED_8$ 同时点亮，指示出相应的水位高低。若从 IN 端输入 2 个脉冲，则 LED_1、LED_2 点亮。其余情况可依此类推。

3. 电路调试

按图 11-11 所示的电路结构分别设计印制电路板。对于图 11-11（a）所示电路的装调只要焊接无误，加电即可工作。对于图 11-11（b）和（c）所示电路，为保证高可靠性地连续工作，集成块及其他元器件尽可能选用优质正品。水位传感器 A ～ J 采用 10 根不锈钢丝。

发射部分可装在水箱旁，并且应密封在防雨防湿的木盒内。接收部分可装在值班室的墙上。若严格按图 11-11（b）和（c）所示电路焊装，一般不需调试即可工作。

十二、水塔和蓄水池同时监测的自动水位控制器电路

1. 电路图

图 11-12 是水塔和蓄水池同时监测的自动水位控制器的电路原理图。某些供水系统中，水塔水位受控于蓄水池或水井的水位，因而需要这种同时监控水塔和蓄水池两个水位的控制器；该控制器上水时除受水塔水位的控制外，还受到蓄水池水位的控制，以免因蓄水池无水或水位过低，而导致水泵空转、造成水泵被烧毁的事故。

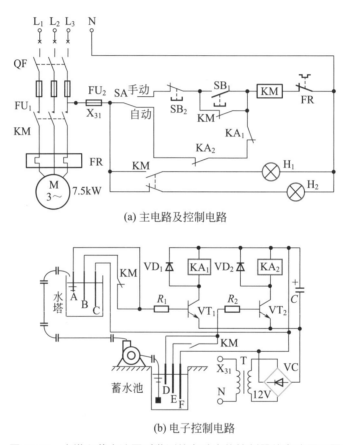

(a) 主电路及控制电路

(b) 电子控制电路

图 11-12 水塔和蓄水池同时监测的自动水位控制器的电路原理图

图 11-12 中，该控制器的控制对象为水泵电动机 M，其主要功能是自动上水，并防止蓄水池无水或水位过低时水泵因空转而烧毁。该控制器的基本控制方法是，在水塔和蓄水池中分别设置一套三极管检测控制装置，以判断水泵是否可以运行或需要停机；它具有手动和自动两种控制方式。此外，该控制器还具有保护元件，熔断器 FU_1（实现电动机的短路保护）与 FU_2（实现控制电路的短路保护）、热继电器 FR（实现电动机的过载保护）、二极管 VD_1 和 VD_2（保护三极管 VT_1 和 VT_2 免受继电器 KA_1 和 KA_2 反向电动势的损坏）。

该控制器由如下几个部分组成。

① 主电路：由断路器 QF、熔断器 FU_1、接触器 KM 主触点、热继电器 FR 和电动机 M 构成。

② 控制电路：由熔断器 FU_2、转换开关 SA、启动按钮 SB_1、停止按钮 SB_2、接触器 KM 和热继电器 FR 的常闭触点构成。

③ 电子控制电路：由直流电源电路（包括变压器 T、整流桥 VC 和电容 C），三极管 VT_1、VT_2，继电器 KA_1、KA_2，电阻 R_1、R_2 和电极 A、B、C 及 D、E、F 构成。

④ 指示灯电路：绿色照明灯 H_1，指示水泵正在运行；红色照明灯 H_2，指示水泵停止运行。

该控制器的主要元器件的选用见表 11-10。

表 11-10　水塔和蓄水池同时检测的自动水位控制器主要元器件的选用

代号	名称	型号规格	数量
T	变压器	3V·A　220/12V	1
KA_1、KA_2	继电器	JQX-4F　DC12V	2
VT_1、VT_2	三极管	3DG130 $\beta \geq 50$	2
VD_1、VD_2	二极管	1N4001	2
VC	整流桥	Q10.5A/50V	1
R_1、R_2	金属膜电阻	RJ-15kΩ　1/2W	2
C	电解电容	CD11　470μF　25V	1

2. 电路分析

① 逆向分析

a. 为防止蓄水池无水或水位过低时水泵仍在运转，必须在水位低于电极 E 时，KM 应释放→ KA_2 应释放→ VT_2 应截止。

b. 为保持水塔中的水位在电极 A 与电极 B 范围之中，当水位下降至电极 B 以下且蓄水池中的水位在电极 E 和 D 之间（此时 KA_2 处于吸合状态）时，KM 应吸合→ KA_1 应释放→ VT_1 应截止；当水位处于电极 B 与 A 之间时，KM 应释放→ KA_1 应吸合→ VT_1 应导通。

② 正向分析　闭合 QF 后，将 SA 置于"自动"位置。市电交流 220V 电源经 T 降压、VC 整流、C 滤波后，为三极管与继电器提供一个约 12V 的直流电压。当蓄水池的水位在上限位（D 点）以上、水塔水位在下限位（B 点）以下时，VT_2 基极因无偏置电压而截止，KA_1 释放，其常闭触点闭合；由于水路将电极 D、F 接通，故 VT_1 基极因存在偏置电压而导通，KA_2 得电吸合，KM 得电吸合，水泵启动运行，向水塔输水。

当蓄水池的水被抽至 D 点以下时，由于 KM 的常开辅助触点已闭合，故 VT_2 仍处于导通状态，水泵仍在运行；只有当水位下降至蓄水池的下限位（E 点）以下时，VT_2 基极才因失去偏置电压而截止，KA_2 失电释放，其常开触点断开，KM 失电释放，水泵停止运行，从而使水泵不至于空转（注：安装电极 E 时，其下端 E 点需要放置于水泵底阀以下的适当位置；若 E 点低于水泵底阀，水泵有可能空转）。

当蓄水池水位重新上升至 E 点时，因 KM 的常开辅助触点已断开，故 VT_2 仍截止，仅当该水位上升至 D 点时，VT$_2$ 才又导通，KA$_2$ 和 KM 才相继得电吸合，水泵再次抽水。

当水塔中的水位达到下限位（B 点）时，由于 KM 的常闭辅助触点已断开，故 VT$_1$ 基极因无偏置电压而截止。只有当该水位上升至上限位（A 点）时，水路将电极 A、C 接通，VT$_1$ 基极因获得偏置电压而导通，中间继电器 KA$_1$ 得电吸合，其常闭触点断开，KM 失电释放，水泵停止运行。

当水塔中的水位下降至 A 点以下时，由于 KM 的常闭辅助触点已闭合，故 VT$_1$ 仍处于导通状态，KA$_1$ 仍保持吸合。当水塔水位下降至 B 点以下时，VT$_1$ 基极才因失去偏置电压而截止，KA$_1$ 失电释放，其常闭触点闭合。若此时蓄水池水位又重新回升至 D 点以上，则 VT$_2$ 再次导通，KA$_2$ 又吸合，水泵才开始启动运行，向水塔输水，重复前述的过程。

3. 电路调试

电子控制电路的调试：分别对两组控制电路进行调试。本节仅以 VT$_2$ 这一组的调试为例进行介绍。在变压器 T 的初级（通过熔断器 FU$_2$）接入市电交流 220V，以万用表测量电容 C 两端的电压，正常时应有约 16V 的交流电压（因为是空载）。再将电极置于空水桶之中，继电器 KA$_2$ 释放慢慢向桶内注水，当水位上升至 F、D 电极时，KA$_2$ 应吸合；若不吸合，可减小 R$_2$ 的阻值，或减小电极之间的距离或增大电极面积。此外，三极管的 β 值越大，则该控制器的动作越灵敏。而后，将 KM 常开触点短路，再将桶内的水放出，当水位未离开电极 E 时，KA$_2$ 应一直吸合。而当水位下降至电极 E 以下时，KA$_2$ 才被释放。

上述两组控制电路的调试均正常后，即可进行现场试验。首先应认真检查线路，确保接线正确无误，再确认继电器和接触器的常开触点和常闭触点未接错，各个触点接触应良好。此外，电极的安装要正确，各个电极之间的距离应适当，这是确保该控制器正常工作的关键。

实际试验中，首先试验手动控制方式，再试验自动控制方式。观察水塔和蓄电池的水位情况，继电器 KA$_1$ 与 KA$_2$、接触器 KM 和水泵的工作情况，以及指示灯 H$_1$、H$_2$ 的指示情况；性能正常时，它们之间的关系应与工作原理所述的一致。

十三、数显式频率计电路

1. 电路图

数显式频率计的电路原理图如图 11-13（a）所示。

2. 电路分析

如图 11-13（a）所示，IC$_4$ ～ IC$_7$ 为十进制加减计数器 / 译码 / 锁存 / 驱动电路 CD40110。在 CD40110 中，CPU 为加法输入端，当有脉冲输入时，计数器做加法计数。CPD 为减法输入端，当有脉冲输入时，计数器做减法计数。QC$_0$ 端为进位输出端，当计数器做加法计数时，每计满十个数后，QC$_0$ 端输出一个脉冲，该脉冲为进位脉冲，送入高一位的输入端 CP。R 为计数器的清零端，当 R 端加上高电平时，计数器输出状态为 0，并使相应的数码管显示为 "0" 值。

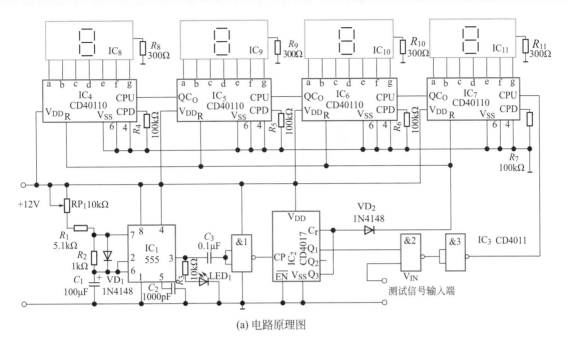

(a) 电路原理图

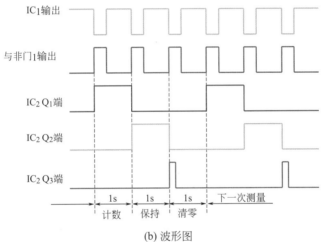

(b) 波形图

图 11-13　数显式频率计

　　IC₁ 为 555 时基电路，它组成基准脉冲产生电路，它产生的 1Hz 方波信号经与非门 1 反相后，作为控制信号加在 IC₂ 的 CP 端，产生时序控制信号，从而实现 1s 内的计数（即频率检测）、数值保持及自动请零的功能。

　　图 11-13（b）为电路的波形图。由图可知，当与非门 1 输出第一个高电平脉冲信号时，该脉冲使得 IC₂ 的 Q₁ 端由低电平变为高电平，在 IC₂ 的输入端 CP 输入的第二个脉冲到来之前，IC₂ 的 Q₁ 端一直保持高电平。在 Q₁ 端输出高电平时，由与非门 2、3 组成的与控制门被打开，被测信号可以通过与非门 2、3 送入 IC₇ 的输入端 CPU 作为脉冲计数。由于 IC₁ 的振荡周期为 1s，则在 1s 内的计数结果即为被测信号的频率。当与非门 1 输出第二个脉冲信号时，IC₂ 的 Q₁ 端由高电平变为低电平，输出端 Q₂ 由低电平变为高电平。Q₁ 端输出的低电平使与非门 2、3 组成的"与"控制门关闭，被测信号不再输送至 IC₇，使 IC₇ 停止计数。在与非门

1 输出第三个脉冲到来之前,IC_2 的 Q_2 端一直保持高电平,这段时间为数值保持时间,在这段时间内,用户可检测结果进行读数。当与非门 1 输出第三个脉冲时,IC_2 的 Q_2 端变为低电平,Q_3 端输出高电平,但由于 Q_3 端直接与 IC_2 的清零端 C_r 相连,Q_3 端输出的高电平使 IC_2 复位清零;此时 IC_2 的 Q_1、Q_2、Q_3 端全部变成低电平。与此同时,Q_3 端出现的高电平经 VD_2 加至 $IC_4 \sim IC_7$ 的 R 清零端,使计时器及数码管清零,以便重新进行测量。

十四、力敏传感器电路

1. 电路图

图 11-14 是一种实用的基于 SFG-15N/A 型力敏传感器而构成的继电器控制电路。该电路可用于控制单相电动机 M 的运转。

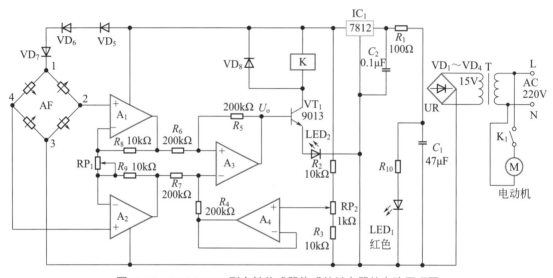

图 11-14 SFG-15N/A 型力敏传感器构成的继电器的电路原理图

2. 电路分析

由图 11-14 可知,当某个工作台放置有待加工的物件时,该物件即压住了力敏传感器的按压部位,力敏传感器 AF 的引脚 4 即有电压输出,在运放 A_3 形成输出高电压,使 VT_1 导通,继电器 K 得电吸合,其触点 K_1 闭合,导致电动机 M 运转,M 进而带动工作台的运动件对待加工物件进行加工处理;当物件被加工完毕时,AF 的按压部件复位而使 AF 无输出,VT_1 截止,K 不吸合,M 不运转,直至再有待加工的物件被放置于工作台上,M 才会重新启动运转。AF 的电源来自由 3 个二极管 $VD_5 \sim VD_7$ 降压后一个约为 10V 的电源;$A_1 \sim A_3$ 构成一个仪表放大器,其差动输入端直接与 AF 的引脚 2、4 相连;A_4 接成电压跟随器。

3. 电路调试

安装 SFG-15N/A 型力敏传感器时应注意,切不可堵住其壳体底部的排气孔,否则可能引起输出 U_o 的不稳定;例如,当外加压力为 $0 \sim 15N$ 时,U_o 输出的是 $0 \sim 1500mV$ 的电压,且灵敏度为 1mV/g。电位器 RP_2 的作用是消除零点的输出,即外加压力为 0N 时,若电桥不平衡、有输出或放大器存在失调电压时，可调整 RP_2 的阻值，使 $U_o=0$；调整 RP_1 的阻值，则可在满量程 15N 的外加压力下，输出 $U_o=1500mV$。

十五、基于 M3720 的压控式防盗报警器电路

1. 电路图

图 11-15 是一种实用的基于 M3720 型单声、闪灯报警集成电路而构成的压控式报警器的电路原理图。该报警器可用于电视机、电脑等贵重家用电器的防盗报警，也可用于博物馆、展览会内贵重物品的防盗报警。

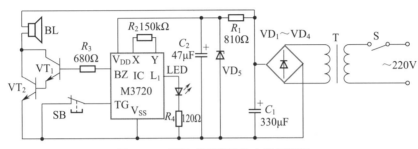

图 11-15 压控式报警器的电路原理图

图 11-15 中，该报警器由电源电路、语音报警电路和语音放大电路组成。其中，电源电路由电源开关 S、电源变压器 T、整流二极管 VD_1 ~ VD_4、滤波电容 C_1 和稳压二极管 VD_5 等构成；语音报警电路由集成电路 IC 及振荡电阻 R_2、防盗开关 SB、发光二极管 LED 等外围元件构成；语音放大电路则由晶体管 VT_1、VT_2 和扬声器 BL 构成。

该报警器的主要元器件的选用见表 11-11。

表 11-11 压控式报警器主要元器件的选用

代号	名称	型号规格	数量
IC	单声、闪灯报警集成电路	M3720	1
VT_1	晶体管	C9013	1
VT_2	中功率晶体管	C8050	1
T	小型优质电源变压器	220V/6V、5V·A	1
VD_1 ~ VD_4	整流二极管	1N4001	4
VD_5	稳压二极管	1N5987	1
BL	小型电动扬声器	YD57-2	1

2. 电路分析

图 11-15 中，SB 为动断按键开关，需要防盗保护的物品即被放置于 SB 上面，由于受到重力作用，此时 SB 处于打开状态，IC 的触发端 TG 被悬空，IC 处于待机状态，此时整个报警器的电耗极其微小。

若有人偷盗或搬动 SB 上面的物品，SB 会因自身弹性复位而闭合，IC 的 TG 端受低电平触发而导通，其 BZ 端输出 IC 内部存储的语言报警信号，经 VT_1、VT_2 功率放大后驱动

扬声器 BL 发出响亮的报警声，同时 LED 也闪烁，发出光信号报警。

3. 电路调试

本节的压控式报警器以专用集成电路为核心，外围电路结构简单、制作方便，通常无须调试即可通电正常工作。防盗开关 SB 的制作：可利用弹性良好的磷铜片来制作 SB 的接触片，并以一个废弃的晶体管焊接于磷铜片上作为按钮。通电工作时，调节振荡电阻 R_2 的阻值，即可改变语音报警信号的频率和节奏。

十六、倾角传感器检测电路

1. 电路图

基于 ADXL05 的倾斜度检测电路如图 11-16 所示。

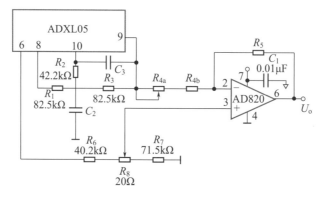

图 11-16　ADXL05 倾斜度检测电路

2. 电路分析

ADXL05 为 $\pm 1 \sim \pm 5g$ 单轴 X 加速度传感器，它可以检测 X 轴方向力的作用。它内部集成了振荡器、传感器、解调器、预放器、缓冲放大器、基准电压发生器。振荡器产生的振荡信号对传感器信号进行调制，再解调、放大后从引脚 8 输出传感信号。ADXL05 的引脚 9、10 之间为缓冲放大器，通过外接电阻 $R_1 \sim R_3$，可将 ADXL05 的输出范围设置在 200mV/g $\sim$ 1V/g。该传感器倾斜度检测电路可以检测物体与水平面所成的角度。

ADXL05 的引脚 8 输出传感器预放信号 V_{PR}，经 R_1、内部放大器放大后从引脚 9 输出，该信号由 AD820 进一步放大后输出。R_4 调节满幅度值，R_8 调零（无作用力或保持水平时，调节它使输出电压为 0V）。角度可根据下式计算得出：

$$V_{OUT}=(S\sin\theta\times 1g)+V_0, \quad \theta=\arcsin(V_{OUT}-V_0)/S \tag{11-1}$$

式中，S 为输出灵敏度，mg/V；V_0 为 0g 时的输出电压，V；V_{OUT} 是 ADXL05 在引脚 9 上的输出电压，V。

十七、角度信号测量电路

光电断续器属于光学传感器，它将安装在旋转体的转轴上的圆盘开有很多小孔，根据圆盘的孔是否被遮挡而输出通断信号。若对断续器的输出信号进行计数，就可测量转角或转速。若圆盘不是一个方向转动时，可安装两个断续器，这样可测量旋转体的旋转方向。

1. 电路图

利用光电断续器构成的转角测量电路如图 11-17 所示。

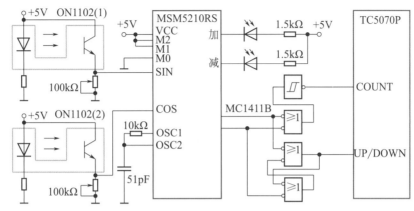

图 11-17 转角测量电路

2. 电路分析

电路中，两个光电断续器 ON1102（1）和 ON1102（2）的输出脉冲信号加到加减脉冲识别电路 MSM5210RS 的 SIN 端和 COS 端，这些输出脉冲信号经过 MSM5210RS 变成可逆计数器 TC5070P 的时钟信号与加减信号。这样，旋转体每正转或反转移动一个小孔时，计数值就加或减，即可测量转角。可逆计数器 TC5070P 具有预置任意值的功能，片内还有任意值进行比较的功能。若直线移动的物体上开有小孔，就可测量物体的位置与坐标。通过可逆计数器还可以连接显示器，将测得的角度值直接显示输出。

十八、旋转编码器电路

编码器是一种将角位移转换成一连串电数字脉冲的旋转式传感器，这些脉冲能用来控制角位移，如果编码器与齿条或螺旋杆结合在一起，也可用于控制直线位移。根据检测原理，编码器可分为光学式、磁式、感应式和电容式。根据其刻度方法及信号输出形式，可分为增量式、绝对式以及混合式。增量式编码器直接利用光电转换原理输出三组方波脉冲 A、B 和 Z 相；A、B 两组脉冲相位差 90°，从而可方便地判断出旋转方向，而 Z 相在每转一个脉冲时，用于基准点定位。

1. 电路图

EPC-755A 光电增量编码器具有稳定可靠的输出脉冲信号，且该脉冲信号经计数后可得到被测量的数字信号。如果被测件是双向旋转的，要对编码器的输出信号鉴相后才能计数。使用该光电编码器构成的鉴相计数电路如图 11-18 所示。

2. 电路分析

电路中，鉴相电路用 1 个 D 触发器和 2 个与非门组成，计数电路用 3 块 74LS193 组成。当光电编码器顺时针旋转时，通道 A 输出波形超前通道 B 输出波形 90°，D 触发器输出 Q 为高电平，$\overline{Q}$ 为低电平，上面与非门打开，计数脉冲通过，送至双向计数器 74LS193 的加脉冲输入端 CU，进行加法计数。此时，下面的与非门关闭，其输出为高电平。当光电编码器逆时针旋转时，通道 A 输出波形比通道 B 输出波形延迟 90°，D 触发器输出 Q 为低电平，$\overline{Q}$ 为高电平，上面的与非门关闭，其输出为高电平；此时下面的与非门打开，计数脉冲送到双向计数器的减脉冲输入端 CD，进行减法计数。最后将计数电路的数据输出 $D_0 \sim D_{11}$ 送到数据处理电路。

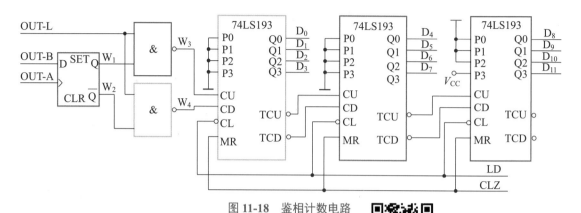

图 11-18　鉴相计数电路

十九、基于电流法的位移检测电路

电涡流传感器内部有一个线圈，当它用来测量时要给线圈通上高频交流电，因为通以高频电流的线圈会产生高频磁场，当有被测导体接近该磁场时，会在导体表面产生涡流效应，而涡流效应的强弱与该导体与线圈的距离有关，因此通过检测涡流效应的强弱即可以进行导体与线圈间的位移测量。

传感器线圈由高频信号激励，使它产生一个高频交变磁场 φ_i，当被测导体靠近线圈时，在磁场作用范围的导体表层，产生了与此磁场相交链的电涡流 i_e，而此电涡流又将产生一交变磁场 φ_e 阻碍外磁场的变化。从能量角度来看，在被测导体内存在着电涡流损耗（当频率较高时，忽略磁损耗）。能量损耗使传感器的 Q 值和等效阻抗 Z 降低，因此当被测体与传感器间的距离 d 改变时，传感器的 Q 值和等效阻抗 Z、电感 L 均发生变化，于是把位移量转换成电量。这便是电涡流传感器的基本原理。

1. 电路图

本节的基于电流法的位移检测电路，就是利用金属导体和电涡流传感器之间距离发生变化时，传感器中感应出的电流信号的强度来测位移的。基于电流法的位移检测电路如图 11-19 所示。

2. 电路分析

图 11-19 中，把电涡流传感器等效成变压器，在变压器的原边加上激励信号，当有导体靠近该变压器时，副边就会感应出和被测位移呈正比的电流输出信号。IC_1、IC_2 组成正弦波发生器，发出频率为 $1 \sim 100Hz$ 的正弦波加到变压器 B_1 的原边，变压器副边的正弦输出加在电桥电路上。被测金属材料表面的涡流变化通过电桥的不平衡状态体现出来，涡流的变化由 IC_3 检测放大器放大，由 IC_4 交流放大器把涡流的变化取出放大，由 IC_5 最后放大输出。VR_1 用作灵敏度调整，VR_2 用作 IC_3 的零点调整，VR_3 用作电平调整。要注意，涡流效应的

强弱和被测导体的材料有很大关系，所以对于材料不同的被测导体，电涡流传感器输出信号的强度是不同的。

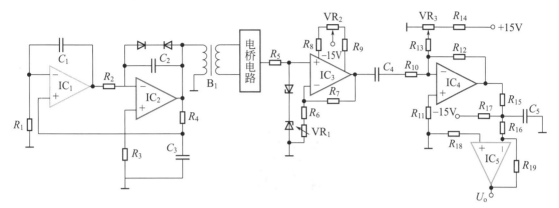

图 11-19　基于电流法的位移检测电路

二十、电容式接近传感器电路

电容是电子技术的三大类无源元件（电阻、电感和电容）之一，利用电容器的原理，将非电量转换成电容量，进而实现非电量到电量的转化的器件或装置，称为电容式传感器，它实质上是一个具有可变参数的电容器。

1. 电路图

电容式传感器将检测值转化成电容值输出，输出电容量以及电容变化量都非常微小，这样微小的电容量目前还不能直接被显示仪表所显示，无法由记录仪进行记录，也不便于传输。借助测量电路检出微小的电容变化量，并转换成与其成正比的电压、电流或者频率信号，才能进行显示、记录和传输。电容式接近传感器电路如图 11-20 所示。

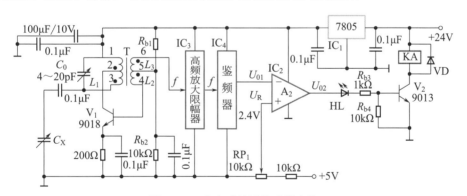

图 11-20　电容式接近传感器电路

2. 电路分析

电路由 LC 高频振荡电路、高频放大限幅器、鉴频器及放大器等组成。图中电容 C_X 一个极板固定，另一个极板为被测的金属导体，两极板之间形成空间分布电容。当被测金属导体未靠近固定极板时，两极板间的电容量 C_X 非常小，它与电感构成高品质因数 Q 的 LC 振

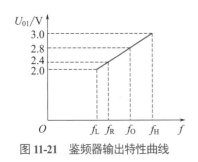

图 11-21　鉴频器输出特性曲线

荡电路，$Q=1/(\omega CR)$。当被测金属导体靠近时，两极板分布电容 C_X 增大，LC 振荡电路的 Q 值下降，导致振荡器停振。从图 11-21 中可以看出，当 f 低于 f_R 时，U_{01} 低于 U_R，A_2 的输出 U_{02} 变为高电平，因此 HL 亮。

　　调节接近尾部的灵敏度调节电位器，可以改变动作距离。另外，电容式接近开关在使用时，必须远离金属物体，即使是绝缘体对它也有一定的影响。它对高频电场也十分敏感，因此两个电容式接近开关不能靠得太近，以免相互影响。

二十一、光线位移检测电路

1. 电路图

　　电路由两部分组成，即光源驱动电路和光接收电路。电路设计中发光光源和光接收器的选择尤为重要，要依据以下三个原则。

　　① 在传感器构造设计方面：光源和光接收器件要易于和光纤耦合，由于光纤芯径较细，故光源和光接收器件体积要小。

　　② 在光纤输出获得的信号方面：光源要工作稳定，亮度高。

　　③ 光在光纤中传输损耗：光源的峰值波长应接近光纤的零色散波长，光接收器件的峰值响应也应与之匹配。

　　图 11-22 为光纤位移检测电路。

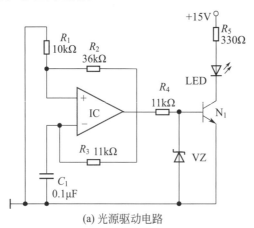

(a) 光源驱动电路

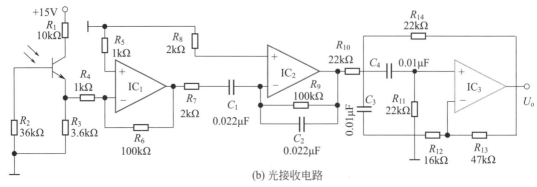

(b) 光接收电路

图 11-22　光纤位移检测电路

2. 电路分析

① 光源驱动电路　电路有直流驱动和脉冲频率调制驱动两种形式。直流驱动电路简单，由直流电源、限流电阻和 LED 串联而成。LED 发光亮度的稳定性依赖于通过它的电流。在直流驱动中所用直流电源电压的不稳定将导致 LED 发光的不稳定。因此在光亮度要求稳定的光学测试中不采用直流驱动，它仅适用于作为显示器件的场合。这里采用脉冲频率调制驱动电路，这样不仅可使 LED 发光稳定，而且在光接收电路设计上容易实现，以消除周围光和光学上的外部干扰。其原理如图 11-22（a）所示。

脉冲产生部分是以 IC 及外围阻容元件组成的方波发生器。R_3 和 C_1 组成有延迟的反馈网络，电容 C_1 上的电压即为反馈电压。稳压管 VZ 对输出电压起限幅作用，同时对后边开关三极管的基极电位进行牵制，以使集电极电源即流过 LED 的电流稳定。

② 光接收电路　接收电路按照具体的应用主要有如下两种：

a. 由光电转换、前置放大和滤波三部分组成。其原理如图 11-22（b）所示。

选用带基极引线的光敏三极管，有利于脉冲调制光的探测，因为：第一，接入基极电阻可以减小光敏三极管的发射极电阻，改善弱光下的频率特性和响应时间，同时对光敏三极管的温度特性进行补偿；第二，可以使光敏三极管的交流放大系数进入线性区。基极电阻 R_2 经调试选用 36kΩ，以 IC_1 和 IC_2 为主组成前置放大和高通滤波电路，对光敏管输出信号加以放大，并通过 C_1 隔断直流成分，电容 C_2 降低高频噪声。采用了低噪声、低漂移的 LF353 集成双运放，R_5 和 R_8 为平衡电阻，使电路工作进一步稳定。以 IC_3 及外围阻容元件组成精密带通滤波电路，其增益对元件数值非常敏感，同时为避免振荡，可选择高精度元件。

b. 利用被测物表面的反射光强来测量探头与被测物之间微小位移的接收电路原理如图 11-23 所示。

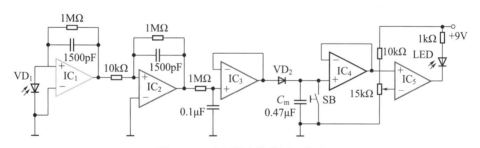

图 11-23　光纤微小位移测量电路

IC_1 组成 I/U 变换器，IC_1 输出电信号，由于反射光强太小，故用两级放大器。IC_2 为电压放大器，IC_2 之后接一个低通 RC 滤波器。IC_1 的输出电流在 1μA 之内，故 IC_1 应选择输入阻抗高的运放。IC_2 输出在 0 ~ 5V 之间。

实际上反射光强 I_O 和被测位移之间不是单值函数。反射光强与位移的关系曲线如图 11-24 所示。

因此，当 I_O 达到最大值时，电路应予以告示，故用峰值保持电路 IC_3/IC_4 和电压比较器 IC_5 来报警，当反射光强 I_O 达到最大值时报警。IC_3 和 IC_4 组成峰值保持器。当 IC_2 输出电压达到最大值 U_m 时，电容 C_m 充电到 U_m，IC_4 的输出也为 U_m，它保持这个峰值。与

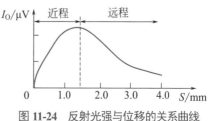

图 11-24　反射光强与位移的关系曲线

C_m 并联的按钮 SB 用于放电。IC_4 是一个电压比较器。当 IC_4 的输出电压小于 IC_5 反相端的电位时，发光二极管 LED 亮，测试处于近程。当大于等于 IC_5 反相端的电位时，LED 不亮，测试处于远程。

二十二、交流电压指示电路

1. 电路图

图 11-25 是一种实用的、基于 3 块运放 LM339 而构成的交流电压（160～270V）指示电路。图中，每个运放均工作于正反馈状态，即同相输入端与反相输入端直接接入一个反馈网络，每个集成运放均接成一个电压跟随器的形式。

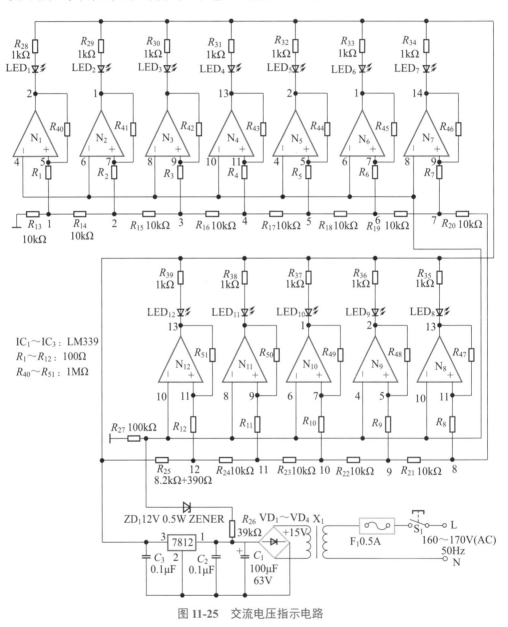

图 **11-25** 交流电压指示电路

2. 电路分析

如图 11-25 所示，接通电源后，市电交流 220V 经电源开关 S_1、0.5A 熔断器 F_1 输入至电源降压变压器 X_1 的初级线圈，从 X_1 的次级线圈输出一个 +15V 的交流电压，由桥式整流器 $VD_1 \sim VD_4$ 整流，C_1、C_2、C_3 滤波，7812 稳压后，可获得一个 +12V 的直流电压。该电压分为两路，一路均为后续电路的指示灯 $LED_1 \sim LED_{12}$ 供电；另一路经 $R_{13} \sim R_{25}$ 分压后为集成运放 $N_1 \sim N_{12}$ 的同相输入端提供基准电压。从稳压器 7812 的输入端（引脚 1）经电阻 R_{26} 取出的直流电压，再由稳压管 VZ_1 稳压，进而获得 12V 的直流电压，分别为集成运放 $N_1 \sim N_{12}$ 的反相输入端提供 12V 的比较电压。

因普通市电（交流 220V）的电压并不稳定，故大多数电器和电子设备的故障起因于电源的波动，如图 11-25 所示的电压指示器可用于监控市电电压的变化情况，其监视范围是 160 ～ 270V，共分为 11 挡，每挡 10V。$LED_1 \sim LED_{12}$ 为电压值指示灯，对于低于 160V 的交流电压，所有 LED 均熄灭；电压达到 160V 时，LED_1 发光；电压达到 170V 时，LED_2 发光；依此类推，电压达到 260V 时，LED_{11} 发光；电压达到 270V 时，LED_{12} 发光（即电压达到 270V 时，$LED_1 \sim LED_{12}$ 全部被点亮）。

全部集成运放的反相输入端电压均为 12V，而同相输入端的电压是经过 $R_1 \sim R_{25}$ 分压后获得各不相同的电压值；其中，$R_{13} \sim R_{25}$ 应挑选适当的阻值，使各个比较器的基准电压分别为 0.93V、1.87V、2.80V、3.73V、4.67V、5.60V、6.53V、7.46V、8.40V、9.33V、10.27V 和 11.20V。当市电交流 220V 电压从 160V 变至 270V 时，滤波电容 C_1、C_2 上的直流电压则相应地从 14.3V 变至 24.1V。VZ_1 固定降压 12V 后，将该电压加至全部比较器的反相输入端，一旦某个比较器的反相输入端高于其同相输入端的基准电压时，连接于该比较器输出的 LED 即发光。

将该指示器插入市电交流 220V 电压的测量点，按下电源开关 S_1，当 $LED_1 \sim LED_6$ 发光时，表示市电电压为 220V；而当全部 LED 均发光时，表示市电电压达到或超过了 270V。

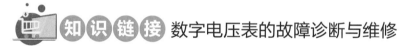

知识链接　数字电压表的故障诊断与维修

（1）诊断程序

数字电压表的基本原理虽然不复杂，但实际仪器的电路结构和逻辑功能较为复杂。特别是利用直接式 A/D 转换器的"电压砝码"，进行逐次比较反馈式数字电压表，其故障诊断的难度较大。对于间接式 A/D 转换器的时间编码式数字电压表或积分编码式数字电压表，相对来说其故障诊断较容易。但无论其复杂程度如何，只要按照程序认真仔细执行，即可顺利排除故障、修复仪器。

① 诊前定性诊断　数字电压表和模拟式电子电压表一样，开机通电后要进行"调零"和本机电压校准，以便确定数字电压表的整机逻辑功能是否正常。

若"调零"时能出现"+""-"极性转换；或进行"+V""-V"电压校准时，仅显示数字不正确，这都表明数字电压表逻辑功能是正常的；反之，无法调零或者无电压数字显示，说明整机逻辑功能不正常。

若数字电压表开机通电后，在未加被测电压的情况下，自行出现"满值"电压的故障现象，这对不同类型的数字电压表，故障原因各不相同。对积分编码式数字电压表来说，主要是由于积分放大器前面的电路有问题，而对电压编码式数字电压表来说，则主要是由于比较放大器或逻辑判别电路有问题。

② 测量电源电压　数字电压表内部各种直流稳压电源的输出电压不准确、不稳定，甚至无电压输出，以及作为"基准电压源"的稳压二极管（如 2DW7C）或集成基准稳压源无稳压输出，是导致数字电压表整机功能紊乱失常，甚至数字"停举"无法测量的主要原因之一。因此，在诊断时，应先判断数字电压表内部的各种直流稳压输出和基准电压源的电压是否准确和稳定；如发现问题加以修复，往往即可排除故障。

③ 变动可调元件　数字电压表内部电路中有不少半可调器件（如基准电压源微调变阻器、差分放大器工作点微调变阻器、晶体管稳压电源调压电位器等），由于这些半可调器件的滑动端容易接触不良，或它的电阻丝霉断，经常导致数字电压表的显示值不准确、不稳定、无法测量电压等故障；因此，略微变动有关半可调器件的滑动机构，消除接触不良的问题，就有可能使仪器工作恢复正常。

值得注意的是，因为直流稳压电源本身产生寄生振荡，或其他放大电路产生寄生振荡，也会产生数字电压表显示值不稳定的故障现象。故在不影响整机逻辑功能的条件下，稍微变动调压电位器或消除振荡，也可能使仪器读数恢复稳定。

④ 观测工作波形　对于存在故障的数字电压表，先借助示波器来观测积分器输出的斜坡信号波形、双积分的信号波形、时钟脉冲发生器输出的信号波形、多谐振荡器输出的信号波形、环形步进触发电路的工作波形以及稳压电源的纹波等是否符合要求，这对于诊断故障部位和分析故障原因均有很大帮助。

⑤ 研究电路原理　若通过以上的诊断程序均未发现问题，则必须进一步研究有关数字电压表的电路原理，即掌握各单元电路的工作原理及其逻辑关系，以便分析可能产生故障的原因和拟定检测方案。

例如，积分编码式数字电压表为了减小漂移而设置的双通道放大器电路，早期产品采用分立元件来构建电路，结构相当复杂，所用的元器件也很多。经验证明，这部分电路经常产生故障，是导致仪器零点漂移和显示满值电压的主要故障原因。但如果用户不熟悉双通道放大器的工作原理，就无法进行调试与诊断。又如，电压编码式数字电压表中实现逐次比较功能的环形步进触发电路和决定编码寄存的逻辑判别电路的工作原理均较复杂，如不进行电路原理的研究，对于不能测电压、数字定码和显示满值电压等故障现象，就很难进行诊断和维修。

⑥ 拟定测试方案　数字电压表是一种电路结构和逻辑功能均较复杂的精密电子测量仪器。因此在深入研究仪器电路结构框图和整机工作原理的基础上，应根据初步分析的故障原因来拟定测试方案（即确定检测的内容、方法、步骤等），才能有效地诊断出损坏、变值（性能参数值发生变化）的元器件，以达到修复仪器的目的。

例如，数字电压表中作为基准电压源的稳压二极管（2DW7C 等），基准放大器和积分电路中的集成运算放大器、环形步进触发电路中早期产品的二极管，以及寄存双稳电路中的集成电路等，经常发生损坏、变值的情况。如何确定这些元器件的好坏，采用什么检测方法和检测先后部位，均需做到心中有数，不应盲目判断。

（2）常见问题 1：调零不正常故障及其维修

积分编码式数字电压表经常出现调零不正常的故障现象，即调整不到 ±0.000 或零值漂移不稳定。这主要是由于积分放大器前面的前置放大器电路，即双通道放大器电路的输出有问题而引起的。诊断时，可先采用"分割测试法"，即脱焊前置放大器的输出端通过反馈电阻网络接地（跟"0V"浮地线接通）。若仪器能显示稳定的 ±0.000 数字，表明前置放大器电路部分有故障，反之表明故障存在于积分器或零电平比较器等单元电路中，可进一步采用波形观测法和分割测试法来判断有关电路的好坏。

① PZ-26 型积分编码式直流数字电压表的前置放大器的工作原理　PZ-26 型积分编码式直流数字电压表的前置放大器的电路原理图如图 11-26 所示。它采用双通道放大器以减少输入端的漂移。下通道放大器由 V_2 和 A_1 集成运放组成，R_{19}、R_{20} 为负反馈电阻，使 A_1 组成电压串联负反馈电路，其闭环增益为 3900 倍。上通道放大器是由 V_6 和 V_7 组成的源极跟随器。整个放大器调零是依靠上通道放大器输入端电位的调整来实现的。调零电路由 R_{30}、R_{31}、R_{32} 和 RP_2 组成。为防止放大器的输入过载，在输入端接有由 VD_1 和 VD_2 组成的限幅器。RP_1 和 R_9、R_{10}、R_{11} 用来抵消输入端的静态电流。V_1 作为调制器，将被测信号直流电压 U_x 斩波调制为交流信号。通过 A_1 放大，经过 V_5 相敏检波器解调为直流电压，经 V_6 输入 A_2 的同相输入端"+"进行放大。如此，不但能使输出漂移大为减小，并且能大大增强仪器的抗干扰能力。

由于调制器尖峰效应的存在，会引起放大器的漂移，为此在下通道放大器 A_1 和解调器 V_5 之间加入采样保持电路，采样保持电路由 V_3 和 C_{10} 组成。V_3 源极上的电位就是信号的电位。而在栅极电位处于"-4V"时 V_3 截止，此时电容 C_{10} 上保持了 V_3 导通时最后一瞬间电位。因为 V_3 的开关频率为调制频率的 2 倍，若设计在尖峰电压结束以后模拟门才导通，则在模拟门后边进行解调时，电压波形中不再混有尖峰电压，所以能减少温度、时间等因素引起的漂移。由于模拟门 V_3 后边进行解调的波形比调制波形落后了一段时间 t_d，因此通过以下电路来实现补偿：由 V_8 和 V_9 组成一个对称的多谐振荡器，再用双与非门集成电路作为二分频电路，并配合 RC 环节，用以保证两个分频电路 N_1 和 N_2 输出端有固定相位差 φ，以起到采样 - 保持电路的作用。

在图 11-26 中，整个放大器输入端的 $R_1 \sim R_7$ 组成输入衰减器，其衰减度 D 为 1、1/10、1/100、1/5000，而其输出端的以 $R_{33} \sim R_{35}$ 和 RP_3 组成负反馈网络，其反馈系数 F 为 1、1/10、1/100。因为负反馈放大器的放大倍数 $A=1/F$，所以相应的放大倍数 A 为 1、10、100。因此适当选配 D 和 F，就可使输入电压量程为 20mV ~ 1kV，其输出到积分器的直流电压都规范化为 0 ~ 2V，即 $U_o=U_iDA \le 2V$。设量程 U_i=200mV，选 D=1，F=1/10，则 U_o=2V。

图 11-26 中，$VD_3 \sim VD_6$ 及 R_{16}、R_{23}、VS_1 组成输出过载保护电路，当输出电压 U_o 超过 VS_1（2DW16）的稳压值 U_s=8V，即可通过过载保护电路反馈到输入端进行抑制。

② 故障诊断　在诊断 PZ-26 型积分编码式直流数字电压表的前置放大器的故障时，首先要检测各单元电路功能是否正常。如采用波形观测法判断调制器和解调器的开关信号是否正常，即观测 V_8 和 V_9 的振荡波形与频率，以及 N_1 和 N_2 的分频波形与频率。若 V_8 和 V_9 之一损坏，则无开关信号输出，只有上通道放大器有作用，则无法消除输入端的漂移，从而出现仪器零点不稳定故障。此时，该电压表不能用来测电压。

如开关信号的波形和频率均正常，可进一步采用测试器件法检测 $V_1 \sim V_7$ 各场效应晶体管的主要参数 [如 $U_{GS(off)}$、I_{DSS}、g_m 等] 是否正常。因场效应晶体管容易损坏或变值，假如上通道放大器的 V_6 损坏，调零电位器 RP_2 上的直流电压就不能作用到 A_2 的同相输入端"+"，从而造成不能调零的故障现象。维修时，必须更新并配对相应型号的场效应晶体管，才能使仪器的调零功能恢复正常。

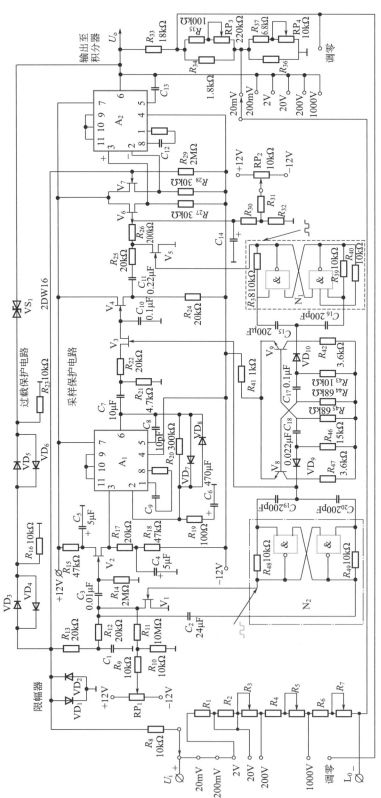

图 11-26　PZ-26 型积分编码式直流数字电压表的前置放大器的电路原理图

若通过对各场效应晶体管的测试未能发现问题，应进一步采用改变现状法和信号注入法，以判断集成运放 A_1 和 A_2 的功能是否良好。具体步骤如下。

a. A_1 的检测。先脱焊 C_3 输入端，并经 C_3 注入 1kHz、1mV 的正弦波信号电压，再用示波器观测 A_1 输出端（引脚 6）信号电压的波形与幅度，估算其闭环增益是否正常（放大量约 3900 倍）。

b. A_2 的检测。首先脱焊 C_{11} 和 C_{12}，以切断外部电路的影响，然后切断 V_6 和 V_7 的漏极电源（+12V），并将 V_6 的栅极对地短路，再将 R_{27} 和 R_{28} 连接 -12V 的一端脱焊后接地。为了降低 A_2 的闭环增益，可临时外接 50kΩ 的负反馈电阻跨接在引脚 2 与 6 之间。此时，A_2 的同相输入端引脚和反相输入端引脚均处于"0V"电位，若 A_2 是好的，其输出端电位基本上应为 0V，反之，A_2 的输出若有好几伏，说明 A_2 已损坏。

采用"测量电阻法"全面检查负反馈电路、过载保护电路、输入衰减电路、静态电流抵消电路、调制电路、解调电路的通路情况，如发现断路或虚焊问题，可能即是产生仪器调零困难、零点不稳定等故障的原因。

（3）常见问题 2：测压不正常故障及其维修

数字电压表一般具有本机的电压校准装置，即将"标准电池"的输出电压 E=1.0186V，通过极性切换开关的操作送到仪器输入端，作为 +1.0186V 和 -1.0186V 的校准，并在仪器前面板上装有相应的微调电位器，以便使仪器的显示数字完全正确。因此，数字电压表在测量直流电压之前都要进行本机的电压校准，以确定测压功能是否正常。

测压不正常的故障现象是指：① 在进行电压校准时，仪器显示的电压数字不准确，并调整不到校准电压值；② 一个极性电压能校准，而另一个极性电压不能校准；③ 一个极性电压能测量，而另一个极性电压不能测量；④ 显示的测压数字不稳定等。

本节仅以"一个极性电压不能校准、不能测压的故障"为例进行介绍。

一台 PZ-8 型逐次比较式数字电压表的故障现象是：可以调零，但"+1.0186V"校准电压显示值偏大，而"-1.0186V"校准电压虽有极性变换显示，但无电压数字显示，即显示为"-0.0000V"。

① 故障诊断　根据故障现象分析，仪器可以调零，也可测电压，并有"+""-"极性判别，表明它的整机逻辑功能是正常的，而存在问题是：测正电压不准确，不能测量负电压。根据结构框图与工作原理初步判断，可能是基准电压源、极性开关或基准放大器等电路部分有问题。

② 故障部分电路原理　PZ-8 型逐次比较式数字电压表的极性开关、基准电压源与基准放大器的电路原理图如图 11-27 所示。

图中的 VS_3 和 VS_4 是两个装置在恒温槽内的标准稳压二极管 2DW7C，作为仪器的基准电压源（U_S=6.5V）。晶体管 V_9～V_{12} 组成极性开关电路，用来变换输入基准放大器 A_1 的基准电压源的极性，集成运放 A_1（FC3B）和晶体管 V_1～V_3 组成基准放大器电路，它将输入的 U_S 通过放大与倒相，输出恒定的基准电压 E_0（E_0=±4V）到数码网络进行 A/D 转换，即转换成按"8421"BCD 编码的电压砝码 U_o，再逐次用来跟被测电压 U_X 进行比较。

当测量正电压时，通过比较放大器和逻辑判别电路的作用，极性双稳便输出为一个负脉冲的"+"极性判别信号到极性开关电路 V_{10} 和 V_{12} 的基极上，使两管同时导通，而开关管 V_9 和 V_{11} 则处于截止状态。此时，基准电源 VS_4 两端电压便经由 V_{12}、RP_{14}、RP_3、R_8 及

R_7、RP_4、RP_{12}、V_{10} 输入负电压到 A_1 的反相输入端"2"，通过放大与倒相，从其输出端"6"经由 R_3 和 V_2，输出 +4V 的基准电压 E_0 到数码网络。这里 RP_{14}、RP_3 和 R_8 作为 A_1 的输入电阻 R_i，R_{11} 作为负反馈电阻 R_f，运放的 U_o、U_i、R_i 与 R_f 的关系式为：

$$U_o = -\frac{R_f}{R_i}U_i \qquad (11\text{-}2)$$

所以调整 RP_{14} 和 RP_3 的阻值，可校准输出基准电压 E_0=4V。其中 RP_{14} 为仪器前面板上的"+1.0186V"校准调整器，而 RP_3 是仪器内部正电压测量校准调整器。在图 11-27 中借助 VS_1 和 VS_2 的钳位，+18V 电源通过 V_1 向 A_1 提供稳定的 +12V 的电源电压，并借助 V_3 的分流作用，使基准放大器工作在恒定的负载条件下，以保证输出基准电压 E_0 稳定。

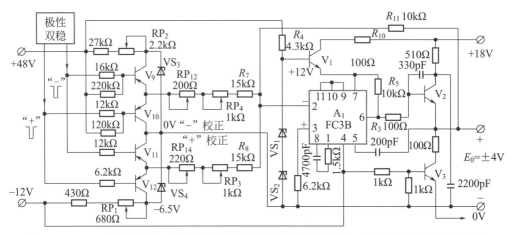

图 11-27　PZ-8 型逐次比较式数字电压表的极性开关基准电压源与基准放大器的电路原理图

当测量负电压时，通过比较放大器和逻辑判别电路的作用，极性双稳便输出一个为负脉冲的"−"极性判别信号到开关管 V_9 和 V_{11} 的基极上，使两管同时导通，而 V_{10} 和 V_{12} 则处于截止状态。此时，基准电压源 VS_3 的两端电压便经由 V_9、RP_{12}、RP_4、R_7 以及 R_8、RP_3、RP_{14} 和 V_{11} 输入正电压到 A_1 的反相输入端"2"，通过放大与倒相，从输出端"6"经由 R_3 和 V_2，输出"−4V"的基准电压 E_0 到数码网络。同理，RP_{12}、RP_4、R_7 是 A_1 的输入电阻 R_i，所以调整 RP_{12} 和 RP_4 的阻值，可校准输出 E_0=−4V。RP_{12} 同样是装在仪器面板上作为"−1.0186V"的校准调整器，RP_4 则是在仪器内部作为负电压测量的校准调整器。

③ 故障诊断步骤、方法及维修　根据上述电路工作原理，判断测压不正常的故障时，可采取以下步骤及方法。

a. 先采用测量电压法来判断基准电压源 VS_3 和 VS_4 两端的电压是否正常（U_S=6.5V）；如无问题，应进一步检测 +48V、+18V、−12V 的直流电源电压是否正确。

b. 若该仪器上述电压均正常，则应采用改变现状法和测量电压法来进行诊断。即扳动仪器面板上的电压"校准"开关到"+1.0186V"或"−1.0186V"挡位，同时检测 A_1 的反相输入端 2 和 0V 间的电压值及其极性变换情况。如检测结果是：有"−"电压而无"+"电压，则说明开关管 V_9 或 V_{11} 之间通路存在断路问题，因此只能测正电压，不能测负电压。

c. 采用测量电阻法和测试器件法，查出 V_9 和 V_{11} 之间通路中故障，查出虚焊、变值、损坏元器件，更换修复，并查出故障原因。

d. 若 A_1 反相端有"+"和"-"电压输入，应继续用测量电压法检测输出端或 V_2 的发射极对"0V"点之间电压值及其极性变换情况。若测得结果是：无论仪器面板上电压校准开关置于"+1.0186V"或"-1.0186V"挡位，A_1 输出均为 +3V，则表明 A_1 已损坏。

其原因是：输出基准电压 $E_0 < 4V$，则数码网络必须输出更大的"电压砝码"U_0，才能接近被测电压 U_x 的数值，所以校准"+1.0186V"时显示的电压数偏大，又因测负电压时，基准电压还是 $+E_0$，通过比较与逻辑判别，所有的正"电压砝码"将被去掉，从而显示出"-0.0000V"，即不能测量负电压。

维修时，可采用替代法，即使用相同型号性能参数良好的集成运放（FC3B）替换有问题的集成运故，就能排除故障、修好仪器。

（4）常见问题3：数字"停零"不能测压故障及其维修

数字电压表出现数字"停零"即数字显示为 0.0000，不能测电压。其故障原因通常为：

① 输入端短路或电源故障，使仪器在任何情况下都不能输入。

② 可能是仪器的逻辑判别控制电路中个别元器件损坏或性能参数值发生变化，使整个逻辑系统堵塞而不能工作。对于前一个故障原因，采用测量电压法检测即可发现与确定。首先应检查输入线，特别注意输入插头、插座是否有短路现象。对于电源部分故障是由于直流电源电压偏高或偏低，甚至逻辑判别控制电路中无直流输入，造成整机逻辑故障，应逐一检查予以排除。对于后一个故障原因，必须在研究有关电路工作原理的基础上，才能进行故障分析与测试。

本节以"时间编码和积分编码式数字电压表停零故障"为例进行介绍：当时间编码式和积分编码式数字电压表出现数字停零故障时，首先要判断仪器的数字频率计部分是否良好，可采用分割测试法和信号注入法进行诊断，很快能确定故障部位；其次是在测压的情况下，采用波形观测法检测仪器的前置放大器、信号比较器、积分器、零电平比较器、时钟脉冲信号发生器以及主门等单元电路的信号波形，如发现某一单元电路中无信号输出，则表明故障原因就存在于这一部分电路之中。

（5）常见问题4：跳字故障和高量程无法测量故障及其维修

① 跳字故障　由于数字电压表主要采用大规模 CMOS 集成电路，其跳字故障多为电压表抗干扰能力差所致。发现跳字故障时，首先检查图 11-28 中 2IC$_4$（5G1555）引脚 3 的时钟频率是否为 100kHz（1%±2%），如偏离太大，可调整或更换 2R_{17}，电阻减小则频率升高，电阻增加则频率降低。如频率正常，再用 1000V 摇表检查保护端对低电位端和机壳后面板的绝缘电阻，绝缘电阻应大于 1000MΩ，否则会降低共态干扰抑制比，产生跳字故障；绝缘电阻小，多为逆变变压器绝缘损坏，需更换和修理。

② 20V 以上高量程无法测试的故障　若此时其他量程仍能测试，说明电源及 A/D 转换单元正常，故障位于量程转换单元和前置放大单元。这类故障一般为精密分压网络或测试转换开关接触不良所致。采用"电阻测试法"进行故障诊断。用万用表 $R×1$ 挡检查转换开关，正常。用万用表 $R×10k$ 挡检查精密分压网络，结果发现 2R_5 精密线绕电阻断路。该电阻用微细锰铜线绕制，当受热、受冷、振动时极易断线；用同型号且温度系数小于 $10^{-5}/℃$ 的电阻更换，就可测出 20V 以上高电压。注意更换后，对高量程各挡应重新校准。

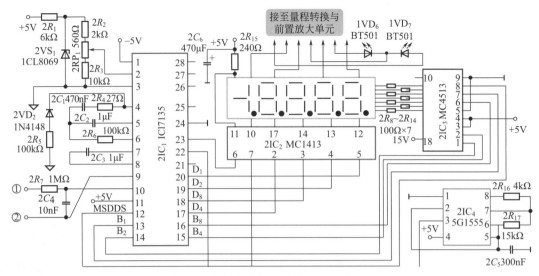

图 11-28　双积分 A/D 转换单元的电路原理图

二十三、非实时频谱分析仪电路

1. 电路图

　　频谱分析仪是采用电扫描的方法进行频率分量的选取，并以模拟方式或数字方式来显示被测信号的频域分析结果的电子测量仪器。它通常可分为两大类：一类是实时频谱分析仪，另一类是非实时频谱分析仪。

　　非实时频谱分析仪对被研究的周期性电信号，通过多次取样过程，一次完成频域分析；它是采用扫频超外差方式来对某一段连续振荡的周期性信号进行频域分析的。图 11-29 是扫频式频谱分析仪的基本原理框图，它实际上是一种带有显示装置的扫频超外差接收机。这类分析仪可分为扫前端式和扫中频式两种类型；前者的扫频范围可以做得很宽，能显示被测信号频谱的"全景"，但是常用的频谱分析仪大都是采用扫中频式的（如国产的 PFG-1B 型高频频谱分析仪和 BP-9 型宽频带频谱分析仪等）。

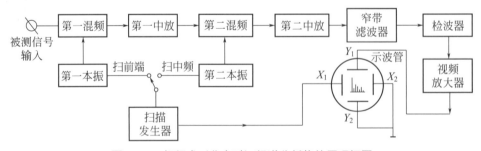

图 11-29　扫频式（非实时）频谱分析仪的原理框图

2. 电路分析

　　图 11-29 中，当开关置于扫前端时，第一本振为扫频振荡器，用作外差接收的本机振荡器。当扫频振荡器的频率 $f_{1(t)}$ 在一定范围内扫动时，输入信号中的各个频率分量（如 f_{X1}）

在第一混频器中与$f_{1(t)}$产生差频$f_1=f_{1(t)}-f_{X1}$。经第一中放放大输入第二混频器，设第二本振的频率为f_{X2}，f_1在第二混频器产生差频$f_0=f_1-f_{X1}=f_{1(t)}-f_{X1}-f_{X2}$。经过第二中放放大，送至窄带滤波器。$f_0$、$f_{1(t)}$、$f_{X1}$、$f_{X2}$依次落在窄带滤波器的通带内，被滤波器选出并经检波器检波，送至视频放大器放大加到示波管垂直偏转系统，即光点的垂直偏移正比于该频率分量的幅值。由于示波管的水平扫描电压就是调制扫频振荡器的调制电压，因此水平轴已变成频率轴，故屏幕上将显示出输入信号的频谱图。扫中频方式的扫频在最后一个本机振荡器中进行，这时频谱仪是窄带的。

由于本机振荡器是连续调谐的，故被分析的频谱是一个个被顺序采样，因此扫频外差式频谱仪不能实时地检测和显示信号。由于这一原因，被测信号之间的时间和相位关系被遗漏；即这种频谱仪只能提供幅度谱，而不能提供相位谱。尽管如此，由于扫频外差式频谱仪具有很高的灵敏度，且可引入诸如锁相和频率合成技术以及微型计算机，使其性能仍在不断提高，因而在现代频谱仪中仍占有重要地位。

二十四、实时频谱分析仪电路

1. 电路图

实时频谱分析仪是在被测信号发生的实际时间内，取得所需的全部频谱信息，并实时地进行分析与显示。如多通道滤波式频谱仪、时基压缩式频谱仪、快速傅里叶变换或离散傅里叶变换分析仪等，均属于实时频谱分析仪。这类频谱仪主要用于非重复性而持续时间很短的电信号的频谱分析，因此在电路设计上大都采用带有微处理器的程控方法，其工作原理和电路结构相当复杂。

图 11-30 为 EMR1510 型实时频谱分析仪的基本原理框图。这种仪器是采用时基压缩技术和离散傅里叶分析技术（DFT），对所选择频带的输入信号，用 256 根均匀的频谱带宽，提供信号频谱的实时分析图像，并以数字显示频谱的频率分量和幅度电平。在图 11-30 中，输入信号通常是一种随时间连续变化的模拟量（即各种波形的周期性信号电压），输入信号被衰减、放大、滤波后，加到一个 A/D 转换器的输入端，在 A/D 转换器中，已滤波的模拟输入信号跟一种静态控制的噪声信号相混合，改善 A/D 转换器的分辨力，从而提高频谱分析仪的精确度。

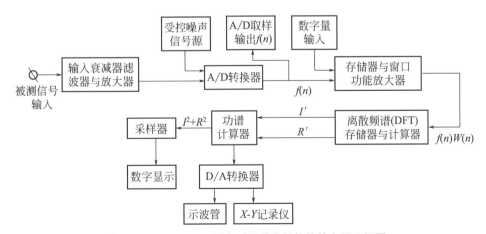

图 11-30　EMR1510 型实时频谱分析仪的基本原理框图

2. 电路分析

所谓时基压缩技术就是先将信号记录后，以高倍速率重放，此时整个信号的频谱也随之移向高频段，并展宽了同样的倍数。在实际的频谱分析仪中使用数字信号采集存储和数字信号重放，再经 D/A 转换还原成模拟信号的办法来实现的。

A/D 转换器对混合信号以适当速率采样，产生一个接一个的分析序列，每个序列包括 1024 个数字量 $f(n)$。仪器的 1024 个数字量 $f(n)$，被依次加到一个存储器和窗口功能放大器电路，它借助一种窗口功能窗函数 $W(n)$（等效于分析带宽滤波器），以改变频谱分析仪的频率选择性。分析序列的每个数字量 $f(n)$ 被窗函数 $W(n)$ 所倍乘，其结果变为 1024 个数字量 $f(n)W(n)$ 序列，即 A/D 转换器的输出被 $W(n)$ 所调制，并传输其结果到离散频谱（DFT）存储器和计算器。

DFT 存储器和计算器使 1024 个数字量 $f(n)W(n)$ 循环 256 次，每一次循环计算一次均产生离数傅里叶的实数 R' 和虚数 I' 的分量。每次循环是为了使不同的谱线在所选择的频率范围内得以分布。R 和 I 分量每次变换为一根谱线，它是在功谱计算器中被平方后相加（R^2+I^2），以取得 256 根谱线之一的功率电平。所计算的离散值（采样值）通过 D/A 转换，作为示波器的图像信号，或作为 X-Y 记录仪的描绘信号。离散频谱的幅度电平和频率分量，可在仪器前面板显示为数字。

EMR1510 型仪器能显示输入信号的时域和频域两种特性，前者是直接从输入存储器读取数据，并作为幅度对时间的函数（A-t 特性），在屏幕上显示出被测信号的波形；当显示频域特性（F-t 特性）时，有一种亮点"游标"可以在 256 根分析谱线的任何位置移动（自动／手控），并在 LED 显示器上显示出"游标"所在位置的那根谱线的频率和电平数值。

 知识链接 频谱分析仪的故障诊断

1. 故障诊断方法

（1）非实时频谱分析仪的故障诊断方法

图 11-29 所示的扫频式频谱分析仪，实质上是扫频超外差接收和电子示波器的组合。因此，对这类频谱分析仪的故障诊断与检修，可按如下方法进行。

① 采用"直觉法"检查面板上器件是否装接牢靠，再打开外壳盖板，观察内部元器件、零部件、插件、电路连线有无烧焦、变色、断开、松脱、接触不良等问题。

② 采用"测量电压法"检测仪器内部的各种直流电源是否正常。如发现某一路的直流电源有问题，应参照电路原理图诊断和排除故障。

③ 在确认直流电源正常的基础上，采用"波形观测法"检测扫描发生器和各级本振电路的输出是否正常；如发现某个电路无信号输出，应参照电路原理图诊断和排除故障。

④ 在确认扫描信号和本振输出正常的基础上，以仪器本身的示波管为检测指示器，采用"信号注入法"从视频放大器开始，逐步向前搜索，判断各单元电路的工作是否正常。

⑤ 在确定某一单元电路工作不正常的基础上，参照该电路的原理图诊断和排除故障。

⑥若仪器的示波管显示部分有问题,可参照电子示波器的故障检修实例和电路原理图,诊断和排除故障。

（2）实时频谱分析仪的故障诊断方法

图 11-30 所示的 EMR1510 型实时频谱分析仪是一种全数字化高性能的智能仪器（带微处理器的电子测量仪器），其工作原理和电路结构均相当复杂;因此,智能仪器的检修较困难。智能仪器生产中已考虑到这些复杂和困难的因素,在设计时大都设置有各种"自测试"和"自诊断"的检测程序,使用户或现场检修人员能够迅速判断仪器的功能是否正常,以及准确查找仪器发生故障的部位与损坏的器件。

通常,智能仪器的"软件"部分不易出问题,即使出了问题,由于检修者得不到有关的程序文本或者缺乏逻辑/特征分析仪这类高级的检测仪器等手段,也无法修复。只有送至生产厂家或指定的维修中心修理。实践经验表明,测量现场的故障大部分产生于分析仪的硬件电路,诸如微处理器（或 CPU）的芯片接触不良或损坏;存放各种运算程序和自检程序的只读存储器（ROM）芯片接触不良或损坏;仪器内部各种直流稳压电源的器件损坏;逻辑控制电路的集成块损坏,甚至是时钟信号源的主振电路或分频电路不工作等。这些故障可借助各种简便的逻辑检测器具（如逻辑笔、逻辑脉冲发生器、电流跟踪探头、逻辑夹等）和常规的检测方法来诊断,并查出损坏的器件。现以检修 EMR1510 型实时频谱分仪为实例,简述故障诊断的方法。

①初步表面诊断

a.检查全部的前面板部件是否装置适当,是否有损坏迹象。

b.检查所有的底板部件、机械装置的安装;在检查仪器内部结构之前,应切断电源。

c.取下仪器顶部盖板,检查所有印制电路板。必要时,可取出电路板进行查看。注意,当查看完毕准备复原之前,应对照电路板的编号确定安装位置是否正确。

d.检查所有内部的机架部件是否安装适当,以及所有内部连接器连接是否可靠。

e.检查所有后面板装置是否使用和设置适当。

f.取下底部盖板,检查所有底板插座和连线是否装置适当,或者有无损坏迹象。

②故障诊断

a.通常先根据仪器的故障现象来判断是哪块功能电路板存在问题。

EMR1510 型仪器有十二块功能电路板:电路板 1 为输入放大器与滤波器;电路板 2 为采样速率与 A/D 转换器;电路板 3 为输入存储器;电路板 4 为触发电路;电路板 5 为存储器与倍乘器;电路板 6 为累加器;电路板 7 为采样器 1;电路板 8 为采样器 2;电路板 9 为模拟量接口 1;电路板 10 为模拟量接口 2;电路板 11 为数字显示电路;电路板 12 为数字量接口接线板。对于各功能电路板的装置内容及其工作原理,应大体了解,这有助于对每块功能电路板的故障诊断和分析。

b.借助仪器的技术说明书,对每个功能电路板的诊断步骤逐一执行,以找出故障部位。

c.检查故障部位的最有效方法是使用替代法:以相同的备用电路板（或从相同型号的好仪器上取用）来替代有疑问的功能电路板,直至发现问题电路板。

d.找到有故障的电路板后,再进一步进行测试与检查,以便最后查出损坏的元器件,而后参照元器件表所列的型号与规格进行交换。

e.当一个元器件或部件被更换后,如有需要,应对有关电路进行校正与调整。

2. **故障诊断实例:"超程"指示灯信号不能输入的故障诊断与维修**

　　当 EMR1510 型仪器的"+15V"稳压输出恢复正常后,开机测试时,"超程"指示灯熄灭了,并且使用本机"0.1V"校准信号检测时,屏幕上显示的连续波形和频谱图像都很正常。但开机不久,又出现"超程"指示灯亮、信号不能输入的故障,同时屏幕上也无波形和图像显示。采用"测量电压法"检测的结果是"+15V"电源电压正常,因此,导致"超程"指示灯亮、信号不能输入的故障应是其他原因。

　　① 故障分析　EMR1510 型仪器的技术说明书"超程"指示功能中指出:"若输入信号超过 A/D 转换器的动态范围,超程指示灯将点亮。"所以应在仪器的电路板 2(采样速率与 A/D 转换器功能单元板)上进行故障检测。电路板 2 上有一个 45.8MHz 的标准频率振荡器,它是由"+15V"电源来供电的。图 11-30 中受控噪声信号源是由标准频率振荡器和采样速率信号发生器组成的。其中,45.8MHz 的标准频率振荡器通过采样速率信号发生器产生一种四倍于"分析频率"最大值的采样频率信号 F_S($F_S=4f_{max}$)。作为控制进入 A/D 转换器的受控噪声信号源,如果无 45.8MHz 的标频信号,就相当于 F_S 的采样频率很低,从而超过 A/D 转换器的动态范围,有可能出现"超程"指示的故障。该故障可能是因标准频率信号发生器工作不正常而产生的。

　　② 故障维修　维修时,先采用"波形观测法"检测 45.8MHz 的标频信号是否正常,结果发现无标频信号,证明上述的分析是正确的,故障的确存在于 45.8MHz 标频振荡器电路中。45.8MHz 晶体振荡器的电路原理图如图 11-31 所示。

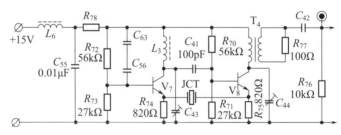

图 11-31　45.8MHz 晶体振荡器的电路原理图

　　该电路引入电流串联正反馈,以满足相位平衡条件。当晶体三极管 V_7 的基极电压微小波动时,此微小波动经过放大与倒相后输入晶体三极管 V_8 的基极,再由 V_8 的发射极输出功率,以驱动 45.8MHz 的石英晶体 JCT 起振,因为 JCT 的振荡电压输入 V_7 的发射极,对 V_7 的基极来说是一种正反馈,使电路产生自激振荡。图 11-31 中,C_{43} 为负载电容,用来调整振荡的强弱并作为振荡频率微调;C_{44} 可控制 45.8MHz 输出信号的大小(约 2V)。L_6 与 C_{55} 组成滤波器,抑制从 +15V 电源引入的噪声进入振荡电路,也可防止 45.8MHz 的信号进入电源。L_3 与 C_{43} 所形成的谐振回路的固有频率 f_0 应略大于 45.8MHz。

　　检修时,先采用"测量电压法"检测晶体三极管 V_7 和 V_8 的各电极工作点电压是否正常。若未发现明显的问题,再采用"改变现状法"进行测试,即使用小螺钉旋具调节 C_{43} 或 C_{44} 的旋置部位,同时观测 45.8MHz 的输出端是否有信号电压,仍没有效果。进一步使用电烙铁重新焊接 V_7 和 V_8 各电极的接点,结果有 45.8MHz 的振荡输出,同时"超程"指示灯随之熄灭,仪器示波管屏幕上的 0.1V 校准信号的显示波形也恢复正常。这说明故障的原因是由于 45.8MHz 晶振的某一个引脚存在虚焊,或者晶体管内部电极接触不良,导致电路不起振。

二十五、烟与煤气监视电路

1. 电路图

烟与煤气监视电路如图 11-32 所示。该装置的主要元器件的选用如下。

在图 11-32 中，U_1（含 $U_{1A} \sim U_{1D}$）选用 CD4011 CMOS 四 2 输入与非门；QM 气敏体感器选用 TGS109；V_1 选用 1N4002 硅二极管；V_2、V_3 选用 1N4148 硅二极管：R_1 选用 5.6Ω、2W 的 RJ 电阻；R_2 选用 2.2kΩ，R_3 选用 220Ω，R_9、R_{12} 选用 15kΩ，R_{10} 选用 390Ω，R_6 选用 1kΩ，R_7 选用 3.3MΩ，R_8 选用 1 MΩ，R_{11} 选用 56kΩ，均为 1/4W 碳膜电阻；R_5 选用 2.5kΩ 精密电位器；R_4 选用 100 kΩ 温度补偿电阻器；C_1 选用 2200pF，C_2 选用 1000pF，均为瓷介电容；C_3 选用 100μF，C_4 选用 1μF，C_5 选用 47μF，均为 CD11-16V 电解电容；VZ 选用 5.6V 稳压二极管；T 选用 230V 输入，3V、5V 两组输出电源变压器；Y 选用一般 ϕ10mm 蜂鸣器。

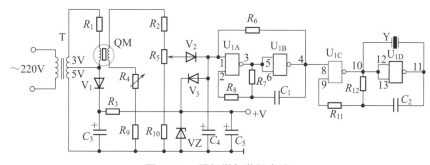

图 11-32　烟与煤气监视电路

2. 电路分析

当周围环境空气中的烟、煤气浓度超过一定限度时，该电路自动发出声响报警信号。电路的工作电源由 8V 电铃变压器提供，次级有两级电压输出，第 1 级 5V 电压经 V_1 整流、C_3 滤波及 VZ 稳压，向电路提供 5.6V 工作电压。第 2 级 3V 电压通过 R_1 加至传感器 QM 上。QM 的工作电压为 1V，工作电流约 0.5A。$U_{1A} \sim U_{1D}$ 是四个 2 输入与非门。U_{1A}、U_{1B} 和 U_{1C}、U_{1D} 分别构成两个门控振荡器，前者的振荡频率远低于后者。在 U_{1B} 输出高电平期间，U_{1C}、U_{1D} 产生振荡，驱动压电蜂鸣器 Y 发出声响；反之，在 U_{1B} 输出低电平期间，U_{1C}、U_{1D} 不振荡。U_{1A}、U_{1B} 是否振荡，受 U_{1A} 引脚 1 的电平控制。

在正常情况下，U_{1A} 的引脚 1 输入为低电平，U_{1A}、U_{1B} 不振荡。当周围环境空气中的煤气浓度上升时，传感器两线间的互感增加，于是 QM 次级线圈电压升高，经 VZ 整流，使 C_4 上的电位升高。当 C_4 上的电位超过一定值时，U_{1A}、U_{1B} 开始振荡，发出告警信号。电位器 R_5 用来设置告警边界。V_3 为保护元件，防止 C_4 上电位过高时，损坏 U_{1A}。R_4 为温度补偿电阻，用来补偿环境温度对电路灵敏度的影响。

3. 电路调试

按图 11-32 所示的电路设计合适的印制电路板，并装焊好元件。图中 +V 是 U_1 的电源电压。调试时，先将 QM 元件放在浓烟处，调节 R_5 使该电路有报警声。若灵敏度不够，可

适当改变 R_1、R_{10} 之值，使 U_{1A} 的引脚 1 电平变成高电平。

安装 QM 传感器时，应根据具体环境将其放置于合适的位置。

二十六、实用逻辑电平测试电路

1. 电路图

在装调电路或修理电气设备的时候，经常因电路短路、开路、逻辑状态不对等问题使故障点的正确诊断十分困难。为此，图 11-33 电路提供了 3 种测试手段。

这几种测试电路的主要元器件的选用如下。

在图 11-33（a）电路中，U_1 选择 CD4011、5G801、CH401 等四 2 输入与非门；C_1 选择 0.022μF 瓷介电容；R_1 选择 220 kΩ 小型电位器，R_2 选择 3.3kΩ，R_3 选择 47kΩ，均为 RJ-1/4W 电阻；SP 选择 HTD-27 压电发声片。

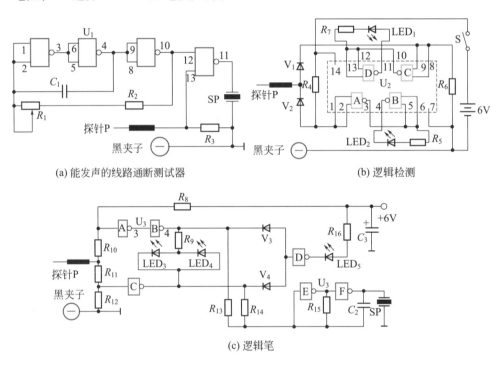

(a) 能发声的线路通断测试器　　(b) 逻辑检测

(c) 逻辑笔

图 11-33　实用逻辑电平测试电路

在图 11-33（b）电路中，U_2 选择 CD4011 四 2 输入与非门；V_1、V_2 选择 1N4148 硅二极管；LED_1 选择 BT201A ϕ3mm 红色发光二极管，LED_2 选择 BT301A ϕ3mm 绿色发光二极管；R_4、R_6 选用 10kΩ，R_5、R_7 选用 470Ω，均为 RTX-1/4W 碳膜电阻；S 选择小型开关。

在图 11-33（c）电路中，U_3（含 A ～ F）选用 CD4069 六非门电路；V_3、V_4 选用 1N4148 硅二极管；LED_3 选黄色，LED_4 选绿色，LED_5 选红色，均为高亮度 ϕ3mm 发光二极管，R_9 选用 1kΩ，R_{10}、R_{11}、R_{13}、R_{15} 选用 100kΩ，R_{12}、R_8 选用 200kΩ，R_{14} 选用 240kΩ，R_{16} 选用 1kΩ，均为 RJ-1/4W 电阻；C_2 选用 0.1μF，C_3 选用 0.47μF，均为瓷介电容；SP 为 HTD-27 型压电发声片。

另外在图 11-33（a）～（c）中，供电电源可采用 6V（4 节 1.5V 干电池）供电，测试笔（探针）选用一般表笔即可。

2. 电路分析

在图 11-33（a）所示的电路中，由 U_1 及少量元器件构成一个能发声的线路通、断测试器，具有耗电少、测试灵敏度高的特点。电路中，前 3 个与非门构成一个串联振荡器，其输出信号送到第 4 个与非门的一个输入端。当第 4 个与非门的另一个输入端为高电平时，即可输出音频信号，驱动压电陶瓷片发声。该电路可用于测量电阻小于 40kΩ 的电路连线及远距离电缆的通、断情况。

图 11-33（b）所示的电路能快速检测电路中的逻辑状态。当探针 P 悬空（不接触测试点）时，与非门 A 的引脚 1、2 均为高电平，使与非门 B 的引脚 4 输出高电平，故发光二极管 LED_2 不发光。此外，与非门 C 的引脚 8、9 均为低电平，使与非门 D 的引脚 11 输出为低电平，故发光二极管 LED_1 也不发光。当检测探针 P 触到高电平时，二极管 V_1 导通，与非门 C 的引脚 8、9 由低电平跳变为高电平，则与非门 D 的引脚 11 输出高电平，故 LED_1 导通而发红光。当探针 P 触到低电平时，二极管 V_2 导通，与非门 A 的引脚 1、2 为低电平，则与非门 B 的引脚 4 输出低电平，故 LED_2 导通而发绿光。当测试点为低速脉冲串时，则 LED_1 和 LED_2 交替点亮。当测试点为高速脉冲串（占空比 1∶1）时，则 LED_1 和 LED_2 均点亮且无闪烁现象。当测试点的高速脉冲串的占空比不为 1∶1 时，则其中一个发光二极管被点亮，而另一个发光二极管微亮或出现闪烁。

对于图 11-33（c）电路，接通电源后，若探针悬空，那么 $R_8 \sim R_{12}$ 分别将门 A 和门 C 的输入端偏置于电源电压的 2/3 和 1/3 电位上。如此，门 A 输入为高电平，而门 B 输出也为高电平；门 C 输入为低电平，反相后的输出是高电平，LED_3 和 LED_4 不发光。另外，由于门 D 的输入端通过 V_3 和 V_4 分别与门 B 和门 C 的输出端相连，在门 B 和门 C 均输出高电平时，门 D 输入端为悬空状态（相当于高电平），故它的输出为低电平，LED_5 发红光，指示逻辑笔工作正常。同时，门 E 和门 F 构成的音频振荡器，由于门 E 的输入端通过 R_{13}、R_{14} 分别与门 B 和门 C 的输出端连接，当它们输出高电平时，振荡器停振，SP 不发声。将探针接入电路，若接入点为高电平，则门 A 输入为高电平，门 B 的输出为高电平，门 C 输出低电平，于是 LED_3 发出黄光。与此同时，V_4 将门 D 的输入端下拉到低电平，使门 D 输出变为高电平，LED_5 熄灭。另外，由于门 C 输出低电平，R_{14} 上端电位由高变低，改变了门 E 的输入端电位，振荡器振荡，SP 发出声音。若探针接入点为低电平，则门 C 的输出为高电平，门 B 的输出为低电平，LED_4 发绿光。同时，V_3 将门 D 的输入拉到低电平，使门 D 输出高电平，LED_5 不发光。门 B 输出的低电平使 R_{13} 上端电位变低，同样改变了门 E 的输入端电位，振荡器振荡，SP 发出声音。由于两个电阻 R_{13} 和 R_{14} 阻值不同，所以两次发出的声音音调也不相同。若探针接入点呈高阻状态，则和探针悬空情形相同。当探针接入点存在脉冲序列时，若脉冲频率较低，由于输入的高低电平交替变化较缓慢，则 LED_3、LED_4 两种颜色的黄、绿光交替闪亮，发声器的音调也随着变化。当脉冲频率较高时，LED_3、LED_4 的两种光很快交替闪亮，结果看上去是橙色，发声器的音调也有所不同。

3. 电路调试

按图 11-33 所示的电路结构、元器件尺寸及实际选用的外形结构设计印制电路板。建议制作成笔形，发光管放在头部，以便观察。若测试电路图 11-33（a）～（c）本身不带电源（+6V），则采用引出电源线的方式，利用被测电路中的 +5V 电源供电。

调试时，如焊接、装配无问题，一般不需要大的参数调整。使用时，首先将图中的表笔负端（可用黑色夹子）触在被测电路的"地"上，然后用探针（红表笔）测试有关电路。

二十七、快捷方便的电子测试管电路

1. 电路图

如图 11-34 所示，以万用表测试一个双极型三极管的好坏、鉴别其管型（PNP 或 NPN 型）及测定 3 个极（集电极 c、基极 b 和发射极 e）并不困难，但要测试几十个管子，每一个管子均要用两支表笔反复接触管子的 3 个极，注视表盘并作出思考，几十个管子反复如此操作便非常烦琐。若使用图 11-34 所示电路，只需将它的 3 个测试端和管子的 3 个极任意连接，旋转有 6 个位置（6 挡）的开关，直到面板上的管型指示灯 LED_1 或 LED_2 有一个亮时，测试便可结束。指示灯旁的标识 NPN 或 PNP 是管型的指示，而开关所在位置的标识（如 EBC、ECB、CEB、BEC、BCE、CBE）便指示出了 Z_1 3 个测试端所接的是三极管的哪一个极，用户无须作出判断和思考。由于电路本身十分简单，故不能测出管子的电流放大系数 β 以及其他性能，但是该测试管价格便宜，容易制作，适合业余电子爱好者或维修部门修理使用，也可作为学校实验室的常备工具。

在图 11-34 中，测管器由 3 个部分组成，一是 3 刀 6 位置开关 S_2，二是交流方波源，三是晶体管鉴别电路。

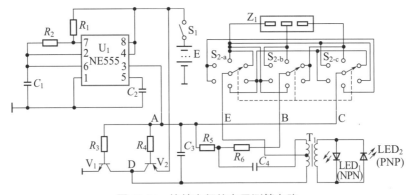

图 11-34　快捷方便的电子测管电路

该电子测管的主要元器件的选用如下。

在图 11-34 所示的电路中，C_1 选择 10μF、35V 电解电容器；C_2 选用 0.01μF 陶瓷电容；C_3 和 C_4 选用 10μF、50V 无极性电容；电源用 9V 叠层电他；U_1 选用 NE555 定时集成电路；S_1 选用单刀开关；S_2 选用 3 刀 6 位拨段开关，V_1 选用 TIP3055 三极管，V_2 选用 TIP42 三极管；R_1 选用 1kΩ，R_2 选用 10kΩ，R_3、R_4 选用 4.7kΩ，R_5 选用 2.2kΩ，R_6 选用 1.2kΩ，均为 RJ-1/4W 电阻；T_1 选用 100Ω/8Ω 音频输出变压器；LED_1、LED_2 选用红、绿色发光二极管；Z_1 可选用小 3 芯插座。

2. 电路分析

交流方波源由集成电路 U_1 和三极管 V_1、V_2 构成。定时器 U_1 接成一个多谐振荡器，它向 A 点输出一个 10Hz 的正方波，振幅比电源低 1.5V。该信号经 R_3 和 R_4 加到 V_1 和 V_2 的基极，被反相成 10Hz 的负方波后从 D 端输出，并在无极性电容 C_3 的两端合成一个 10Hz 的交流方波，送给鉴别电路。C_3 对交流方波起平滑滤波作用。鉴别电路由 C_4、R_5、R_6 和 T_1 构成。高亮度发光二极管 LED_1 和 LED_2 接在变压器的次级侧。当被测晶体管的集电极 C 连接到 Z_1 的测试端时，无论是 NPN 型还是 PNP 型，该电路只有半个周期（正半周或是负半周）导通，因此发光二极管只能有一个导通，或是 LED_1 发光，或是 LED_2 发光，以指示 PNP 型或 NPN 型。

若被测管的 C、B、E 极连接与图中标示不同，则鉴别电路不导通，LED_1 和 LED_2 均不亮。无论被测晶体管与 Z_1 怎样连接，只要旋转 S_2 便可使被测管的 C、B、E 这 3 个极最终构成图示的连接方式，使其一个发光二极管发光。若 S_2 停在某一位置，只有一个发光二极管发光，则管型和 C、B、E 即可同时确定；若任何位置均不能使发光二极管发光，则可能是坏管。可见，开关 S_2 的作用是改变被测三极管 3 个引脚与鉴别电路的连接关系。

3. 电路调试

按图 11-34 所示的电路结构与元器件实际尺寸，选择合适的机壳（或代用盒子），设计印制电路板。装焊元器件时，应在 V_1、V_2 的周围留一定空间，便于三极管在工作时散热。在机壳的面板上，应排列 LED_1、LED_2 指示孔，其中，LED_1 表示 NPN 型三极管，LED_2 表示 PNP 型三极管。S_2 开关应装在面板的中心位置，S_1 应装在右侧，以便操作。面板的最上端可安排 Z_1 插座位置或用 3 根导线引出，并装上小夹子。

该电路一般不需要调试，只要严格按图 11-34 所示的电路连线，加电即可工作。

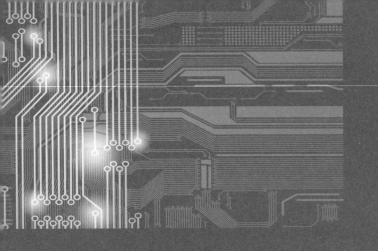

第十二章

家用电器经典电路

一、双向电风扇电路

1. 电路图

双向电风扇既可向前吹风,也可向后吹风,并会自动地前后轮流变换吹风的方向。夏天二人对坐时,可将这种双向电风扇摆在中间,使二人均可享受徐徐凉风。

图 12-1 是一种实用的双向电风扇的电路原理图,图中,M 为电风扇电动机。

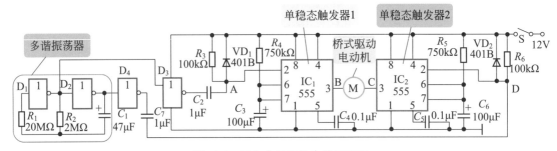

图 12-1　双向电风扇的电路原理图

该电风扇中包括:2 个 555 时基电路 IC_1、IC_2 分别构成的两个单稳态触发器驱动电路,二者共同构成的一个桥式驱动电路;非门 D_1、D_2 构成的一个多谐振荡器,为两个单稳态触发器驱动电路轮流提供控制触发脉冲,该触发脉冲的间隔时间为 100s。

2. 电路分析

如图 12-1 所示,当触发脉冲达到 A 点时,IC_1 进入暂稳状态,B 点输出的是脉宽为 80s 的高电平,使电动机 M 正转,电风扇向前吹风,80s 后自动停止。

正转停止 20s 后,第二个触发脉冲到达 D 点,IC_2 进入暂稳状态,C 点输出的是脉宽为 80s 的高电平,使电动机 M 反转,电风扇向后吹风,80s 后自动停止。

反转停止 20s 后，第三个触发脉冲又达到 A 点。如此循环往复，实现了电风扇前后轮流吹风的功能。

值得注意的是，在 M 正转与反转之间的 20s 停转时间是必不可少的，因为电风扇的扇叶转动具有一定的惯性，需要一定的时间才能真正停住。

二、多功能电风扇程序控制器电路

1. 电路图

多功能电风扇程序控制器的电路原理图如图 12-2 所示。该控制器采用最新款电风扇控制电脑芯片 BA3105。该电路结构简单、功能齐全，除具有传统电风扇的强、中、弱风速控制外，还增设了正常风、自然风和睡眠风 3 种风类选择，并具有自动强风启动功能，设有最大 7.5h 的 4 挡累计定时控制，还有蜂鸣器声响作正确输入显示。

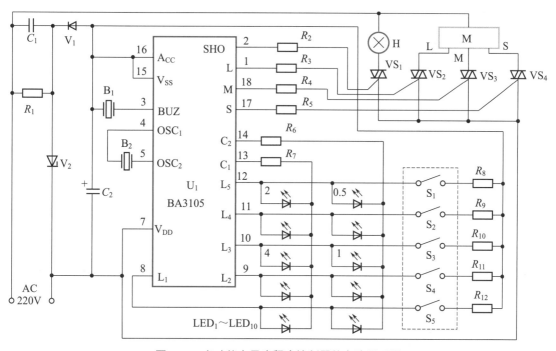

图 12-2　多功能电风扇程序控制器的电路原理图

该控制器的主要元器件的选用如下。

在图 12-2 中，V_1 用 1N4004 型硅整流二极管；V_2 用 5V、1/2W 稳压二极管，如 UZ-5.1 B 型等；$LED_1 \sim LED_{10}$ 可视个人喜爱用红色或绿色发光二极管组合使用；$VS_1 \sim VS_4$ 用 1A/400 V 小型塑封双向晶闸管（如 MAC94A4 型）等；C_1 选用 CBB-400 V 型 1μF 聚苯电容；C_2 用 CD11-16V 型 470μF 电解电容；电阻均为 RTX-1/8W 型碳膜电阻，其中 R_1 为 100kΩ，$R_2 \sim R_5$ 为 470Ω，R_6 为 100Ω，R_7 为 100Ω，$R_8 \sim R_{12}$ 为 10kΩ；B_1 用 φ27mm 压电陶瓷片，如 HTD27A-1 型等；$S_1 \sim S_5$ 最好用导电橡胶轻触按钮，也可采用普通 6×6 型轻触按键开关。

2. 电路分析

该电路的核心器件是一块电风扇控制专用电脑芯片 BA3105，它采用 18 脚双列直插式塑封形式，其各引脚功能如下。

图 12-2 中，引脚 1（L）为弱风功能信号输出端；引脚 2（SHO）为指示灯或摆头功能信号输出端；引脚 3（BUZ）为蜂鸣器驱动端；引脚 4（OSC_1）为 32768Hz 振荡器输入端；引脚 5（OSC_2）为 32768Hz 振荡器输出端；引脚 6（NC）为空脚端；引脚 7（V_{DD}）为电源正极端；引脚 8（L_1）为风速按键输入及 LED 驱动端；引脚 9（L_2）为灯（摆头）按键输入及 LED 驱动端；引脚 10（L_3）为开关按键输入及 LED 驱动端；引脚 11（L_4）为定时按键输入及 LED 驱动端；引脚 12（L_5）为风型按键输入及 LED 驱动端；引脚 13（C_1）为输入按键扫描及 LED 驱动端；引脚 14（C_2）为输出按键扫描及 LED 驱动端；引脚 15（V_{SS}）为电源负端；引脚 16（A_{CC}）为接 V_{SS} 产生累计定时效果端；引脚 17（S）为强风功能信号输出端；引脚 18（M）为中风功能信号输出端。

BA3105 的主要电参数是：电源电压 V_{DD}=3.5～5V，输出电流 I_o=25mA（晶闸管驱动）、15mA（LED 驱动）、60mA（C_1、C_2 端）和 5mA（蜂鸣器驱动），消耗功率 P_o ≤ 500mW。

图 12-2 中，R_1、C_1、V_1 和 V_2 组成电容降压稳压电路，输出 5V 直流电供 BA3105 用；B_2 为 32768Hz 晶振；LED_1～LED_{10} 为电风扇工作状态指示；S_1～S_5 为电风扇操作轻触按键开关。

S_1 为风类选择，每触动一次改变一次风类，可在正常风、自然风、睡眠风之间任意选择。对于正常风，电风扇按强、中、弱风恒速运转；对于自然风，电风扇可按电脑预编的程序作不规则运转，配合风速控制的设定，可分为强自然风、中自然风、弱自然风，能模仿出大自然的风吹效果，使风量柔和舒适；对于睡眠风，电风扇电动机进入自然风电脑程式控制，根据入睡后人的体温会慢慢下降，电风扇的风量也会慢慢地减弱，以免入睡后着凉。电气扇的减弱规律如下：①如最初设定为强风时，电风扇按强自然风运转半小时后，转为中自然风，半小时后再变为弱自然风，直至预定时间结束，或被关掉为止；②如最初设定为中风时，电风扇按中自然风运转半小时后，转为弱自然风，直至预定时间结束，或被关掉为止；③如最初设定为弱自然风，电风扇一直按弱自然风运转，直至预定时间结束/被关掉为止。

S_2 为定时选择，可设定电风扇运转时间。预定时间可在 0.5h、1h、1.5h、2h、2.5h、3h、3.5h、4h、4.5h、5h、5.5h、6h、6.5h、7h、7.5h 循环选择，即每按一次 S_2 增加 0.5h，最大定时时间为 7.5h。定时时间由表示 0.5h、1h、2h、4h 四个 LED 发光指示，电风扇在运转时，LED 会显示预置的剩余时间，以清楚显示电风扇还能运转多长时间。

S_3 为关断键，按一下 S_3 即可切断电风扇电动机的电源，所有发光二极管均熄灭，整个控制电路处于静止状态。

S_4 为灯（或摆头）开关键，本电路用作灯开关，按一下灯亮，再按灯灭，该键为独立操作键。如将本电路用于摇头控制，S_4 可控制同步电机开停，作为风向即摆头控制。

S_5 为风速选择键，当电风扇静止时，它为启动键，电风扇以强风运动 3s 后，自动恢复到设定的弱风状态；当电风扇在运转时，按一下 S_5 可使风速在弱、中、强之间循环选择。

B_1 为压电陶瓷片，每按动一次操作按键（S_1～S_5），B_1 即会发出一声"嘀"响声，表示输入操作有效。

3. 电路调试

按图 12-2 所示的电路结构，印制板可设计成 1 块或 2 块（即主控电路板与显示电路板）。建议设计成 2 块，主电路板和 LED 显示板用排线连接。LED 显示板可随意安放在电风扇的面板上，主控电路可装在电风扇机壳内部。

该控制器由于采用专用集成电路，故只要元器件良好、接线无误，通常不需任何调试，通电后即可正常工作。值得注意的是，若电路中 C_1 耐压不够或 $VS_1 \sim VS_4$ 允许的最大电流不够，均会出现故障。

三、双功能电风扇遥控控制器电路

1. 电路图

采用电风扇专用集成电路的遥控控制器，以 40kHz 超声波作为遥控指令，可以遥控开机和关机，并具有连续风与模拟自然风 2 种常用功能，其电路原理图如图 12-3 所示。

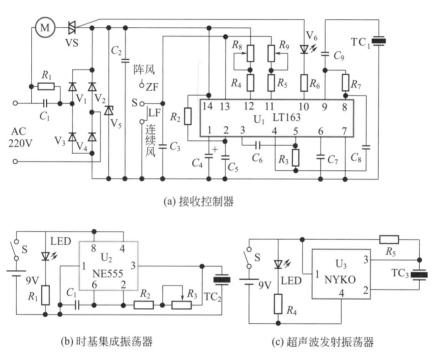

(a) 接收控制器

(b) 时基集成振荡器　　　　(c) 超声波发射振荡器

图 12-3　双功能电风扇遥控器的电路原理图

该遥控器的主要元器件的选用如下。

在图 12-3（a）中，U_1 采用 LT163 电风扇专用集成电路；VS 为 3A/600V 双向晶闸管，也可使用 MAC94A4 型等小型塑封双向晶闸管；$V_1 \sim V_4$ 选用 1N4004 硅整流二极管，V_5 为 7 ~ 9V、1/2W 稳压二极管，如 UZ-7.5 型等；V_6 可用普通红色发光二极管；R_8、R_9 可用 WH7 型 220kΩ 微调电阻器，如要经常调节则应选用 WH5 型电位器；其他电阻全部采用 RTX-1/4W 型碳膜电阻，其中，R_1 为 470kΩ，R_2 为 56kΩ，R_4、R_5 为 15kΩ，R_6 为 200Ω，R_3、R_7 为 1MΩ；C_1 要用 CBB-400V 型 0.68μF 聚苯电容；C_4 用 10μF，C_7 用 22μF，C_2 用 220μF，C_3 用 100μF，均为 CD11-16V 型电解电容；C_5 用 3000pF，C_6、C_8 用 1500pF，C_9 用

1000pF，均为 CT1 型瓷介电容；TC$_1$ 采用 UCM40-R 型超声接收换能器；S 用 1×1 小型拨动开关。

图 12-3（b）中的 U$_2$ 用 PA555、NE555、SL555 等时基集成电路，图 12-3（c）中 U$_3$ 为 NYKO 型超声发射集成电路，采用金属圆管壳 4 脚封装；TC$_2$、TC$_3$ 均为 UCM40-T 型超声发射换能器；R$_2$ 用 WH7 型 10kΩ 型微调电阻器，其余电阻均为 RTX-1/4W 型碳膜电阻，其中，R$_1$、R$_4$ 为 470Ω，R$_2$ 为 3.3kΩ，R$_3$ 为 1MΩ，R$_5$ 为 62kΩ；LED 为普通红色发光二极管；S 最好采用 1×1 小型轻触无锁按键开关；电源均为 6F22 型 9V 层叠式电池，以缩小整机体积。

2. 电路分析

图中 U$_1$ 为集成电路 LT163，其内部设计了两级高增益放大器、检波器、单稳态触发器、低频振荡器和双稳态驱动器。其特点是功耗小、抗干扰能力强、使用安全可靠和价格低廉等。LT163 采用 14 脚双列直插式塑封，使用电源电压 V_{DD}=7～9V，工作电流 ≤ 8mA，输入动作电平 ≤ 1mV，输出低电平 ≤ 2V，截止状态时输出电流 ≤ 0.5mA，输出驱动电流 ≥ 10mA。它是一种较理想的超声控制器件。

在图 12-3（a）中，TC$_1$ 为超声波接收换能器。它接收到 40kHz 超声波信号后即输出相应电信号，经电容 C$_9$ 送入 U$_1$ 的引脚 9 到第一级高增益放大器进行放大。然后从其引脚 8 输出再经 C$_8$ 耦合输入引脚 4 进入第二级高增益放大器进行放大。经过两级放大后的信号通过分频后，由 U$_1$ 的引脚 5 输出经 C$_6$ 耦合到引脚 3 的检波器中。检波后的信号触发单稳态电路产生方波脉冲，再导致双稳态电路翻转，内部驱动管导通，U$_1$ 的输出端（引脚 10）由原来的高电平变为低电平，因此双向晶闸管 VS 导通，电风扇 M 加电运转。如再发射一次超声波信号，集成块内双稳态电路又翻转一次，其引脚 10 又变成高电平，VS 关断，M 停止运转。

图 12-3（a）中，S 为连续风（也称正常风）和模拟风（也称阵风）选择开关（手动）。当 S 拨至阵风挡时，LT163 内部的低频振荡信号不断地触发双稳态电路使其翻转，故电风扇周而复始地开→停→开→停，从而产生模拟自然风效果。调节电位器 R$_8$、R$_9$ 可分别控制开、停时间比，均可在 3～30s 内连续可调。当 S 拨至连续风挡时（图示位置），内部振荡器产生的脉冲信号经 S 入地，其信号不能到达双稳态电路，故 VS 一直处于导通状态，产生连续风。从发光二极管 V$_6$ 的发光状态可以判断模拟风或连续风，V$_6$ 闪烁为模拟风；V$_6$ 常亮不闪为连续风；V$_6$ 熄灭为关机状态。该电路的工作电源是由电容 C$_1$ 降压限流、V$_1$～V$_4$ 全桥整流、V$_5$ 稳压、C$_2$ 滤波供给的。

40kHz 超声波遥控发射器电路如图 12-3（b）、（c）所示。图 12-3（b）是用时基集成电路组成的振荡器，调节 R$_3$ 可以微调其工作频率，使其产生 40kHz 超声信号加到超声换能器 TC$_2$ 两端，向空中辐射超声信号。图 12-3（c）是采用专用超声发射集成电路 NYKO 组成的振荡器，它的振荡频率设计在 40kHz，不需调整。按下按键开关 S，超声换能器 TC$_3$ 即可向空中辐射超声信号。图 12-3（c）中 LED 为工作指示灯，当按下 S 时，LED 发光表示发射器在工作。平时发射器不工作时，不消耗电能。

3. 电路调试

按图 12-3 所示原理电路及元器件尺寸，设计两块印制电路板，其中将超声接收和控制电路装在一块板上，将超声发射电路装在体积较小的板上，并接好电源及电风扇，待加电调试。

由于采用了电风扇专用集成电路，故只要安装正确则不需要进行调整，通电即可正常工作。如将控制器置于阵风状态，电风扇即发出自然风，若阵风效果不佳，则可微调 R_8 和 R_9 直至满意为止。超声波发射器如采用 555 时基电路组成，则需要适当调整发射器的微调电阻 R_2，使遥控距离最远即可，这时发射频率可视为 40kHz。

四、基于 TWH9238 的多功能遥控电风扇控制器电路

1. 电路图

图 12-4 是一种实用的、基于 TWH9238 型无线电接收模块而构成的多功能遥控电风扇控制器的电路原理图。该遥控器的发射部分本节并未画出，它是一个 4 位 TWH9238 匙扣式发射器，其 A 键为风速（SPEED）调节，B 键为风类（MODE）调节，C 键为定时（TIME）设定，D 键为关（OFF）。

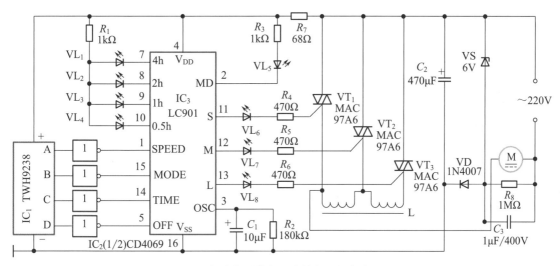

图 12-4　多功能遥控电风扇控制器的电路原理图

图 12-4 中，该遥控器由电源电路、无线电接收电路、电风扇控制电路等组成。其中，电源电路由降压电容 C_3、整流二极管 VD、稳压二极管 VS、滤波电容 C_2 等构成；无线电接收电路由无线电接收模块 IC$_1$ 构成；电风扇控制电路则由电风扇调速专用集成电路 IC$_3$ 及其外围元件构成。

该遥控器的主要元器件的选用见表 12-1。

表 12-1　多功能遥控电风扇控制器主要元器件的选用

代号	名称	型号规格	数量
IC$_1$	无线电接收模块	TWH9238	1
IC$_2$	六反相数字集成电路	CD4069	1
IC$_3$	电风扇调速专用集成电路	1C901	1

代号	名称	型号规格	数量
VT$_1$～VT$_3$	小型塑料封装双向晶闸管	MAC97A6（1A、600V）	3
VD	整流二极管	1N4007	1
VS	稳压二极管	1N4735/A	1

2. 电路分析

如图 12-4 所示，IC$_1$ 是与遥控发射器相对应的 TWH9238 接收模块，其 A、B、C、D 这 4 个引脚与遥控发射器上的 A、B、C、D 这 4 个按键一一对应。

IC$_3$ 是一块 LC901 电风扇调速专用集成电路，其引脚 1、15、14、5 分别为风速（SPEED）、风类（MODE）、定时（TIME）、关（OFF）控制设定端，均为低电平触发有效。当引脚 1 反复受到低电平触发时，风速依次为强风（S）→中风（M）→弱风（L）→强风（S），依此循环；引脚 11 为强风输出端 S，引脚 12 为中风输出端 M，引脚 13 为弱风输出端 L，均为高电平输出有效，分别触发、驱动双向晶闸管 VT$_1$～VT$_3$，使其导通，通过电抗器 L 使电风扇 M 获得不同的电压，实现风扇调速。VL$_6$～VL$_8$ 分别为强风、中风、弱风的指示灯。

当引脚 5 受到低电平触发时，IC$_3$ 的引脚 11、12、13 均无输出，电风扇停转，芯片处于静止状态（关机）；在关机状态时，引脚 1 兼作启动端，可使电风扇重新启动运转。

当引脚 15 受到低电平触发时，可使电风扇的风类在正常风与自然风之间切换，VL$_5$ 为风类指示灯，它熄灭则表明风类为正常风，它闪烁则表明风类为自然风。

当引脚 14 受到低电平触发时，可使电路处于不定时→ 0.5h → 1h → 2h → 4h →不定时的定时选择之中。IC$_3$ 的引脚 7、8、9、10 分别接入发光二极管 VL$_1$～VL$_4$，作为 4h、2h、1h 和 0.5h 的定时显示指示灯。

此外，由于 IC$_1$ 数据输出端的有效输出为高电平，故通过 IC$_2$ 将其转换为低电平，以便分别触发 IC$_3$ 的引脚 1、15、14、5，因此，通过遥控发射器上的 A、B、C、D 这 4 个按键能够实现对电风扇的风速、风类、定时与关机的控制。

3. 电路调试

本节的多功能遥控电风扇控制器采用了多个专用集成电路，因而其外围电路结构简单、性能稳定可靠、安装调试便捷。目前该遥控器已在电风扇控制领域得到广泛应用。

对机械定时器式电风扇进行改装时，可将全部元器件安装于一个自制的印制电路板上，拆除电风扇底座上原有的机械按键开关，而以塑料板替代，在塑料板下固定已焊接好元器件的电路板，并将 8 个发光二极管布置于控制面板的适当位置，接通电动机的引线，即可通电调试。

五、半导体小冰箱电路

1. 电路图

半导体小冰箱是基于半导体电制冷技术而制作的，它具有制冷和制热两项功能，箱内温度的调节范围是 $0 \sim 50℃$，并具有自动恒温控制功能，且无噪声、无污染、节能环保。

该装置的电源是电动自行车或汽车的电源，故携带方便，夏季携带冷饮、冬季保温饭菜，经济实用。图 12-5 中，该装置由测温电路、控制电路、半导体制冷 / 制热组件等部分组成。

2. 电路分析

① 半导体制冷 / 制热组件　如图 12-5 所示，A_1 为半导体制冷 / 制热组件，其原理是，利用半导体的佩尔捷效应实现电制冷的一种器件，它由半导体温差电偶元件、导流片、导热板等组成。其中，温差电偶元件实质上是一对 P、N 型半导体材料，当电流从 P 型流向 N 型半导体时，NP 接头处会产生吸热现象；同理，当电流从 N 型半导体流向 P 型时，PN 接头出会产生放热现象。

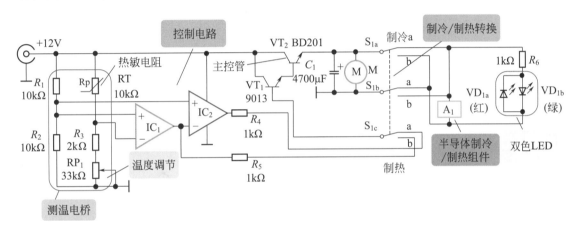

图 12-5　半导体小冰箱的电路原理图

半导体温差制冷组件通常由若干个温差电偶元件组成，它们在电气上是串联的，电流依次通过各个温差电偶元件，而这些温差电偶元件在热交换上则是并联的，所有的 PN 接头与上方导热板紧密接触，所有的 NP 接头则与下方导热板紧密接触，上、下方导热板均由陶瓷等绝缘材料而制成。

当电流从 P 型半导体流向 N 型半导体时，上方导热板即构成了温差组件的冷面（吸热面），下方导热板则构成了温差组件的热面（放热面）；若将外加电源的电极对调，则冷、热面的方位也对调。故该组件具有逆转功能，可方便地实现制冷与制热功能的转换。

② 温度控制电路　如图 12-5 所示，集成运算放大器 IC_1、IC_2 等构成一个温度控制电路，R_1、R_2、RT 及 R_3、RP_1 构成一个测温电桥。其中，RT 为负温度系数热电阻，RP_1 为设定温度调节电位器。S_1 为制冷 / 制热转换开关，双色发光二极管 VD_1 为工作状态指示灯，M 为强制散热用微型电风扇。该单元电路的特点是，仅用一个测温元件（热电阻 RT）和一套控制电路，兼作制冷控制和制热控制。温度发生变化时，测温电桥将输出一个误差信号，经 IC_1 放大后控制半导体电偶制冷组件的工作状态，使小冰箱内的温度保持在一设定温度值的附近。

a. 制冷过程。当 S_1 置于"制冷"挡时，电路处于制冷工作状态。IC_1、IC_2 的"+"输

入端均被 R_1、R_2 构成分压器偏置于 $V_{CC}/2$（6V）处（V_{CC} 为电源电压，12V），IC_1 的 "–"
输入端接入 RT。当冰箱内温度高于设定温度阈值时，RT 阻值变小，IC_1 输出端为低电平，
经 IC_2 倒相为高电平，使控制管 VT_1、VT_2 导通，A_1 组件通电开始制冷，VD_1 的 b 管芯发
出绿光、指示冰箱正在制冷。当冰箱内温度低于设定温度阈值时，IC_1 输出端变为高电平，
经 IC_2 倒相为低电平，使控制管 VT_1、VT_2 截止，A_1 组件停止制冷，VD_1 熄灭。调节 RP_1
即可改变制冷设定温度的阈值。

b. 制热过程。当 S_1 置于 "制热" 挡时，电路处于制热工作状态；IC_1 输出端的电平
不经过 IC_2 倒相而直接控制 VT_1、VT_2。当冰箱内温度低于设定温度阈值时，RT 阻值变
大，IC_1 输出端为高电平，使 VT_1、VT_2 导通，A_1 组件通电开始制热，VD_1 的 a 管芯发
出红光，指示冰箱正在制热。当冰箱内温度上升至设定温度阈值时，IC_1 输出端为低电平，
使 VT_1、VT_2 截止，A_1 组件停止制热，VD_1 熄灭。调节 RP_1 同样可改变制热设定温度的
阈值。

六、电冰箱电子除臭器电路

1. 电路图

电冰箱电子除臭器是利用高压放电产生臭氧（O_3），对电冰箱内部的空气进行除臭、灭菌，
其效果远优于一般活性炭吸附式除臭剂。该电路如图 12-6 所示，它采用臭氧发生器专用固
态电路 TWH9221（U_1），因而使整个电路设计十分简洁。

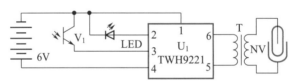

图 12-6　电冰箱电子除臭器的电路原理图

该除臭器的主要元器件的选用如下。

在图 12-6 中，U_1 可采用中山达华电子厂生产的 TWH9221 专用固态集成电路；V_1 可
用普通光敏三极管，如 3DU21 型等；NV 为臭氧电子管，可用 H40615 型，其工作频率为
15kHz，工作电压为 1800V，臭氧产生量为 5～7mg/h。臭氧电子管一般只有一极引出线，
使用时需用编织金属网从与电极相距 5mm 的位置开始包扎作为另一电极；LED 可用 ϕ3mm
普通圆形红色发光二极管；T 为升压变压器，制作要求较高，可采用 33mm×25mm 的 E6
型高频铁氧体磁芯，框架需使用有 5 层以上的隔离骨架，一侧用 ϕ0.2mm 聚酯高强度漆包线
绕 50 匝，另一侧用 ϕ0.08mm 高强度聚酯漆包线绕 3700 匝，再将整个变压器用环氧树脂密封，
以防止在潮湿的环境下使用时出现打火；电源可用 4 节 2 号电池。

2. 电路分析

由于电冰箱内温度低容易结露，故要求整个电子电路符合耐低温、耐潮湿、工作耗电少、
效率高等要求。TWH9221 是经过密封防潮处理而制造的专用集成电路，可在电冰箱内恶劣
环境下使用。TWH9221 的内部由光控触发电路、15kHz 振荡器、4min 定时电路、工作指示
灯驱动电路以及 15kHz 功率输出放大器等部分组成。

当打开一次电冰箱门取出或放置食品时,箱内照明灯点亮,光敏三极管 V_1 受到光线照射,呈现低电阻,TWH9221 的引脚 3 受到低电平触发,内部 15kHz 振荡器起振,经功率放大后由引脚 6 输出,再经变压器 T 升压,产生 1500V 高频高压加到臭氧管 NV 的两端,NV 内混合气体放电就产生臭氧(O_3)。

由于臭氧能放出新生态氧,有极强的氧化作用,能起到除臭和灭菌作用。同时 V_1 的引脚 2 也输出高电平,使发光二极管 LED 点亮发光,起到指示作用。在 15kHz 振荡器触发工作的同时,内部 4min 定时器也同时工作,定时时间一到,15kHz 振荡器自动停振,LED 和 NV 立即熄灭,电路又恢复到原先的等待状态。由此可知,开电冰箱门一次,电路能自动除臭 4min。

3. 电路调试

按图 12-6 所示的电路结构及元器件的实际尺寸设计印制板,并焊接元器件,可将整个电路安装于大小合适的塑壳之内。塑壳面板上除开有两个小孔供安装光敏管 V_1 和发光管 LED 外,臭氧电子管 NV 四周塑壳上还需开有一定数量的小孔,使臭氧向电冰箱空间扩散。

使用时,将除臭器放置在电冰箱照明灯附近,即可自动、快速地消除电冰箱冷藏室内各种食物所发出的交叉感染的臭味,延长食品的保鲜期;重要的是臭氧还能杀灭在低温下生长繁殖的细菌和病毒,有良好的灭菌、防霉和保鲜功能。

七、基于 MC14069 的电冰箱多功能保护器电路

1. 电路图

图 12-7 是基于 MC14069 型六非门集成电路而构成的电冰箱多功能保护器的电路原理图。该保护器具有延时通电和过电压、欠电压保护功能,使电冰箱在停电后又来电时,延时 5s 左右再自动接通电源,以防止压缩机启动时负载过重而被损坏;此外,当市电低于 190V 或高于 240V 时,该保护器能自动切断电冰箱的工作电源,以免电冰箱在非正常电压范围内工作而被损坏。

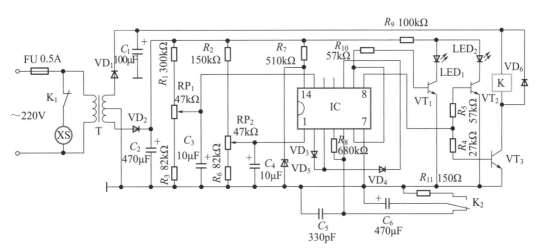

图 12-7　电冰箱多功能保护器的电路原理图

图 12-7 中,该保护器由电源电路、电压检测控制电路、延时电路和继电器控制电路等组成。其中,电源电路由熔断器 FU、电源变压器 T、整流二极管 VD_1 与 VD_2、滤波

电容 C_1 与 C_2、限流电阻 R_7 和稳压二极管 VD_5 构成；电压检测控制电路由集成电路 IC 及电位器 RP_1 与 RP_2、二极管 VD_4 与 VD_5 等外围元件构成；延时电路由电容 C_6 和电阻 R_8、R_{11} 构成；继电器控制电路则由晶体管 VT_3 与电阻 R_6 与 R_9、二极管 VD_6 和继电器 K 构成。

该保护器的主要元器件的选用见表 12-2。

表 12-2　电冰箱多功能保护器主要元器件的选用

代号	名称	型号规格	数量
IC	六非门集成电路	MC14069 或 CD4069	1
$VT_1 \sim VT_3$	晶体管	C8050 或 3DG12	3
VD_1、VD_2	整流二极管	1N4001 或 1N4007	2
VD_3、VD_4、VD_6	开关二极管	1N4148	3
VD_5	稳压二极管	1N5999	1
K	直流继电器	JRX-13F	1

2. 电路分析

如图 12-7 所示，市电交流 220V 电压经 T 降压后，在 T 的二次侧产生两组 12V 交流电压；其中，一组经 VD_1 整流、C_1 滤波后，作为继电器 K 的工作电源；另一组经 VD_2 整流、C_2 滤波后再分为三路，第一路经 $R_1 \sim R_3$、R_6 和 RP_1、RP_2 分压后作为输入检测电压，第二路经 R_7 限流、VD_5 稳压后供给 IC，第三路则经 R_9 限流降压后加至 LED_1 和 LED_2 的正极。

接通电源后，若市电电压正常，IC 的引脚 4、5、6 均输出高电平，VT_2 和 VT_3 导通，LED_2 发光，K 得电吸合，其动合触点闭合而动断触点断开，电源输出插座 XS 上有电压输出，电冰箱正常工作。当市电电压低于 190V 时，IC 的引脚 1 变为低电平，使 VT_2、VT_3 截止，K 失电释放，其动合触点闭合而动断触点断开，XS 无电压输出，电冰箱不工作，起到了欠电压保护的作用。当市电电压高于 240V 时，IC 的引脚 13、6 为高电平，引脚 8 为低电平，VT_1 导通，LED_1 发光，VT_3 截止，K 无法吸合，XS 上无电压输出，电冰箱不工作，起到了过电压保护的作用。

当市电停电又恢复供电后，IC 的引脚 4 所输出的高电平经 R_8 和 K 的动断触点 K_2 向 C_6 充电，当 C_6 充满电（历时约 5s）时，IC 的引脚 5 变为高电平，其引脚 6、9 的输出则由高电平变为低电平，引脚 8 变为高电平，VT_2、VT_3 导通，K 吸合，实现了电冰箱的延时启动功能。

3. 电路调试

本节的电冰箱多功能保护器以数字集成电路为核心，故具有电路结构简单、性能稳定可靠等优点。安装时，常将焊接好的印制电路板置于自制塑料机壳之中，并在控制面板的相应位置固定电位器 RP_1、RP_2 和发光二极管 LED_1、LED_2。

通电后，调节 RP_1 的阻值，即可改变过电压保护的阈值。调节 RP_2 的阻值，则可改变欠电压保护的阈值。

八、电子催眠器电路

1. 电路图

电子催眠器在工作时会发出"嘀、嘀、嘀"的模拟滴水声,用户专心聆听这种模拟滴水声或在心里默数滴水声的数目时,有助于其尽快入睡。图12-8是一种电子催眠器的电路原理图。图中,晶体管 VT_1、VT_2 均用作电子开关,该催眠器启动后,会每隔1.4s发出一声"嘀"的滴水声,持续约1h后自动关闭仪器,足够促使用户睡眠。

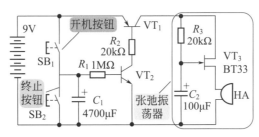

图 12-8　电子催眠器的电路原理图

2. 电路分析

如图12-8所示,该催眠器由两大部分组成:电路图右半部分(包含 VT_3、HA 等)是一个振荡电路,其功能是产生模拟滴水声;电路图左半部分(包含 VT_1、VT_2、SB_1、SB_2 等)则是一个定时电路,负责产生开机、延迟关机和终止信号,该定时电路控制振荡电路的电源。

其中,振荡电路是一个由单结晶体管 VT_3 等构成的张弛振荡器,由于单结晶体管具有负阻特性,故以 VT_3 构成的振荡器具有电路结构简单、容易起振、输出脉冲电流大等优势。VT_3 的第一基极输出的是宽度约为1.2ms、脉冲间隔约为1.4s的窄脉冲,驱动电磁讯响器 HA 发出滴水声。电阻 R_3 与电容 C_2 为电路的定时元件,HA 则是 VT_3 的负载。

九、充电式催眠器电路

1. 电路图

图12-9是一种实用的充电式催眠器的电路原理图。该仪器由下面三部分组成。

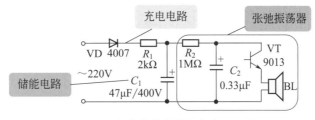

图 12-9　充电式催眠器的电路原理图

① 充电电路:由二极管 VD 和电阻 R_1 构成,其作用是为储能电路充电。
② 储能电路:由电容 C_1 构成,其作用是为振荡器提供工作电源。
③ 张弛振荡器:由晶体管 VT、电阻 R_2、电容 C_2 及扬声器 BL 等构成,负责产生催眠

声响。

2. 电路分析

如图 12-9 所示，该仪器利用了晶体三极管的负阻特性，其具体的工作原理如下。

接通市电交流 220V 后，该交流电经 VD 直接整流为一个直流脉动电压，通过 R_1 向 C_1 充电；由于 R_1 的阻值较小，C_1 上的电压很快被充至直流脉动电压的峰值 310V 左右。C_1 所储存的电能作为振荡器的工作电源，使 R_2、C_2 与 VT 等构成的张弛振荡器起振，每一次 VT 击穿导通后，C_2 的放电电流促使扬声器 BL 发出"嘀"的一声声响。

断开 220V 交流电后，C_1 所储存的电能继续为张弛振荡器提供工作电源，维持张弛振荡器的振荡；但随着 C_1 所储存的电能逐渐减少，张弛振荡器的频率也逐渐降低，BL 发出"嘀"声的时间间隔也相应地逐渐变长，总体效果是该催眠器发出了由密集到稀疏的模拟滴水声；直至 C_1 所储存的电能基本耗尽时，该催眠器发出的模拟滴水声也停止了。

3. 电路调试

适当调节 R_2、C_2 的数值，即可改变模拟滴水声的节奏，以达到最适合自己的催眠音响效果。切断市电后，催眠器的工作时间与 C_1 的大小成正比，本节中的工作时间约为 15min，通过改变 C_1 的容量，即可改变该工作时间的长短。

使用时，可将该催眠器的充电插头接入市电交流 220V 的电源插座几秒钟后即拔下，然后可放在枕边聆听该催眠器发出的模拟滴水声而进入梦乡。

十、可编程密码控制电路

1. 电路图

在图 12-10 中，LS7223（U_1）是阵列键盘编程专用密码控制 CMOS 集成电路，可识别 3 个 4 位码，并可输出单稳压或双稳压控制信号。其片内时钟电路用来控制允许编程时间和防反弹时间，错码检测后输出错误报警信号。LS7223 具有很强的抗干扰能力，输入端均设有保护电路，工作电压范围宽（可在 4 ~ 18V 间选择），静态功耗极微（5V 电源电压时为 12μA，18V 电压时为 50μA），所以一般不需电源控制开关。

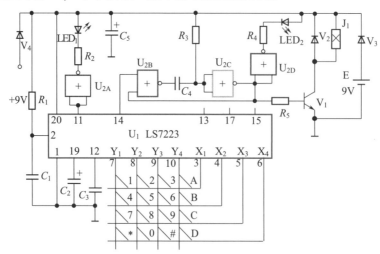

图 12-10　可编程密码控制电路

该电路的主要元器件的选用如下。

在图 12-10 中，U_1 选用 LS7223 专用密码控制电路；U_2（含 $U_{2A} \sim U_{2D}$）选用四 2 输入或非门 CD4001；R_1 选用 1.5MΩ，R_2、R_4 选用 1kΩ，R_3 选用 3.3kΩ，R_5 选用 4.7kΩ，均为 RTX-1/4W 碳膜电阻；C_2 选用 2.2μF/16V 电解电容（允许输入时间为 7 ~ 8s）；C_3 选用 0.1μF，瓷介电容（当输入码与编程码相同时，U_1 的引脚 14 输出宽度约为 10ms 的正脉冲）；C_1 选用 100pF（U_1 工作频率为 10 kHz），C_4 选用 4.7μF，C_5 选用 100μF，均为 CD11-16V 电解电容；V_1 选用 S9013 三极管；$V_2 \sim V_4$ 选用 1N4002 硅二极管；键盘采用 4×4 标准键；LED_1、LED_2 选用 φ3mm 红、绿发光二极管；J 选用合适的小型继电器。

2. 电路分析

LS7223（U_1）采用 20 脚双列直插式 DIP 封装，主要引脚功能是：引脚 2 为时钟按串设置端，当 R_1=1.5MΩ，C_1=100pF 时，时钟频率为 10kHz，防反弹维持时间为 25ms，引脚 3 ~ 10 为键盘矩阵行、列输入 / 输出线，外接 4×4 或 4×3 标准键盘，按下某键时将相应的矩阵接通；引脚 11 为编程显示输出端，编程状态为高电平，编程结束时跳变为低电平；引脚 12 为通过电容 C_3 接地端，电容取值决定引脚 13、14 输出高电平的时间；引脚 13 为错码报警输出端，当输入码与编程时存储的密码不同时，输出一正脉冲（单稳）；引脚 14 在输入码经识别无误时，输出一正脉冲（单稳）；引脚 19 为通过电容 C_2 接地端，电容取值决定允许编码时间，在 9V 电源电压时，若取电容 C_2 为 1μF，则编程时间为 2s，若取电容 C_2 为 3.3μF，则编程时间为 10s。

LS7223 可以识别出 3 个事先存储的密码（码 1、码 2、码 3），每个密码由连续 4 位数字或字母组成，必须在规定的时间内由键盘输入。码 1 输入正确时，U_1 的引脚 14、17 输出同时有效。第一次加电或由于停电使已存储的密码丢失后再重新通电时，码 1 将被自动初始化，其序列为：(X_1, Y_1)、(X_1, Y_2)、(X_2, Y_2)、(X_2, Y_1)；码 2 输入正确时，U_1 的引脚 16、17 输出同时有效。但要注意，码 2 的前 3 位数字必须与码 1 完全相同（顺序也相同），第 4 位数字可以不同。初始化序列为：(X_1, Y_1)、(X_1, Y_2)、(X_2, Y_2)、(X_1, Y_2)；码 3 输入正确时，U_1 的引脚 15、17 输出同时有效。其前 3 位数字必须与码 1 相同，第 4 位数字则可同可不同。初始化序列为：(X_1, Y_1)、(X_1, Y_2)、(X_2, Y_2)、(X_1, Y_2)；编程时，在第一次对 LS7223 进行编程时，必须先在键盘上输入两次 (X_4, Y_2) 之后，再输入码 2 的原始码（需按 6 次键），且要求操作必须在设定的时间内完成。然后 LS7223 进入编程状态，引脚 11 输出高电平。这时内部定时被禁止，以便留有足够的时间输入新码，只需输入 6 位数字，即可完成对 3 个码的设置。

图 12-10 是一个简单的密码控制电路，图中只使用了码 1 及与其对应的 U_1 的引脚 14 输出信号。编程状态时，U_1 的引脚 11 输出高电平经 U_{2A} 反相，驱动 LED_1 发出红光，表示正在编程。编程结束后，LED_1 熄灭。U_{2B}、U_{2C} 等组成单稳态电路，单稳时间由 R_3、C_4 时间常数确定。当输入的密码正确时，LS7223 的引脚 14 输出一个 10ms 正脉冲，触发单稳态电路使 U_{2C} 输出一个正脉冲信号，经 V_1 驱动继电器 J_1 吸合，完成开锁。与此同时该正脉冲信号经 U_{2D} 反相，使 LED_2 正偏而发绿光，指示电器正在工作。暂稳过后，V_1 截止，继电器 J_1 释放，电器停止工作，同时 LED_2 熄灭。

由于 LS7223 利用内部 RAM（随机存储器）储存编程密码，所以使用一块 9V 电池 E 作辅助电源，以保证停电后存储的密码不丢失。V_3、V_4 为隔离二极管。

3. 电路调试

按图 12-10 所示的电路结构与元器件尺寸设计小巧耐用的印制电路板，并装焊好元件。继电器所控对象，应根据要求与机械部分合理装配。调试时，先可将输入时间调得大一点（增大 C_2 的值），待稳定后将其恢复到正常值。密码的编程和输入要按被控对象的设置情况，进行码1、码2或码3的选择。在6位数字中，前3位对应3个码的前3位，后3位则分别为码1、码2、码3的第4位数字。比如用 8A8B67 进行编程时，码1为 8A8B、码2为 8A86、码3为 8A87。当第6位数字输完后，U_1 的引脚11自动跳变为低电平，表示编程结束。

在编程过程中，如在第6位数字前发现编码有错，只要按一次（X_4，Y_3）键，使内部"编程时钟"回零，即可重新输入新的6位数字。

十一、新颖密码锁电路

1. 电路图

图 12-11 所示的密码锁电路设计十分新颖，采用分立元件组成，元件易购，成本低，电路简单，且具有密码锁专用集成电路的功能。该密码锁采用4位密码，各密码位可以重复，密码多达10000组，可任意设置。该电路设计巧妙，只有按顺序输入正确的密码才能开锁，其间只要按错一键，电路会复位到初始锁定状态，需重新输入正确的密码才能开锁。

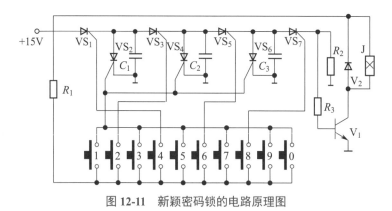

图 12-11　新颖密码锁的电路原理图

该密码锁的主要元器件的选用如下。

在图 12-11 中，$VS_1 \sim VS_7$ 可选用 MCR100 型小功率单向晶闸管；C_1 选用 470μF，C_2 选用 100μF，C_3 选用 22μF，均为 CD11-16V 电解电容；R_1 选用 2kΩ，R_2 选用 1MΩ，R_3 选用 100Ω，均为 RTX-1/4W 碳膜电阻；V_1 选用 S9014 或 S9013 NPN 型三极管；V_2 选用 1N4001 硅二极管；J 应选用适合具体负载的继电器；$0 \sim 9$ 十个键可选用独立复位型小按键。

2. 电路分析

如图 12-11 所示，该电路由10个数码键、控制电路、驱动电路等组成。其中，控制电路由7个单向晶闸管 $VS_1 \sim VS_7$、3个电容 $C_1 \sim C_3$ 及电阻 R_2 组成。其中 VS_1、VS_3、VS_5、VS_7 分别控制密码的第 $1 \sim 4$ 位，某一位要设为哪个数字，即将该位的晶闸管触发端接于对应数码键的一端，共用4个数码键作为密码键；其余数码键一端与另外3个单向晶闸管

VS$_2$、VS$_4$、VS$_6$ 的触发端并接在一起，作为误码键。10 个数码键的另一端通过 R_1 连接到电源正极。驱动电路由 R_3、V$_1$ 组成。

开锁时，按顺序按下正确的密码键。当按下第 1 位密码时，VS$_1$ 导通，电源向 C_1 充电；再按下第 2 位密码时，VS$_3$ 导通，C_1 上的电荷又向 C_2 充电；依次类推，当按下第 4 位密码时，VS$_7$ 导通，C_3 上的电压通过 R_3 使 V$_1$ 导通，驱动继电器 J 实现开锁。其间若按错任 1 位，则另外三个单向晶闸管 VS$_2$、VS$_4$、VS$_6$ 可能导通，3 个电容 $C_1 \sim C_3$ 分别通过 3 个单向晶闸管 VS$_2$、VS$_4$、VS$_6$ 放电，电路即恢复到初始锁定状态。

3. 电路调试

按图 12-11 所示的电路结构与元器件尺寸设计出小巧的印制电路板，并装焊好元件。由于电路简单，一般无须调整即可工作。7 个单向晶闸管与数码键之间采用跳线连接，便于设计和更新密码。图中设置密码为 "4268"，开锁后按任一非密码键，3 个电容放电，电路置零。

十二、基于 LQ46 的电子密码锁控制器电路

1. 电路图

图 12-12 是基于 LQ46 型语音集成电路而构成的电子密码锁控制器的电路原理图。该控制器可在用户正确输入开锁密码时，报警电路不工作，而将锁打开。若输入错误密码，则无法开锁且报警电路工作，发出 "抓贼呀！" 的报警音。它可用于门锁、保险柜或机动车点火系统的防盗控制。

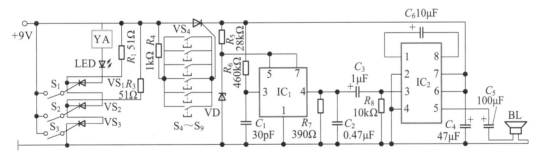

图 12-12　电子密码锁控制器的电路原理图

图 12-12 中，该控制器由电源电路、密码控制电路和语音报警电路组成。其中，电源电路由外接 9V 稳压电源或 9V 叠层电池供电，密码控制电路由密码按钮 S$_1 \sim$ S$_3$、晶闸管 VS$_1 \sim$ VS$_3$、电阻 $R_1 \sim R_3$、发光二极管 LED 和电磁铁 YA 构成。语音报警电路则由语音集成电路 IC$_1$、音频功率放大集成电路 IC$_2$、伪装按钮 S$_4 \sim$ S$_9$、晶闸管 VS$_4$、稳压二极管 VD、电阻 $R_4 \sim R_8$、电容 $C_1 \sim C_5$ 和扬声器 BL 构成。

该控制器的主要元器件的选用见表 12-3。

表 12-3　电子密码锁控制器主要元器件的选用

代号	名称	型号规格	数量
IC$_1$	语音集成电路	LQ46	1
IC$_2$	音频功率放大集成电路	1M386	1

代号	名称	型号规格	数量
$VS_1 \sim VS_4$	晶闸管	MCR100-6	4
YA	直流电磁铁	$6 \sim 9V$	1
VD	稳压二极管	1N5987	1
BL	电动式扬声器	$0.5 \sim 2W$、8Ω	1
$S_1 \sim S_3$	控制按钮	微型动合按钮	3
$S_4 \sim S_9$	伪装按钮	微型电话用按钮	6

2. 电路分析

通电后，开锁时，依次按动密码按钮 S_3、S_2、S_1，使 VS_3、VS_2、VS_1 依次受触发而导通，YA 因通电而吸合，将锁打开，同时 LED 被点亮。若 $S_1 \sim S_3$ 的按动顺序不正确，则 YA 不吸合，锁无法打开。

按钮 $S_4 \sim S_9$ 作为错码（伪装按钮）与 $S_1 \sim S_3$ 混合排列在一起，若不知密码的人错按下了 $S_4 \sim S_9$ 中的某一个，则 VS_4 受触发而导通，使 IC_1 和 IC_2 通电工作，IC_1 的引脚 4 输出"抓贼呀！"的语音报警信号，该信号经 IC_2 功率放大后，驱动 BL 发声。

断开电子密码锁的电源后，再次接通电源，则整个控制器被复位；$VS_1 \sim VS_4$ 均恢复为截止状态，报警声消失。

3. 电路调试

本节的电子密码锁控制器电路结构简单，无须调试即可通电正常工作。安装时，常将焊接好的印制电路板置于自制的塑料盒之中，并在控制面板的相应位置固定住密码按钮 $S_1 \sim S_3$、伪装按钮 $S_4 \sim S_9$、发光二极管 LED 和扬声器 BL。

实际应用时，常将该控制器固定于待保护的房屋、保险柜、机动车装锁处等位置。

十三、压敏电阻控制器在家用电器（彩电）中的应用

1. 电路图

压敏元件分为压敏电阻和瞬变电压抑制器（TVS）两类。其中，压敏电阻的主要特征是，在某一电压范围内几乎没有电流通过，当外加电压超过这一电压范围时，电流则急剧增大，且压敏电阻的伏安特性呈现特殊的非线性关系。TVS 则是为抑制各种形式的电浪涌而专门设计的高效能保护器件，在它承受瞬态高能量脉冲时，立即由原来的高阻抗变为低阻抗，吸收电浪涌，从而保护了电子电路中的元器件不受损坏。

图 12-13 是压敏电阻在实际中的应用电路，图 12-13（a）为压敏电阻在配电变压器低压防雷电路中的应用，图 12-13（b）为压敏电阻在家用电器中的应用。

2. 电路分析

① 压敏电阻在配电变压器低压防雷电路中的应用　如图 12-13（a）所示，在配电变压器 T 的高压侧和低压侧分别接入压敏电阻防雷器件，如此可避免 T 的高压侧雷电感应到 T

的低压侧，使用户的电气设备免受过压的损坏，同时，还可避免低压侧雷电击穿变压器绝缘层故障的发生。

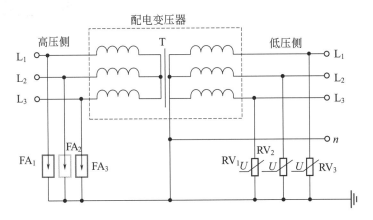

(a) 压敏电阻在配电变压器低压防雷电路中的应用

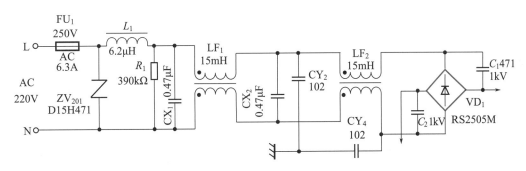

(b) 压敏电阻在家用电器中的应用

图 12-13 压敏电阻的实际应用电路

图 12-13（a）中，$FA_1 \sim FA_3$ 为高压阀式避雷器，当电工人员走进配电变压器室内即可看到高压进线的每相线上接有一个避雷器，而通常，配电变压器室中的变压器低压侧不安装压敏电阻，但图 12-13（a）中的低压侧装有 $RV_1 \sim RV_3$ 三个压敏电阻，以防止雷电或低压电路电压突变时对线路或用电设备的危害。

当变压器遭受上万伏的雷电闪击且该干扰已经串入相线时，在该相线上的压敏电阻的内阻将迅速减小，将强大的雷电流引入地下，从而保护变压器或其他电子设备。

② 压敏电阻在家用电器中的应用 图 12-13（b）是液晶彩电开关电源电路 AC 220V 电源输入抗干扰电路的原理图，它包括抗干扰电路和桥式整流电路两部分。该电路的主要功能是，滤除市电中的高频干扰信号进入整流器后续电路，同时防止开关电源产生的高频信号波串入电网中的其他电子设备内。

该电路中并联了 1 个压敏电阻 ZV_{201}（D15H471），其作用是，在市电高于 250V 时，ZV_{201} 压敏电阻击穿短路，其短路电流将熔断器 FU_1 熔断，如此即可避免电网电压波动所造成的开关电源损坏故障，从而保护后续电路的电容、电阻、整流桥的二极管等元器件不被高压、大电流所损坏，实现了保护后续电路的功能。待故障排除后，更换熔断器 FU_1，彩电又可重新正常工作。

十四、基于 CD4013 的彩电待机节能控制器电路

1. 电路图

图 12-14 是基于 CD4013 型双 D 触发器集成电路而构成的彩电待机节能控制器的电路原理图。该控制器能利用彩电的遥控器进行控制，且当彩电处于待机状态时，自动切断交流电源，使待机功耗降低至 1 ~ 3W，节能效果十分显著。

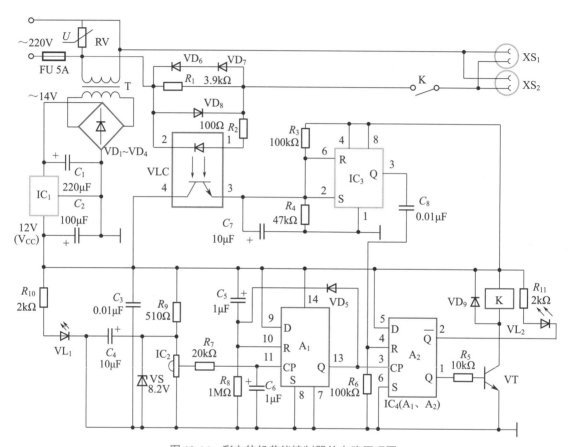

图 12-14　彩电待机节能控制器的电路原理图

图 12-14 中，该控制器由电源电路、开机控制电路、关机控制电路和输出控制电路组成。其中，电源电路由熔断器 FU、压敏电阻 RV、电源变压器 T、整流二极管 $VD_1 \sim VD_4$、三端稳压集成电路 IC_1、滤波电容 $C_1 \sim C_4$、限流电阻 R_9 与 R_{10}、稳压二极管 VD_5 和电源指示发光二极管 VL_1 等元器件构成；开机控制电路由集成红外线接收器 IC_2、电阻 R_7 与 R_8、电容 C_5 与 C_6、二极管 VD_5 和双 D 触发器集成电路 IC_4 内部的一个 D 触发器 A_1 构成；关机控制电路由时基集成电路 IC_3 及二极管 $VD_6 \sim VD_8$、光电耦合器 VLC 等外围元件构成；输出控制电路则由 IC_4 内部的另一个 D 触发器 A_2、晶体管 VT、继电器 K、二极管 VD_9 和发光二极管 VL_2 构成。

该控制器的主要元器件的选用见表 12-4。

表 12-4 彩电待机节能控制器主要元器件的选用

代号	名称	型号规格	数量
IC_1	三端稳压集成电路	1M7812	1
IC_2	一体化红外线接收头	彩电用	1
IC_3	时基集成电路	NE555	1
IC_4	双 D 触发器集成电路	CD4013	1
VLC	光电耦合器	PC817 或 4N25	1
VT	晶体管	S8050 或 C8050	1

2. 电路分析

如图 12-14 所示，市电交流 220V 电压经 T 降压、$VD_1 \sim VD_4$ 整流、C_1 滤波、IC_1 稳压后，在 C_2 两端形成一个 12V 直流电压。该电压分为三路，一路直接为 IC_3、IC_4 等电路供电；一路经 R_9 限流、VS 稳压为 8.2V，作为 IC_2 的工作电压；还有一路经 R_{10} 点亮 VL_1。

通电的瞬间，IC_4 的引脚 13 和 1 均输出低电平，使 VT 截止，K 处于释放状态，当按下彩电遥控器（将遥控器对准彩电节电器的红外接收端 IC_2）上的任意键时，IC_2 将对接收到的红外线信号进行解调，形成一脉冲信号，并从 IC_4 的引脚 11 输入，使 A_1 和 A_2 相继受触发而翻转，IC_4 的引脚 1、13 均输出高电平，VT 饱和导通，K 得电吸合，其动合触点闭合，彩电通电工作并进入待机状态。直到遥控器对准彩电第二次开机（两次操作的间隔时间应在 2s 以内），才使彩电进入正常收视状态。同时，IC_4 的引脚 13 所输出的高电平经 VD_5 加至 IC_4 的引脚 10（复位端），使 A_1 复位，IC_4 的引脚 13 恢复为低电平，为下次开机做准备。

彩电通电工作后，其工作电流在电阻 R_1 两端产生电压降，在交流电源的某半个周期内会使 VLC 内部的发光二极管和光敏晶体管相继被导通，12V 电压经光敏晶体管对电容 C_7 充电，使 IC_3 的引脚 2、6 电压高于 $2V_{DD}/3$（V_{DD} 为电源电压），其引脚 3 由高电平变为低电平。以遥控器遥控关机时，R_1 两端的电压迅速降低，使 VLC 内部的发光二极管和光敏晶体管均截止，C_7 经 R_4 放电，当 IC_3 的引脚 2 电压降低至 $V_{DD}/3$ 时，其内部电路翻转，引脚 3 由低电平变为高电平；该高电平脉冲经 C_8 加至 IC_4 的引脚 4（复位端），使 A_2 复位，IC_4 的引脚 1 恢复为低电平，VT 截止，K 释放，彩电的工作电源被完全断开。

此外，VL_1 在彩电待机节能器通电后即被点亮，VL_2 在彩电电源接通时被点亮，在彩电断电后即熄灭。

3. 电路调试

本节的彩电待机节能控制器采用多个集成电路，故其外围电路结构简单、集成度较高，目前市场上已有成型产品销售，用户可根据实际需要来选用。

自行安装时，常将焊接好的印制电路板置于自制塑料盒之中，并在控制面板的相应位置固定发光二极管 VL_1、VL_2 和彩电用一体化红外线接收头 IC_2。

实际使用时，应将该装置的电源插头接入市电电网，彩电的电源插头接入该控制器的输出插座 XS_1 或 XS_2，且彩电的电源开关应处于接通状态。

十五、普通彩色电视机整机故障诊断

1. 电路图

随着电视技术与大规模集成电路的发展，普通彩色电视机的内部结构越来越简单，普遍采用超级芯片，以大幅度减少集成电路的外围元件，提高电视机的可靠性。这些超级芯片的主要作用是从天线（或有线电视网络）上选择接收高频电视信号，并进行一系列的变换和处理，还原成声音、图像及彩色信号。本节以采用 TDA9380 型超级芯片的 TCL-2999UZ 型彩色电视机为例，介绍普通彩色电视机整机电路故障诊断与维修方法。

超级单片彩色电视机主要由高频调谐器、中频通道、彩色解码、亮度与矩阵电路、伴音前置和功放、同步分离、行场扫描、微处理器、开关电源等组成。TCL-2999UZ 型彩色电视机整机的功能框图如图 12-15 所示（注：下文中部分元器件和芯片在图 12-15 中未标出）。

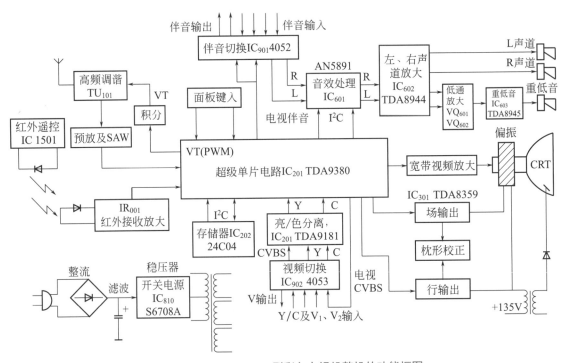

图 12-15　TCL-2999UZ 型彩色电视机整机的功能框图

2. 电路分析

① 电视信号接收、放大通道　由天线接收到的射频电视信号，经高频调谐器 TU_{101} 放大混频变频，形成 38MHz 和 31.5MHz 的图像、伴音中频信号，经前置中频放大器放大至 16 ~ 19dB，以弥补声表面波滤波器的插入损耗。图像、伴音中频信号进入声表面波滤波器，形成视频检波所需要的幅度 - 频率性曲线，以适应残留边带高频特性对上边带视频信号的衰减。图像、伴音中频信号以对称形式进入主信号处理集成电路 TDA9380 的引脚 23、24，在集成电路内经过中频放大、锁相环同步解调、图像 AGC 检波、AFT 鉴相、高频放大器 AGC 延迟和调整等处理后，由 IC_{201} 引脚 27 输出高放 AGC 电压，送至高频头电路，由其引脚 38 输出视频全电视信号，经 VQ_{206} 射随、缓冲、隔离、Z_{202} 伴音第二中频（6.5MHz）陷

波，消除伴音信号对图像信号干扰。再经 VQ_{205} 射随、隔离后，分为三路：一路经 C_{232} 进入 TDA9380 的引脚 40，继续进行视频信号解码处理，最后由引脚 51、52、53 输出 RGB 基色信号（这一路未经亮/色信号分离处理）。一路经 C_{901}、VQ_{901} 射随后，作为 CVBS 信号输出。一路经 C_{264} 进入 TDA9181 的引脚 12，由 TDA9181 完成亮/色分离。经亮/色分离后的亮度信号 Y 由 TDA9181 的引脚 14 输出，经 C_{234} 进入 TDA9380 的引脚 42；色度信号 C 由 TDA9180 的引脚 16 输出，经 C_{235} 进入 TDA9380 的引脚 43。亮度信号 Y 和色度信号 C 经色度解码后，同样由 TDA9380 的引脚 51、52、53 输出 RGB 基色信号。

RGB 基色信号经由 VQ_{511}～VQ_{513}、VQ_{521}～VQ_{523}、VQ_{531}～VQ_{533} 组成的 RGB 基色信号宽频带、高增益、视频放大器，送入彩色显像管的阴极，显像管将 RGB 三基色还原为彩色画面。

② 伴音信号接收、放大通道　31.5MHz 的伴音中频信号经 VQ_{101} 预中放、Z_{201} 声表面波滤波器后，由引脚 23、24 进入 TDA9380 集成电路内。TDA9380 为调频型伴音单通内载波接收方式，伴音中频信号在 TDA9380 内经过放大，在第二伴音中频混频器中与 38MHz 图像中频基准信号压控振荡器输出的基准中频差拍形成 6.5MHz 的第二伴音中频信号（38MHz-31.5MHz=6.5MHz）。6.5MHz 的第二伴音中频信号经过限幅放大、窄带锁扣环同步解调、AGC 控制、音频前置放大、自动音量电平限制（AVL）、去加重网络、音量控制等，由引脚 44 输出音频信号。

TDA9380 的引脚 44 输出的音频信号经 VQ_{202} 缓冲放大后，再经 C_{917}、C_{916} 两个电容分为两路，进入音频切换开关集成电路 IC_{901}（4052）的引脚 12 和 1，将单声道的电视伴音信号一分为二，作为左、右声道信号处理，故单声道的电视伴音只能作为虚拟立体声或伪立体声信号，因为单声道信号不可能有真正意义上的立体声源。

由 AV_1～AV_3 输入的左、右声道声音信号分别到 IC_{901} 的引脚 2、4、5 和引脚 11、14、15，经 AV 开关切换后的左、右声道信号向 IC_{901} 的引脚 13、3 输出，经 VQ_{902}、VQ_{903} 射随、隔离缓冲后，分为两路：一路分别经过 R_{906}、C_{924} 和 R_{925} 作为 AV 输出信号输出；另一路分别经过 C_{620}、C_{604} 进入音效处理集成电路 IC_{601}（AN5891K）的引脚 3 和 22。

IC_{601} 可以分别对高音、低音、平衡、环绕声等进行处理，经过 IC_{601} 音效处理后的左、右声道信号由 IC_{601} 的引脚 12、15 输出，再分为两路，一路经 R_{611}、C_{638} 和 R_{610}、C_{639} 组成的低通滤波器，从左、右声道信号中提取 200Hz 以下的低音信号，经 VQ_{601}、VQ_{602} 射随器合成，经 C_{637} 进入重低音功率放大器 IC_{603}（TDA8945），完成重低音功率放大，并由 IC_{603} 的引脚 1、3 输出，激励重低音扬声器，加强低音信号的功率输出，提高声音重放效果，增加声音的力度和浑厚程度；一路经 C_{611}、C_{612} 进入左、右声道音频功率放大集成电路 IC_{602} 的引脚 8、6 和引脚 9、12，完成左、右声道音频功率放大，由其引脚 1、4 和引脚 14、17 输出，激励扬声器完成左、右声道重放。

③ 行/场扫描信号处理电路　在 TDA9380 集成电路内，从亮度信号 Y 中分离出行/场复合同步信号。根据行/场同步脉冲宽度的不同，可以从复合同步信号中分离出场同步脉冲，使场分频电路复位，形成场频定时脉冲。

50Hz/60Hz 场频定时脉冲控制场频锯齿波电压发生器，形成线性良好的锯齿波电压。其中 TDA9380 的引脚 26 接锯齿波电压形成电容，其引脚 25 接基准电流形成电阻。

50Hz/60Hz 的场频锯齿波电压由 TDA9380 的引脚 21（+）和 22（-）输出分别经 R_{301}、R_{311}、C_{301} 和 R_{302}、R_{312}、C_{302}，加至场扫描输出集成电路 IC_{301}（TDA8359）的引脚 1、3。

IC_{301} 为桥接式泵电源场扫描输出集成电路。经放大后的场频锯齿波电流由 IC_{301} 的引脚 4、9 输出，激励场偏转线圈，控制电子束沿垂直方向偏转。复合行、场同步脉冲加到复合门检波器和行鉴相器 1 中进行行相位比较，并形成误差控制信号。IC_{301} 的引脚 17 接于行鉴相器 1 的双时间常数滤波器，经双时间常数滤波器平滑滤波，以多行相位比较的直流误差控制信号控制行 VCO 振荡器，用来锁定行振荡信号的频率。

行鉴相器 2 的两个输入信号是与视频全电视信号严格锁相的行定时脉冲和反映行扫描输出级相位的行频比较脉冲。行鉴相器 2 的主要作用是，补偿行扫描输出管因电荷储存效应造成的行相位延迟，使重显图像位于屏幕中心位置。IC_{301} 的引脚 16 接行鉴相器 2 的平滑滤波器。

经行鉴相器 1 同步、行鉴相器 2 相位补偿后的行频激励脉冲由 TDA9380 的引脚 33 输出，经行激励级（VQ_{401}）、行扫描输出级（VQ_{402}），在行偏转线圈中形成 15625Hz/15734Hz 的行偏转电流，控制电子束沿水平方向偏转。

在行扫描电路中还要利用行逆程变压器，形成彩色显像管所需要的阳极高压 U_a（30kV）、聚焦极电压（$25\%U_a \sim 35\%U_a$）和帘栅极电压（$800 \sim 1200V$）、末极视频放大器电压（200V）、灯丝电压（6.3V）、场扫描输出级直流供电电压（14V 和 15V）等，同时还要完成水平枕形校正，即利用场频抛物线电压调制行扫描电流，使光栅水平方向中部行偏转电流增大，上部、下部行偏转电流减小，从而补偿光栅水平方向上的枕形失真。

④ 开关电源电路　220V/50Hz 的交流电源经 T_{801}、T_{802} 滤波，DB_{801} 桥式全波整流，C_{806}、C_{807} 滤波，再经开关变压器 T_{803}、开关电源控制电路 IC_{801} 等，形成调频、调宽式开关脉冲，通过二次绕组形成扫描电路及音频放大电路、调谐电路、CPU 电路等功能电路所需要的直流供电电路，并通过 IC_{802} 及 IC_{801} 的引脚 7 完成稳压功能。

3. 故障诊断

① 典型故障 1：光栅正常，无图像、无伴音故障　电视机光栅正常，说明超级芯片的总线接口电压和总线信号输出 / 输入正常，诊断电视机光栅正常，无图像和伴音故障时，应当首先观察电视机屏幕上有无噪波点。若无噪波点，输入视频信号时也无图像，应当判定故障位于超级芯片；若输入视频信号有图像，则应当判定故障位于由超级芯片 TDA9380 组成的图像中频信号处理电路。此时，若查得与中频信号处理电路相关脚外接元件无故障，应当判定故障位于超级芯片。

若诊断过程中，发现屏幕上有噪波点，手持改锥金属部分，从高频头 TU_{101} 的 IF 端子（引脚 6）注入人体感应信号，若屏幕能出现较明显的雪花噪波点或干扰条纹，则表明高频头引脚 6 以后的电路是正常的，此时可在高频头引脚 2 与地线各焊一根导线，接于万用表直流 50V 挡，令机器进入自动搜索过程。正常时，在全部搜索过程中，该电压应从 $0 \sim 30V$ 慢慢变化三次，若无变化或变化异常，可将高频头引脚 2 的焊线改接于 TDA9380 的引脚 4，再进入自动搜索状态，正常时该点电压应从 $0 \sim 4.5V$ 变化三次。否则，前者为 33V 调谐供电电压异常或 VQ_{201} 及外围元件有异常；后者为 TDA9383 内部不良或损坏。有时，还需注意总线参数。

② 典型故障 2：有声音无图像或有图像无声音　当故障表现为有声无图像或有图像无声时，应从声、图分离点向后检查。有声无图时，若查得 TDA9380 的引脚 40、42、43、51 ~ 53 外围元件无异常，可以肯定是 TDA9383 损坏；有图无声时，输入 AV 音频信号若有声音，则故障多在 TDA9383 组成的伴音中频处理电路上，即其引脚 28、29、31 的外电路，否则

故障多位于后级相关音频处理电路和功放电路中。

这时，应从音频末级向前检查，一般可很快排除故障。

③ 典型故障 3：收台少或某频段收不到节目和信号弱　有时电视机能收到电视节目，但收视异常，如某频段收不到、高端能收到而低端收不到、低端能收到而高端收不到等。当出现上述情况时，除按前述方法检查外，还可将非接地的焊接线接于 TDA9380 的引脚 11（波段电压控制脚），用万用表（5V 或 10V 挡）检测，并令机器进入自动搜台状态。正常时，搜索到"L"频段时，TDA9380 的引脚 11 应出现 3.3V 左右的电压值；搜至"H"频段时，　其引脚 11 电压应为 1.6V 左右；搜至"U"频段时，TDA9380 的引脚 11 应为 0V。若引脚 11 始终为 0V 或某一固定的高电平，则 TDA9383 可能性能不良或损坏。若 TDA9380 的引脚 11 电压变化正常，则应检查相应频段的 VQ_{102}（C_{1815}）、VQ_{103}（DTC124）或 VQ_{104}（DTC124）及其外围电路元件。若经以上检查均无异常，则应为高频头损坏/性能不良。

电台节目均能收到，但出现信号弱、噪波点多而大、图像模糊、彩色暗淡现象时，根据故障诊断经验，上述故障一般有两种可能：一是声表面波滤波器性能变差或不良；二是 AGC 控制电压异常。此时，应重点检查 TDA9380 的引脚 27 和 AGC 电压。正常时，其引脚 27 和高频头引脚 1 电压均应为 3.4～3.5V。若引脚 27 的电压正常，但高频头 TU_{101} 的引脚 1 电压异常，故障一般在引脚 27 与 1 之间的 AGC 电压传输电路中，如 R_{218}（680Ω）阻值增大、C_{11}（1μF/16V）漏电等。

④ 典型故障 4：行扫描电路不工作或工作不正常　飞利浦超级芯片彩电的行激励和行输出电路与飞利浦单片机的电路结构基本相同，完全可沿用单片机的故障诊断、检修方法进行诊断、检修。本节重点介绍该超级芯片的行激励脉冲形成电路。飞利浦超级芯片行激励脉冲形成电路由超级芯片的引脚 16、17 外电路中的元件和集成块内部相关电路组成，芯片内部形成的行激励脉冲从其引脚 33 输出。引脚 33 有无行激励脉冲输出与芯片的引脚 34 有无行激励脉冲输入无关。

在 TCL 王牌 AT25U159 彩电中，由于行振荡电路由开关电源直接供电，所以，只要开关电源为超级芯片提供的供电电压正常和芯片本身无故障，用遥控器或本机键开机，芯片开/待机引脚电压变化正常，其引脚 33 就应当有行激励脉冲输出（用 UT710S 则数字表频率挡可测到频率约为 15625kHz 的脉冲信号）。若开关电源为超级芯片提供的供电电压正常，开机后超级芯片开/待机引脚电压变化正常，而引脚 33 无行激励脉冲信号输出，那一定是超级芯片损坏。如超级芯片引脚 16、17 外电路中元件不正常，行输出变压器中会出现很大叫声，所以，只要行输出变压器中无异常叫声，就没有必要检查引脚 16、17 外接元件。

⑤ 典型故障 5：场扫描电路不工作或工作不正常　飞利浦超级芯片彩电的场输出电路与飞利浦单片机的电路结构基本相同，完全可以沿用单片机的故障诊断、检修方法进行诊断、检修。本节仅介绍场激励脉冲形成电路。

飞利浦超级芯片彩电场激励脉冲形成电路由芯片的引脚 25、26 外接元件和芯片内部相关电路组成。超级芯片引脚 21、22 有无场激励脉冲信号输出，取决于其引脚 25、26 外电路中的元件和超级芯片是否存在故障。在飞利浦超级芯片彩电中，引脚超级芯片的 25、26 外接元件损坏的概率非常低，故诊断光栅水平亮线和场线性不正常故障时，只要引脚 25、26 外接元件没有虚焊，一般不对其进行代换。超级芯片的场激励脉冲输出脚（引脚 21、22）电压由芯片内部电路形成，这 2 个输出脚悬空时的电压均在 5V 以上为正常。若这两个引脚断开，测量两脚电压有 5V，可判定场不工作故障与场功率放大电路有关。

十六、全自动豆浆机电路

1. 电路图

全自动豆浆机采用微电脑控制技术，实现制浆自动化，具有粉碎、加热及缺水保护、煮沸防溢等功能。这里以九阳 JYDZ-8 型豆浆机为例，对全自动豆浆机电路进行图解分析。电路如图 12-16 所示。

2. 电路分析

① 自动工作程序 执行自动工作程序时，接通电源，市电电压经变压器 T_1 降压、$VD_1 \sim VD_4$ 桥式整流和 C_1、C_2 滤波后得 +14V 直流电压，不仅给 V_1、V_2、V_3 等构成的控制电路供电，而且再经三端稳压块 U_2（78L05）及 C_3、C_4 滤波得 +5V 稳定电压，为 CPU（SH66P20A）引脚 14 供电。同时电源指示灯 LED_1 经限流电阻 R_{15} 至 CPU 的引脚 1 构成回路，开始发亮。此时 CPU 的引脚 13 有信号输出，V_2 导通，蜂鸣器发出"嘀"的一声，电路处于待命状态，当按下启动键时，CPU 检测到引脚 7 由高电平变成低电平，如果杯体内无水，CPU 的引脚 17 为高电平，引脚 13 则输出高电平，蜂鸣器长鸣报警，自动停止加热防止干烧。若杯内有水，CPU 的引脚 17 为低电平，当水温为 25℃ 常温时，温度传感器 RG 与 R_{14} 对 +5V 电源进行分压，使 CPU 的引脚 2 为低电平，经 CPU 检测后，使引脚 12 输出高电平，V_3 饱和导通，继电器 K_2 吸合，电热管加热。

约 8min 后当水温加热至 84℃ 以上时，CPU 检测到引脚 2 为高电平，CPU 的引脚 11 就输出高电平，V_1 导通，继电器 K_1 吸合，电机开始高速旋转，共打浆 4 次（每次打浆 15s）。这时 CPU 的引脚 11 变为低电平，V_1 截止，电机不转，停止打浆。打浆结束后，CPU 的引脚 12 输出高电平，K_2 吸合，电热管继续加热，一直加热至豆浆第一次沸腾，浆沫上溢，接触防溢电极，CPU 的引脚 18 变为低电平，引脚 12 就输出低电平，V_3 截止，停止加热。当浆沫回落，离开防溢电极后，CPU 的引脚 18 又变为高电平，引脚 12 又输出高电平，电热管又继续加热，如此反复多次防溢延煮，累计 15min 后 CPU 的引脚 11、12 脚均输出低电平，引脚 13 输出的脉冲信号使蜂鸣器报警，LED_1 闪烁，声光交替提示，自动程序执行完毕。

② 单独执行工作程序 当需要单独执行加热工作程序时，先按加热键，再按一下启动键，CPU 相继检测到引脚 9、7 为低电平时，引脚 12 即输出高电平，V_3 饱和导通，继电器 K_2 吸合，电热管单独加热。延煮防溢控制与自动程序相同。当再次检测到 CPU 的引脚 9 为低电平时，引脚 12 输出低电平，V_3 截止，K_2 释放停止加热。

当需要单独执行打浆工作程序时，先按电机键，再按一下启动键，CPU 相继检测到引脚 8、7 为低电平时，引脚 11 即输出高电平，V_1 饱和导通，K_1 吸合，电机得电旋转，执行打浆预置程序，完成打浆自动停止。

③ 防无水干烧保护电路 水位情况检测反馈到 CPU 的引脚 17。当窗口内无水或水量低于水位线（即水浸不到电机转轴和刀片）时，CPU 的引脚 17 为高电平，引脚 13 输出报警信号，蜂鸣器长鸣报警，机器自动停止加热，防止无水干烧。当窗口内水量达到水位线时 CPU 的引脚 17 为低电平，引脚 12 就输出高电平，V_3 饱和导通，继电器 K_2 吸合，加热管正常加热。

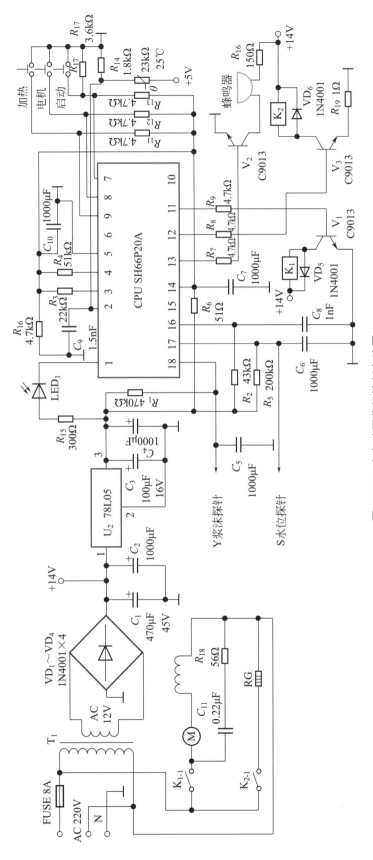

图 12-16 全自动豆浆机控制电路图

④ 防浆沫溢出保护电路　当豆浆沸腾泡沫上溢时，防溢检测探头接触泡沫浆液，使CPU 的引脚 18 由高电平变为低电平，引脚 12 输出低电平，V₃ 截止，K₂ 释放，加热管断电不加热。当浆液泡沫回落后，CPU 的引脚 18 由低电平变为高电平，其引脚 12 就输出高电平，V₃ 又导通，K₂ 吸合，加热管又恢复正常加热，这样按程序反复进行，防溢延煮。

十七、电饭煲火力控制器电路

1. 电路图

电饭煲在家庭中使用已经很普及，但通常仅用于煮饭，由于普通电饭煲无自控能力，因此不适宜熬汤和煮稀饭，一些需要"小火""文火"熬煮的食物也无法调节其火力大小，容易产生汤液外溢且费电。如配用图 12-17 所示的火力控制器，则可使电饭煲功能大增，还可节省电能。

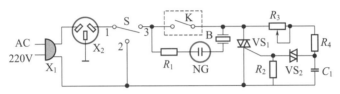

图 12-17　电饭煲火力控制器的电路原理图

该电路由机械定时器和晶闸管无级调压器构成。图 12-17 中，X_1 为总电源插头，X_2 是电饭煲用的插座；S 为功能转换开关：当 S 拨至 "2" 挡时，火力控制电路不起作用，电饭煲恢复煮饭功能，当 S 拨向 "3" 挡（即图示位置）时，接通火力控制电路，电饭煲可用于熬汤、煮稀饭或蒸煮食物等。

该控制器的主要元器件的选用如下。

在图 12-17 中，NG 可采用启辉电压为 60V 左右的氖气泡，如 NHO-1 型等；VS_1 选用 12～16A、耐压 600V 的双向晶闸管，并应加上相应的铝质散热器；VS_2 用 2CTS2 型双向触发二极管，击穿电压为 30～50V 均可；R_3 最好采用 1W 型 470kΩ 滑杆式电位器；R_1 选用 10kΩ，R_2 选用 470Ω，R_4 选用 4.7kΩ，均为 RTX-1/4W 型碳膜电阻；C_1 选用 CJ10-160V 型 0.15μF 金属膜纸介电容；B 可用 ϕ27mm 压电陶瓷片，如 HTD27A-1 型等；X_2 应根据电饭煲的电源插头用磷铜片制作，再用螺钉直接紧固在自制印制板上；S 可选用 KN3-3-1 型钮子开关。

2. 电路分析

无级调压电路由双向晶闸管 VS_1，双向触发二极管 VS_2、R_3、R_2、C_1 组成的移相网络构成，调节电位器 R_3，可以获得不同的充电时间常数，从而改变晶闸管 VS_1 的导通角，达到无级调压的目的。机械定时器起自动断电的作用。NG、R_1 和 B 构成定时声光报警电路，其中，K 为机械定时器，用于熬汤时，可以根据食物的烹调经验，先将机械定时器旋过一个角度作为定时时间（如需要 40min）。此时声光报警电路被定时器开关触点短接而不工作，再按下电饭煲的开关，调节 R_3 的大小，可使电饭煲两端的电压在 60～210V 范围内无级变化，加在电饭煲两端的不同电压，可获得不同的工作火力，其汤液既不会因火力过猛而外溢，同时又能节省电能。机械定时器预定的时间一到，定时器开关触点断开，此时有微小电流通过报警电路，从而发出声光报警，通知用户，若用户觉得还需再熬一段时间，可再次进行定时。如此，既不用长时间守着电饭煲观察，又能吃上熬煮的食物，给用户带来极大方便。

3. 电路调试

按图 12-17 所示的电路结构及实际要求设计印制电路板。只要焊接正确，通常无须调试，通电后即能正常工作。若按上述元器件数据制作，则可控制 1000W 以下各种型号的电饭煲。若想增加控制功率，则将 VS_1 的电流选择得更大一些即可。

十八、全自动数字式电热淋浴器电路

1. 电路图

全自动数字式电热淋浴器的电路原理图如图 12-18 所示，该电路具有自动恒温和低水位闭锁双重功能，可用于中低档或自制的电热淋浴器。

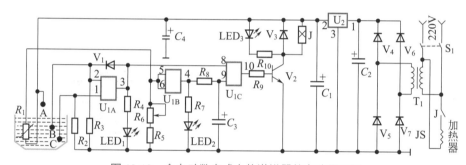

图 12-18　全自动数字式电热淋浴器的电路原理图

该淋浴器的主要元器件的选用如下。

在图 12-18 中，U_1（含 U_{1A} ～ U_{1C}）选用 CD4081 四 2 输入与门集成电路；U_2 选用 7812 三端稳压电路；V_1 选用 1N4148 或其他正品小功率硅二极管，切勿使用 2AP 型锗二极管；V_2 选用 9013 小功率三极管；V_3 ～ V_7 选用 1N4004 硅整流二极管；T_1 选用 220 V 输入、17V 输出、5W 电源变压器；LED_1 ～ LED_3 选用 ϕ3mm 发光二极管；R_1 选用 5kΩ 的热电阻；R_2、R_3 选用 1MΩ，R_4、R_7、R_{10} 选用 2.7kΩ，R_5 选用 3.3kΩ，R_6 选用 1kΩ，R_8 选用 100kΩ，R_9 选用 10kΩ，均为 RJ-1/4 电阻；C_1 选用 100μF，C_2 选用 470μF，C_3 选用 22μF，C_4 选用 10μF，均为 CD11-25V 电解电容；S_1 选用普通电源开关；J 选用 12V 普通继电器。

2. 电路分析

图 12-18 所示的电路主要由温度传感器、水位传感器、逻辑判断电路、输出控制电路和电源 5 部分组成。使用时，只要将电源开关 S_1 合上，电路即进入自动工作状态。水位传感器将水箱内的水位情况通过与门电路 U_{1A} 送到与门电路 U_{1C}，同时温度传感器也将水箱内的温度情况通过与门电路 U_{1B} 送到与门电路 U_{1C}，该信号和温度信号进行逻辑判断后推动输出电路，控制加热器通或断。当水位高于 A 点时，正电平通过水送到与门 U_{1A} 的引脚 1、2 上，引脚 3 输出的高电平一路经二极管 V_1 反馈到引脚 2，并去点亮发光管 LED_1，另一路送到与门 U_{1C} 的引脚 8。当水位低于 A 点、高于 B 点时，由于二极管 V_1 的反馈作用，使引脚 2 继

续保持高电位，所以输出端（引脚3）仍保持高电平不变。当水位低于B点时，与门 U_{1A} 的引脚2得不到由引脚1通过水送来的正电平，故输出端（引脚3）变成低电平，同时发光二极管 LED_1 熄灭，引脚2变为低电平。只有当水位再升高到A点时，与门 U_{1A} 才能发生状态翻转，重复上述工作过程。

当水温由低逐渐升高时，热电阻 R_1 的阻值变大，使与门 U_{1B} 的引脚5、6电平不断升高。当电位高于6V时，电路翻转，输出端（引脚4）由低电平变为高电平，一路去点亮发光二极管 LED_2，另一路经 R_8、C_3 延时回路给与门 U_{1C} 的引脚9提供正电平。与门 U_{1C} 对送来的水温情况进行逻辑判断，再控制继电器J，使J的常开触点控制加热器的通或断。只有同时满足两个条件，即水位在A、B之间，温度在规定值以下时，加热器才能被接通。从发光二极管 LED_1 ～ LED_3 上可明显地看到这种逻辑关系。

3. 电路调试

按图12-18所示的电路结构与元器件实际尺寸设计印制电路板，并装焊好。调试时，水位探头可用3根1～2mm的漆包线相距5mm左右与温度传感器（R_1）一起固定在一块绝缘板上，绝缘板固定在淋浴器上方，离最高水面30mm。

因电路设计有发光二极管指示，可根据 LED_1 指示水位情况、LED_2 指示温度情况、LED_3 指示加热情况来加水判断电路工作状态。

十九、基于 NE555 的智能饮水机控制器电路

1. 电路图

图12-19是基于NE555型时基集成电路而构成的智能饮水机控制器的电路原理图。该控制器是利用微波感应原理使饮水机自动探测房间内有无人员活动，并判断房间内的人员是否只是短暂经过，再自动控制加热功能，使饮水机具有智能化特性和节电功能。

图12-19中，该控制器由电源电路、微波检测电路和加热控制电路等几部分组成。其中，电源电路由熔断器FU、加热开关S、降压元件 R_1 与 C_1、整流二极管 VD_1、稳压二极管 VD_2、滤波电容 C_2、保温指示灯 LED_1 和加热指示灯 LED_2 等元器件构成；微波检测电路由检测电路 IC_1 及电阻 R_2、电容 C_3 等外围元件构成；加热控制电路则由时基集成电路 IC_2 及继电器K、二极管 VD_3 构成。

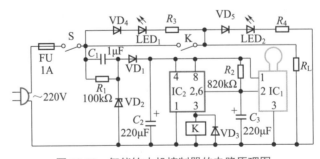

图 12-19　智能饮水机控制器的电路原理图

该控制器的主要元器件的选用见表12-5。

表 12-5 智能饮水机控制器主要元器件的选用

代号	名称	型号规格	数量
IC$_1$	微波传感器	TX982	1
IC$_2$	时基集成电路	NE555	1
VD$_1$、VD$_3$	整流二极管	1N4007	2
VD$_2$	稳压二极管	1N4742	1
K	整流继电器	JQX-14FF	1

2. 电路分析

市电交流 220V 电压经 FU 和 S 后，一路受继电器动合触点控制而直接加至加热器 R_L 的两端；另一路经降压、整流、滤波后形成一个稳定的 12V 直流电压，为微波检测电路和加热控制电路供电。

按下 S、接通电源后，若无人员在房间内活动，则 IC$_1$ 由于无微波反射而不工作，IC$_1$ 的引脚 2、6 输出为高电平，使 IC$_2$ 的内部电路处于稳定状态，其输出端（引脚 3）输出则为低电平，继电器 K 处于释放状态，其动合触点断开，加热器不工作。

若有人员进入由 IC$_1$ 房间内建立的微电场时，即会反射回波，经 IC$_1$ 内部电路混频后检测出极为微弱的移动频率信号，该信号经智能处理后，可形成输出控制信号，使 IC$_1$ 内部晶体管导通 10s，将外接电容 C_3 上的电荷泄放，当 IC$_2$ 的引脚 2 电压低于 $V_{DD}/3$（V_{DD} 电源电压）时，其引脚 3 输出为高电平，K 得电吸合，其动合触点接通 R_L 进行加热操作。

此外，R_2 和 C_3 组合的延时时间为 3min，若人员仅是短暂经过，饮水机加热 3min 后即会自动停止加热，若人员一直在房间逗留，IC$_1$ 则会在延时时间内多次触发由 IC$_2$ 构成的单稳态延时电路工作，使饮水机持续加热直至达到设定温度值。

3. 电路调试

本节的智能饮水机控制器电路结构简单，通常无须调试即可通电正常工作。安装时，为不破坏饮水机的外观，可将 IC$_1$ 安装于饮水机塑料面板的后面。

若需进一步提高节能效果，可采用聚氨酯材料在加热罐四周进行现场发泡填充，该措施可使保温材料与加热罐之间没有空隙，减少空气流动，大幅度提高保温效果。

二十、豆浆机整机电路故障诊断

1. 电路图

家用全自动豆浆机集粉碎、打浆、煮浆和延时熬煮等功能于一体，其工作过程由微处理机自动控制，由温度探头检测机内温度，传给微处理机。若温度探头出了故障，则会影响豆浆机的正常工作。本节以九阳 DJ12B-A16D 型豆浆机为例，介绍豆浆机整机电路故障的诊断与检测。

九阳 DJ12B-A16D 型豆浆机由电源电路、复位电路、工作方式选择电路、电动机控制驱动电路、加热丝控制驱动电路、溢出检测电路、干烧控制电路、温度控制电路、蜂鸣器驱动报警电路和过零检测电路等组成，整机电路原理图如图 12-20 所示。

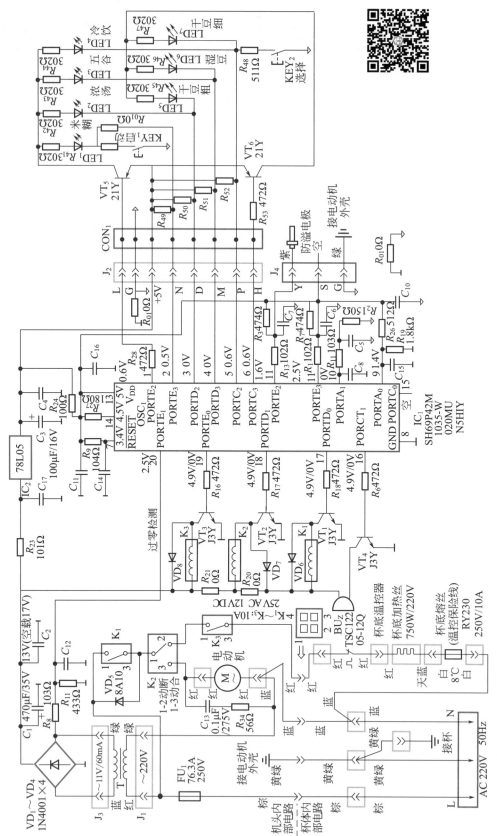

图 12-20 九阳 DJ12B-A16D 型豆浆机的电路原理图

2. 电路分析

① 电源电路　在图 12-20 中，220V 交流电经电源插座、接插件送入电源变压器 T 降压和二极管 $VD_1 \sim VD_4$（1N4001）桥式整流，得到 13V（空载为 17V）电压，给继电器 $K_1 \sim K_3$ 和蜂鸣器 BU_z（TSC12205-12Q）供电，三端稳压器 IC_2（78L05）输出 5V 电压给 IC_1 及工作方式选择电路等供电。

② 复位电路　由电阻 R_9、电容 C_{14} 及 IC_1 的引脚 7 组成低电平有效复位电路，开机瞬间，C_{14} 两端电压无法突变为低电平 0V，经 R_9 充电后变为高电平，复位结束。

③ 工作方式选择电路　工作方式选择电路由 IC_1 的引脚 1 ~ 6、接插件 J_2 及三极管 VT_5 与 VT_6（21Y）、选择键 KEY_2、启动键 KEY_1 及发光二极管 $LED_1 \sim LED_7$ 等组成。共有干豆（粗、细）、湿豆、五谷、冷饮、浓汤、米糊 7 种工作方式，通过点亮发光二极管来显示其工作方式。通电瞬间，蜂鸣器 BU_z 嗡鸣一声，而后发光二极管全亮。按选择键可选择不同的工作方式，按启动键则按照选定方式开始工作。

一旦选中某种工作方式并已启动工作，面板按键将全部失灵，若要重新选择工作方式，则只能断电后再选择。

④ 电动机控制驱动电路　电动机控制驱动电路由 IC_1 的引脚 17 与 18、三极管 VT_1 与 VT_2（J3Y）、继电器 K_1 与 K_2、电动机等组成。当 IC_1 的引脚 17、18 为高电平（4.9V）时 VT_1、VT_2 导通，K_1、K_2 的触点 1、3 吸合，电动机工作在全功率状态。当 IC_1 的引脚 18 为高电平（4.9V）、引脚 17 为低电平（0V）时，VT_2 导通、VT_1 截止，K_1 的触点 1、3 断开，K_2 的触点 1、3 吸合；二极管 VD_5（8A10）导通，对 220V 交流电进行半波整流，电动机工作在半功率状态。当 IC_1 的引脚 18 为低电平（0V）时，VT_2 截止，K_2 的触点 1、3 断开，触点 1、2 吸合，电动机停止工作。

电动机两端并联的电容 C_{13}（0.1μF/275V、AC）、电阻 R_{34}（56Ω），其作用是吸收换向阀与炭刷在电动机旋转时产生的火花干扰。

⑤ 加热丝控制驱动电路　加热丝控制驱动电路由 IC_1 的引脚 17 ~ 19、三极管 $VT_1 \sim VT_3$（J3Y）、继电器 $K_1 \sim K_3$、加热丝等组成。

当 IC_1 的引脚 17、18 为高电平（4.9V）、引脚 19 为低电平（0V）时，VT_1、VT_2 导通，VT_3 截止，K_1、K_2 的触点 1、3 及 K_3 的触点 1、2 分别吸合，加热丝工作在全功率状态；当 IC_1 的引脚 17、18 为低电平（0V）、引脚 19 为高电平（4.9V）时，VT_1、VT_2 截止，VT_3 导通，K_1 的触点 1、3 断开，K_2 的触点 1、2 和 K_3 的触点 1、3 分别吸合，VD_5 导通，对 220V 交流电进行半波整流，加热丝工作在半功率状态；当 IC_1 的引脚 19 为低电平（0V）时，VT_3 截止，K_3 的触点 1、3 断开，220V 交流电被断开，加热丝停止加热。

总之，K_1 的作用是在全波和半波之间进行转换，K_2 的作用是在电动机和加热丝之间进行转换，K_3 的作用则是控制加热丝的断电与通电。$K_1 \sim K_3$ 动作与否受控于 IC_1 的引脚 17 ~ 19 电压变化，而这些引脚的电压高低则由工作方式决定，并由 IC_1 根据内部程序决定其工作时长。

⑥ 溢出检测电路　溢出检测电路由 IC_1 的引脚 11、接插件 J_4 及防溢电极等组成。防溢电极位于机头下部，金属杯体与电动机外壳和线路板地线相连，当豆浆等液体溢出时，防溢电极通过液体接地，IC_1 的引脚 11 电位发生变化，IC_1 据此开始执行防溢程序，控制电动机

及加热丝按设定的程序工作，消除溢出。

⑦ 干烧控制电路　干烧控制电路位于杯体内部，由杯底温控器、杯底温度熔丝等组成。一旦无水继续干烧，当温度超过温控器起控温度时，首先是温控器内部触点断开，切断加热丝供电。若温控器失效，继续干烧，当温度超过 230℃ 时，温度熔丝断开，彻底切断供电。

⑧ 温度控制电路　该豆浆机未配置温度传感器，温度控制由 IC_1 内定程序决定，温度多高、加热多长时间全部由程序决定，与外电路无关。

⑨ 蜂鸣器驱动报警电路　蜂鸣器报警驱动电路由 IC_1 的引脚 16、三极管 VT_4（J3Y）、蜂鸣器 BU_z 等组成。当按下选择键或启动键时，IC_1 的引脚 16 瞬间输出高电平（4.9V），蜂鸣器鸣叫一声，当选中工作方式并执行完全部程序后，蜂鸣器持续鸣叫，通知用户工作已完成。

⑩ 过零检测电路　该单元电路由 IC_1 的引脚 20 和电阻 R_8、R_{11} 等组成，其作用是避免电动机绕组和电热丝在通电瞬间受到大电流的冲击。

3. 故障诊断与维修

① 典型故障 1：某台九阳 DJ12B-A16D 型豆浆机通电后无反应。

a. 故障诊断：如图 12-20 所示，拿下机头通电，测杯体手柄上部长方形插座引脚 1、3 的电压正常；这说明杯体内部供电线路正常，故障应位于机头处。

b. 故障维修：测机头处长方形插头引脚 1、3 的电阻约为 1.5kΩ，正常；进一步检查，发现接插件 J_3 接触不良，重新处理后故障即排除。

② 典型故障 2：某台九阳 DJ12B-A16D 型豆浆机通电后有时无反应，有时依次按选择键只有干豆（细）灯亮，再无其他反应。

a. 故障诊断：拿下机头通电，首先测杯体手柄上部长方形插座引脚 1、3 的电压正常，这说明故障不在杯体，而位于机头处。

单独给机头内电源变压器 T 通电，测滤波电解电容 C_1、C_3 正极端直流电压依次为 17V、5V，这说明电源供电正常，再测单片机芯片 IC_1 的引脚 13 供电端电压为 5V，正常，其引脚 14 振荡端电压为 4.5V，也正常，而 IC_1 的引脚 7（复位端）电压有时为 1.4V，有时为 1.7V，这显然不对，此脚正常电压应为 3.4V。

b. 故障维修：断开电源，重点检查复位电路中的贴片电阻 R_9、贴片电容 C_{14}，最终发现 C_{14} 一端存在裂纹，用 0.01μF 贴片电容替换后，故障排除。

二十一、电饭煲整机故障诊断

1. 电路图

电饭锅又称电饭煲，它不仅能自动煮饭和自动保温，而且煮出的米饭松软可口。使用电饭锅煮饭具有方便快捷、省时省力、用途广泛等优点。电饭锅种类很多，根据控制方式的不同，可分为机械控制、定时自动控制和电脑自动控制 3 种。本节仅以典型机械控制电饭锅为例，介绍电饭锅整机电路故障的诊断与检测方法。

典型机械控制电饭锅的电路由加热盘 EH、磁性温控器 ST_1、功能选择开关 S、双金属温控器 ST_2 等组成，其电路原理如图 12-21 所示。

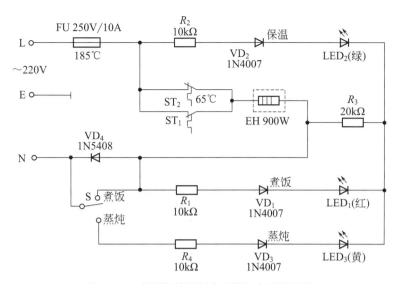

图 12-21 典型机械控制电饭煲的电路原理图

2. 电路分析

① 煮饭 图 12-21 中，将功能选择开关 S 拨到煮饭的位置，再按下按键，磁性温控器 ST_1 内的永久磁钢在杠杆的作用下克服动作弹簧推力，上移与感温磁铁吸合，银触点在磷青铜片的作用下闭合，220V 交流电第一路经超温熔断器 FU、保温控制器 ST_2 与磁钢温控器 ST_1 的并联电路、加热盘 EH、功能选择开关 S 构成煮饭回路，使 EH 加热烹饭；第二路经 R_2、VD_2、LED_2、R_3 构成回路使 LED_2 发光；第三路经 ST_2、EH、R_1、VD_1、LED_1、R_3 构成回路使 LED_1 发光。当煮饭的温度升至 103℃时，饭已煮熟，ST_1 中感温磁铁的磁性消失，永久磁铁在动作弹簧的作用下复位，通过杠杆将触点断开，不再复位。ST_2 中的双金属片向上弯曲，使触点释放。加热盘 EH 因无供电而停止工作，电饭锅进入保温状态。

保温期间，当温度低于 65℃时，温控器 ST_2 的双金属片向上弯曲，不接触销钉，触点在触点簧片的作用下吸合，加热盘加热，当温度达到 65℃时双金属片变形下压，通过销钉使触点簧片向下弯曲，致使触点释放，加热盘因无供电而停止工作。这样，电饭锅在 ST_2 的控制下，温度保持在 65℃，同时使煮饭指示灯 LED_1 时亮时灭，保温指示灯 LED_2 常亮。

② 蒸炖 蒸炖与煮饭的工作原理基本相同，但有几点区别：一是必须将功能开关拨到蒸炖的位置；二是煮饭指示灯 LED_1 不发光，而蒸炖指示灯（黄色发光管）LED_3 发光；于是在蒸炖时，220V 交流电压通过二极管 VD_4 构成回路为加热器 EH 供电，使它进入半功率的加热状态。

3. 故障诊断与维修

① 典型故障 1：某台机械控制电饭锅不加热，但指示灯亮。

故障诊断与维修：电饭锅不加热，但指示灯亮，说明加热盘异常。断开电源后，用指针万用表 $R \times 10$ 挡或数字万用表 200Ω 挡检查加热盘 EH 的阻值，若阻值为无穷大，则说明 EH 开路，需要更换。

② 典型故障 2：某台机械控制电饭锅不能蒸炖。

a. 故障诊断：如图 12-21 所示，不能蒸炖的故障原因多是半波整流管 VD_4 异常，用数字万用表的二极管挡测量其正、反向电阻，若阻值均为无穷大，说明该整流管已击穿、开路。

b. 故障维修：更换该整流管，即可排除故障。

③ 典型故障3：某台机械控制电饭锅做饭不热或夹生。

a. 故障诊断：做饭不熟或夹生故障的主要原因有二：一是磁钢温控器内的磁铁性能下降；二是加热盘或内锅变形。

b. 故障维修：检查加热盘、内锅正常后，更换磁钢即可；加热盘变形通常也需要更换；而内锅变形，只需校正即可。

二十二、电压力锅整机故障诊断

1. 电路图

电压力锅是集压力锅、电饭锅和焖烧锅三种家用电器的功能于一体的新型厨房电器，它通常由同步电动机驱动的电动定时器和压力开关控制加热电源的通断实现。压力开关设于锅内，利用外锅弹性壁随压力的胀缩联动开关接通或断开电源。本节以苏泊尔电压力锅为例，介绍电压力锅整机电路故障的诊断与维修方法。

苏泊尔电压力锅主要由电动定时器，加热、保压电路及保温电路组成，其电路原理图如图 12-22 所示。

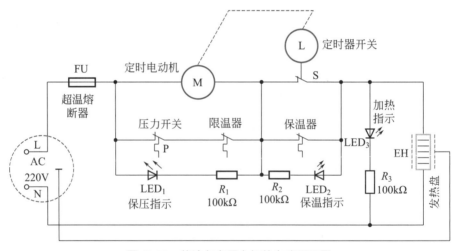

图 12-22　苏泊尔电压力锅的电路原理图

2. 电路分析

① 加热、保压电路　在图 12-22 中，接通电源后，设定保压时间，将定时器旋钮顺时针旋至对应刻度的标志后，定时开关 S 闭合，由于保温器被开关 S 短路，其不起控温作用，LED_2 不亮；同时 LED_1 也被压力开关 P 和限温器所短路，LED_1 也不亮，此时 220V 交流电经锅体下端插座、超温熔断器 FU、压力开关、限温器、定时开关 S 向发热盘 EH 供电，加热指示 LED_3 亮，EH 加热工作，锅内缓缓加压。当气压达到 70kPa 时，开关 P 断开，加热盘失电停止加热，LED_3 熄灭、LED_1 亮，自动转入保压状态，定时电动机 M 转动，定时器开始保压倒计时。在保压过程中，锅内压力低于 40kPa 时，P 闭合通电，工作压力达 70kPa 时，P 又断开，使发热盘间断性反复加热，LED_1、LED_3 则交替发亮。当定时器倒计时至"关"

位置时，烹调过程结束，S 断开，EH 停止加热，LED₃ 熄灭。

② 保温电路　当保压结束、定时开关断开后，保温器开始工作。当锅内温度下降到 60℃时，保温器触点闭合，220V 交流电经压力开关、限温器、保温器向发热盘 EH 供电，LED₂ 熄灭、LED₃ 亮，EH 作短暂加热，使锅内温度回升到 80℃时，保温器触点断开，LED₂ 亮、LED₃ 熄灭，EH 停止加热，不断重复上述过程，使锅内温度恒定在 60 ~ 80℃范围内。

FU（10A/150℃）起超温过流保护作用，当锅内温度超过额定温度或电路发生短路故障时，FU 自动熔断。限温器也起保护作用，当锅内无水干烧时或超过额定温度时自动断开电源，从而保护发热盘不被烧坏。

3. 故障诊断与维修

① 典型故障 1：某台苏泊尔电压力锅加热指示灯 LED₃ 不亮，发热盘不加热。

a. 故障诊断：在图 12-22 中，电压力锅加热指示灯 LED₃ 不亮，发热盘不加热的主要原因有，电源线断路及插头脱线、松动（常见），插座氧化烧损，FU 断路。

b. 故障维修：经细心检测发现电源线插头松动，而购买新电源线更换后，故障即排除。

② 典型故障 2：某台苏泊尔电压力锅加热指示灯 LED₃ 亮，发热盘不加热。

a. 故障诊断：电压力锅加热指示灯 LED₃ 亮，发热盘不加热，说明发热盘前级电路正常，检测发热盘的阻值为无穷大（正常时约为 54Ω），发热盘烧坏。

b. 故障维修：更换新的加热盘后正常，故障排除。

二十三、饮水机整机故障诊断

1. 电路图

目前常用的饮水机主要有单热型、冷 / 热型和消毒单热或消毒冷 / 热型几种。本节以名果皇 YLG-60 型消毒冷 / 热饮水机为例，介绍饮水机整机电路故障的诊断与维修方法。名果皇 YLG-60 型消毒冷 / 热饮水机以瓶装纯净水或矿泉水作为水源，采用环保半导体制冷片制冷，内置式加热器加热饮用水和臭氧发生器消毒。整机电路由消毒电路、制冷电路和加热保温电路等三部分组成；整机电路原理图如图 12-23 所示。

2. 电路分析

① 消毒电路　如图 12-23 所示，该饮水机采用臭氧消毒电路，它由定时器 PT、橙色消毒指示灯 LED₄ 和臭氧发生器等元器件组成。接通电源后，将 PT 旋置 5min、10min、15min 五挡中的任何一挡（ON 为动断挡，工作完毕需手动关断），定时开关闭合，接通臭氧发生器电源，定时指示灯 LED₄ 点亮（橙色），定时器开始逆时针转动倒计时。

220V 交流电经电容 C_7、电阻 R_{11} 降压，整流桥堆 VD₁₂ ~ VD₁₅ 整流后，产生约 100V 脉动直流电压。该电压一方面向储能电容 C_6 充电，另一方面经电阻 R_{12}、R_{13} 分压后向单向晶闸管 VS 的 G 极提供触发电压，VS 导通，C_6 的充电电压经 VS 向脉冲变压器 T_2 的初级绕组放电。当 C_6 放电完毕后，VS 截止，C_6 再次被充电，VS 再次导通，使 VS 不断交替导通与截止，C_6 相应充电与放电，经磁电耦合在 T_2 的次级绕组产生约 1.5kV 脉冲高电压，加至臭氧（O_3）放电管两端，产生辉光放电，电离空气中的氧分子，产生一定浓度的臭氧充满在消毒室内，从而达到保洁、消毒的目的。当 PT 倒计时回到"0"位置时，定时开关断开，关断消毒电路电源，LED₄ 熄灭，完成一个消毒周期。

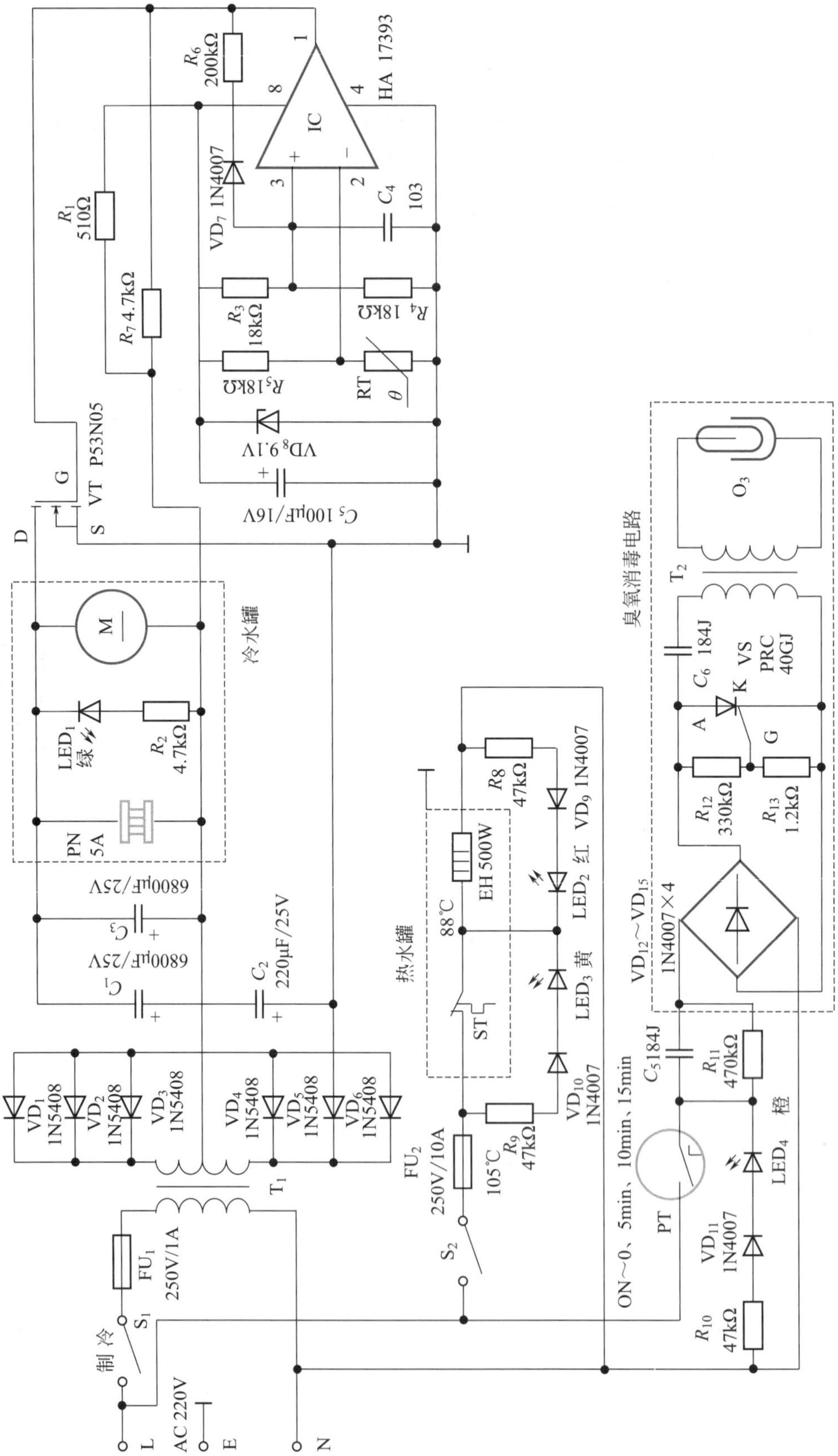

图 12-23 名果皇 YLG-60 型消毒冷/热饮水机的电路原理图

② 制冷电路 该饮水机采用半导体制冷方式（注：有的饮水机采用的是制冷剂制冷方式），接通电源后，闭合制冷电源开关 S_1，220V 交流电经 S_1、熔断器 FU_1 加至电源变压器 T_1 的初级绕组，其二次绕组输出两组 12V 交流电压，由整流桥堆 $VD_1 \sim VD_6$ 全波整流，电容 $C_1 \sim C_3$ 滤波，在 T_1 的次级绕组中心抽头输出略高于 12V 直流电压向半导体制冷片 PN、风扇电动机 M 供电。同时，该直流电压经电阻 R_1 限流加至由电容 C_5、稳压管 VD_8 组成的稳压电路，输出 9.1V 稳定的直流电压作为温度检测电路工作电源。

在图 12-23 中，集成电路 IC（HA17393）为两组独立电压比较器，采用 8 脚双列直插式封装，本节只用其中一组电压比较器与负温度系数热电阻 RT 以及外围元件组成温度检测电路，同时还由 N 沟道场效应大功率管 VT（P53N05）与直流电源组成制冷控制开关电路。RT 安装于冷水罐的壁上，用来检测冷水温度，其中，9.1V 直流电压经电阻 R_3、R_4 分压后作为基准电压加至 IC 同相输入端（引脚 3），9.1V 直流电压经电阻 R_1、RT 分压后作为温度检测电压加至此反相输入端（引脚 2）。当刚开始制冷时，冷水罐内的水温高于 15℃，RT 的阻值为 15kΩ，基准电压高于温度检测电压，IC 输出端（引脚 1）输出高电平加至 VT 的 G 极。VT 导通，将 12V 直流电压送入冷水罐，半导体制冷片 PN 得电后开始制冷，风扇电动机 M 运转将制冷时产生的热量抽排机外，提高制冷效果，同时制冷指示灯 LED_1 点亮（绿色），表明饮水机进入制冷状态。

当冷水罐的水温降低到 7℃时，RT 的阻值升高到 22kΩ，IC 的引脚 3 基准电压低于引脚 2 的温度检测电压，引脚 1 输出低电平，VT 截止，PN 停止制冷，M 停止运转，LED_1 熄灭，表明饮水机处于保冷状态。如此周而复始，使冷水罐的水温保持在 7 ~ 15℃范围内。

在制冷电路中，二极管 VD_7、电阻 R_6 组成钳位电路，为 IC 的引脚 3、1 提供反馈电压，使制冷电路处于保温区间时不会频繁跳变制冷。若要调整饮水机的冷水温度，可通过调整 R_1 的电阻值（调整下限温度）和调整 R_6 的电阻位（调整上限温度）来实现。

③ 加热保温电路 图 12-23 中，该单元电路由电源开关、超温熔断器、加热温控器与加热器组成。闭合加热电源开关 S_2，220V 交流电与超温熔断器 FU_2、加热温控器 ST、加热器 EH 构成回路。EH 得电发热，对热水罐内的水进行加热，同时加热指示灯 LED_2 点亮（红色），表明饮水机进入加热状态。此时，由于保温指示灯 LED_3 被 ST 短路，所以 LED_3 不会点亮。当热罐内的水温升至 ST 的上限动作温度（约 96℃）时，ST 自动断开，EH 停止加热，LED_2 熄灭，LED_3 有电流通过而点亮（黄色），表明饮水机进入保温状态。

当放出饮用热水后，瓶罐内的水向热水罐补充水，或热水罐内水自然降温至 ST 的下限动作温度（约 85℃）时，ST 复位闭合，接通加热电路电源，EH 再次加热，LED_2 点亮，LED_3 熄灭，使水温保持在 85 ~ 96℃范围内。

3. 故障诊断与维修

① 典型故障 1：如图 12-23 所示，某台名果皇 YLG-60 型消毒冷/热饮水机旋转定时器置于某挡，消毒指示灯亮，但不消毒。

a. 故障诊断：消毒指示灯亮说明 220V 交流电已进入消毒电路，不消毒则是消毒电路相关元件损坏所致。拆下臭氧发生器，打开面盖，分别检查 C_5、C_6、$R_{11} \sim R_{13}$、T_2、O_3 等元器件，发现 VS 的塑壳已崩角，焊下 VS 测量，其三个电极击穿开路，由此确认 VS 确已损坏。

b. 故障维修：更换 VS（PCR40GJ、MCR100-6、BT169D）后，故障即排除。

② 典型故障 2：某台名果皇 YLG-60 型消毒冷/热饮水机闭合制冷电源开关，制冷指示

灯亮，风扇电动机运转，但不制冷。

a. 故障诊断：该故障现象说明直流电源以及温度检测电路工作正常，不制冷多半是由于制冷片 PN 自身击穿而引起短路 / 开路所致。拆下制冷片正、负引线，以万用表 $R \times 1$ 挡测量 PN 两端直流电阻为无穷大（正常电阻约 2.5Ω），可知，PN 已被击穿开路而引起该故障。

b. 故障维修：用 TECI-12705 型、DC12V/5A 制冷片更换后，通电试机，饮水机可以正常制冷，故障即排除。

安装时应注意：制冷片有冷面和热面之分，在两面各涂一层不太厚的导热硅脂，再将制冷片的冷面、热面分别贴在冷水罐、铝散热器的面上；切忌贴倒，否则制冷仍不能正常。

③ 典型故障 3：某台名果皇 YLG-60 型消毒冷 / 热饮水机闭合加热电源开关，加热指示灯亮，但不加热。

a. 故障诊断：在图 12-23 中，加热指示灯 LED_2 亮，说明 220V 交流电已进入加热电路，不加热通常是由于加热器 EH 两引脚插接件烧蚀而引起的松脱或加热器自身的烧坏所致。经检查，插接件接触良好，以万用表 $R \times 1$ 挡测量 EH 两脚的直流电阻为无穷大（正常时电阻约 97Ω），由此证实，加热器烧坏而引起该故障。

b. 故障维修：更换 500W 不锈钢加热器后，通电试机，饮水机即可正常加热。

参考文献

[1] 门宏 . 双色图解电子电路全掌握 [M]. 第 2 版 . 北京：化学工业出版社，2018.

[2] 方大千，方成，等 . 电子电路图集（精华本）[M]. 北京：化学工业出版社，2015.

[3] 蒋洪波，孙鹏，等 . 电子电路识图 [M]. 北京：化学工业出版社，2017.

[4] 高如云，陆曼茹，等 . 通信电子线路 [M]. 第 3 版 . 西安：西安电子科技大学出版社，2015.

[5] 杨振江，雷光纯，等 . 新颖实用电子设计与制作 [M]. 西安：西安电子科技大学出版社，2010.

[6] 李新玉 . 电子线路组装与调试 [M]. 济南：山东科学技术出版社，2015.

[7] 孙国荣 . 电子线路装调 [M]. 苏州：苏州大学出版社，2016.

[8] 王锡胜 . 新型 I^2C 总线控制的单片彩色电视机（电路、调试与检修）[M]. 北京：人民邮电出版社，
2001.

[9] 柳淳 . 电子元器件与电路检测快速入门 [M]. 北京：中国电力出版社，2013.

[10] 刘胜利，邱振国，等 . 电动车蓄电池修复与控制电路检修技巧 [M]. 北京：机械工业出版社，2010.

[11] 李永峰，黄义峰 . 机械设备操作与电路故障诊断 [M]. 北京：中国电力出版社，2011.

[12] 方大千，朱丽宁，等 . 电子制作 128 例 [M]. 北京：化学工业出版社，2016.

[13] 付少波，何惠英，等 . 详解经典电子电路 200 例 [M]. 北京：化学工业出版社，2016.

[14] 高吉祥 . 全国大学生电子设计竞赛系列教材（第 4 分册）：高频电子线路设计 [M]. 北京：高等教育
出版社，2013.

[15] 刘春华 . 经典电子电路 300 例 [M]. 北京：中国电力出版社，2015.

[16] 韩广兴 . 新编电子电路实用手册 [M]. 北京：电子工业出版社，2011.

[17] 李响初 . 新编电子控制线路 300 例 [M]. 北京：中国电力出版社，2013.

[18] 李响初 . 轻松看懂电子电路图 [M]. 北京：化学工业出版社，2014.

[19] 张宪 . 实用电子技术自学万事通　详解实用电子电路 128 例 [M]. 北京：化学工业出版社，2013.

[20] 韩雪涛 . 全程图解电子实用电路识图技巧（双色）[M]. 北京：电子工业出版社，2013.

[21] 门宏 . 门老师教你快速看懂电子电路图 [M]. 北京：人民邮电出版社，2011.

[22] 韩雪涛 . 简单轻松学电子电路识图 [M]. 北京：机械工业出版社，2014.

[23] 韩雪涛 . 电子产品维修实用手册 [M]. 北京：电子工业出版社，2013.

[24] 张宪，张大鹏 . 电子电路实用手册识读、制作、应用 [M]. 北京：化学工业出版社，2012.

[25] 杨海祥 . 电子电路故障查找技巧 [M]. 第 3 版 . 北京：机械工业出版社，2016.

[26] 韩雪涛 . 电子电路识图与检测一看就会 [M]. 北京：电子工业出版社，2017.

[27] 张宪，张大鹏 . 电子元器件检测与应用手册 [M]. 北京：化学工业出版社，2012.

[28] 朱宏 . 典型电子产品：函数信号发生器的设计与制作 [M]. 北京：高等教育出版社，2012.